化学工业出版社“十四五”普通高等教育规划教材

有机化学

Organic Chemistry

陆鸿飞 陈立庄 郑绍军 徐 晨 主编

化学工业出版社

·北 京·

内容简介

《有机化学》按照官能团体系系统性地阐述有机化学的基本原理与核心知识。内容从价键理论、官能团特性等基础概念逐步深入到关键反应机理、立体化学以及合成策略。本教材通过清晰的阐述、丰富的实例与习题，力求培养学生分析和解决化学问题的能力，为后续学生在化学、生物、医药、材料等领域的深入学习与研究打下坚实基础。

《有机化学》可作为化工、材料、环境、生物、食品等专业的有机化学理论教材，也可供相关专业和实验技术人员参考使用。

图书在版编目（CIP）数据

有机化学 / 陆鸿飞等主编. -- 北京 : 化学工业出版社，2025. 12. --（化学工业出版社“十四五”普通高等教育规划教材）. -- ISBN 978-7-122-49620-1

Ⅰ. O62

中国国家版本馆 CIP 数据核字第 2025AH8281 号

责任编辑：汪　靓　宋林青　　　　文字编辑：杨凤轩
责任校对：李　爽　　　　　　　　装帧设计：史利平

出版发行：化学工业出版社
（北京市东城区青年湖南街 13 号　邮政编码 100011）
印　　装：三河市君旺印务有限公司
787mm×1092mm　1/16　印张 17　字数 421 千字
2025 年 12 月北京第 1 版第 1 次印刷

购书咨询：010-64518888　　　　售后服务：010-64518899
网　　址：http://www.cip.com.cn
凡购买本书，如有缺损质量问题，本社销售中心负责调换。

定　　价：45.00 元

前言

有机化学是化学中充满活力与创造性的分支，其核心是研究含碳氢化合物的结构、性质、制备及反应。碳原子独特的成键能力造就了数量极其庞大、功能各异的有机分子，它们不仅是生命的基础，也是现代文明不可或缺的组成部分。

为了适应高等学校面向二十一世纪的教学内容和课程体系改革的需要，培养高素质的复合型人才，教学团队在多年教学改革和实践的基础上，编写了这本教材。本书为针对非化学专业编写的少学时的有机化学教材，为了使学生在较少的学时内完成大纲规定的教学内容，对教学内容进行了精简和优化。本书按照官能团体系分章编写，采用由浅入深的方法，突出强调基础知识和基本原理，将基本的结构理论和性质结合起来，有利于学生对教学内容的深入理解和掌握，进而循序渐进地达到教学基本要求。除此之外，每章节的拓展阅读部分，有利于拓展学生的知识广度并培养学生的科研精神。

全书共分 16 章，其中第 1、2、5 章由陈立庄编写，第 3、4 章由徐晨编写，第 6 章由朱瑞编写，第 7、15、16 章由陆鸿飞编写，第 8 章由陈孝云编写，第 9 章由许海燕编写，第 10、12、13 章由郑绍军编写，第 11 章由蒋春辉编写，第 14 章由汪芳明编写。王叶梅、赵佳佳和宋恒为本书的出版做出大量贡献，全书由陆鸿飞、陈立庄、郑绍军和徐晨担任主编。

限于编者水平，书中难免有不足之处，敬请读者批评指正。

编　者

2025 年 9 月

目录

第1章
绪论

1.1 有机化学与有机化合物

1.1.1 有机化学发展简介

有机化学是化学的一个重要分支，早在18世纪后期，人们开始从动植物中获得了一系列较纯的有机化合物，如酒石酸、柠檬酸、乳酸和吗啡等。由于当时化学理论的不完善及合成技术的落后，许多化合物只能从生物体中分离得到，并被认为不能用人工方法合成。因此这些化合物被叫做有机化合物，而研究这些化合物的化学称为有机化学（organic chemistry），以区别于研究矿物质的“无机化学”。当时化学家们认为，只有从有“生命力”的动植物中才能制造出有机物，而在实验室中是不能用人工的方法合成出有机化合物的。这就是所谓的“生命力”学说，它严重地阻碍了有机化学的发展。

到了19世纪，随着科学的发展，人们终于用人工方法由无机物合成出了有机物。例如，1828年德国化学家魏勒（F. Wöhler）在实验室中蒸发氰酸铵水溶液时得到了典型的有机物尿素。相关反应式如下：

$$KOCN + NH_4Cl \longrightarrow NH_4OCN + KCl$$

$$NH_4OCN \xrightarrow{\triangle} NH_2CONH_2$$

这是首次在实验室中利用无机化合物合成了有机化合物。这一工作极大地动摇了当时占统治地位的“生命力”学说。有机化合物和无机化合物之间并没有绝对分界，它们互相联系，在一定条件下可以相互转化。此后，利用碳、氢等元素合成出的乙酸等有机化合物相继问世，“生命力”学说逐渐被人们抛弃。有机化合物的人工合成研究得到了迅速的发展。

在不断的研究中，人们发现有机化合物分子中都含有碳元素。1848年德国化学家凯库勒（A. Kekule）将有机化合物定义为含碳化合物，因而有机化学被定义为研究含碳化合物的化学。

有机化合物除了含有碳元素以外一般均含有氢元素，所有的有机化合物都可以看作是碳氢化合物以及它们的衍生物。因而有机化学也可被定义为研究碳氢化合物及其衍生物的化学。到19世纪中叶，更多的有机物被人工合成出来，有机化学由实验性学科转变为实验与理论并重的学科，其含义也随之发生了变化。

有机化学真正成为一门独立的、系统的学科，是在有机化学结构理论建立以后。1856年德国化学家凯库勒提出碳原子为四价和碳原子之间可以相互结合成键的概念，1865年又提出苯的环状结构学说。19世纪末20世纪初，德国化学家费歇尔（E. Fischer）从蛋白质水解产物中分离出氨基酸等物质。1932年德国物理化学家休克尔（E. Hűckel）用量子化学方法研究芳香化合物的结构。1933 年英国化学家英戈尔德（C. K. Ingold）用化学动力学方法研究饱和碳原子上的取代反应机理。这些都对有机化合物的结构和反应机理的研究起到了重要作用。随着各种分析仪器的不断发展，有机化学发展迅速，不仅建立了完整的有机化学工业体系，如“三药一料”（医药、农药、炸药和染料）、“三大合成材料”（塑料、合成橡胶和合成纤维）的工业化生产，还完成了生物碱、碳水化合物、抗生素、生物活性多肽和核糖核酸等一系列天然产物的全合成。20 世纪 60 年代完成了胰岛素的全合成，出现了分子轨道对称守恒原理和前线轨道理论；60 年代末开始了有机合成的计算机辅助设计研究；70 年代至 80 年代初，进行了前列腺素、维生素 B_{12} 的全合成；等等。近年来，有机合成化学家不仅发现和合成出很多自然界中存在的有机化合物，同时也创造了众多自然界中不存在的化合物，使得人类所掌握的化合物数量已超 1.5 亿（美国化学文摘社 CAS，2021），其中绝大多数是有机化合物。目前这一数据，正以每个月几十万的速度增加。

我国是世界四大文明古国之一，酿酒、制醋、用中草药治病等有几千年的历史，为人类的进步做出了重大贡献。进入现代，虽然我国有机化学学科的发展起步相对较晚，但 1965 年我国科学家在世界上首次人工合成了具有生物活性的结晶牛胰岛素。1971 年屠呦呦和她的同事成功从青蒿中提取出化学式为 $C_{15}H_{22}O_5$ 的青蒿素，并于 1973 年合成了双氢青蒿素作为抗疟疾的药物，拯救了全球特别是广大发展中国家数百万人的生命，正是因为这一贡献，屠呦呦被授予 2015 年诺贝尔生理学或医学奖。1983 年我国化学家又合成了分子量为 26000、具有完整生物活性的酵母丙氨酸转移核糖核酸。这一系列的成就标志着我国在有机化学和生物化学研究领域达到了世界领先水平。进入 21 世纪，我国有机化学领域的人才不断增多，我国很多高校与科研院所拥有世界先进的实验设备，硬件条件不断改善，我国的有机化学家们在有机合成化学、金属有机化学、不对称合成等诸多前沿领域，取得了突破性进展，国际有机化学领域不断留下我国有机化学研究者的印迹，比如以中国人命名的有机化学反应、部分学者已经成为化学领域国际著名杂志的主编等，我国有机化学家为世界有机化学领域做出了巨大的贡献。

有机化学与药学、医学、分子生物学、生物化学、材料学以及 21 世纪的研究热点海洋科学等关系密切。当前有机分子的设计、识别与组装，功能材料和不对称合成，资源化学，绿色合成，金属有机化学，化学生物信息学等已成为研究的重点。

有机化学不仅是化学专业的重要课程，而且也是生物学、药学、环境工程、材料学、海洋科学等专业的主要基础课程。只有掌握了有机化学的基本理论和基本操作技能，才能更好地学习后续专业课程，为将来从事生产、科学技术研究打好基础。

1.1.2 海洋中的有机化学

地球上海洋总面积约为 3.6 亿平方公里，约占地球表面积的 71%，海洋中含有近 14 亿立方千米的水，约占地球总水量的 97%。海洋中的生物物种远远多于陆地，具体的数量仍然是一个谜。海洋至今依旧是未被深度勘探的领域，除了为人们所熟知的海洋矿产、石油、水资源以外，对于海洋孕育的生物，人们所知极为有限。海洋是巨大的宝藏，作为地球上最大的特殊生态系统，多样的海洋有机生物为创新药物、海洋仿生材料等领域的研究提供丰富而独特的基因资源和化合物资源。

海鞘素（商品名：曲贝替定，Et-743）是从加勒比海鞘中分离得到的一种海洋天然产物，其为含有 3 个四氢异喹啉环、1 个含硫醚键以及 1 个十元内酯环的生物碱，具有非常独特的结构，是治疗软组织肉瘤这一恶性肿瘤的特效药物。但由于海鞘素在海鞘中含量极低，分离纯化工艺复杂，1 吨海鞘中仅能提取出不到 1 克的海鞘素，因此价格昂贵。1996 年，有机合成化学家利用超过 40 步的反应，首次人工合成 Et-743，经过多年的优化，于 2001 年实现了工业化生产，目前已在 80 个国家销售，全球年收入销售额已超过上亿美元，实现了巨大的经济与社会效益。

海洋中大量存在的贻贝类生物，会从足丝部位分泌出一种黏附蛋白，即使在海洋潮湿高盐的环境以及剧烈的海浪冲击下，仍然可以紧紧地吸附在礁石的表面。研究表明，黏附蛋白中的多巴官能团是黏结性能的关键。多巴，又名 3,4-二羟基苯基-L-丙氨酸，是一种邻苯二酚类氨基酸，同样存在于沙堡蠕虫以及被囊动物分泌的黏性物质中。基于这一特性，有机化学家合成了一系列新型的仿生医用组织黏合剂（凝胶），兼具优秀的生物相容性与黏结能力，在生物医疗领域有着潜在的应用前景。

海洋船舶在航行中的生物污损，一直以来是船舶行业所面临的严峻问题。传统的有机锡涂料导致有毒化合物长期沉积在海泥中，最终累积到生物体中，造成严重的环境污染问题，在国际上引起了高度重视。天然产物防污剂特别是海洋天然产物防污剂，由于其本身来自大海，对生态非常友好，因而受到了广泛的研究与关注。早期研究人员在贝类防污细菌的研究中发现部分细菌的代谢产物中具有多糖和蛋白质成分，可防止生物附着。除了细菌以外，海洋中的许多生物如珊瑚、海绵等自身就能代谢出具有防污性能的物质。如加勒比海的 Curacao 岛采集的 35 种海绵中有 22 种的乙酸乙酯提取物在低微量下对藤壶幼虫的附着有明显的抑制作用。日本采集的海绵 *Acanthelle cavenosa* 和 *Pseudoceratina purpurea* 中的提取物双萜烯甲酰胺化合物和含两个 4,5-二溴吡咯-2-羰基单元的衍生物分别能够抑制藤壶幼虫的附着和变态。从珊瑚中提取的龙虾碱和水性提取物作为防污剂可防止硅藻附着。中国科学院海洋研究所从海洋生物中提取的多肽也可作为制备无毒防污涂料的原材料。

1.1.3 有机化合物的特点

有机化合物在组成、结构、性质及应用上与无机化合物相比有以下特点：

1.1.3.1 有机化合物的结构特点

有机化合物中都含有碳原子，碳原子半径较小且价电子比较多，碳原子与碳原子的结合能力比与其他原子的结合能力要强得多。因此，碳原子之间可以互相结合形成链状的、环状的、有分支的等各种各样从简单到复杂的结构。即使元素组成不变，只要结构稍有不同，就不是同一种化合物。因此有机化学中普遍存在着同分异构现象（分子式相同而结构式不同的化合物叫同分异构体）。同分异构是造成有机化合物数目庞大的主要原因。

1.1.3.2 有机化合物的性质特点

（1）易燃、热稳定性差

大多数有机化合物易燃烧，热稳定性差。人们常利用这个性质来初步区别无机化合物和有机化合物。

（2）熔点和沸点低

许多有机化合物常温下是气体、液体或低熔点的固体。液体有机化合物挥发性较大，大多数有机化合物的沸点一般在 400℃以下。它们的熔点、沸点较低，这是因为大多数有机化合物分子间只存在着微弱的范德瓦耳斯力。随着分子量的增加，有机化合物熔点、沸点也会逐渐升高。

（3）大多数有机化合物难溶于水，易溶于有机溶剂

一般有机化合物的极性很弱，或完全没有极性。因此，大多数有机化合物在水中的溶解度很小（或不溶于水），易溶于有机溶剂中，符合“相似相溶”规律。

（4）反应速率慢、副反应多

有机化合物的化学反应速率一般较慢，有的需要几十小时或几十天才能完成，这是因为大多数有机化合物之间的反应要经历旧共价键断裂和新共价键形成的过程。因此，往往需要通过加热、光照或加入催化剂等措施来加速反应进行。另外，有机化学反应往往不是单一的，常伴随着副反应的发生。

1.2 有机化合物中的共价键

共价键是指成键的两个或多个原子通过共同使用电子对而产生的化学键。共价就是电子对共用或共享。例如，乙烷、乙烯、乙炔分子中分别存在碳碳单键、双键、三键：

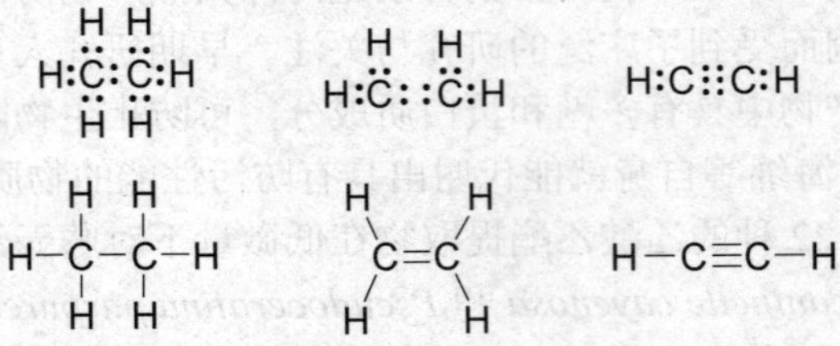

乙烷　　乙烯　　乙炔

共价键是有机分子中最典型的化学键，原子之间以共价键相结合是有机化合物最基本的结构特征。目前解释共价键本质的理论有价键理论、分子轨道理论和杂化轨道理论等。本章只介绍价键理论，杂化轨道理论等在后边章节中介绍。

1.2.1 价键理论

原子间形成的共价键可以看作是成键原子轨道重叠或电子配对。若两个原子都有一个未成对电子，并且自旋方向相反，相互配对才能形成稳定的共价键。如：

$$H\cdot\uparrow + \downarrow\cdot H \longrightarrow H—H$$

在形成共价键后，它就不能和其他电子再配对，即共价键具有饱和性。

原子轨道重叠时，重叠的程度越大，形成的共价键越牢固。因此，原子轨道只能在一定方向上以最大程度重叠，这就是共价键的方向性。例如在 HCl 分子中，氢原子的 1s 轨道与氯原子的 $3p_x$ 轨道有四种可能的重叠方式，如图 1-1 所示。

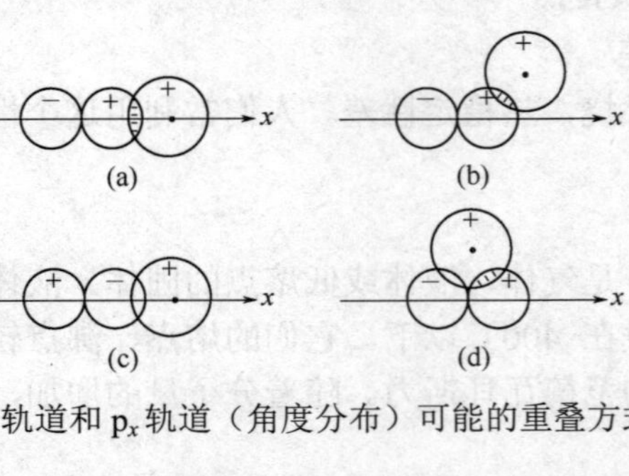

图 1-1　s 轨道和 p_x 轨道（角度分布）可能的重叠方式示意图

从图 1-1（a）可以看出，氯化氢分子中氢原子的 1s 轨道和氯原子的 $3p_x$ 轨道的有效重叠程度最大，形成的共价键最牢固。

根据原子轨道的重叠原则，原子轨道有两种不同的重叠方式，可形成不同的共价键，一类叫 σ 键，另一类叫 π 键。如图 1-2 所示，原子轨道沿两核连线方向以“头碰头”的方式进行重叠所形成的化学键叫 σ 键，原子轨道沿两核连线方向以“肩并肩”的方式进行重叠所形成的化学键叫 π 键。一般来说，π 键没有 σ 键牢固，比较容易断裂。

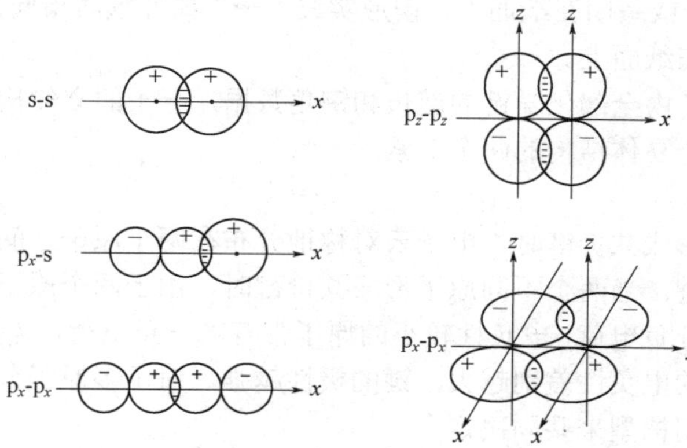

图 1-2 σ 键和 π 键（重叠方式）示意图

1.2.2 共价键的性质

（1）键长

分子内成键的两个原子核之间的平均距离称为键长。键长可以用分子光谱或 X 射线衍射方法测得。常见的共价键的键长见表 1-1。

表 1-1 一些常见的共价键键长

共价键	键长/nm	共价键	键长/nm
C—H	0.109	C—F	0.141
O—H	0.097	C—Cl	0.177
N—H	0.103	C═C	0.134
C—N	0.147	C≡C	0.120
C—O	0.143	C═N	0.128
C—C	0.154	C≡N	0.116

相同原子之间的单键、双键、三键的键长依次减小；同类型的共价键中，键长越短，键的强度越大，键就越牢固。不同的化合物中，同类型共价键的键长略有不同。

（2）键能

键能指气态原子 A 与 B 结合成气态 A—B 分子所放出的能量，或是气态的 A—B 分子解离成气态的 A 和 B 原子所吸收的能量（单位 $kJ \cdot mol^{-1}$）。对双原子分子来说，键能在数值上等于键的解离能。对多原子分子来说，由于每一根键的解离能并不总是相等的，因此通常取键的解离能的平均值为该键的键能。例如，甲烷分子中 C—H 键的键能为甲烷分子解离为气态碳原子和四个气态氢原子所吸收能量的四分之一，$E_{C-H} = (435.1+443.5+443.5+338.9)\ kJ \cdot mol^{-1} \div 4 = 415.2\ kJ \cdot mol^{-1}$。键能越大，键越稳定。

（3）键角

在分子中两个相邻共价键之间的夹角称为键角。例如：

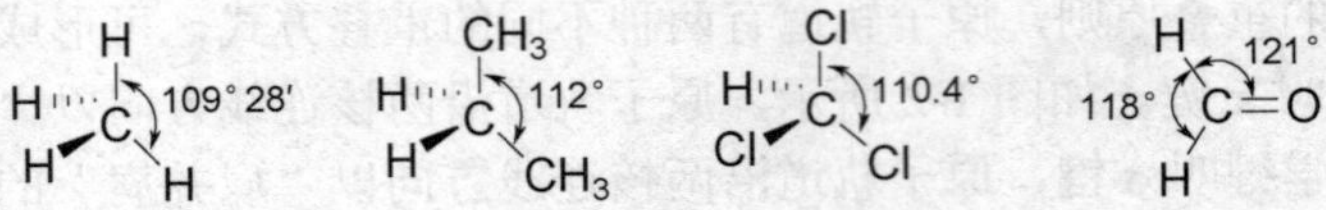

在表示分子的立体结构（分子中原子或基团在空间的分布）时，常使用立体透视式，其中实线“—”所连原子或基团在纸面上，楔形实线“◀”离开纸面指向读者，楔形虚线“┈”背向读者，中心原子在纸面上。

如果知道了某分子内全部化学键的键长和键角数据，分子的立体构型就确定了。可见，键角和键长是描述分子立体结构的两个要素。

（4）键的极性

当两个相同原子形成共价键时，电子云对称地分布在两个原子之间，这种共价键没有极性，称为非极性共价键。当两个不同原子形成共价键时，由于两个原子的电负性不同，电负性较大的原子带有部分负电荷，电负性较小的原子带有部分正电荷，这种键称为极性共价键。一般说来，两个原子的电负性差别越大，键的极性越强。对于多原子分子，其极性由分子中各共价键的极性和空间构型来共同决定。

键的极性大小用偶极矩来表示，偶极矩（μ）等于正、负电荷中心之间的距离（d）与正或负电荷量（q）的乘积，即 $\mu=qd$，单位为库仑·米（C·m），偶极矩是矢量。通常用 $\mapsto$ 表示极性共价键的偶极方向，箭头指向带有负电荷的成键原子，有时也可以用 δ^+ 或 δ^- 表示原子带有部分正电荷或部分负电荷的情况。例如：

$$\underset{\mu=0}{\text{H—H}} \qquad \underset{\mu=0}{\text{Cl—Cl}} \qquad \underset{\mu=3.57\times10^{-30}\ \text{C·m}}{\overset{\delta^+\ \ \delta^-}{\text{H—Cl}}}$$

在分子中，偶极矩为零的分子是非极性分子，反之为极性分子；偶极矩越大，分子的极性越强。

1.2.3 共价键的断裂方式

在化学反应中，共价键有两种断裂方式，即均裂和异裂。

（1）均裂

共价键断裂时两个原子之间的共用电子对均匀分裂，两个原子各保留一个电子，这种断裂方式称为均裂。均裂生成的两个具有单电子的原子或原子团叫做自由基（或游离基），例如：

$$\text{A:B} \longrightarrow \text{A}\cdot + \text{B}\cdot$$

通过均裂产生自由基而进行的反应称为自由基反应。发生均裂反应的条件是光照、辐射、加热或使用自由基引发剂。

（2）异裂

共价键断裂时，两个原子之间的电子对完全转移到其中一个原子上，生成了正、负离子，这种断裂方式称为异裂。例如：

$$\text{A:B} \longrightarrow \text{A}^+ + :\text{B}^-$$

通过异裂产生离子而进行的反应叫离子型反应。离子型反应多是在极性条件下发生的，有的还需使用离子型催化剂。

1.3　有机化学中的酸碱概念

1.3.1　酸碱质子理论

1923 年布朗斯特（J. N. Brönsted）提出了酸碱质子理论。酸碱质子理论认为：凡能给出质子的物质都是酸，酸给出质子后生成碱；凡能与质子结合的物质都是碱，碱结合质子后生成酸。例如：

$$\underset{\text{强酸}}{HCl} + \underset{\text{强碱}}{H_2O} \rightleftharpoons \underset{\text{弱酸}}{H_3O^+} + \underset{\text{弱碱}}{Cl^-} \tag{1-1}$$

$$\underset{\text{弱酸}}{CH_3COOH} + \underset{\text{弱碱}}{H_2O} \rightleftharpoons \underset{\text{强酸}}{H_3O^+} + \underset{\text{强碱}}{CH_3COO^-} \tag{1-2}$$

从上面两个反应式看出，HCl 是强酸，给出质子后生成 Cl^-，Cl^-为弱碱，是酸 HCl 的共轭碱，而酸 HCl 是碱 Cl^-的共轭酸。在盐酸和水的平衡反应中，HCl 和 Cl^-是一对共轭酸碱，H_2O 和 H_3O^+是一对共轭酸碱。给出质子能力强的酸就是强酸，接受质子能力强的碱是强碱。HCl 是强酸，水在这里则是强碱，它的碱性比 Cl^-强得多。在式（1-1）中 H_3O^+作为酸，给出质子的能力不强，因此它是弱酸。由此可以看出，强酸的共轭碱必是弱碱（如 HCl 与 Cl^-），而强碱的共轭酸必是弱酸（如 H_2O 与 H_3O^+）。在式（1-2）中，弱酸 CH_3COOH 的共轭碱 CH_3COO^-是强碱，这个反应实际是 CH_3COO^-和 H_2O 争夺质子。酸性越强，共轭碱的碱性必定越弱；酸性越弱，共轭碱的碱性必定越强。

1.3.2　酸碱电子理论

有些有机反应不体现质子的得失，而呈现电子的转移，1923 年路易斯（G. N. Lewis）提出了酸碱电子理论。根据路易斯的定义，凡是能接受电子对的物质称为酸，凡是能给予电子对的物质称为碱。酸是电子对的接受体，碱是电子对的给予体。例如：

$$\underset{\text{路易斯酸}}{H^+} + \underset{\text{路易斯碱}}{:OH^-} \longrightarrow H_2O$$

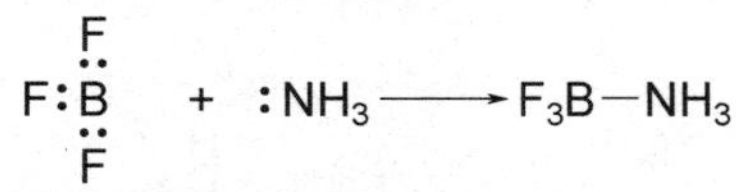

路易斯酸　路易斯碱

H^+和 BF_3 是酸，因为它们缺少电子，需要一对电子来填满它们的价电子层。OH^-、NH_3 是碱，因为它们含有可以共享的电子对。一种物质呈酸性，它一定是缺少电子的，具有接受电子对的能力，是亲电试剂。一种物质呈碱性，它一定至少具有一对未共用的电子，具有给予电子对的能力，是亲核试剂。在亲电试剂参与的反应中，亲电试剂进攻反应物分子的负电中心，得到电子而形成新的共价键；在亲核试剂参与的反应中，亲核试剂进攻反应物分子的正电中心，给予电子而形成新的共价键。大多数有机反应都可看成是路易斯酸碱反应。

1.4　有机化合物的分类

有机化合物的分类方法一般有两种：一种是按分子中碳原子的连接方式（碳的骨架）分

类，另一种是按分子中含有的官能团分类。

1.4.1 按碳骨架分类

（1）开链化合物

分子中碳原子通过单键、双键或三键相互连接成长短不等的碳链化合物为开链化合物。由于脂肪族化合物具有这种结构，开链化合物也称为脂肪族化合物。例如：

$CH_3-CH_2-CH_2-CH_3$

丁烷
butane

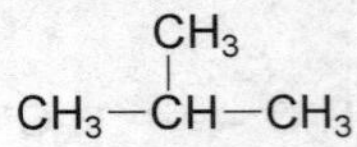

2-甲基丙烷
2-methyl propane

$CH_3-CH=CH-CH_3$

2-丁烯
2-butene

（2）脂环(族)化合物

分子中碳原子相互连接形成大小不等的环状结构的化合物为脂环（族）化合物。例如：

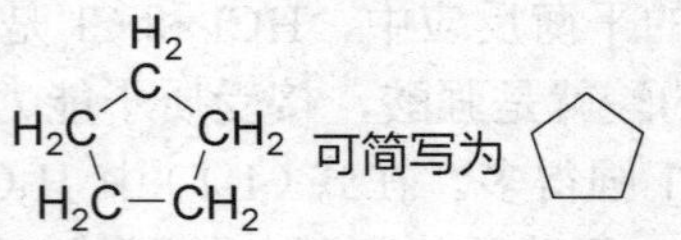

环戊烷
cyclopentane

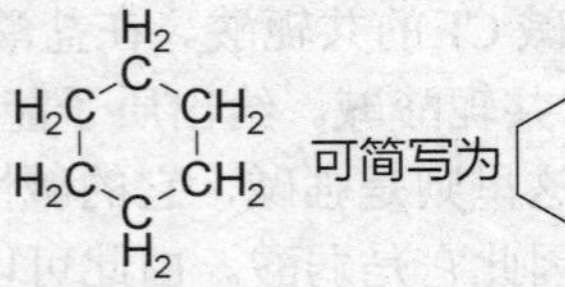

环己烷
cyclohexane

（3）芳香族化合物

分子中含有苯环结构的化合物为芳香族化合物，它们的性质与脂肪族化合物有很大差别。例如：

苯
benzene

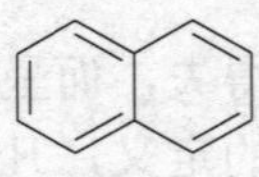

萘
naphthalene

（4）杂环化合物

分子中含有碳原子和其他杂原子（N、O、S 等）所组成的环的化合物为杂环化合物。例如：

呋喃
furan

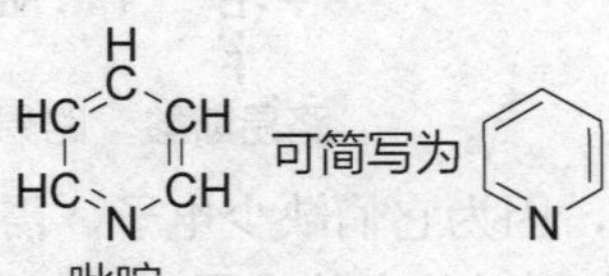

吡啶
pyridine

1.4.2 按官能团分类

按分子中含有相同的、容易发生某些特征反应的原子（如卤素原子）、原子团［如—OH（羟基）、—COOH（羧基）］或某些特征化学键结构［如双键（$\gt C=C \lt$）、三键（$-C\equiv C-$）］等来分类。由于这些容易发生反应的原子、原子团决定着化合物的一些主要性质，因此又称它们为官能团。含有相同官能团的有机化合物都具有类似的性质，所以按官能团分类就为研究数目庞大的有机化合物提供了更方便、更系统的研究方法。常见的官能团如表 1-2 所示。

表 1-2　一些常见的官能团

官能团	名称	官能团	名称
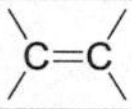	双键	$-X$(F, Cl, Br, I)	卤原子（卤基）
$-C\equiv C-$	三键	$-SH$	巯基
$-OH$	羟基	$-NH_2$(伯胺)	氨基
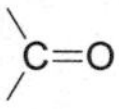	羰基	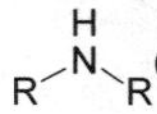(仲胺)	氨基
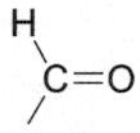	醛基	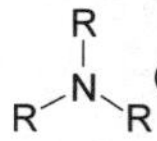(叔胺)	氨基
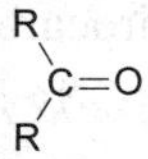	酮基	$-CN$	氰基
		$-NO_2$	硝基
		$-SO_3H$	磺酸基
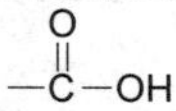	羧基	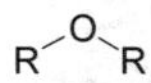	醚基

习题

参考答案

1. 有机化合物的特点是什么？
2. 将下列共价键按键的极性大小排列。
H—N，H—O，H—F，H—B，H—C
3. 已知 CO_2 的偶极矩为零，请推测 CO_2 分子的立体构型。
4. 预测下列各组化合物中，哪个化合物的酸性较强。
（1）CH_3OH 和 CH_3NH_2　　（2）CH_3OH 和 CH_3SH
（3）H_3O^+和 NH_4^+　　（4）NH_4^+和 NH_3
5. 写出下列碱的共轭酸。
（1）CH_3OH　　（2）$C_2H_5O^-$　　（3）CH_3SH
6. 写出下列化合物中官能团的名称，并指出这些化合物各属于哪一类。
（1）$(CH_3)_3CCl$　　（2）$CH_3CH_2OCH_3$　　（3）$CH_3CH{=}CHCH_3$
（4）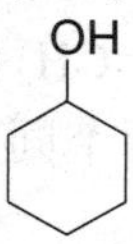　　（5）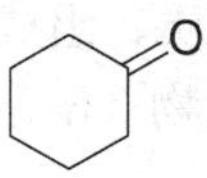

第2章

烷烃

分子中只含碳和氢两种元素的有机化合物统称碳氢化合物，简称烃（hydrocarbon）。当烃分子中的氢原子被其他原子或者基团取代后，可以生成一系列化合物。因此，烃是有机化合物的母体，其他有机物可以看作是烃的衍生物。烃的种类很多，可以分为以下几类：

- 烃
  - 开链烃
    - 饱和烃 — 烷烃
    - 不饱和烃
      - 烯烃
      - 炔烃
  - 环状烃
    - 脂环烃
      - 环烷烃
      - 环烯烃
    - 芳香烃

烃分子中碳原子呈链状连接的称为开链烃，又叫脂肪烃。饱和开链烃分子中碳原子之间都以单键相连，碳的其余价键完全被氢原子所饱和，这种烃称为烷烃（alkane）。由于石蜡是烷烃的混合物，所以烷烃又称为石蜡烃。石油和天然气是烷烃的主要来源。

2.1 烷烃的通式、同系列和构造异构

2.1.1 烷烃的通式和同系列

甲烷是最简单的烷烃，分子式是 CH_4，其次是 C_2H_6、C_3H_8、C_4H_{10} 等。从甲烷开始，每增加一个碳原子就相应增加两个氢原子，因此烷烃的通式可用 C_nH_{2n+2} 来表示，其中 n 为碳原子数目。凡是符合同一通式，具有类似结构和性质、组成上相差一个或多个 CH_2 的一系列化合物称为同系列。同系列中各个化合物互称同系物（homologue）。相邻的两个同系物在组成上的差 CH_2 称为系差。

2.1.2 构造异构

在有机化合物中，分子式相同而分子结构不同的化合物称为同分异构体（isomer，简称异构体）。在同分异构体中，结构的不同是由于分子中各原子的不同连接方式和次序而引起的，又叫构造异构体（constitutional isomer）。甲烷、乙烷、丙烷没有异构体，但含有四个或四个以上碳原子的烷烃则不止一种结构。例如，含有四个碳原子的丁烷有两种异构体，一种碳原子的连接方式是直链，称为正丁烷，沸点为−0.5℃；另一种是带支链的，称为异丁烷，沸点为−11.7℃。如：

正丁烷　　　　异丁烷

显然，烷烃分子含碳数目越多，连接方式就越多。因此，随着碳原子数目的增加，异构体的数目也显著增加。一个分子式究竟有多少种异构体，通常采用下面的步骤写出。

第一，先写出烷烃的最长直链式。如，含有 6 个碳原子的己烷 C_6H_{14} 的最长直链式为：

$$CH_3-CH_2-CH_2-CH_2-CH_2-CH_3$$

第二，写出少一个碳原子的直链式，把剩余的一个碳原子当作一个支链（甲基）连在主链上，并依次变动支链的位置。例如少一个碳原子的直链用甲基连接上去的可能性有两种：

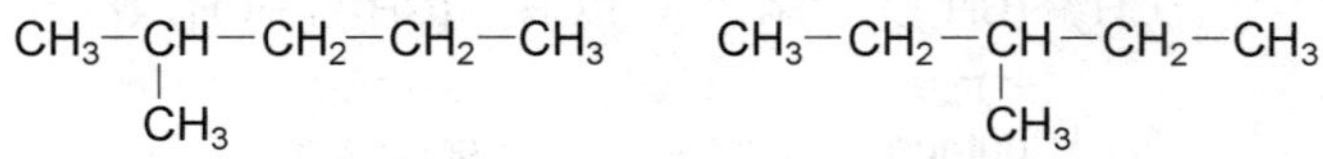

第三，再写出少两个碳原子的直链式，把剩余的两个碳原子作为取代基（两个甲基或一个乙基）连在不同的碳上或同一个碳上。如：

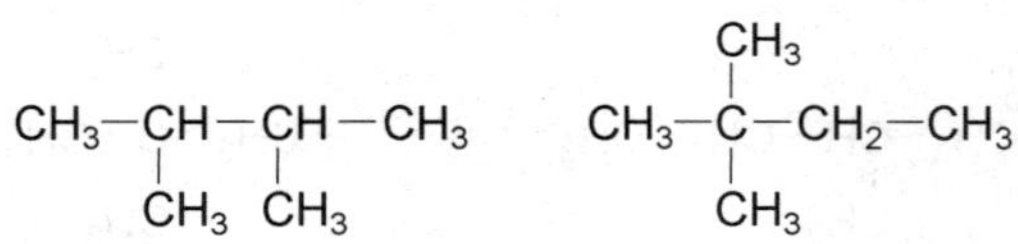

通过上面的讨论可知己烷的构造异构体有 5 种。

2.1.3 碳原子和氢原子的类型

烷烃分子中的碳原子按照所连碳原子数目的不同可分为四类：只与一个碳原子直接相连的碳原子称为伯碳原子（或一级碳原子，记作 1°），与两个碳原子直接相连的碳原子称为仲碳原子（或二级碳原子，记作 2°），与三个碳原子直接相连的碳原子称为叔碳原子（或三级碳原子，记作 3°），与四个碳原子直接相连的碳原子称为季碳原子（或四级碳原子，记作 4°）。

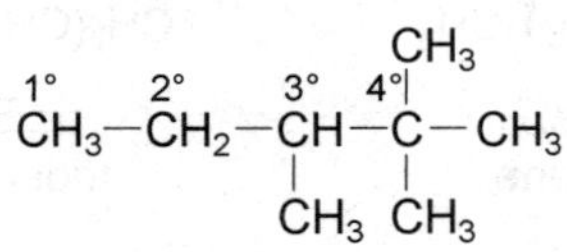

与伯、仲、叔碳原子相连的氢原子分别称为伯、仲、叔氢原子（或一级、二级、三级氢原子）。

2.2 烷烃的命名

2.2.1 烃基的概念

烃分子中去掉一个氢原子后余下的原子团为烃基，常用 R—表示。如果去掉不同的氢原子，则形成异构的烃基。例如：

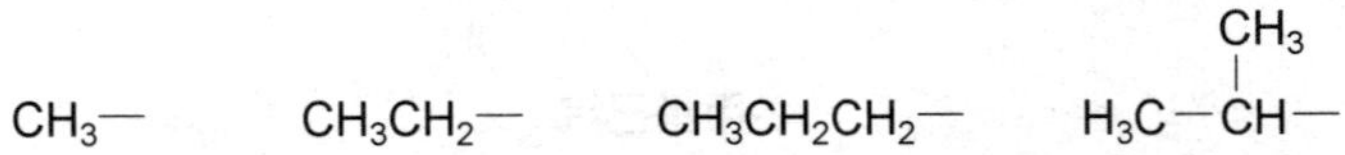

甲基	乙基	丙基	异丙基
methyl	ethyl	propyl	isopropyl

2.2.2 烷烃的命名方法

有机化合物种类繁多、数目庞大，即使分子式相同，也存在结构不同的异构体，因此需要通过准确的命名来区分各个化合物。目前，我国常用的命名法主要有普通命名法和系统命名法。对于一些名称很长的复杂化合物，命名时常采用俗名，部分化合物还会采用衍生命名法。

普通命名法又称习惯命名法，适用于比较简单的烷烃，命名原则有两条。

原则一：直链的烷烃根据分子中含碳原子的数目称为正某烷，碳原子数目在 10 以内的烷烃，用天干字甲、乙、丙、丁、戊、己、庚、辛、壬、癸表示，分子中碳原子数目在 10 以上的用十一、十二、十三等中文数字表示。例如：

$$CH_3-(CH_2)_2-CH_3 \qquad CH_3-(CH_2)_{10}-CH_3$$

丁烷 butane　　十二烷 dodecane

原则二：支链烷烃用“异”“新”等前缀区别不同的异构体，“异”指链端第二个碳原子上连有一个甲基支链，“新”指链端第二个碳原子上连有两个甲基支链。例如：

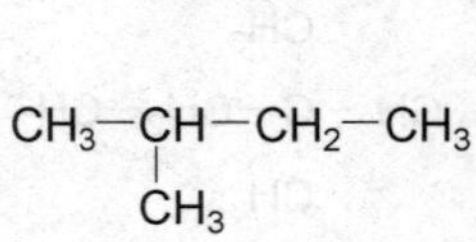
异戊烷 isopentane

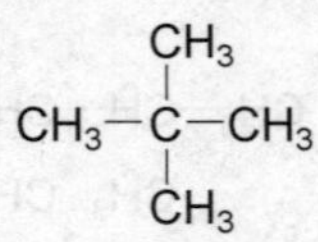
新戊烷 neopentane

对于结构比较复杂的烷烃，可采用系统命名法。中文的系统命名法是在国际纯粹与应用化学联合会（International Union of Pure and Applied Chemistry， IUPAC）于 1979 年公布的英文版命名原则的基础上，结合我国文字的特点而制定的。

（1）直链烷烃

按普通命名法命名，例如：

$$CH_3(CH_2)_4CH_3 \qquad CH_3(CH_2)_{11}CH_3$$

正己烷 hexane　　十三烷 tridecane

（2）支链烷烃

步骤 1，选主链：选择含有最多支链的最长碳链作为主链。如果有多条等长的碳链，则选择支链最多的那条作为主链。根据主链所含的碳原子数而称为某烷。支链作为取代基，命名时将烷基写在母体名称的前面，称为某基某烷。

步骤 2，编号：从离支链最近的一端开始编号；如果两个支链与最近的一端的距离相同，则从较简单的一端开始编号；如果距离和复杂程度都相同，则选择支链位置编号之和最小的一端开始编号。命名时将取代基的名称写在主链名称之前，取代基的位次用其连接的碳原子的编号表示，两者之间用半字线“-”相连。例如：

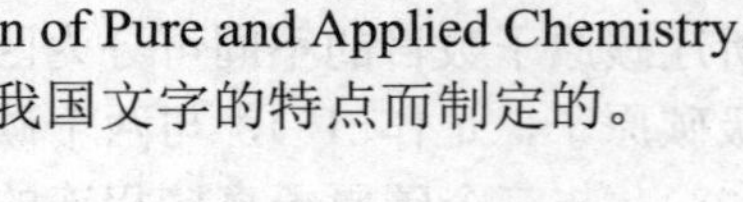
2-甲基己烷
2-methyl hexane

步骤 3，取代基的书写顺序：命名时，取代基按照其第一个原子的原子量大小顺序排列；

如果第一个原子相同，则比较它们第一个原子上连接的原子的原子量；如果有双键或三键，则视为连接了 2 或 3 个相同的原子。例如：

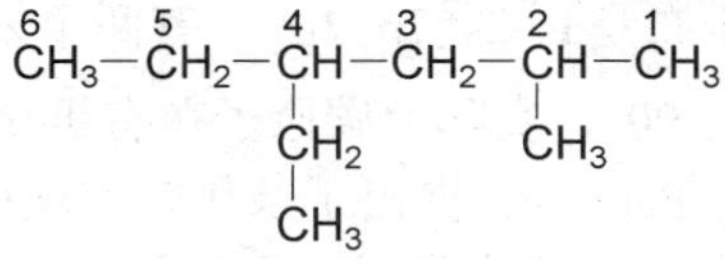

2-甲基-4-乙基己烷
4-ethyl-2-methyl hexane

步骤 4：如果含有几个相同的取代基则将它们合并，可用二、三、四……表示其数目，要逐个标明这些取代基所连接碳原子的编号，编号之间用逗号分开。

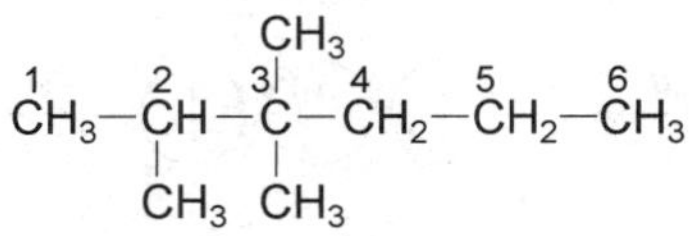

2,3,3-三甲基己烷
2,3,3-trimethyl hexane

步骤 5：如有等长的碳链可作为主链时，应选择连有取代基最多的碳链为主链。例如：

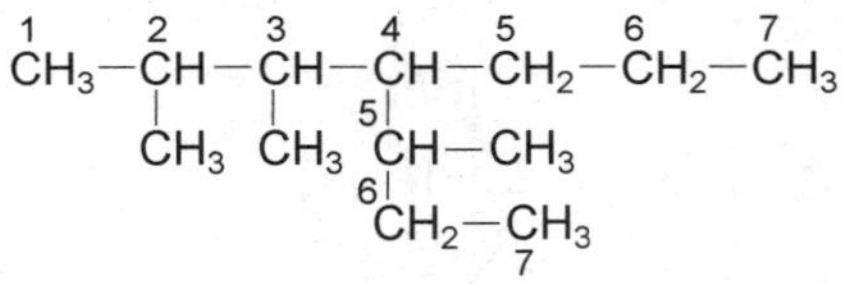

2,3,5-三甲基-4-丙基庚烷
2,3,5-trimethyl-4-propylheptane

步骤 6：如果复杂支链上还有取代基，则这个支链的名称可放在括号中或用带撇的数字对支链中碳原子编号。使用括号时，数字不用带撇；使用带撇符号时，则不使用括号。例如：

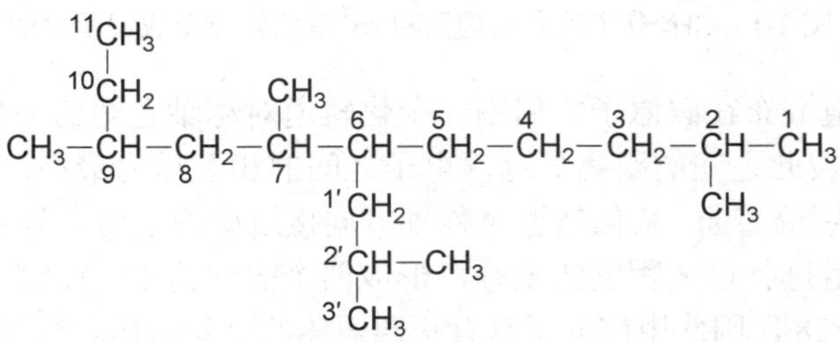

2,7,9-三甲基-6-(2-甲基丙基)十一烷
2,7,9-trimethyl-6-(2-methyl propyl) undecane
或2,7,9-三甲基-6-2′-甲基丙基十一烷
或2,7,9-trimethyl-6-2′-methyl propyl undecane

2.3 烷烃的结构

2.3.1 甲烷的结构和 sp^3 杂化轨道

用近代物理方法测得，甲烷分子为正四面体结构。碳原子居于正四面体的中心，和碳原

子相连的四个氢原子居于正四面体的四个顶点，如图 2-1（a）所示，四个 C—H 键的键长均为 0.110 nm，H—C—H 键角均为 109°28′。

碳原子在基态的核外电子排布是 $1s^2 2s^2 2p_x^1 2p_y^1$。有两个未成对的电子，按电子配对理论只能形成两个共价键，键角应为 90°，实际上碳原子在有机化合物中几乎都呈现 4 价，为了解释上述矛盾，1931 年鲍林（L. Pauling）提出了杂化轨道理论。按杂化轨道理论，碳原子在形成甲烷分子时，先从碳原子的 2s 轨道上激发一个电子到空的 $2p_z$ 轨道上去，这样就具有了四个各占据一个轨道的未成对的价电子，即形成 $1s^2 2s^1 2p_x^1 2p_y^1 p_z^1$ 的电子层结构（激发过程中所需要的能量约 402 kJ · mol^{-1}，可被成键后释放出的能量所补偿）。然后碳原子的一个 2s 轨道和三个 2p 轨道“杂化”形成四个新的等能量的 sp^3 杂化轨道，每一个 sp^3 杂化轨道含有 1/4 s 成分和 3/4p 成分，如下所示：

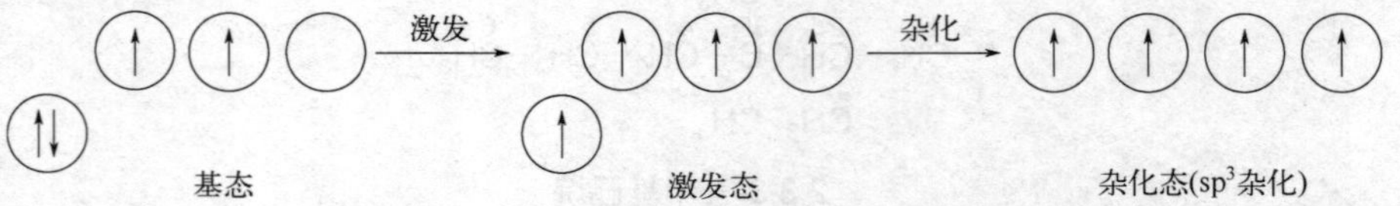

sp^3 杂化轨道具有一头大一头小的两端。杂化轨道“头大”的一端用于成键，因此杂化轨道成键时可实现最大程度的重叠，以形成更强的共价键，见图 2-1（b）、（c）。

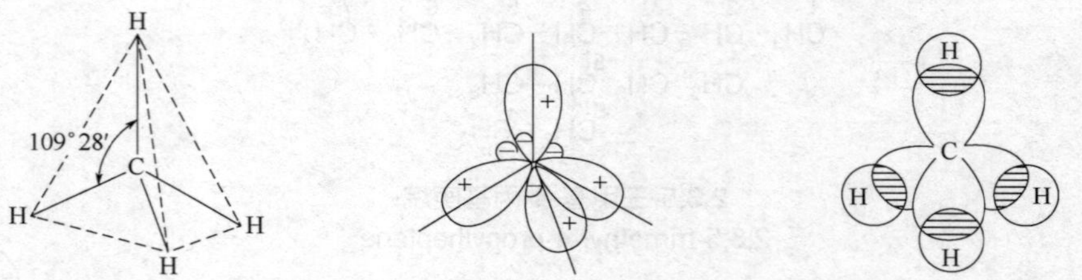

(a) 正四面体结构的CH_4分子　(b) 4个sp^3杂化轨道角度分布　(c) 碳原子的4个sp^3杂化轨道分别与4个H原子的s轨道重叠

图 2-1　CH_4 分子的空间构型和 sp^3 杂化轨道及成键示意图

四个 sp^3 杂化轨道分布在碳原子的周围，杂化轨道对称轴之间的夹角是 109°28′，这样的分布可以使四个轨道彼此之间的距离最远，电子之间的相互斥力最小，体系最稳定。

当四个氢原子分别沿着 sp^3 杂化轨道对称轴方向接近碳原子时，氢原子的 1s 轨道可以同碳原子的 sp^3 杂化轨道进行最大程度的重叠，形成四个等同的 C—H 键，见图 2-1（c）。每个 H—C—H 键角是 109°28′，因此甲烷分子具有正四面体的空间结构。这与实验测得结果相符。

2.3.2　其他烷烃的结构

乙烷分子中的碳原子同甲烷一样也是 sp^3 杂化的。两个碳原子各以 1 个 sp^3 杂化轨道重叠形成 C—C σ 键，两个碳原子又各以 3 个 sp^3 杂化轨道分别与氢原子的 1s 轨道重叠形成 C—H 键。乙烷中六个 C—H σ 键都是等同的，如图 2-2 所示。从图 2-2 乙烷分子形成示意图中可以看出（C—H 或 C—C 键）成键轨道是沿着它们的对称轴方向重叠，只有这样才能达到最大程度的重叠。

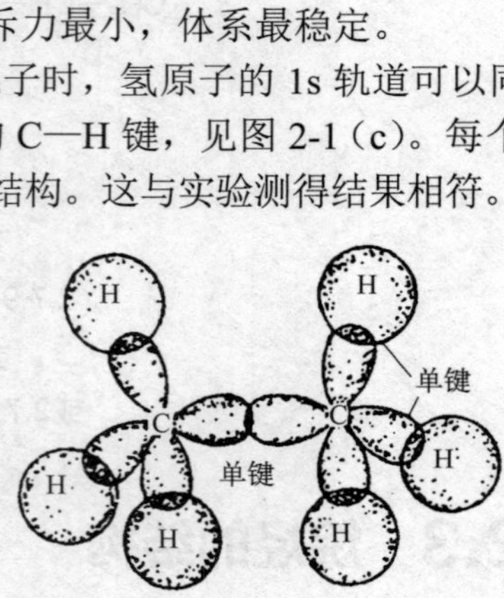

图 2-2　乙烷分子形成示意图

根据物理方法测定，多于两个碳原子的烷烃的碳链不是排布在一条直线上的，而是形成多种曲折形式。为了方便，在书写构造式时，常写直链简式或折线式，如戊烷可写成$CH_3CH_2CH_2CH_2CH_3$或。

2.3.3 乙烷的构象

在乙烷分子中，保持一个甲基不动，另一个甲基围绕C—C单键旋转，这时两个碳原子上氢原子的空间相对位置在不断变化，这就形成了许多不同的空间排列方式。这种由于原子或原子团绕单键旋转而产生的分子中各原子或原子团的不同的空间排布称为构象（conformation）。乙烷的构象可以有无数种。当两个碳原子上的氢原子彼此相距最近时形成的构象称为重叠式构象；当两个碳原子上的氢原子彼此相距最远时，形成交叉式构象。重叠式构象和交叉式构象是乙烷的两个典型构象，见图2-3。各种构象也可用透视式、纽曼投影式表示，例如乙烷的重叠式构象和交叉式构象如图2-4所示。

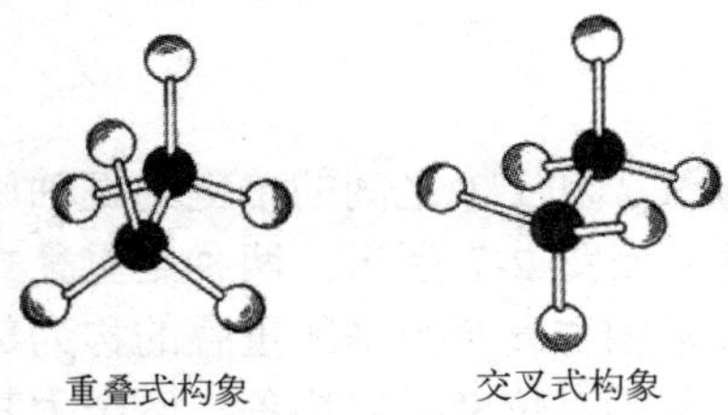

图2-3 乙烷的球棍模型

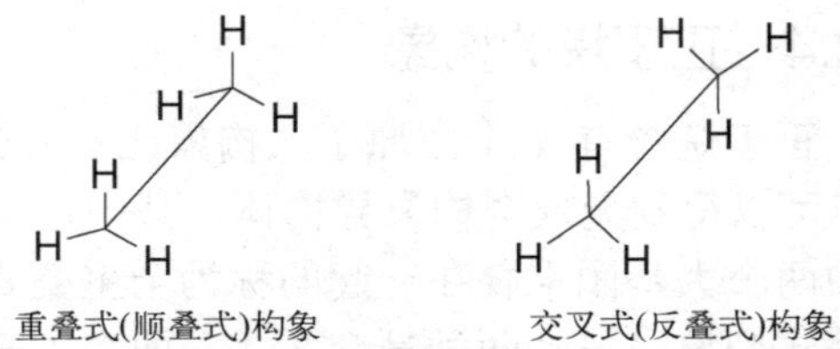

图2-4 用透视式表示乙烷的构象

透视式表示从斜侧面看到的乙烷分子模型的形象。在透视式中，虽然各键都可以看到，但各个氢原子间的相对位置不能很好地表达出来。因此纽曼（Newman）提出了以投影的方式观察和表示乙烷立体结构的方法，叫做纽曼投影法。使用这个方法时，要从碳碳单键的延长线上观察化合物分子，以圆圈表示碳碳单键上的碳原子。由于前后两个碳原子重叠，纸面上只能画出一个圆圈。前面碳上的三个碳氢键可以用从圆心出发彼此以120°夹角向外伸展的三根线代表。后面碳上的三个碳氢键可以用从圆周出发彼此以120°夹角向外伸展的三根线来代表。乙烷构象的纽曼投影式如图2-5所示。

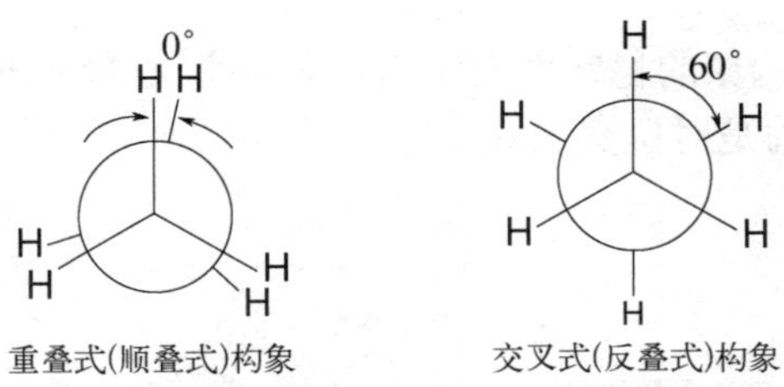

图2-5 用纽曼投影式表示乙烷的构象

纽曼投影式是把两个碳原子按σ键键轴方向进行投影，当旋转角为0°、120°、240°、360°时，形成重叠式构象，旋转角为60°、180°、300°时，形成交叉式构象。在重叠式构象中，两个碳上的C—H键是重叠相对的，而C—H键的电子因相距最近而相互排斥，产生的扭转张力最大，该构象内能较大，不稳定，可自动转变为交叉式构象，在交叉式构象中，扭转张力最小，内能最低，稳定性最好。这两种构象的能量差为$12.1\ kJ \cdot mol^{-1}$，即为能垒。乙烷分子在室温下因热运动互相碰撞而产生的能量就是用来克服$12.1\ kJ \cdot mol^{-1}$的能垒的，所以，乙烷是各种构象不断变化的动态平衡体。一般情况下乙烷构象是指它的交叉式和重叠式这两种典型构象。图 2-6 为乙烷不同构象时的能量曲线。

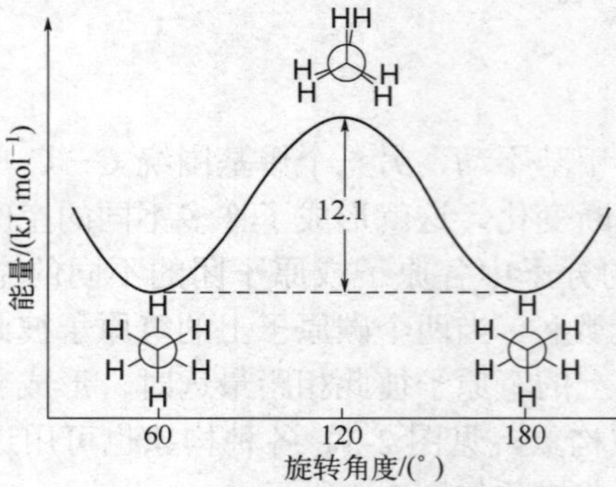

图 2-6　乙烷不同构象的能量曲线

2.3.4　正丁烷的构象

正丁烷含有 4 个碳原子，构象比乙烷更复杂，当围绕 C2 和 C3 之间的单键的键轴旋转 360°可以得到无数个构象异构体，其中包含四种极限构象。如图 2-7 所示，两种是重叠式，其中两个大基团重叠在一起的称为全重叠式构象，一个大基团与一个小基团重叠的称为部分重叠式构象；另外两种是交叉式，两个大基团处于对位时称为对位交叉式构象，两个大基团处于邻位时称为邻位交叉式构象。

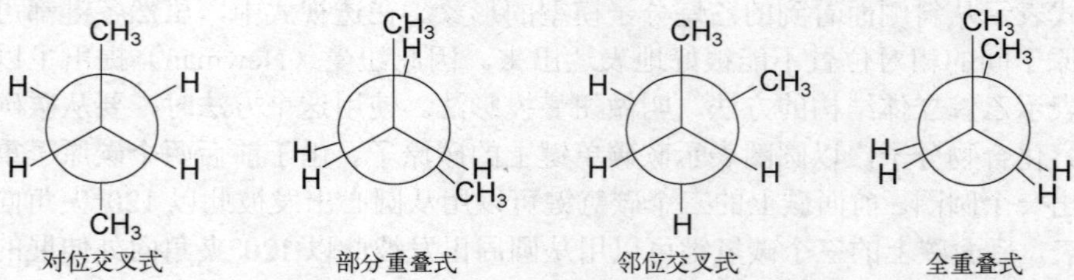

图 2-7　正丁烷四种构象的纽曼投影式

从图 2-8 看出，四种构象的稳定性次序为：对位交叉式>邻位交叉式>部分重叠式>全重叠式。四种构象中最稳定的是对位交叉式。

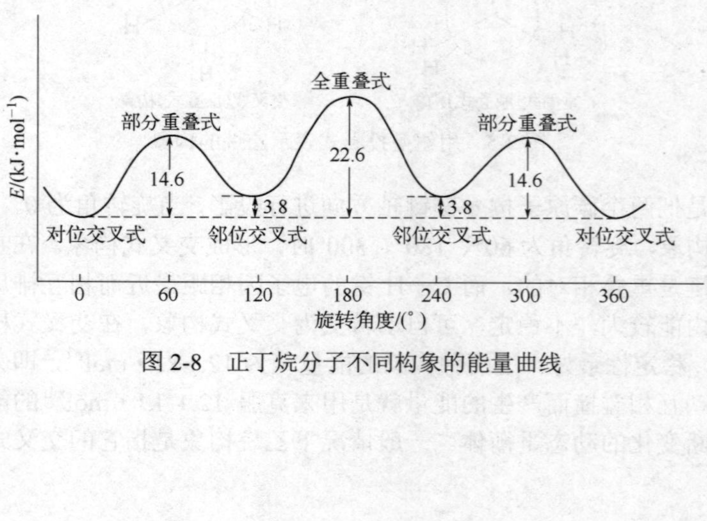

图 2-8　正丁烷分子不同构象的能量曲线

2.4 烷烃的性质

2.4.1 物理性质

有机化合物的物理性质，通常是指它们的聚集状态、沸点、熔点、溶解度、折射率及波谱性质等。纯物质的物理性质在一定条件下都有固定的数值，常把这些数值称为物理常数。通过测定物理常数可以鉴定物质的纯度。

① 状态　烷烃在室温和 0.1 MPa 下，C_1～C_4 为气体，C_5～C_{16} 是液体，C_{17} 以上是固体。

② 沸点　直链烷烃的沸点（boiling point）一般随分子量的增加而升高，如图 2-9 所示，这是因为沸点与分子间范德瓦耳斯力有关。烷烃是低极性分子，但是在不断运动的过程中也可以产生瞬间偶极，瞬间偶极间具有相互作用力，即色散力。分子间的范德瓦耳斯力主要由色散力产生，因此沸点随着分子量的增加而升高。在同系物中，相邻的低级烷烃之间的沸点差值较大，随着分子量的增加，相邻的高级烷烃间的沸点上升的幅度逐渐缩小。在同分异构体中，有支链的烷烃沸点较低。这是因为分子中含有支链较多，导致分子之间的空间阻碍增大，分子间距离的增加导致色散力不断减弱，从而分子间的范德瓦耳斯力减小，沸点必然降低。

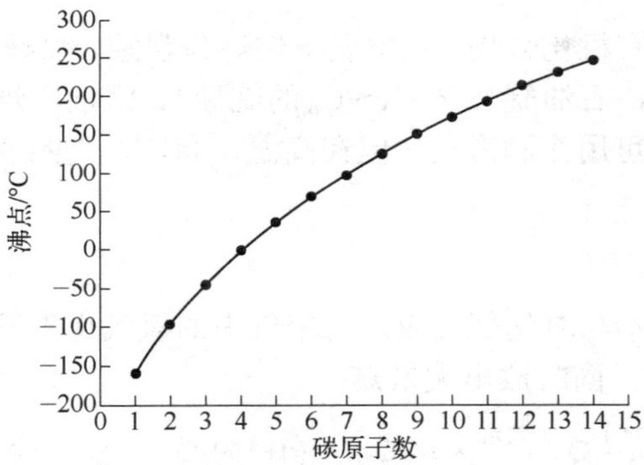

图 2-9　直链烷烃的沸点曲线

③ 熔点　烷烃的熔点（melting point）也随碳原子数的增加呈不规则的上升。具有偶数碳原子的直链烷烃对称性较好，其固体有较高的晶格能，熔点比含奇数碳原子的烷烃的熔点高得多。在有支链的烷烃中，当分子量相同时对称性好的熔点较高。例如：

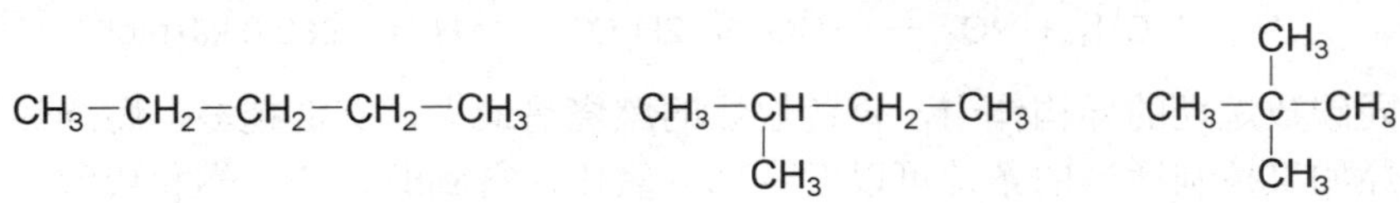

熔点/°C　　−130　　−160　　−17

④ 相对密度（d_4^{20}）　烷烃的相对密度小于 1，随着分子量的增大而升高，最后接近于 0.79。烷烃的相对密度与分子间的范德瓦耳斯力有关，分子间的距离随着分子间范德瓦耳斯力的增大不断减小，从而相对密度不断增大。

⑤ 溶解度　烷烃是非极性化合物，不溶于水而易溶于有机溶剂，符合“相似相溶”规律。

⑥ 折射率（n_D^{20}）　在一定温度下，一定波长的光透过纯物质时所测得的折射率是不变的。在烷烃的同系列中，随碳链增长，折射率增大。一些直链烷烃的物理常数见表 2-1。

表 2-1　一些正烷烃的物理常数

状态	名称	沸点/℃	熔点/℃	相对密度（d_4^{20}）	折射率（n_D^{20}）
气体	甲烷	−161.7	−182.6	0.424	—
	乙烷	−88.6	−182.0	0.546	—
	丁烷	−0.5	−138.0	0.579	1.3562（−15℃）
液体	戊烷	36.1	−129.7	0.6263	1.3577
	己烷	68.7	−95.3	0.6594	1.3750
	庚烷	98.4	−90.5	0.6837	1.3877
	辛烷	125.6	−56.8	0.7028	1.3976
	壬烷	150.7	−53.7	0.7179	1.4056
	癸烷	174.0	−29.7	0.7298	1.4102
	十一烷	195.8	−25.6	0.7402	1.4172
	十六烷	287.1	18.1	0.7733	1.4345
固体	十七烷	303.0	22.0	0.7780	1.4369
	二十烷	324.7	36.4	0.7797	1.4307（50℃）

2.4.2 化学性质

烷烃是一类不活泼的有机化合物，在室温下烷烃与强酸、强碱、强氧化剂等都不起作用。由于烷烃有很好的稳定性，石油醚（含 C_5～C_6 的烷烃）、汽油、煤油等都可作为溶剂，凡士林（含 C_{18}～C_{34} 的烷烃）可用作润滑剂。但在高温、高压、光照或催化剂的影响下，烷烃也能发生一些化学反应。

2.4.2.1 氧化反应

在常温下，烷烃一般不与氧化剂反应，与空气中的氧气也不发生反应。但烷烃在空气中燃烧可以生成 CO_2 和 H_2O，同时放出大量热：

$$C_nH_{2n+2} + \frac{3n+1}{2}O_2 \xrightarrow{\text{燃烧}} nCO_2 + (n+1)H_2O \qquad \Delta H^\ominus < 0$$

$$C_{10}H_{22} + \frac{31}{2}O_2 \xrightarrow{\text{燃烧}} 10CO_2 + 11H_2O \qquad \Delta H^\ominus = -6778\ \text{kJ}\cdot\text{mol}^{-1}$$

甲烷和氧气按下面反应式反应时，遇火花即爆炸而且极为剧烈。这个反应就是矿井瓦斯爆炸的原因。

$$CH_4 + 2O_2 \longrightarrow CO_2 + 2H_2O \qquad \Delta H^\ominus = -889.8\ \text{kJ}\cdot\text{mol}^{-1}$$

在同碳数烷烃的异构体中，直链烷烃的燃烧热最大，支链越多，燃烧热越小。

烷烃如果控制适当的条件可以发生部分氧化，得到醇、醛、酮和羧酸：

$$CH_3CH_2CH_3 + O_2 \xrightarrow[\triangle]{MnO_2} \underset{\text{甲酸}}{HCOOH} + \underset{\text{乙酸}}{CH_3COOH} + \underset{\text{丙酮}}{H_3C-\overset{\overset{\displaystyle O}{\|}}{C}-CH_3}$$

将石蜡（含 C_{20}～C_{30} 的烷烃）氧化得到高级脂肪酸：

$$RCH_3-CH_2R' + O_2 \xrightarrow[110\sim120\ ^\circ C]{MnO_2} RCOOH + R'COOH$$

其中 C_{10}～C_{20} 的脂肪酸可代替天然油脂用来制肥皂。

2.4.2.2 裂化反应

将烷烃隔绝空气加热到高温，分子中 C—C 键和 C—H 键发生断裂，生成分子量较小的烷烃、烯烃等，这种反应叫裂化反应（pyrolysis）。裂化反应是个复杂的过程，烷烃的裂化反应主要是较长碳链的烷烃分解为较短碳链的烷烃、烯烃和氢的混合物。裂化反应在石油化工生产中非常重要，例如：

$$CH_3CH_2CH_2CH_3 \xrightarrow[500\ ^\circ C]{\text{裂化}} \begin{cases} CH_4 + CH_2{=}CHCH_3 \\ CH_3CH_3 + CH_2{=}CH_2 \\ CH_2{=}CHCH_2CH_3 + H_2 \end{cases}$$

2.4.2.3 卤代反应

甲烷是很稳定的烷烃，在强烈日光照射下，甲烷与氯气发生反应生成氯代甲烷和氯化氢：

$$CH_4 + Cl_2 \xrightarrow{\text{光照}} CH_3Cl + HCl$$

在光的照射下或加热到 350～400 ℃时，甲烷进行氯代反应生成各种氯代甲烷的混合物：

$$CH_4 + Cl_2 \xrightarrow{\text{光照}} CH_3Cl + HCl$$
$$CH_3Cl + Cl_2 \xrightarrow{\text{光照}} CH_2Cl_2 + HCl$$
$$CH_2Cl_2 + Cl_2 \xrightarrow{\text{光照}} CHCl_3 + HCl$$
$$CHCl_3 + Cl_2 \xrightarrow{\text{光照}} CCl_4 + HCl$$

（1）甲烷卤代反应的历程

① 链的引发　在甲烷的氯代反应中，首先氯分子在光照或加热条件下，吸收能量裂解生成两个各带一个电子的氯原子（称氯自由基）：

$$Cl{-}Cl \xrightarrow{\text{光照}} 2Cl\cdot$$

凡具有未成对电子的原子或基团称为自由基（或游离基）。书写时，一般在原子或基团符号旁加上一个点“•”，以表示未成对电子的存在。

② 链的增长　氯自由基非常活泼，可以夺得甲烷中的氢原子生成氯化氢和甲基自由基：

$$Cl\cdot + H{-}CH_3 \longrightarrow HCl + \cdot CH_3$$

甲基自由基也是非常活泼的，当它与氯分子中的氯结合时可生成氯甲烷和另一个新的氯自由基。

$$Cl{-}Cl + \cdot CH_3 \longrightarrow Cl\cdot + Cl{-}CH_3$$

新的氯自由基可以夺取新产生的一氯甲烷分子中的氢原子，生成HCl和一氯甲基自由基，一氯甲基自由基再与 Cl_2 作用生成二氯甲烷及氯自由基，如此循环可以得到三氯甲烷及四氯化碳：

$$Cl\cdot + CH_3Cl \longrightarrow \cdot CH_2Cl + HCl$$
$$Cl_2 + \cdot CH_2Cl \longrightarrow CH_2Cl_2 + Cl\cdot$$
$$Cl\cdot + CH_2Cl_2 \longrightarrow \cdot CHCl_2 + HCl$$

$$Cl_2 + \cdot CHCl_2 \longrightarrow CHCl_3 + Cl\cdot$$

$$Cl\cdot + CHCl_3 \longrightarrow \cdot CCl_3 + HCl$$

$$Cl_2 + \cdot CCl_3 \longrightarrow CCl_4 + Cl\cdot$$

③ 链的终止　自由基之间彼此结合，反应就会逐渐停止。如：

$$Cl\cdot + Cl\cdot \longrightarrow Cl_2$$

$$Cl\cdot + \cdot CH_3 \longrightarrow CH_3-Cl$$

$$\cdot CH_3 + \cdot CH_3 \longrightarrow CH_3-CH_3$$

自由基反应一般由高温、光照、辐射或自由基引发剂（如过氧化物）所引起，通常在气相条件下或非极性溶剂中进行。

（2）高级烷烃卤代反应的取向

除甲烷、乙烷等少数烷烃外，因其他烷烃中氢原子的类型不同，卤素取代的氢原子类型各异，即卤代反应的取向不同，同时卤代反应进行的难易程度也不相同。现以丙烷和异丁烷的卤代反应为例：

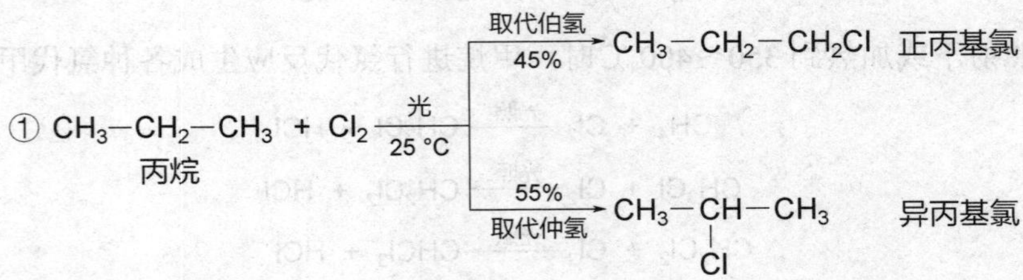

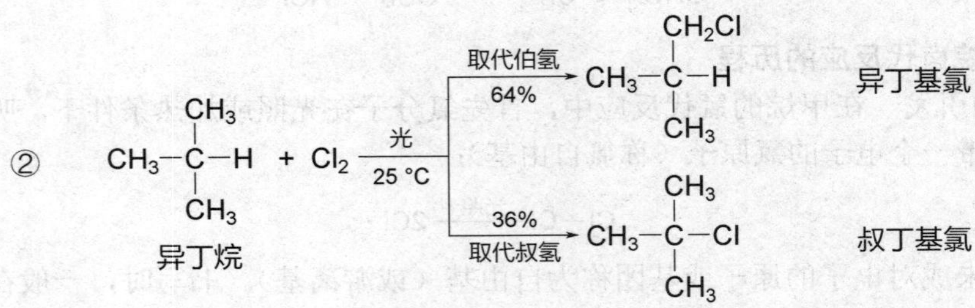

丙烷分子中包含 8 个氢原子，其中有 6 个伯氢、2 个仲氢，氯代反应时夺取每个伯氢与仲氢的概率分别为 45%/6 和 55%/2，这表明仲氢比伯氢活泼，更容易被取代。伯氢与仲氢活性之比为：

$$\frac{\text{仲氢活性}}{\text{伯氢活性}}=\frac{55\%/2}{45\%/6}\approx\frac{4}{1}$$

异丁烷中包含 10 个氢原子，其中有 9 个伯氢、1 个叔氢，氯代反应时夺取每个伯氢与叔氢的概率分别为 36%/1 和 64%/9，可以明显地看出叔氢比伯氢要活泼得多。伯氢与叔氢活性之比为：

$$\frac{\text{叔氢活性}}{\text{伯氢活性}}=\frac{36\%/1}{64\%/9}\approx\frac{5}{1}$$

通过比较得出，高级烷烃的卤代反应的取向与氢原子的类型有关，氢原子被卤代的难易次序为（由易到难）叔氢>仲氢>伯氢，叔氢、仲氢、伯氢的活性之比大致为 5∶4∶1。

拓展阅读

烷烃在石油化工中的应用

1. 燃料领域

汽油：汽油是一种重要的燃料，主要成分是含碳原子数为 5 ~ 12 的烷烃。这些烷烃具有合适的挥发性，能够在发动机的燃烧室内迅速汽化并与空气充分混合。例如，异辛烷（2,2,4-三甲基戊烷）是汽油抗爆性的重要指标成分，其抗爆性能好，其辛烷值被定义为 100。汽油中的烷烃通过燃烧，将化学能转化为机械能，驱动汽车等交通工具运行。

柴油：柴油主要由含碳原子数为 10 ~ 12 的烷烃组成。与汽油相比，柴油的沸点更高，挥发性较弱。它在柴油发动机中通过压燃的方式燃烧，为重型车辆、船舶、发电机等提供动力。长链烷烃在柴油中的含量较高，其分子中的碳碳键和碳氢键在燃烧过程中断裂，释放出大量的热能。

航空煤油：航空煤油是专门为航空涡轮发动机设计的燃料，主要成分包括 C_6 ~ C_8 的烷烃。它需要有良好的燃烧性能、低温流动性和热稳定性，这是因为在高空低温环境下，航空煤油中的烷烃依然能够保持良好的流动性，确保燃料能够顺利地输送到发动机燃烧室进行燃烧，为飞机提供动力。

2. 化工原料领域

乙烯生产：在石油化工中，通过烷烃（如乙烷、石脑油等）的裂解可以生产乙烯。乙烷在高温（约 800 ~ 900 ℃）和短停留时间的条件下，发生裂解反应：$C_2H_6 \longrightarrow C_2H_4+H_2$。乙烯是一种极其重要的化工原料，用于生产聚乙烯（世界上产量最大的塑料之一）、环氧乙烷（用于生产乙二醇等）、苯乙烯等众多化工产品。

丙烯生产：丙烷等烷烃是生产丙烯的重要原料。丙烷在高温下裂解或通过脱氢反应可以生成丙烯。丙烯用于制造聚丙烯塑料、丙烯腈（用于合成纤维和橡胶）、环氧丙烷等化工产品，在塑料、纤维、橡胶等行业发挥着关键作用。

合成橡胶原料：某些烷烃经过一系列复杂的化学反应可以转化为合成橡胶的原料。例如，丁烷可以通过氧化等反应生产丁二烯，丁二烯是合成顺丁橡胶、丁苯橡胶等多种橡胶的重要单体。这些合成橡胶广泛应用于轮胎制造、橡胶制品等领域，满足了汽车工业、建筑工业等对橡胶材料的大量需求。

3. 润滑剂领域

润滑油基础油：石油经过精制后得到的矿物油主要成分是烷烃。这些烷烃组成的润滑油基础油具有良好的润滑性能、抗氧化性能和低温流动性。长链烷烃分子在机械部件表面形成一层油膜，减少部件之间的摩擦和磨损。例如，在汽车发动机中，润滑油中的烷烃能够有效减少活塞与气缸壁之间的摩擦，同时还能带走热量，起到冷却作用，延长发动机的使用寿命。

白油：白油是一种经过高度精制的烷烃混合物，主要用于化妆品和食品加工、机械润滑等对纯度要求较高的领域。白油中的烷烃具有无色、无味、无臭的特点，在食品工业中，它可以作为脱模剂用于烘焙食品的加工，防止食品粘在模具上；在化妆品工业中，白油可以作为保湿剂和润滑剂，用于护肤品、唇膏等产品中。

参考答案

习题

1. 写出 C_2H_{16} 所有同分异构体的构造式，并用系统命名法命名。

2. 用系统命名法命名下列化合物。

（1）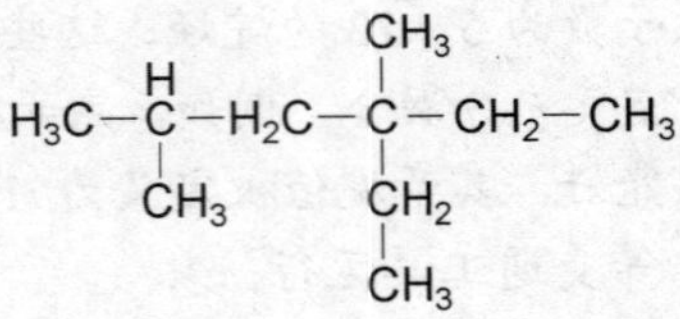

（2）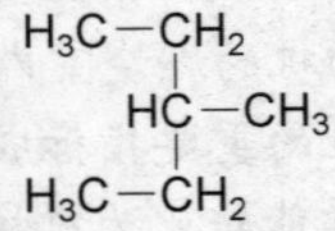

（3）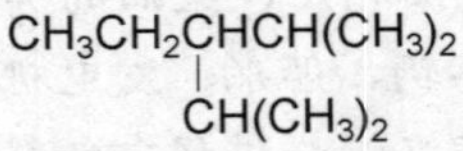

（4）$(CH_3)_2CH-C(CH_3)_3$

3. 写出下列化合物的构造式。

（1）2,2,3,3-四甲基戊烷

（2）2,4-二甲基-4-乙基庚烷

（3）2,3-二甲基庚烷

4. 用不同符号标出下列化合物中伯、仲、叔、季碳原子。

（1）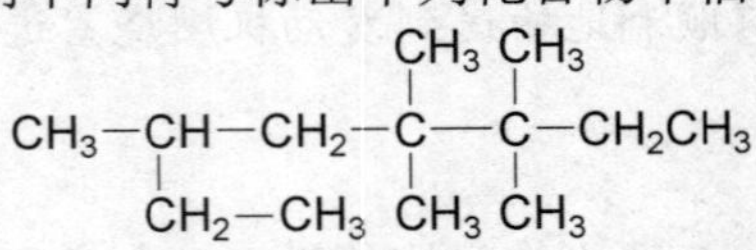

（2）$CH_3CH(CH_3)CH_2C(CH_3)_2CH(CH_3)CH_2CH_3$

5. 试将下列各化合物按其沸点由高到低排列成序：正庚烷，正辛烷，正己烷，2-甲基戊烷，2,3-二甲基丁烷，正癸烷。

6. 写出下面反应链引发、链增长、链终止的各步反应式。

$$CH_3CH_3 + Cl_2 \xrightarrow{光照} CH_3CH_2Cl + HCl$$

7. 用纽曼投影式写出 1,2-二溴乙烷最稳定及最不稳定的构象，并写出该构象的名称。

第3章
烯烃

分子中含有碳碳双键的烃叫做烯烃（alkene），相对于饱和烷烃，烯烃属于不饱和烃（unsaturated hydrocarbon）。根据含有双键的数目分为单烯烃、二烯烃和多烯烃。单烯烃是指分子中含有一个碳碳双键的不饱和开链烃，单烯烃的通式为 C_nH_{2n}，碳碳双键是烯烃的官能团。

3.1 烯烃的结构

在单烯烃中，乙烯的结构最为简单，分子式为 C_2H_4，经 X 射线衍射和电子衍射等物理方法测定证明，乙烯是平面形分子，两个碳原子和四个氢原子均在同一平面上，每个碳原子都与一个碳原子和两个氢原子相连接，键角接近于 120°，如图 3-1 所示。

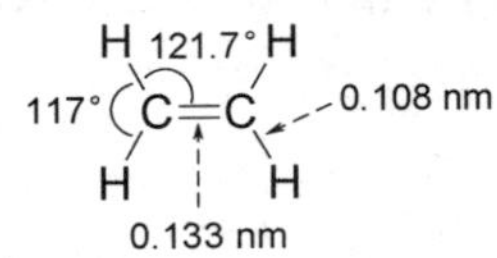

图 3-1 乙烯分子中的键角和键长

杂化轨道理论认为，乙烯分子中碳原子的一个 2s 轨道和两个 2p 轨道进行杂化，形成 3 个完全等同的 sp^2 杂化轨道。它们的对称轴以碳原子为中心，分别指向正三角形的三个顶点，如图 3-2（a）所示。乙烯分子的两个碳原子各以两个 sp^2 杂化轨道分别与两个氢原子的 1s 轨道重叠形成四个 C—H σ 键，两个碳原子的 sp^2 杂化轨道之间又相互重叠形成一个 C—C σ 键。这五个键的对称轴都在同一平面上，如图 3-2（b）所示。每个碳原子上未参加杂化的 2p 轨道相互平行，以侧面相互重叠而形成了另一种化学键，叫做 π 键，如图 3-2（c）所示。

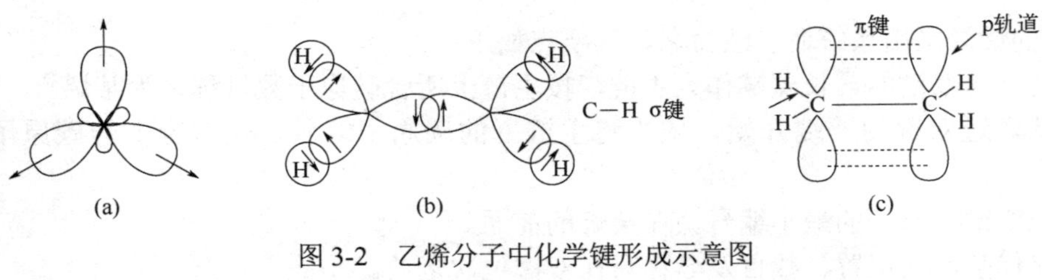

图 3-2 乙烯分子中化学键形成示意图

π 键和 σ 键不同之处如下：

① π 键的电子云重叠程度远不如 σ 键，因此键能较小，π 键不如 σ 键牢固，较容易断裂。

② π 键成键原子不能围绕键轴旋转，而 σ 键成键原子可绕键轴“自由”旋转。

③ π 键的电子云不像 σ 键电子云那样集中在两个碳原子核的连线上，而是分散暴露在分

子所在平面的上、下方，距原子核较远，原子核对它的约束力较小，具有较大的流动性，容易受外界影响而极化，因此烯烃表现出较大的化学活泼性。

3.2 烯烃的异构和命名

3.2.1 烯烃的异构

烯烃与烷烃相比，除了有碳链异构外，还有因双键位置不同而引起的异构，这样的异构叫做位置异构。碳链异构和位置异构均属于构造异构。

（1）构造异构

对于烯烃来说，可用下面的例子来说明其构造异构，丁烯有三种构造异构体：

$CH_3CH_2CH{=}CH_2$　　$CH_3CH{=}CHCH_3$　　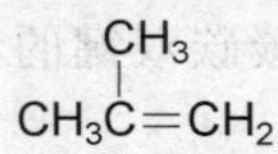

① 1-丁烯　　② 2-丁烯　　③ 2-甲基丙烯

①与③互为碳链异构体，①与②是双键的位置异构体。

（2）顺反异构

在烯烃分子中，当双键的两个碳原子同时连接不同的原子或基团时，因双键不能自由旋转，原子或基团在空间就会有不同的排列方式，出现异构现象，这种异构现象叫做顺反异构（cis-trans isomerism）。顺反异构属于构型异构，是立体异构的一种。在这样的异构体中，如果两个相同基团处于双键的同侧的叫顺式（*cis*-form），处于异侧的叫反式（*trans*-form），如：

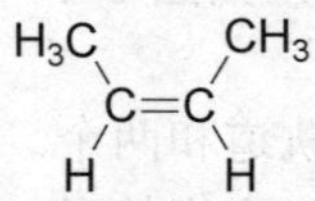

顺-2-丁烯(*cis*-2-butene)

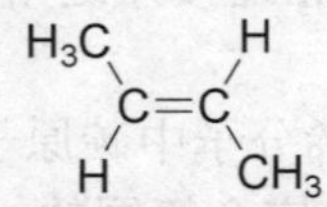

反-2-丁烯(*trans*-2-butene)

3.2.2 烯烃的命名

简单的烯烃通常采用普通命名，例如：

$H_2C{=}CH_2$　　$CH_3CH{=}CH_2$　　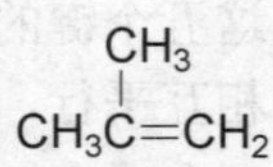

乙烯(ethylene)　　丙烯(propylene)　　异丁烯(isobutene)

复杂的烯烃采用系统命名法命名，其要点如下：

① 选择含双键的最长碳链作为主链，按主链上所含碳原子数目称之为某烯。

② 从靠近双键的一端开始，依次将主链上的碳原子编号，使双键上的碳原子的编号最小。

③ 把双键碳原子的最小编号写在某烯的前面。

④ 取代基所在位置、数目及名称写在双键位次之前。

例如：

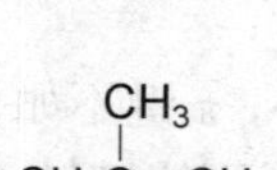

2-甲基丙烯(2-methyl propylene)

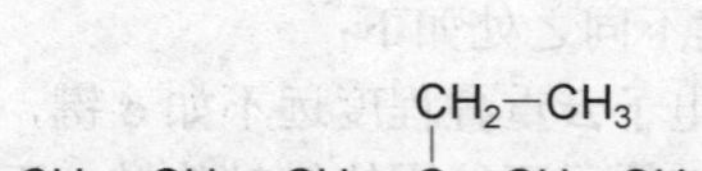

3-乙基-2-己烯(3-ethyl-2-hexene)

顺反异构体命名时，如果在碳碳双键的两个碳原子上有相同原子或基团，可以用顺、反来表示其构型，但如果双键的两个碳原子上没有相同原子或者基团，则无法用顺、反来说明其构型。在系统命名中，采用“*Z*”和“*E*”表示构型。在“*Z*、*E*”命名中，首先要利用次序规则（sequence rule）判定双键上碳原子所连基团的先后次序。

“次序规则”是英戈德（C. K. Ingold）等人为了解决异构体命名中原子或原子团的顺序问题，而提出来的原子或原子团的优先规则。其要点如下：

① 将与双键碳原子直接相连的原子按原子序数排列，原子序数大的放在前面，小的放在后面，若是同位素质量数大的在先，未共用电子对的排在末位。例如：

$$Br > Cl > O > N > D > H$$

② 如果直接相连的第一个原子的原子序数相同，则比较与它相连的其他原子，按原子序数的大小，先比较最大的，若相同，再顺次比较下去，得到该基团的优先顺序。例如：

$$—CH_2CH_2CH_2CH_3 > —CH_2CH_2CH_3 > —CH_2CH_3$$

③ 如果基团含有双键或三键，则当作两个或三个单键看待。例如：

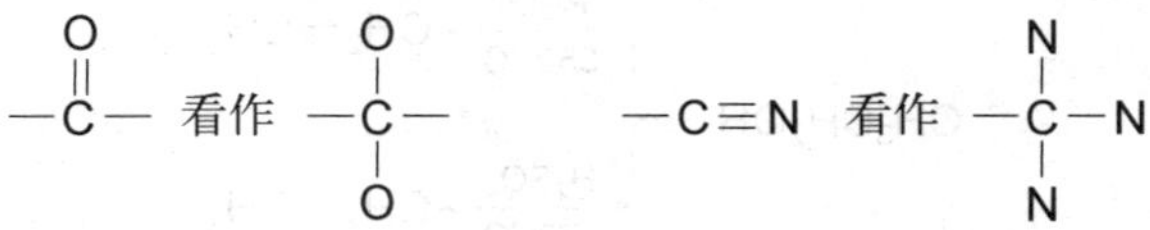

在“*Z*、*E*”命名中，双键的两个碳原子上的优先基团处于双键同一侧的叫做 *Z* 型；处于双键两侧的叫做 *E* 型。因此，当双键的两个碳原子各连接不同的原子或基团时，就有可能生成两种不同的异构体。例如：

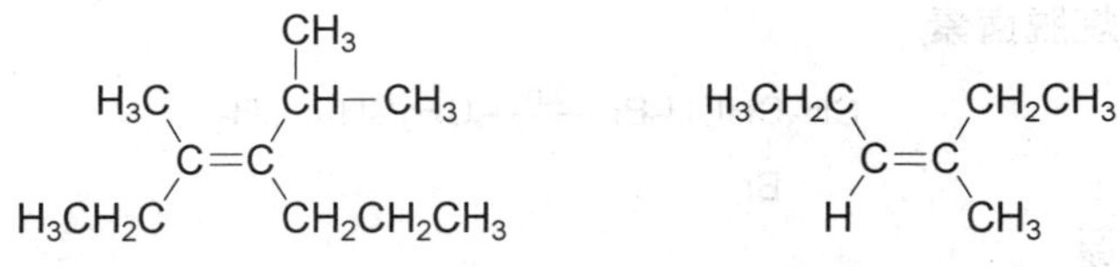

E-3-甲基-4-异丙基-3-庚烯　　*Z*-3-甲基-3-己烯

E-3-methyl-4-isopropyl-3-heptene　　*Z*-3-methyl-3-hexene

3.3 烯烃的物理性质

烯烃与烷烃的物理性质很相似，含 2～4 个碳原子的烯烃为气体，5～15 个碳原子的为液体，高级烯烃为固体。对于直链烯烃每增加一个 CH_2，沸点升高 20～30℃。在同分异构体中，支链烯烃比直链烯烃沸点高。同分子量的烯烃顺式异构体比反式异构体沸点略高，而熔点则相反。所有的烯烃几乎不溶于水，但可溶于非极性溶剂，如四氯化碳和乙醚等。常见烯烃的物理常数见表 3-1。

表 3-1　常见烯烃的物理常数

烯烃	熔点/℃	沸点/℃	相对密度 d_4^{20}	烯烃	熔点/℃	沸点/℃	相对密度 d_4^{20}
乙烯	−169.1	−103.7	—	顺-2-丁烯	−138.9	3.7	0.6213
丙烯	−185.2	−47.4	—	异丁烯	−140.3	−6.9	0.5942
1-丁烯	−184.3	−6.3	—	1-戊烯	−138.0	30.0	0.6405
反-2-丁烯	−106.5	0.9	0.6042	反-2-戊烯	−136.0	36.4	0.6482

续表

烯烃	熔点/℃	沸点/℃	相对密度 d_4^{20}	烯烃	熔点/℃	沸点/℃	相对密度 d_4^{20}
顺-2-戊烯	−151.4	36.9	0.6556	2,3-二甲基-2-丁烯	−74.3	73.2	0.7080
2-甲基-1-丁烯	−137.6	31.2	0.6504	1-庚烯	−119.0	93.6	0.6970
3-甲基-1-丁烯	−168.5	20.7	0.6272	1-辛烯	−101.7	121.3	0.7149
2-甲基-2-丁烯	−133.8	38.5	0.6623	1-壬烯	—	146.0	0.7300
1-己烯	−139.8	63.3	0.6731	1-癸烯	−66.3	170.5	0.7408

3.4 烯烃的制法

烯烃主要来源于石油、天然气、油厂气和裂化气等，实验室制备烯烃可采用消除和还原等反应：

（1）醇脱水

$$CH_3CH_2OH \xrightarrow[350\ ^\circ C]{Al_2O_3} CH_2{=}CH_2$$

$$CH_3CH_2OH \xrightarrow[170\ ^\circ C]{H_2SO_4} CH_2{=}CH_2$$

（2）卤代烃脱卤化氢

$$RCH_2{-}CH_2Br + KOH \xrightarrow[\triangle]{乙醇} RCH{=}CH_2 + KBr + H_2O$$

（3）邻二卤代烷脱卤素

$$CH_3\underset{\displaystyle Br}{\underset{|}{C}}HCH_2Br \xrightarrow{Zn} CH_3CH{=}CH_2$$

（4）炔烃的还原

$$R{-}C{\equiv}C{-}R' + H_2 \xrightarrow{Lindlar催化剂} R{-}HC{=}\underset{\displaystyle H}{C}{-}R'$$

3.5 烯烃的化学性质

烯烃的化学性质比烷烃活泼，烯烃的化学性质主要表现在碳碳双键的加成与氧化。最典型的加成反应就是双键中的 π 键断开，随后形成两个 σ 键，不饱和的烯烃变成了饱和的烷烃或者取代烷烃。

3.5.1 加氢反应

烯烃与氢的加成需要很高的活化能，因此较难反应。但使用金属催化剂可以降低反应活化能，使反应容易发生。在催化剂的作用下，烯烃与氢加成生成烷烃，称为催化氢化。反应会放出一定的热量，每个双键约放出 125.5 $kJ \cdot mol^{-1}$，称为氢化热。可以通过测定不同烯烃的氢化热，比较烯烃的稳定性。例如 *E*-2-丁烯比 *Z*-2-丁烯稳定：

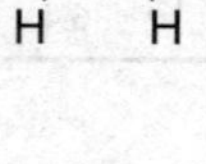

$$+ H_2 \xrightarrow{催化剂} CH_3CH_2CH_2CH_3 \quad 氢化热 = -119.6\ kJ\cdot mol^{-1}$$

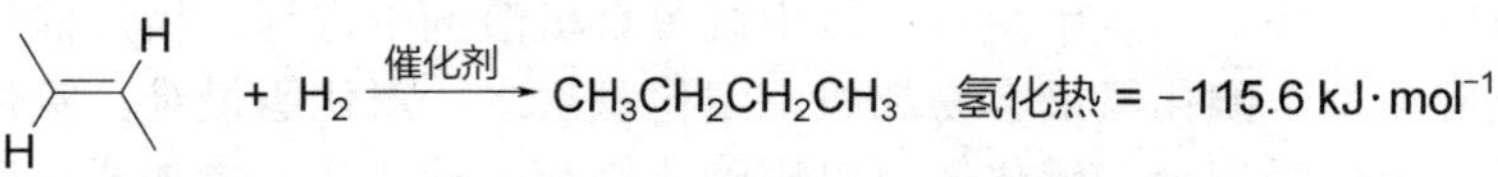

凡是分子中含有碳碳双键的化合物，都可在适当条件下进行催化氢化，生成烷烃。反应是定量完成的，所以可以通过反应吸收氢的量来确定分子中含有碳碳双键的数目：

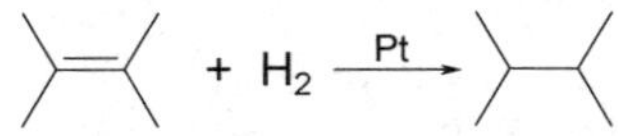

适用于烯烃氢化的催化剂有铂、钯、铑、钌、镍金属，这些催化剂均不溶于有机溶剂，一般称之为异相催化剂。一般是将它们吸附在活性炭、氧化铝等载体上使用的，反应过程：氢被吸附在金属催化剂表面上，烯烃与催化剂络合，氢分子在催化剂上发生键的断裂，形成活泼的氢原子，氢原子与双键的碳原子结合，生成烷烃，脱离催化剂表面。具体如下：

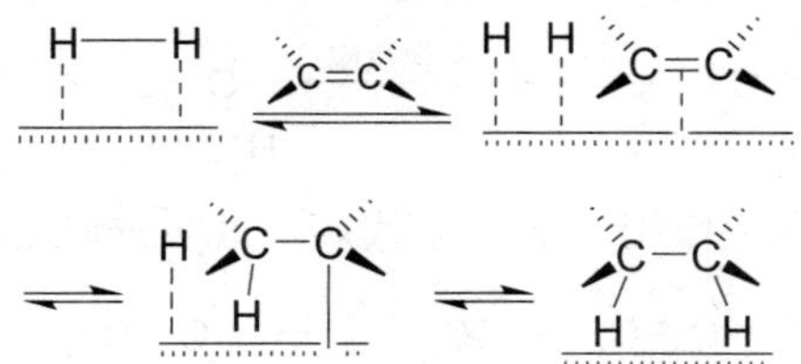

氢的加成多数是顺式加成，例如，铂催化 1,2-二甲基环己烯的氢化，产物中顺-1,2-二甲基环己烷占 86%，反式占 14%：

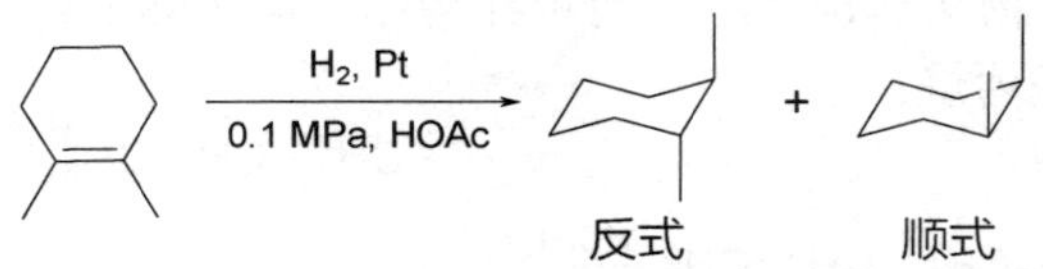

烯烃双键碳原子上的取代基越少，其越容易吸附于催化剂表面，反应也越快。双键碳原子上取代基增多，空间位阻使烯烃不容易被催化剂吸附，从而加氢速率减慢。相对氢化速率大小顺序为：乙烯>一元取代乙烯>二元取代乙烯>三元取代乙烯>四元取代乙烯。利用这一性质，能够使含不同数量取代基的烯烃混合物进行有选择性的氢化。

3.5.2 亲电加成反应

烯烃分子中 π 电子受原子核的束缚较小，结合较松散，容易极化，因此可给别的反应物提供电子。反应时，把它作为反应底物，与它反应的试剂应是缺电子的化合物或者基团，称为亲电试剂（electrophilic reagent）。通过化学键异裂产生的带正电荷的原子或基团进攻不饱和键而引起的加成反应称为亲电加成反应（electrophilic addition reaction）。

3.5.2.1 与卤化氢加成

烯烃与卤化氢加成，得到一卤代烷：

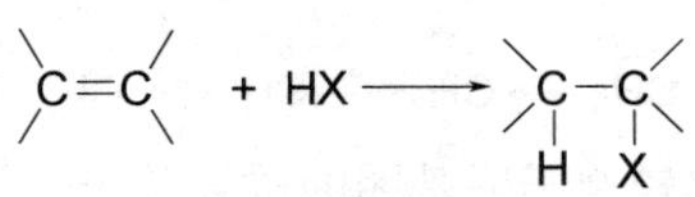

$$H_2C{=}CH_2 + HI \longrightarrow H_3C{-}CH_2I$$

$$H_2C{=}CH_2 + HBr \longrightarrow H_3C{-}CH_2Br$$

$$H_2C{=}CH_2 + HCl \longrightarrow H_3C{-}CH_2Cl$$

加成反应可以在烃类、二氯甲烷、三氯甲烷等有机溶剂中进行，极性催化剂如无水氯化铝能加快加成反应速率。碘化氢最容易加成，溴化氢次之，氯化氢最难。氟化氢也能发生加成反应，但同时可使烯烃聚合。碘化氢可以用碘化钾和磷酸代替发生加成反应：

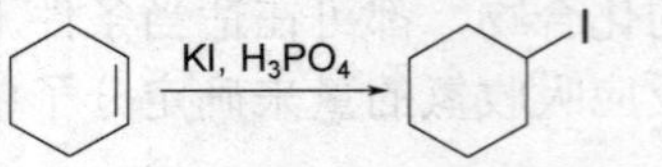

（1）反应机理

烯烃与卤化氢的加成反应分两步完成。

第一步，烯烃在卤化氢中氢质子（H^+）的攻击下，生成碳正离子（carbonium ion），碳正离子是活泼中间体。它带有一个正电荷，最外层有六个电子。带正电荷的碳原子以 sp^2 杂化轨道与三个原子或原子团结合，形成三个 σ 键，与碳原子处于同一平面。碳原子剩余的 p 轨道与这个平面垂直。这一步反应较慢，是关键步骤：

第二步，碳正离子与卤离子作用生成一卤代烷，此反应快速进行：

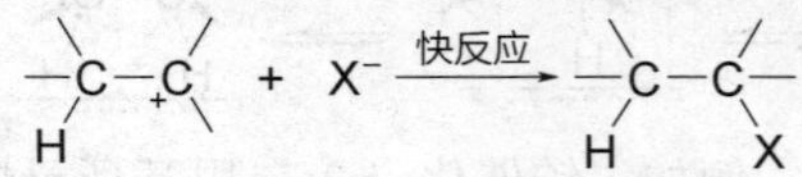

乙烯是对称的，反应后产物只有一种。而不对称的烯烃（如丙烯）与不对称试剂（如卤化氢）加成时，其加成产物从理论上应有两种异构体，但实际上以一种产物为主。如丙烯与氯化氢加成主要生成 2-氯丙烷：

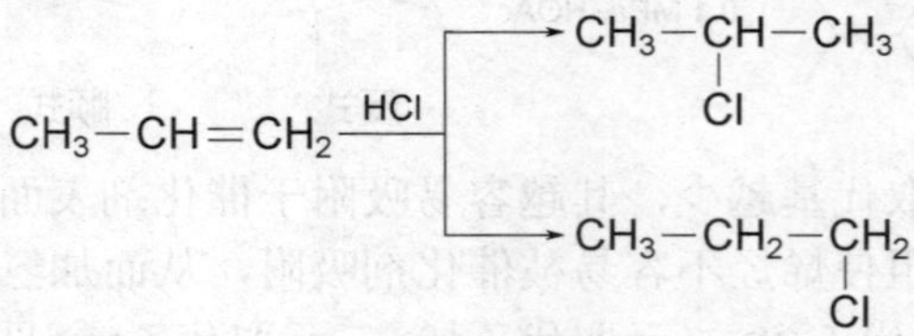

（2）区域选择性（regioselectivity）

19 世纪俄国化学家马尔柯夫尼柯夫（B. B. Markovnikov）在大量的实验基础上总结出一条规律：当不对称烯烃与不对称试剂进行加成反应时，试剂中带正电荷的部分（如氢质子）总是加在含氢较多的双键碳原子上，而带负电荷的部分（如 X^-）则加到含氢较少的双键碳原子上。该规律称为马尔柯夫尼柯夫规则，简称马氏规则。

马氏规则可以通过诱导效应（inductive effect）来解释：

在共价化合物中，当成键的两个原子或基团电负性不同时，形成共价键的一对电子偏向于电负性比较大的原子或基团一边，电负性比较大的原子或基团带部分负电荷，电负性比较小的原子或基团带部分正电荷，这种因某一原子或基团的电负性引起分子中 σ 键电子云分布发生变化，进而引起分子性质变化的效应叫做诱导效应。

$$\overset{\delta\delta\delta^+}{CH_3} \longrightarrow \overset{\delta\delta^+}{CH_2} \longrightarrow \overset{\delta^+}{CH_2} \longrightarrow \overset{\delta^-}{Cl}$$

诱导效应通常用 I 表示，在比较原子或基团的诱导效应时常以 C—H 键中的氢原子作为标准。吸电子能力比氢原子大的原子或基团具有吸电子的诱导效应，用–I 表示，如—F、—Cl、—Br、—I、—OH、—OCH_3、—NO_2 等。吸电子能力比氢原子小的原子或基团具有给电子的诱导效应，用+I 表示，如—CH_3 等烷基，这样的基团也叫做给电子基团。下面再来讨论丙烯与HX的加成反应。

在丙烯分子中，甲基是给电子基团。甲基给电子的结果是双键上的电子云向分子的另外一端移动，使双键的两个碳原子上的电子云密度不相等，直接与甲基相连的双键碳原子上的电子云密度较小，而另一个含氢原子较多的双键碳原子上电子云密度较大，因此，H^+优先进攻含氢原子较多的碳原子，X^-加到含氢原子较少的碳原子上。具体如下：

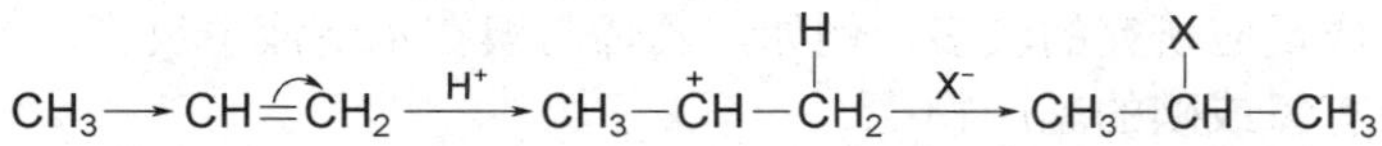

另外，从反应生成的中间体碳正离子结构来看，H^+分别进攻丙烯分子中双键的两个碳原子时，可以得到不同结构的碳正离子：

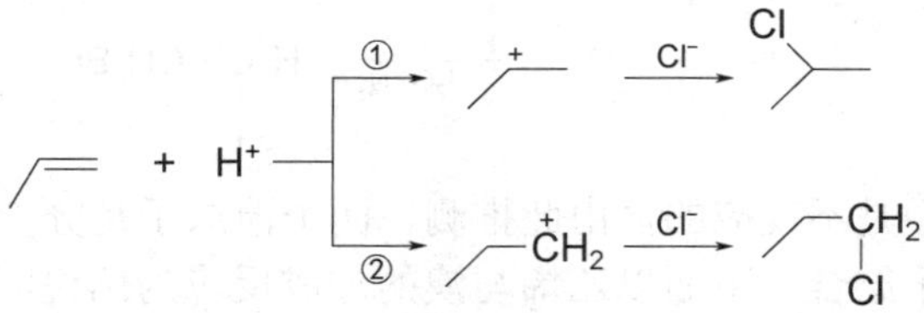

碳正离子连接的烷基表现为给电子的诱导效应，遵循物理学中电荷越分散、体系越稳定的理论，碳正离子的稳定性与碳正离子上所连取代基有关。若连接的给电子基团越多，正电荷越分散，则碳正离子越稳定。所以丙烯与H^+的加成反应优先按①的方式进行，生成马氏加成产物。

根据这种观点，下列碳正离子稳定性次序如下：

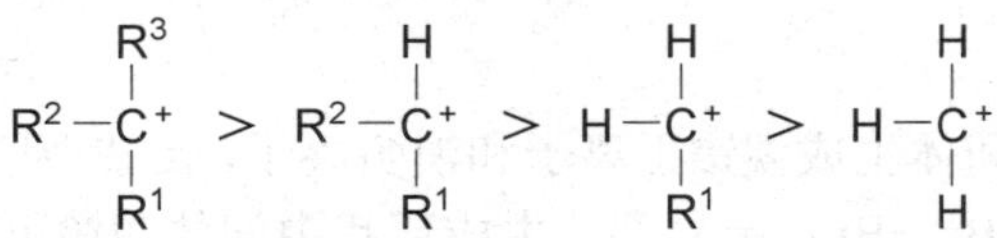

（3）碳正离子的重排

卤化氢与烯烃的加成反应，常伴随有重排产物产生。重排的原因是反应要经过一个碳正离子的中间体，不稳定的碳正离子总是倾向于转变为较稳定的碳正离子。具体如下：

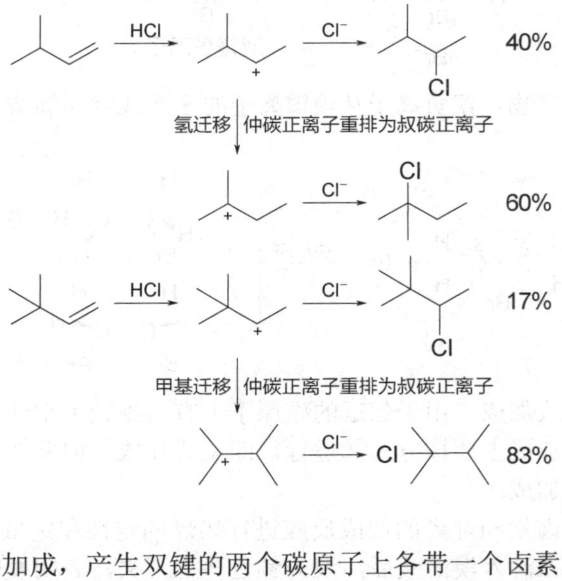

3.5.2.2 与卤素加成

烯烃与卤素很容易加成，产生双键的两个碳原子上各带一个卤素原子的二卤代烷。卤素的反应活性次序：$F_2 > Cl_2 > Br_2 > I_2$ 。氟与烯烃的反应太剧烈，往往使碳链断裂；碘与烯烃的加成是一个可逆反应，平衡位置偏于烯烃一边，邻二碘化合物也容易分解成烯烃。故烯烃与卤素的加成实际上是指与氯或溴的加成。

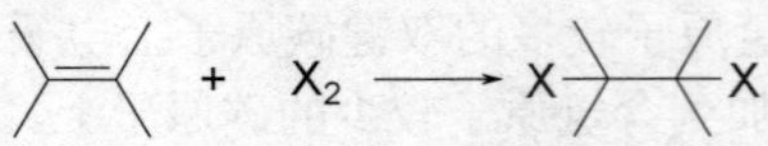

烯烃与溴的加成反应研究的较多，例如，乙烯与溴在水溶液中反应，加入氯化钠或碘化钠，反应会得到含有氯或碘的副产物：

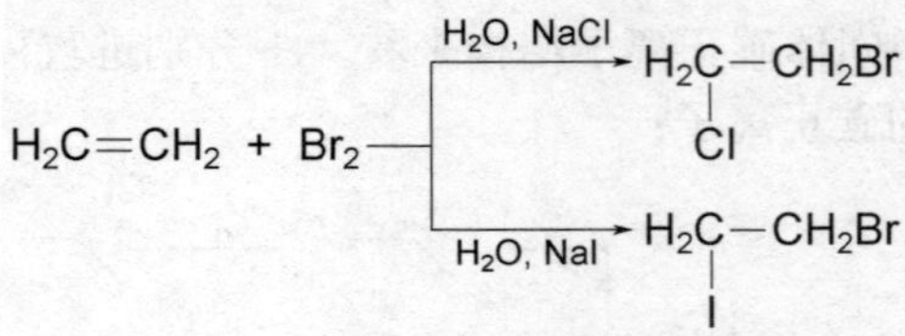

但这些盐单独与烯烃是不反应的，由此推测，两个溴原子是分步加在双键上的，中间产物能够与氯或碘的负离子结合。下面以乙烯与溴的加成反应为例说明反应机理。

第一步，形成π配合物。由于乙烯中π键的存在，乙烯具有供电性，当溴分子接近乙烯分子时，溴分子受到乙烯π电子的影响发生极化，变成一端带部分正电荷，一端带部分负电荷的极性分子。溴分子中带部分正电荷的一端与乙烯双键的π电子相互作用形成π配合物：

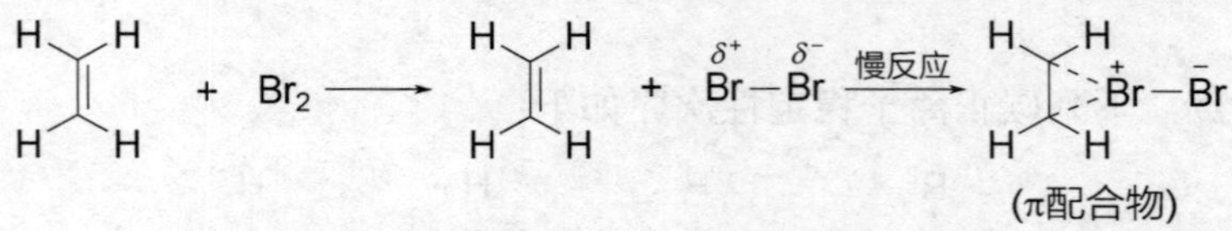

第二步，π配合物中间体生成溴鎓正离子和溴负离子。这是因为溴分子继续受到π键电子云的影响，溴分子内的Br—Br σ键异裂，生成环状中间体溴鎓正离子和溴负离子，三元环上的碳原子带部分正电荷。具体如下：

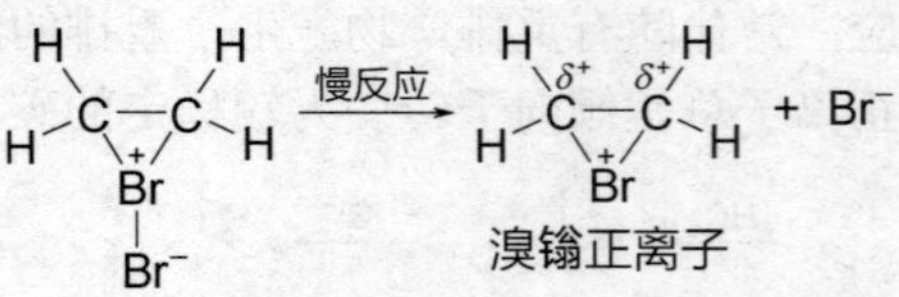

第三步，生成加成产物。溴负离子从溴鎓离子的正面或背面加成，可能得到顺反两种溴化物，如下所示：

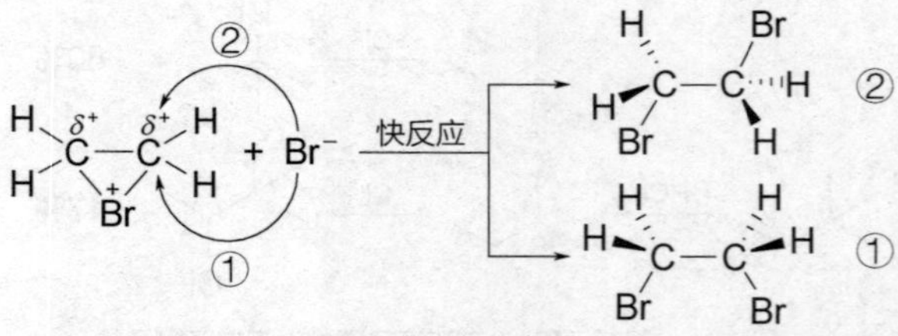

按方式①反应即顺式加成，由于邻近的碳原子上有占据较大空间的溴原子，阻碍负离子于它的同侧加成。因此加成主要按方式②进行，即反式加成。但并非所有的加成反应都是反式加成，个别的是顺式加成。

在实验室中，常借卤素和烯烃的加成反应进行烯烃的定性和定量分析。常用 5%溴的四氯化碳溶液鉴定烯烃，在滴入溴溶液后，溴的颜色马上消失，表明发生了加成反应。可以用氯化碘或溴化碘与烯烃的定量反应，来确定石油或脂肪中烯烃的含量。

3.5.2.3 水合

在中等浓度的强酸（H_2SO_4、H_3PO_4、HNO_3）中，烯烃与水加成生成醇，这种反应称为水合。反应符合马氏规则，即羟基加在含氢较少的双键碳原子上。例如异丁烯用 65%的硫酸吸收，其接受质子转变成叔丁基正离子，后者与水结合，再脱去质子，最后产物为叔丁醇：

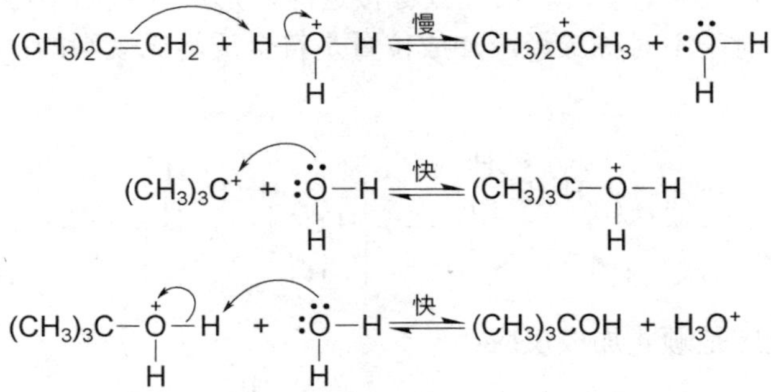

烯烃能与浓硫酸反应，生成硫酸氢烷酯。硫酸氢烷酯易溶于硫酸，用水稀释后水解生成醇，符合马氏规则。工业上用这种方法合成醇，称为烯烃间接水合法。具体反应式如下：

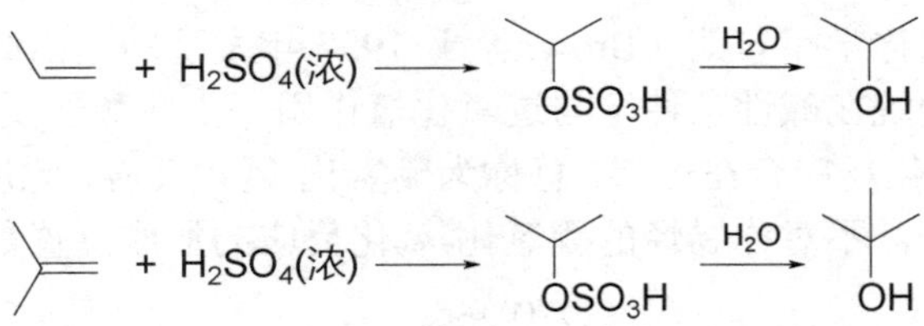

3.5.2.4 与次卤酸加成

烯烃与次卤酸加成，生成β-卤代醇。由于次卤酸不稳定，常用烯烃与卤素的水溶液反应。卤素与水作用生成次卤酸，使分子极化，带正电荷的 X^+ 加在含氢多的双键碳原子上，羟基—OH 加在含氢少的双键碳原子上，反应遵循马氏规则：

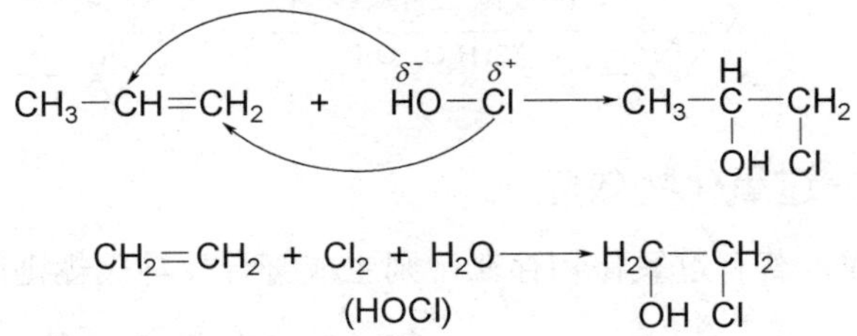

与次卤酸加成反应的活性中间体可能是环状卤鎓离子：

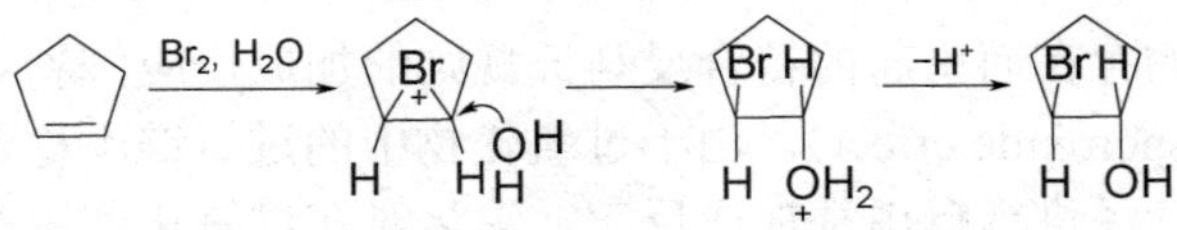

3.5.2.5 与乙硼烷加成（硼氢化反应）

烯烃与甲硼烷作用生成烷基硼的反应称为烯烃的硼氢化反应（hydroboration）。由于甲硼烷极不稳定，实际使用的是乙硼烷的醚溶液。甲硼烷-乙硼烷的转化如下：

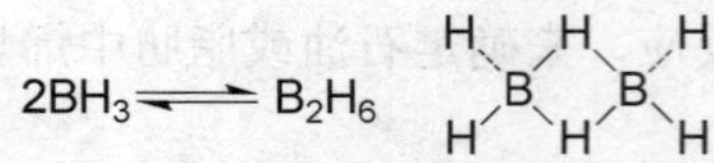

它与烯烃反应时，迅速解离为甲硼烷-醚的络合物，与烯烃定量地进行亲电加成反应：

$$RCH=CH_2 \xrightarrow{1/2B_2H_6} \underset{\text{一烷基硼烷}}{RCH_2CH_2BH_2} \xrightarrow{RCH=CH_2} \underset{\text{二烷基硼烷}}{(RCH_2CH_2)_2BH} \xrightarrow{RCH=CH_2} \underset{\text{三烷基硼烷}}{(RCH_2CH_2)_3B}$$

硼原子（5 电子）缺少电子，与烯烃双键接近时，形成环状四中心过渡态，然后进一步反应生成烷基硼烷。对于不对称烯烃，加成位置是符合反马氏规则的，氢加到含氢较少的双键碳原子上：

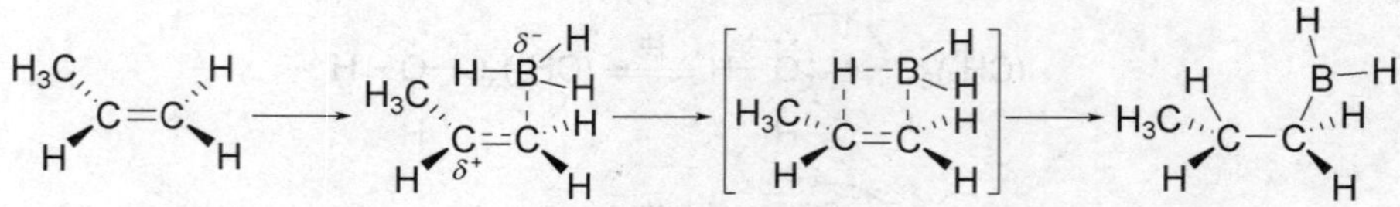

烯烃的硼氢化反应是顺式加成反应：

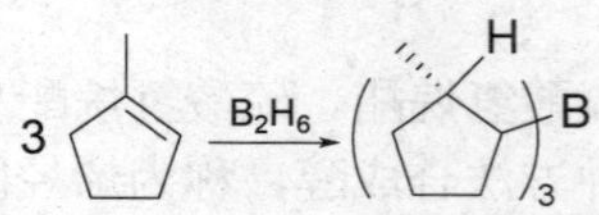

硼氢化反应是美国化学家布朗（Brown）于 1957 年发现的，由此布朗获得了 1979 年的诺贝尔化学奖。烷基硼烷在碱性条件下与过氧化氢作用，生成醇的反应称为烷基硼烷的氧化反应，它与烯烃的硼氢化反应合在一起，总称为硼氢化-氧化反应，此反应可将烯烃转化为醇。与烯烃的水合不同的是，不对称烯烃的硼氢化-氧化反应的加成位置是符合反马氏规则的。

$$CH_3CH=CH_2 \xrightarrow[(2)\ H_2O_2/OH^-]{(1)\ B_2H_6} CH_3CH_2CH_2OH$$

此反应是用末端烯烃来制取伯醇的好方法，区域选择性和立体选择性好。高度支化的烯烃在硼氢化反应中也不发生重排，此反应是有机合成非常有用的反应，例如：

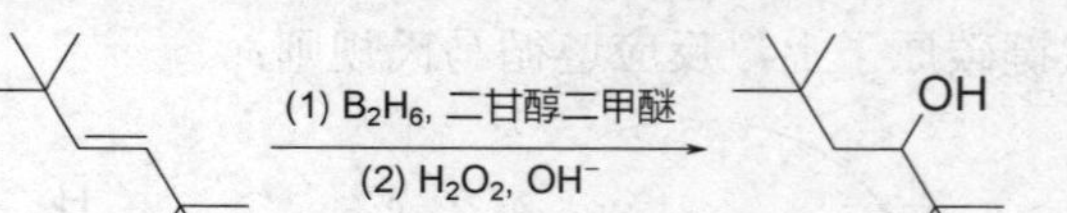

3.5.3 自由基加成-过氧化物效应

烯烃与溴化氢加成，若有过氧化物存在，则生成符合反马氏规则的加成产物：

$$H_3C-CH=CH_2 + HBr \xrightarrow{\text{过氧化物}} \underset{\quad\ \ \,|\ \ \ \ \ \ \ \ \ \ |}{H_3C-CH-CH_2} \atop {\ \ \ \ \ \ \ \ H\ \ \ \ \ \ \ \ Br}$$

这种由于过氧化物存在而引起的符合反马氏规则的加成反应，称为自由基加成-过氧化物效应（radical addition-peroxide effect）。由于过氧化物中的过氧链不稳定，容易均裂形成自由基，然后溴自由基与烯烃进行自由基加成反应。溴化氢在过氧化苯甲酰作用下与丙烯的自由基加成反应机理如下：

链引发：$PhCOO-OOCPh \longrightarrow 2PhCO\ddot{\underset{..}{O}}\cdot$

$PhCO\ddot{\underset{..}{O}}\cdot + HBr \longrightarrow PhCOOH + Br\cdot$

链转移：　$Br\cdot + CH_3CH{=}CH_2 \longrightarrow CH_3\dot{C}H-CH_2Br$

$CH_3\dot{C}H-CH_2Br + HBr \longrightarrow CH_3CH_2-CH_2Br + Br\cdot$

链终止：　$2Br\cdot \longrightarrow Br_2$

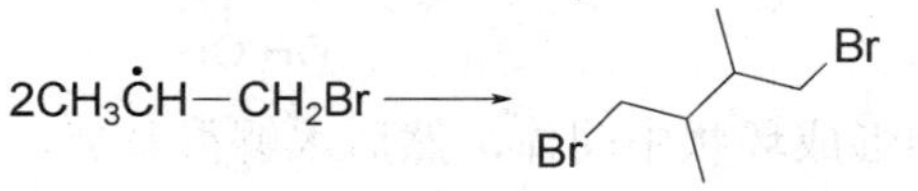

$CH_3\dot{C}H-CH_2Br + Br\cdot \longrightarrow CH_3CHBr-CH_2Br$

只有溴化氢有反马氏取向，氯化氢和碘化氢无自由基加成-过氧化物效应。因为 H—Cl 键牢固，不易产生氯自由基；H—I 键虽弱，容易生成碘自由基，但因碘自由基的活性较低，难以与双键加成，不能进行链转移。

3.5.4 氧化反应

烯烃可以看作是一个电子源，它容易给出电子，自身被氧化。因氧化剂的强度和反应条件不同，得到不同的产物。

（1）烯烃的环氧化反应

烯烃在试剂作用下生成环氧化合物的反应称为环氧化反应（epoxidation reaction）。实验室中常用有机过氧酸作环氧化试剂，如过氧乙酸（CH_3CO_3H）、三氟过氧乙酸（CF_3CO_3H）、过氧苯甲酸（$PhCO_3H$）等。

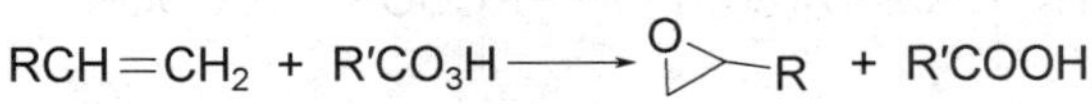

烯烃与过氧酸形成环氧化合物的反应机理如下：

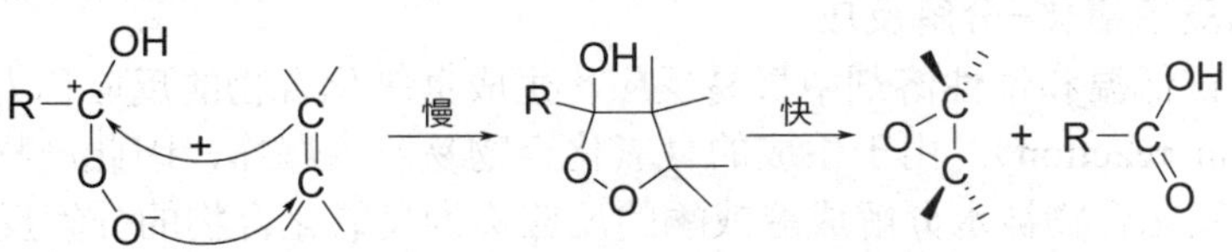

过氧酸碳原子上的正电性越高，反应越容易进行，故含吸电子基团的过氧酸反应快，例如三氟过氧乙酸比过氧乙酸的反应快。双键上的电子云密度越高，环氧化越易进行，含有给电子基团的烯烃反应快。

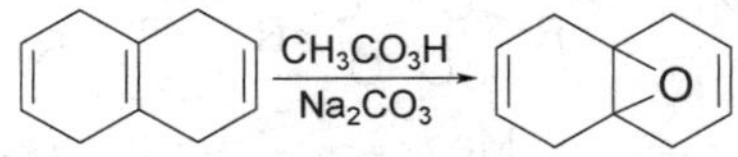

环氧化反应是顺式加成，环氧化合物的构型与原料烯烃的构型一致。

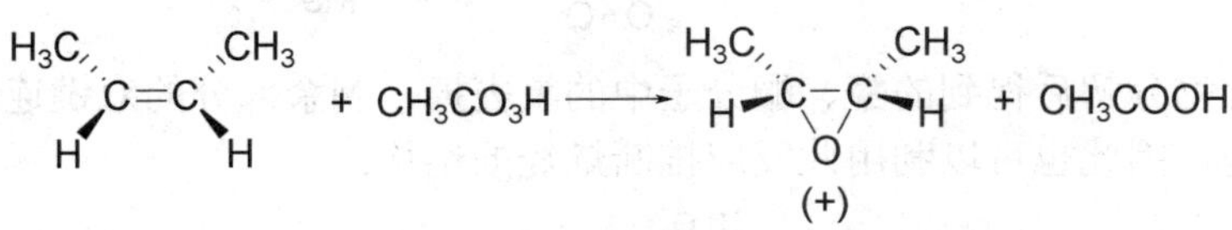

环氧化合物是一类重要的中间体，易与多种试剂反应，在有机合成中非常有用。例如，在酸性条件下它与水发生开环反应，得到反式邻二醇，这是由烯烃制邻二醇的一种方法。

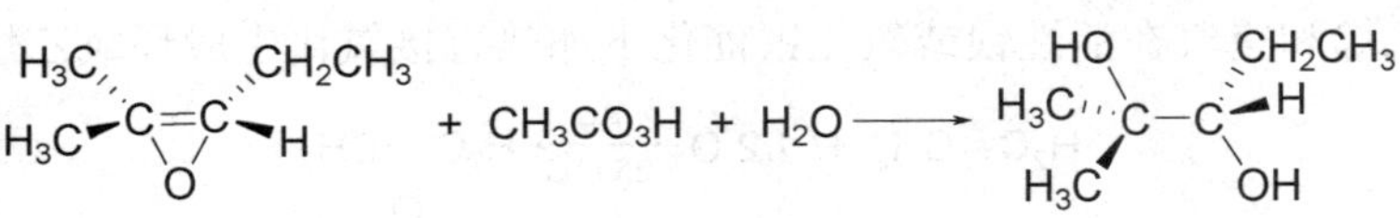

（2）高锰酸钾氧化烯烃

弱碱性高锰酸钾溶液氧化烯烃，可以得到顺式邻二羟基产物：

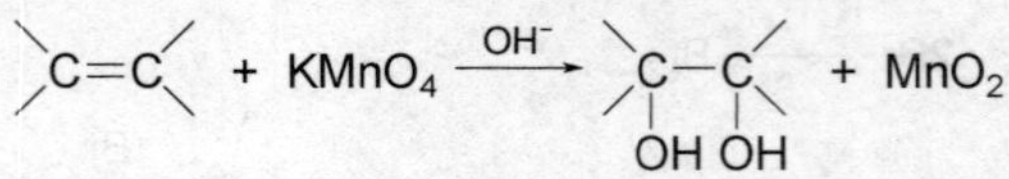

反应中烯烃与高锰酸钾形成环状中间体，然后水解得到邻二醇，例如环己烯被氧化：

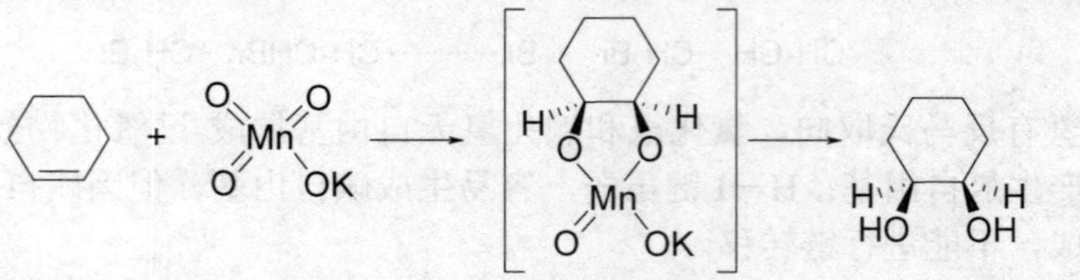

酸性、热或浓的高锰酸钾溶液氧化烯烃，反应进行得更快、更彻底，不会停留在邻二醇阶段，可继续反应至生成酮或酸。由于生成的酮或酸是烯烃碳碳双键断裂得到的，因此根据得到的酮或酸的结构可以推断出原烯烃的结构：

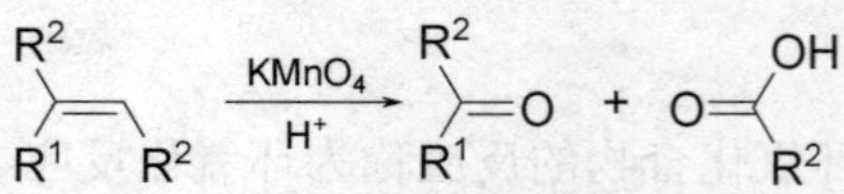

生成甲酸时，若高锰酸钾过量，会得到二氧化碳和水：

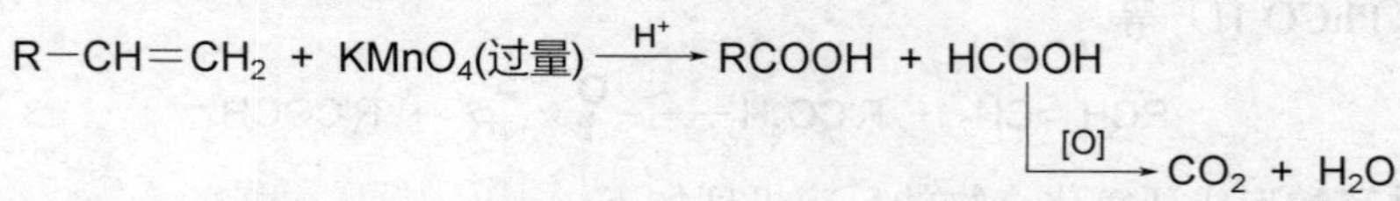

（3）烯烃的臭氧氧化-分解反应

烯烃和臭氧在低温和惰性溶剂中极易反应，生成臭氧化合物的反应称为烯烃的臭氧氧化反应（ozonization reaction）。由于生成的臭氧化合物易发生爆炸，因此产物直接在溶液中水解而不分离。臭氧化合物被水分解成醛或酮的反应称为臭氧化合物的分解反应（ozonolysis）。为避免生成的醛或酮被氧化，臭氧化合物在水（或酸）中分解时常加入 Zn，使 H_2O_2 与 Zn 结合成 $Zn(OH)_2$。例如：

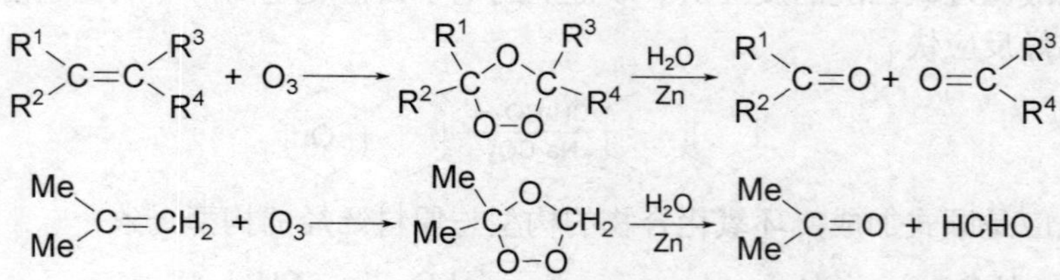

将臭氧化合物分解后得到的醛、酮分子中的氧去掉，剩余部分的双键连接起来，即得到原来烯烃的结构，因此也可以利用此反应推断烯烃的结构：

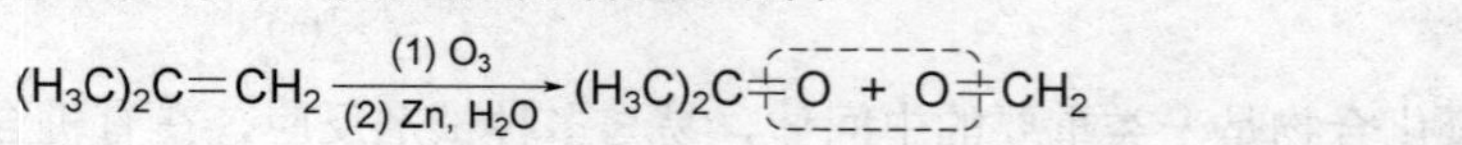

（4）空气催化氧化

工业上，乙烯和空气在活性银或氧化银催化下加热直接氧化生成环氧乙烷，反应式如下：

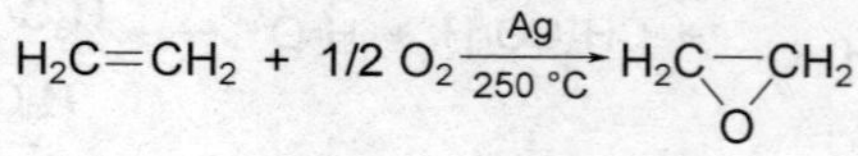

此反应要控制反应条件，如反应温度不能过高，否则会生成二氧化碳和水。丙烯在氧化铜催化下，生成丙烯醛，反应式如下：

$$CH_2{=}CH-CH_3 + O_2 \xrightarrow[370\ ^\circ C]{CuO} CH_2{=}CH-CHO + H_2O$$

3.5.5　α-H 的卤代反应

双键是烯烃的官能团，凡官能团的邻位统称为 α 位，α 位（α 碳）上连接的氢原子称为 α-H，它受双键的影响，表现出一定的活泼性，可以发生取代反应和氧化反应。例如，丙烯与氯气混合，在常温下发生加成反应，生成 1,2-二氯丙烷。而在 500 ℃的高温下，发生自由基反应，烯丙基碳上的氢被取代，生成 3-氯丙烯：

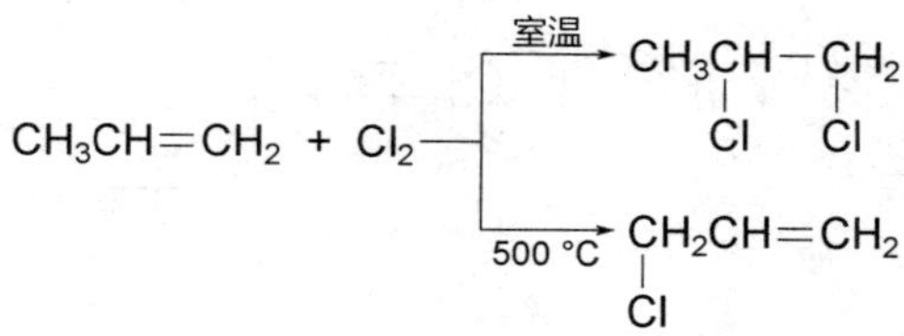

实验室中烯烃的 α-H 的溴代反应，常用 *N*-溴代丁二酰亚胺（NBS）为溴化试剂，在光或引发剂作用下，与烯烃生成 α-溴代烯烃：

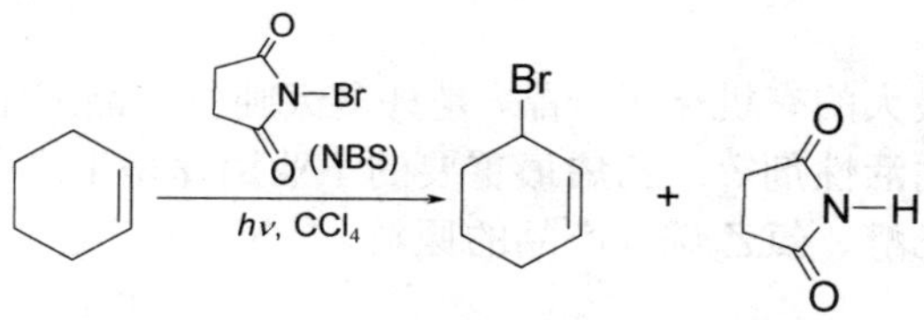

这个反应首先是 NBS 与反应体系中存在的极小量的酸或水汽作用，产生少量的溴：

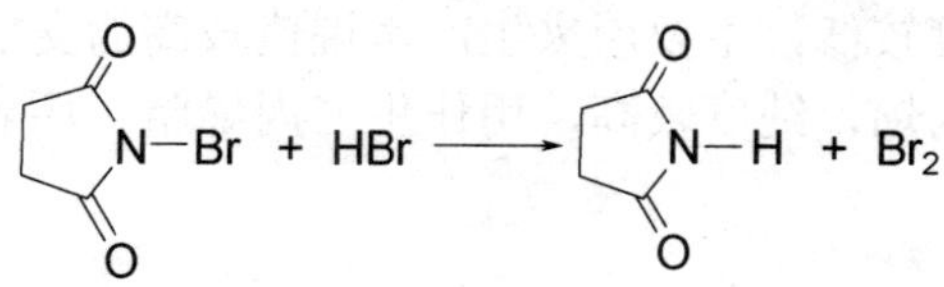

在光或引发剂作用下，过氧化苯甲酰（PhCOO—OOCPh）发生自由基反应，反应中生成的溴化氢不断地与 NBS 反应产生溴，使反应能继续进行，直到 NBS 用完，反应完成。NBS 犹如一个溴的储存库，使反应体系中溴保持在低浓度，有利于 α-氢的取代。

链引发：$PhCOO-OOCPh \xrightarrow{\triangle} 2PhCOO\cdot$

$PhCOO\cdot \xrightarrow{自发分解} Ph\cdot + CO_2$

$Ph\cdot + Br_2 \longrightarrow PhBr + Br\cdot$

链转移：

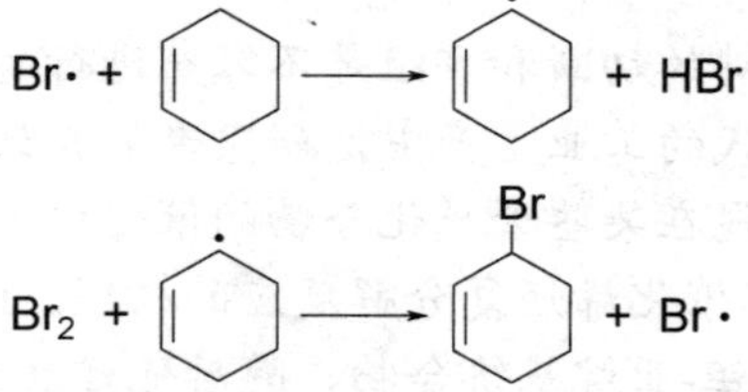

链终止：略

3.5.6 聚合反应

烯烃在少量引发剂或催化剂作用下，键断裂而互相加成，形成高分子化合物的反应称为聚合反应（polymerization reaction）。它是烯烃的一种重要反应，在催化剂或引发剂的作用下，碳碳双键打开，并按一定的方式聚合成一长链大分子，如乙烯的聚合：

$$n\ H_2C{=}CH_2 \xrightarrow[60\sim75\ ^{\circ}C,\ 0.1\sim1\ MPa]{TiCl_4\text{-}Al(C_2H_5)_3} \left[CH_2-CH_2 \right]_n$$

$TiCl_4$-$Al(C_2H_5)_3$ 称为齐格勒（Ziegler）-纳塔（Natta）催化剂。1959 年齐格勒和纳塔用此催化剂首次合成了立体定向高分子，即人造天然橡胶，为有机合成做出了巨大的贡献。例如，丁苯橡胶是合成橡胶中产量最高、消耗量最大的品种之一。

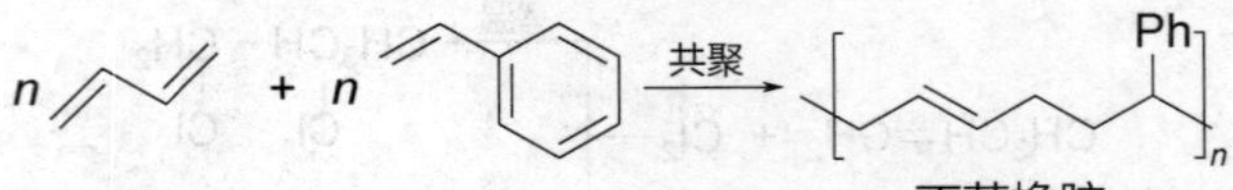

丁苯橡胶

3.6 重要的烯烃

3.6.1 乙烯

乙烯是目前生产量最大的有机化工产品，是许多大吨位产品或中间体的原料，例如塑料、树脂、纤维、涂料、表面活性剂等。乙烯最重要的工业用途是生产各种聚乙烯，此外还用作合成环氧乙烷、乙醛、乙醇、氯乙烷等产品的原料。

3.6.2 丙烯

炼厂气回收的丙烯纯度较低，主要用来生产辛烷值较高的支链烷烃，然后加在汽油中作燃料。烃类热裂解生产的丙烯，纯度较高，用作生产丙烯腈、环氧丙烷、异丙苯、异丙醇等产品的原料。

拓展阅读

烯烃复分解反应（alkene metathesis）也称作烯烃换位反应，是指在金属催化剂作用下的两个碳碳双键切断并重新组合的过程。2005 年，诺贝尔化学奖授予 Yves Chauvin、Robert Grubbs 和 Richard Schrock，以表彰他们在烯烃复分解反应研究和应用方面所做出的卓越贡献。这一反应极大地帮助合成化学家用很少的步骤组装复杂的分子，广泛应用于化学化工、医药和高分子材料行业。

通常情况下，碳碳双键的切断和重组是不容易进行的，因为碳碳双键的键能很高，不容易被切断。20 世纪 50 年代的工业生产中，研究者们在试图拓展 Ziegler-Natta 催化剂相关聚合反应的范围时，偶然发现在某些金属化合物的催化作用下，烯烃会发生复分解反应。1971 年，Chauvin 提出金属卡宾催化烯烃复分解反应的机理。1981 年，Schrock 报道了第一例能催化顺-2-戊烯复分解反应的钽-亚烷基络合物，随后他建立钼和钨催化的烯烃复分解反应体系。化学家们看到烯烃复分解反应的巨大潜力，但在有机化学中的应用却因为早期催化剂对空气和水汽敏感、寿命短及产生副反应而受到很大的限制。Grubbs认识到了这一点，同时他也发现三氯化钌即使在水中也能催化烯烃的聚合。1992年，他们报道了第一例钌卡宾络合物，为了提高催化剂活性，将催化剂中的苯基换成了环己基，其活性提高到了接近Schrock钼催化剂的水平，还具有更广泛的官能团兼容性，同时因其稳定性在有机合成中更具普适性。烯烃复分解反应的研究历程，从发现到得到广泛应用，是一个催化剂的发展、改进的过程。

习 题

参考答案

1. 写出下列化合物的名称。

（1）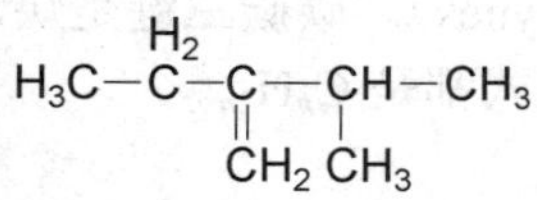　（2）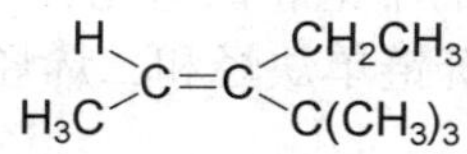

（3）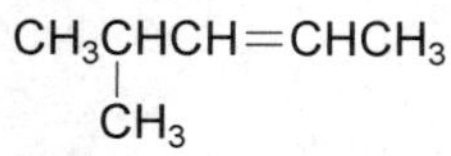　（4）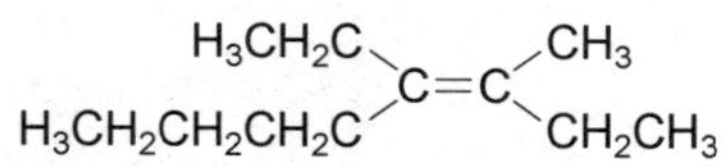

2. 写出下列化合物的构造式。

（1）3-丙基-1-己烯　（2）顺-2-己烯

（3）*Z*-3-甲基-4-异丙基-3-庚烯　（4）*Z,Z*-2,4-己二烯

3. 写出异丁烯与下列试剂反应所得产物的结构式。

（1）H_2，Ni　（2）Br_2　（3）HBr（过氧化物）　（4）H_2SO_4　（5）①O_3；②Zn，H_2O

（6）冷的碱性高锰酸钾　（7）热的高锰酸钾

4. 完成下列反应。

（1）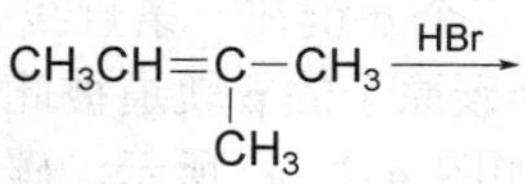

（2）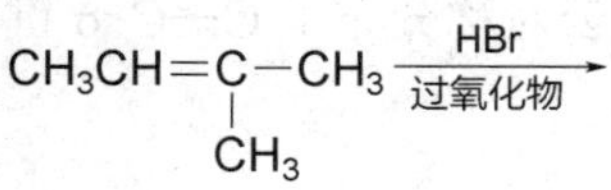

（3）$(CH_3)_2C{=}CH_2 \xrightarrow{H_2SO_4}$ ______ $\xrightarrow[\triangle]{H_2O}$

（4）$(CH_3)_2C{=}CH_2 \xrightarrow[(2)\ H_2O_2/OH^-]{(1)\ B_2H_6}$

（5）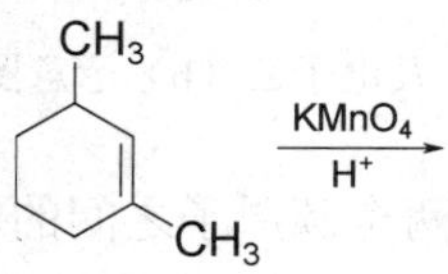

5. 以异丙醇为原料合成2-溴丙烷和正丙醇。

6. 某化合物A的分子式为$C_{10}H_{18}$，化合物A经催化加氢得到化合物B，B的分子式为$C_{10}H_{22}$，化合物A与过量的酸性高锰酸钾溶液反应，得到下列三个化合物：CH_3COCH_3、$CH_3COCH_2CH_2COOH$和CH_3COOH。写出化合物A的结构式。

第 4 章
炔烃和二烯烃

分子中含有碳碳三键的不饱和碳氢化合物叫做炔烃（alkynes）。碳碳三键是炔烃的官能团，含有一个碳碳三键的开链单炔烃和二烯烃（dienes）的通式都是 C_nH_{2n-2}。

4.1 炔烃

4.1.1 炔烃的结构

最简单的炔烃是乙炔，分子式为 C_2H_2，结构式为 H—C≡C—H。经 X 射线衍射和电子衍射等物理方法测定证明，乙炔分子具有线形结构，即四个原子排在一条直线上，分子中各键的键长与键角如图 4-1 所示。

根据杂化轨道理论，乙炔分子中的碳原子是 sp 杂化的，两个碳原子之间各用一个 sp 杂化轨道以“头碰头”互相重叠形成一个 C—C σ 键（sp-sp），两个碳原子各用一个 sp 杂化轨道分别和一个氢原子的 1s 轨道形成一个 C—H σ 键（sp-s），这三个 σ 键在一条直线上。此外，每个碳原子还有两个互相垂直的未参与杂化的 p 轨道，当两个碳原子的 p 轨道彼此平行侧面重叠时，形成两个互相垂直的 π 键，这样就构成碳碳三键，如图 4-2（a）所示。碳碳三键是由一个 σ 键和两个互相垂直的 π 键组成的，两个 π 键电子云对称分布于 C—C σ 键键轴的周围，呈圆筒状，如图 4-2（b）所示。

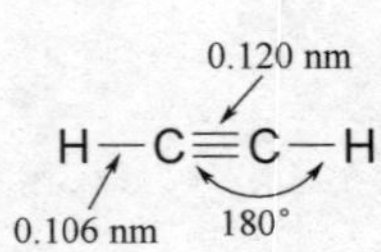

图 4-1　乙炔分子中键长和键角

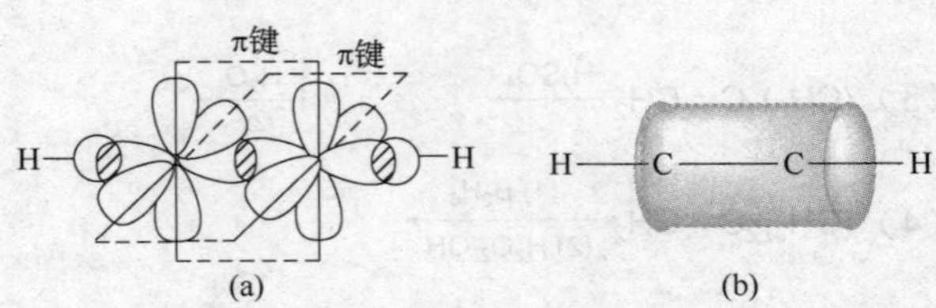

图 4-2　乙炔分子形成（a）及电子云（b）示意图

炔烃的碳碳三键比烯烃的碳碳双键短，这是因为碳碳三键的两个碳原子之间的电子云密度较大，使两个碳原子更为靠近。

4.1.2 炔烃的异构和命名

（1）炔烃的异构

炔烃的异构包括碳链异构和官能团位置异构，如戊炔有三种异构体：

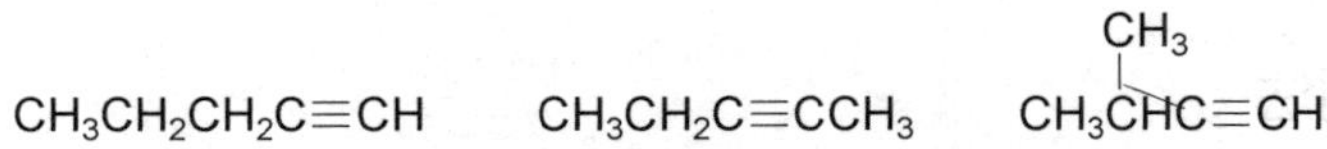

因为炔烃碳碳三键的碳原子上不能连有支链，所以炔烃没有顺反异构，炔烃的异构体数目比烯烃的要少。

（2）炔烃的命名

简单的炔烃采用普通命名法命名，复杂的炔烃采用系统命名法，规则与烯烃的类似，即选取含碳碳三键最长的链为主链，编号由距碳碳三键最近的一端开始，结尾以炔代替烯。例如：

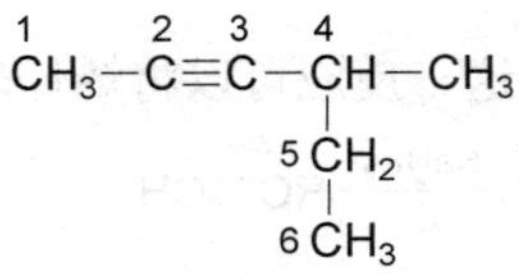

4-甲基-2-己炔
4-methyl-2-hexyne

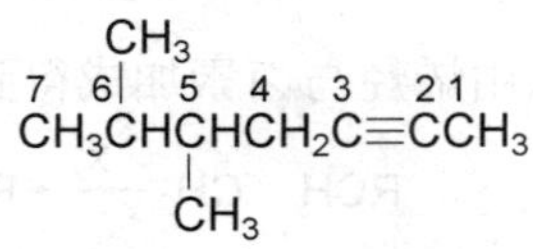

5,6-二甲基-2-庚炔
5,6-dimethyl-2-heptyne

如果炔烃分子中还含有碳碳双键的话，则选取含碳碳双键和碳碳三键最长的链为主链，碳链编号时应使碳碳双键与碳碳三键所在位置的两个数字之和最小，例如：

$H_3C-CH=CH-C\equiv CH$

3-戊烯-1-炔

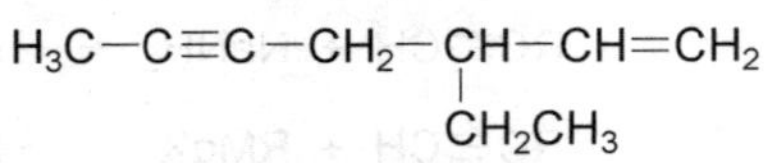

3-乙基-1-庚烯-5-炔

4.1.3　炔烃的物理性质

简单炔烃的熔点、沸点及密度一般都比碳原子数相同的烷烃和烯烃高一些（表 4-1）。这是由于炔烃分子较短小，在液态和固态中，分子彼此靠得更近，分子间的范德瓦耳斯力很强。炔烃分子极性极弱，不易溶于水，易溶于石油醚、乙醚、苯和四氯化碳。1 体积的丙酮可溶解 25 体积的乙炔。因为乙炔在较大的压力下，爆炸力极强，所以储存乙炔的钢瓶内填充了用丙酮浸透的硅藻土或碎软木，这样，在较小的压力下就可溶解大量乙炔。

表 4-1　常见炔烃的物理常数

名称	熔点/℃	沸点/℃	相对密度（d_4^{20}）
乙炔	−80.8（压力下）	−84.0	0.6181（−32℃）
丙炔	−101.5	−23.2	0.7062（−50℃）
1-丁炔	−125.7	8.1	0.6784（0℃）
1-戊炔	−90.0	40.2	0.6901
2-丁炔	−32.3	27.0	0.6910
2-戊炔	−101.0	56.1	0.7107
3-甲基-1-丁炔	−89.7	29.3	0.6660
1-己炔	−132.0	71.3	0.7156
1-庚炔	−81.0	99.7	0.7328
1-辛炔	−79.3	125.2	0.7470
1-壬炔	−50.0	150.8	0.7600
1-癸炔	−36.0	174.0	0.7650

4.1.4 炔烃的制法

用消除反应可以在分子中形成碳碳三键，乙炔或末端炔烃通过烷基化反应可以加长碳链。

（1）二卤代烷脱卤化氢

两个卤原子在相邻或同一碳原子上的二卤代烷在强碱、高温条件下，脱去两分子卤化氢生成炔烃：

$$\left.\begin{array}{l} RCHXCH_2X \\ RCH_2CHX_2 \end{array}\right] \xrightarrow[\triangle]{NaNH_2} RC\equiv CH$$

邻二卤代烷可以由烯烃与卤素加成得到，利用这一反应可以将烯烃转变为炔烃：

$$RCH=CH_2 \xrightarrow{X_2} \underset{X}{RCH}-\underset{X}{CH_2} \xrightarrow[\triangle]{NaNH_2} RC\equiv CH$$

（2）炔烃的烷基化

乙炔或末端炔烃与氨基钠、格氏试剂或有机锂化合物反应，生成其金属有机化合物，然后再与一级卤代烷（R′X）反应，生成取代炔烃：

$$RC\equiv CH + NaNH_2 \longrightarrow RC\equiv CNa \xrightarrow{R'X} RC\equiv CR'$$

$$RC\equiv CH + RMgX \longrightarrow RC\equiv CMgX \xrightarrow{R'X} RC\equiv CR'$$

$$RC\equiv CH + RLi \longrightarrow RC\equiv CLi \xrightarrow{R'X} RC\equiv CR'$$

4.1.5 炔烃的化学性质

炔烃具有不饱和的碳碳三键，它和烯烃一样可以进行亲电加成、氧化等反应。不同的是炔烃分子中碳碳三键上的氢具有弱酸性，可以成盐、进行烷基化反应等。

4.1.5.1 加成反应

炔烃与烯烃相似，也可以发生加成反应。但由于 sp 杂化碳原子的电负性比 sp^2 杂化碳原子的强，因而电子结合得更为紧密，尽管碳碳三键比碳碳双键多一对电子，但也不容易给出电子与亲核试剂结合，所以碳碳三键的亲电加成比碳碳双键的反应速率慢。

（1）加氢反应

烯烃和炔烃催化加氢的速率差异不大，对于有的催化剂烯烃加氢的速率较炔烃快。炔烃在催化剂存在下，通过控制反应条件可以加上一分子氢生成烯烃，或加上两分子氢生成烷烃。在使用一般的催化剂如镍、铂、钯等时，反应不会停留在烯烃阶段，而是生成烷烃，反应式如下：

$$CH_3C\equiv CCH_3 \xrightarrow[Pt]{H_2} [CH_3CH=CHCH_3] \xrightarrow[Pt]{H_2} CH_3CH_2CH_2CH_3$$

为使反应停留在烯烃阶段，采用活性较低的催化剂。例如 Lindlar 催化剂是将 Pd 的细粉沉积在碳酸钙上，再用醋酸铅溶液处理而制得。

Lindlar 催化剂或镍粉催化氢化取代炔烃生成顺式加成产物：

氢化铝锂催化氢化取代炔烃生成反式烯烃：

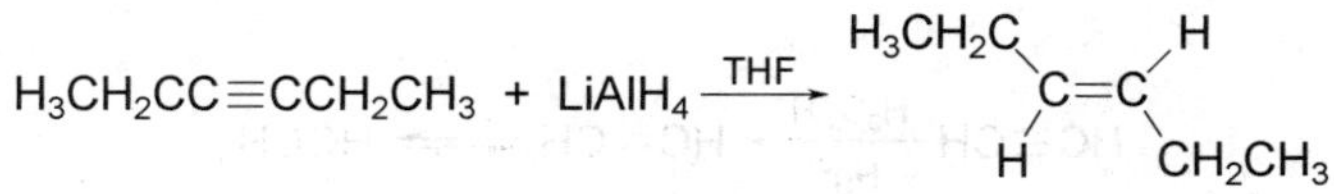

炔烃在液氨中用金属钠还原，主要生成反式烯烃：

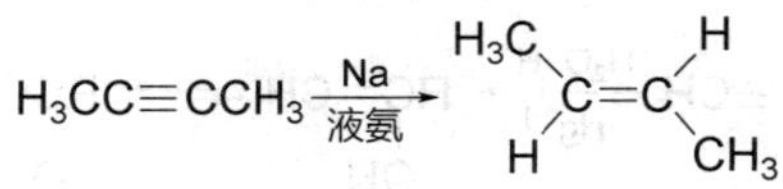

（2）亲电加成

① 卤素的加成　卤素与炔烃反应首先生成卤代烯烃，再生成卤代烷。如乙炔与溴的反应如下：

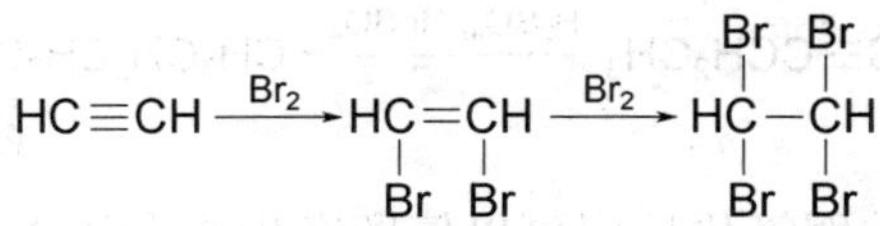

卤素和炔烃的加成为反式加成，如用一分子卤素，得到反式二卤代烯烃：

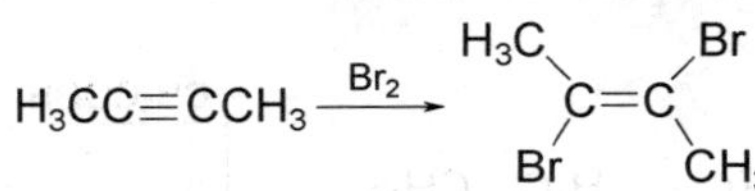

炔烃的加成机理与烯烃相似，但反应比烯烃难。烯烃可使溴的四氯化碳溶液立刻褪色，而炔烃需要几分钟才能使之褪色。若分子中同时存在非共轭的碳碳双键和碳碳三键，它与溴反应时，首先进行的是碳碳双键的加成：

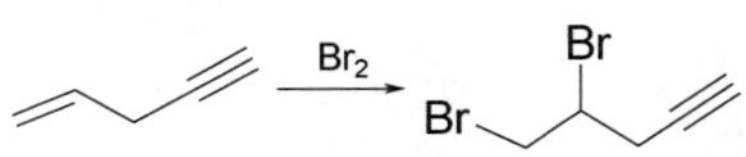

乙炔与氯的加成反应须在光或三氯化铁或氯化亚锡的催化下进行：

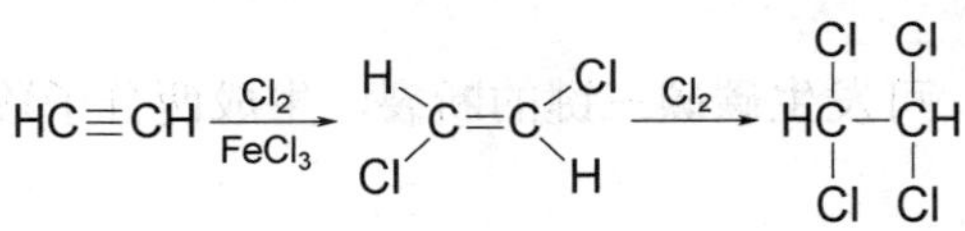

② 卤化氢的加成　炔烃和烯烃一样，可和卤化氢进行加成反应，而且加成产物遵循马氏规则。反应分两步进行，先加一分子卤化氢，生成卤代烯烃；后者再加一分子卤化氢，生成同碳二卤代烷，产物符合马氏规则。相关反应式如下：

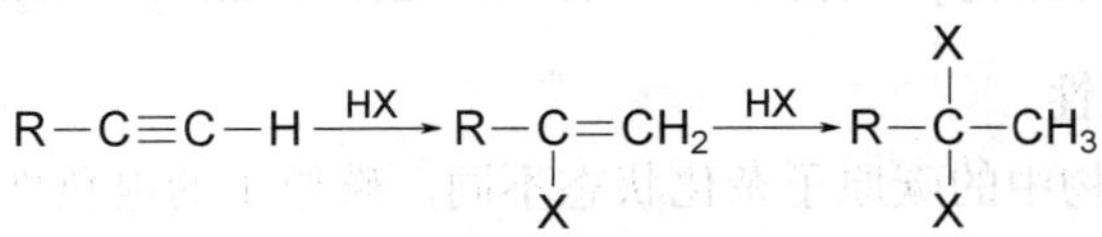

加成反应可以停留在只加一分子卤化氢的阶段，生成反式加成产物：

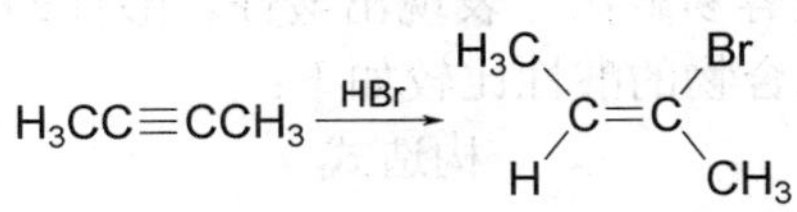

不同类型的炔烃与氢卤酸加成的速率大小次序如下：

$$RC\equiv CR' > RC\equiv CH > HC\equiv CH$$

③ 水合　炔烃在酸性溶液中与水加成，先生成烯醇，然后立即转变为更稳定的羰基化合物：

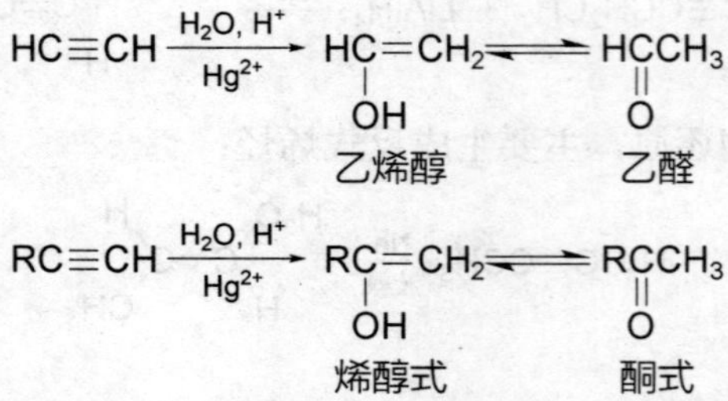

反应常在硫酸溶液中进行，硫酸汞作催化剂，为使炔烃能够溶解在溶液中，常加入甲醇、醋酸等作为共溶剂。

$$H_3CH_2CC\equiv CCH_2CH_3 \xrightarrow{H_2SO_4,\ HgSO_4} CH_3CH_2CH_2C(=O)CH_2CH_3$$

④ 硼氢化反应　炔烃的硼氢化反应可以停留在生成含碳碳双键产物的一步，烯基硼烷与醋酸反应生成顺式烯烃，被氧化则生成酮或醛：

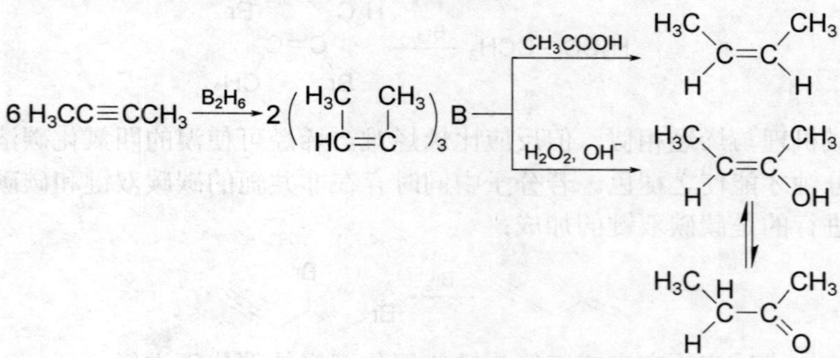

4.1.5.2　氧化反应

炔烃经高锰酸钾氧化，可发生碳碳三键的断裂，生成两分子羧酸或一分子羧酸和一分子二氧化碳。例如：

$$RC\equiv CR' \xrightarrow[OH^-]{KMnO_4} \xrightarrow{H^+} RCOOH + R'COOH$$

$$RC\equiv CH + KMnO_4 + KOH \longrightarrow R-\overset{O}{\overset{\|}{C}}-OH + MnO_2 + K_2CO_3 + H_2O$$

4.1.5.3　端基炔烃的酸性

由于不同碳氢化合物中的碳原子杂化状态不同，碳原子的电负性会随 s 成分的增加而增大，所以炔烃中碳原子的电负性比烷烃、烯烃中的碳原子的电负性大，使 C—H 键上电子云更偏向于碳原子，氢原子比较容易解离，表现出酸性。酸性的强弱可以用 pK_a 来判断，pK_a 值越小，酸性越强。与其他化合物的酸性比较如下：

化合物	构造式	pK_a
甲烷	CH_4	约 49
乙烯	$CH_2=CH_2$	约 40
氨	NH_3	34

丙炔	$CH_3C{\equiv}CH$	约 25
乙醇	CH_3CH_2OH	15.9
水	H_2O	15.7

端基炔氢的酸性体现在含有端基氢的炔烃可以与强碱氨基钠反应，反应式如下：

$$RC{\equiv}CH + NaNH_2 \longrightarrow RC{\equiv}CNa + NH_3$$

端基炔氢具有酸性的另一个例子是炔氢能与某些重金属离子反应，生成不溶性的炔化物。例如生成的乙炔银是白色的沉淀，炔化亚铜是红棕色沉淀。反应式如下：

$$HC{\equiv}CH + 2[Ag(NH_3)_2]^+ \longrightarrow AgC{\equiv}CAg \quad \text{乙炔银}$$

$$RC{\equiv}CH + [Cu(NH_3)_2]^+ \longrightarrow RC{\equiv}CCu \quad \text{炔化亚铜}$$

这些反应很灵敏，现象明显，可用于乙炔和末端炔烃的定性检验。银和铜的炔化物在水中是很稳定的，但干燥时受热或震动易发生爆炸。因此实验完毕后，需用硝酸分解它，或者用浓盐酸处理使其被破坏或分解，以免发生危险。

4.1.5.4　端基炔烃与次卤酸反应

端基炔烃与次卤酸反应，可以得到炔基卤化物。

$$RC{\equiv}CH + HOBr \longrightarrow RC{\equiv}CBr + H_2O$$

4.1.5.5　炔烃的自由基加成反应

有过氧化物存在时，炔烃和溴化氢发生自由基加成反应，得到反马氏规则的产物。端基炔烃与 2 分子溴化氢反应，生成 1,2-二溴烷烃：

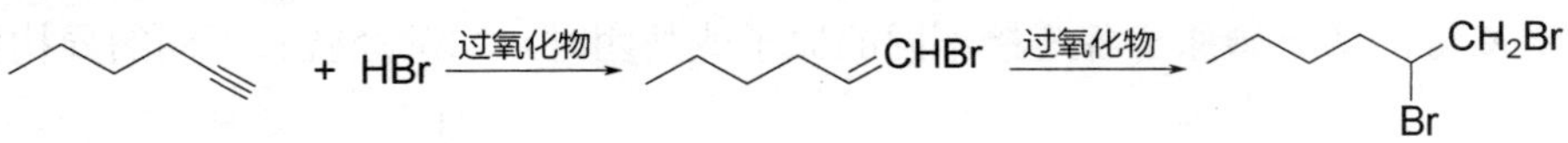

4.1.5.6　炔烃的聚合

乙炔在不同催化剂作用下，能选择性聚合成链状或环状化合物。例如氯化亚铜和氯化铵催化乙炔聚合反应，生成二聚乙烯基乙炔或三聚二乙烯基乙炔：

$$HC{\equiv}CH + HC{\equiv}CH \xrightarrow[NH_4Cl]{Cu_2Cl_2} H_2C{=}CH{-}C{\equiv}CH \xrightarrow[HC{\equiv}CH]{Cu_2Cl_2,\ NH_4Cl} H_2C{=}CH{-}C{\equiv}C{-}CH{=}CH_2$$

乙炔在高温下可以发生环形三聚合作用，生成苯：

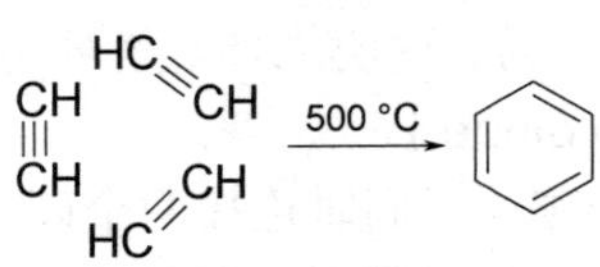

乙炔在 Ziegler-Natta 催化剂作用下，聚合生成聚乙炔：

顺聚乙炔　　反聚乙炔

4.1.6　重要的炔烃

乙炔俗称风煤和电石气，是最重要的炔烃。工业上生产乙炔可以用煤作原料，也可以用石油或天然气作原料。纯的乙炔是具有麻醉作用并带有乙醚气味的无色气体。由碳化钙制得的乙炔有难闻气味是因为含有硫化氢和磷化氢以及有机硫磷化合物等杂质。由碳化钙制乙炔的反应式如下：

$$CaC_2 + 2H_2O \longrightarrow HC\equiv CH + Ca(OH)_2$$

与乙烯、乙烷不同，乙炔在水中有一定的溶解度，并且易溶于丙酮。工业上储存乙炔时为了防止其在高压下发生爆炸，常把它装入含有被丙酮浸泡过的硅藻土的钢瓶中。乙炔和氧气混合燃烧，可产生 2800 ℃的高温，用以焊接或切割金属。由于乙炔的生产成本较高，以其为原料生产化学品的路线逐渐被以其他化合物（特别是乙烯和丙烯）为原料的路线所取代。

4.2 二烯烃

4.2.1 二烯烃的命名和种类

碳氢化合物中含有两个碳碳双键的烯烃叫做二烯烃，二烯烃的系统命名法与烯烃相似，选取含有两个碳碳双键的碳链为主链，称为某二烯。标出两个碳碳双键的位置及取代基的位置和名称，例如：

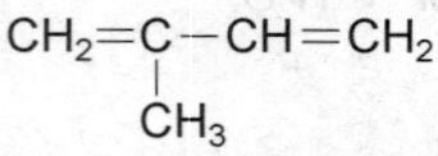

2-甲基-1,3-丁二烯
2-methyl-1,3-butadiene

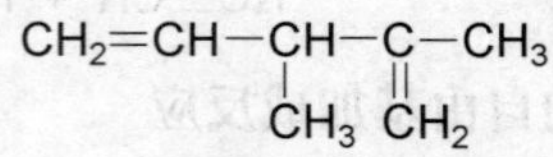

2,3-二甲基-1,4-戊二烯
2,3-dimethyl-1,4-pentadiene

当碳碳双键的两个碳原子各连接不同的原子或基团时，二烯烃就有不同的异构体：

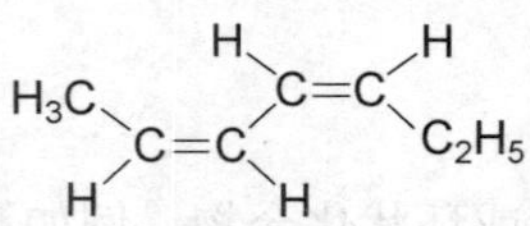

(2*Z*,4*Z*)-2,4-庚二烯

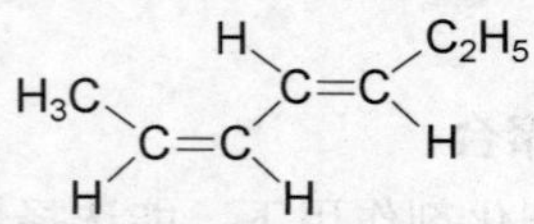

(2*Z*,4*E*)-2,4-庚二烯

二烯烃的性质与两个碳碳双键在分子中的相对位置有关，因此二烯烃可以分为：

（1）孤立二烯烃（isolated diene）

孤立二烯烃是指分子中两个碳碳双键被两个或两个以上的 CH_2 隔开的二烯烃，两个双键之间没有相互影响，例如，1,4-戊二烯。这类二烯烃性质与一般烯烃的性质相似。

（2）累积二烯烃（cumulative diene）

累积二烯烃是指分子中的一个碳原子同时连接两个碳碳双键的二烯烃，例如，丙二烯。这类二烯烃为数不多，但其在立体化学研究中很有意义。

（3）共轭二烯烃（conjugated diene）

共轭二烯烃是指分子中碳碳双键和碳碳单键相互交替的二烯烃，例如，1,3-丁二烯。共轭二烯烃除具有烯烃的一般性质外，还具有特殊的结构和性质，下面将重点讨论。

三种二烯烃的结构例如：

$H_2C=CHCH_2CH=CH_2$	$H_2C=C=CH_2$	$H_2C=CHCH=CH_2$
1,4-戊二烯	丙二烯	1,3-丁二烯

4.2.2 共轭二烯烃的结构

1,3-丁二烯是最简单的共轭二烯烃，下面以其为代表说明共轭二烯烃的结构。经 X 射线衍射和电子衍射等物理方法测定证明，在 1,3-丁二烯分子中，四个碳原子和六个氢原子都处在同一平面上。1,3-丁二烯的分子结构如图 4-3 所示。

1,3-丁二烯有两种较稳定的构型，s 表示碳碳单键，s-反式是指两个碳碳双键各在碳碳单键的一边，s-顺式则是指两个碳碳双键都在碳碳单键的同一边。s-顺式的位能比 s-反式高 10.5~13.0 kJ · mol^{-1}。

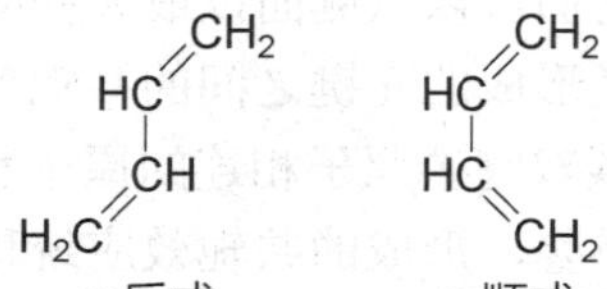

s-反式　　s-顺式

杂化轨道理论认为：1,3-丁二烯分子中四个碳原子都采用 sp^2 杂化，碳原子之间均以 sp^2 杂化轨道相互重叠形成 C—C σ 键，同时以 sp^2 杂化轨道与氢原子的 1s 轨道重叠形成 C—H σ 键。四个碳原子上未参加杂化的 p 轨道垂直于该平面，p 轨道互相平行，彼此侧面重叠，如图 4-4 所示。形成包含四中心（4 个碳原子）四电子（4 个 p 电子）的大 π 键，π 电子不是定域在各自原先的两个碳原子之间，而是扩展到整个大 π 键共轭体系的，这样的现象称为电子的离域（delocalization）。为了区别于一般的定域 π 键，称其为共轭大 π 键。

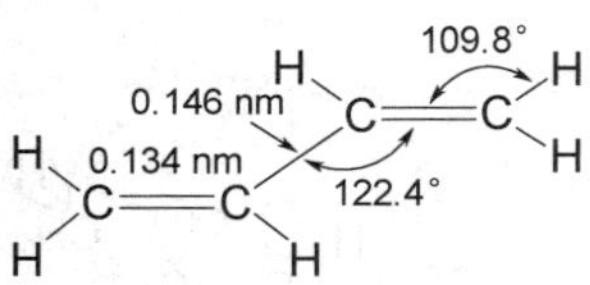

图 4-3　1,3-丁二烯分子中键长和键角

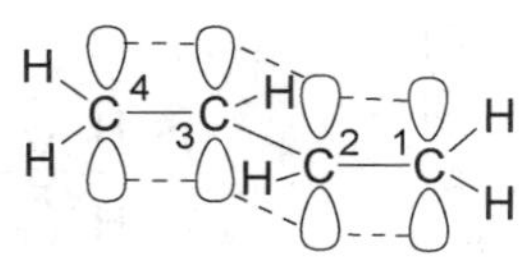

图 4-4　1, 3-丁二烯分子中的 p 轨道重叠示意图

在共轭大 π 键中，电子云分布在四个碳原子上。每一个电子不只是受到两个原子核的束缚，而是受到四个原子核的束缚，因此增强了分子的稳定性。由于 π 电子的离域作用贯穿在整个共轭体系中，且 π 电子的离域体现了分子内原子间相互影响的电子效应，因此在共轭体系中，如果任何一个原子受到外界的影响，那么这个影响会传递给整个共轭体系。在共轭体系中，这种由于 π 电子的离域而引起多个 π 键之间的相互作用称为共轭作用。分子中由于共轭 π 键相互作用而引起分子性质的改变叫做共轭效应（conjugative effect）。

4.2.3 共轭效应

（1）概述

① 共轭体系中所有原子均在同一平面内，形成大 π 键的 p 电子云都垂直于这个平面，如图 4-4 所示。

② 共轭 π 键的生成使电子云的分布趋向平均化，即键长平均化。分子中不存在典型的碳碳单键、碳碳双键，而是一个共轭大 π 键。

③ 共轭二烯烃催化加氢放出的热量比非共轭二烯烃催化加氢放出的热量要小。放出的能量叫做共轭能。孤立二烯烃的氢化热约为单烯烃的氢化热的两倍。如丙烯的氢化热为 125.2 kJ · mol^{-1}，1,4-戊二烯的氢化热为 254.4 kJ · mol^{-1}。共轭二烯烃的氢化热比孤立二烯烃的氢

化热要低。如1,3-戊二烯的氢化热为226.0 kJ • mol^{-1}。共轭体系越大，每个碳碳双键的平均氢化热越小，体系的稳定性越高。

④ 由于π电子的转移，共轭链上出现正负电性交替的现象：

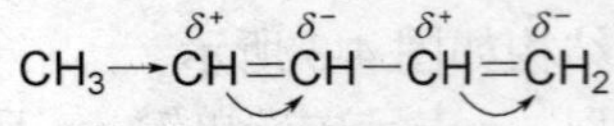

（2）分类

① π-π共轭效应　碳碳单双键交替出现的二烯烃，如1,3-丁二烯。在这样的分子中，四个p轨道的对称轴互相平行时，它们可以从侧面以最大程度重叠，形成一个离域的大π键。这种由两个或多个π键上的p轨道形成的π键之间的共轭效应，称为π-π共轭效应。

② p-π共轭效应　由于与碳碳双键碳原子相连的原子和碳碳双键共平面，其p轨道与碳碳双键的π轨道平行并发生侧面重叠，形成的共轭效应统称p-π共轭效应，如图4-5所示。

③ σ-π共轭效应和σ-p共轭效应　与碳碳双键碳原子相连的饱和碳原子的C—H σ键可与π键产生微弱的共轭作用，这种共轭效应也叫做σ-π共轭效应，如图4-6所示。烷基自由基、碳正离子、碳负离子等反应中间体，其中心碳原子采用 sp^2 杂化。如果与中心碳原子相连的饱和碳原子上具有C—H σ键，那么该σ轨道也可与中心碳原子的p轨道微弱地重叠，这种共轭效应是σ-p共轭效应。显然，参与共轭的C—H σ键越多，电子离域的范围越大，就越有利于电荷的分散，这种中间体就越稳定。σ-p共轭效应可以解释碳正离子的稳定次序，与诱导效应得到的结论是一致的。

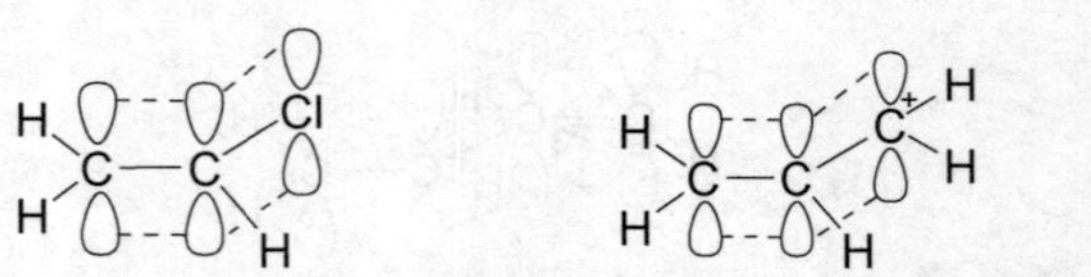

(a) 氯乙烯的p-π共轭效应　(b) 烯丙基正离子中的p-π共轭效应

图4-5　p-π共轭效应

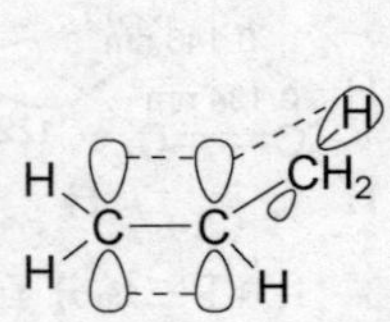

图4-6　丙烯中σ-π共轭效应

共轭效应的强度按下列顺序排列：π-π > p-π > σ-π。

4.2.4　共轭二烯烃的化学性质

共轭二烯烃除具有烯烃的普遍性质外，还具有一些特性。

（1）1,2-和1,4-加成反应

共轭二烯烃和卤素、卤化氢等发生亲电加成反应比单烯烃容易，并且能发生1,4-加成反应。例如：

$$CH_2{=}CH-CH{=}CH_2 + HBr \longrightarrow CH_3\underset{\displaystyle Br}{\underset{|}{CH}}CH{=}CH_2 + CH_3CH{=}CH\underset{\displaystyle Br}{\underset{|}{CH_2}}$$

这要从反应机理来说明：反应分两步进行，第一步，生成碳正离子。碳正离子（Ⅰ）为烯丙基型碳正离子，带正电荷的碳原子的空p轨道既可与π键形成p-π共轭体系，又受到甲基+I效应的影响，从而使体系的正电荷得以分散，碳正离子较稳定。而碳正离子（Ⅱ）是一个稳定性差的伯碳正离子，因此反应第一步主要形成更稳定的碳正离子（Ⅰ）。相关反应式如下：

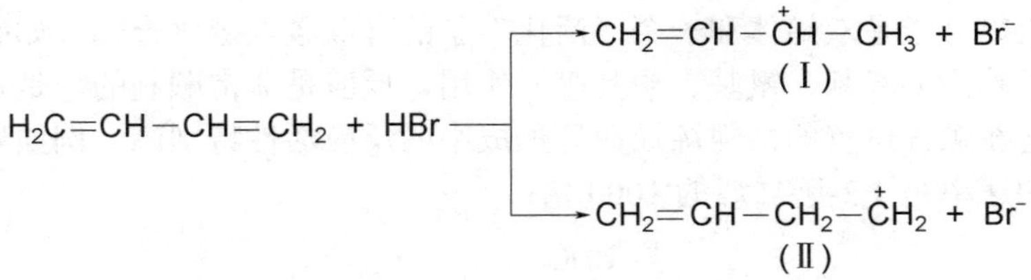

碳正离子（Ⅰ）的 p-π 共轭效应表示如下：

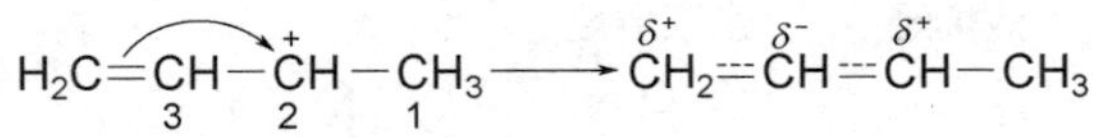

第二步，溴离子加到带微量正电荷的碳原子上得到产物：

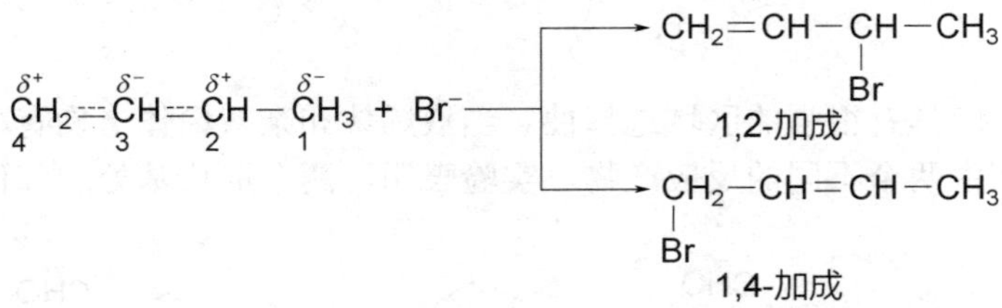

1,2-加成产物和 1,4-加成产物的比例由这个体系的结构本质决定，也随反应条件如温度、溶剂等改变而改变。一般情况下，低温和非极性溶液，有利于 1,2-加成反应；高温和极性溶液，有利于 1,4-加成反应。低温时，加成反应是速率控制或动力学控制的反应，活化能的高低起主要作用；温度较高时，加成反应是化学平衡控制或热力学控制的反应，产物的稳定性高低起主要作用。例如：

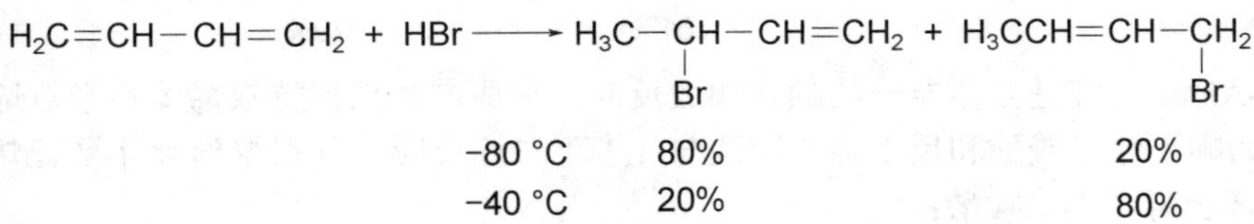

(2) Diels-Alder 反应

1928 年，狄尔斯（Diels）和阿德尔（Alder）研究 1,3-丁二烯与顺丁烯二酸酐反应时，发现生成六元环状化合物的反应。这类反应称为 Diels-Alder（DA）反应，又称为双烯合成（diene synthesis）。例如：

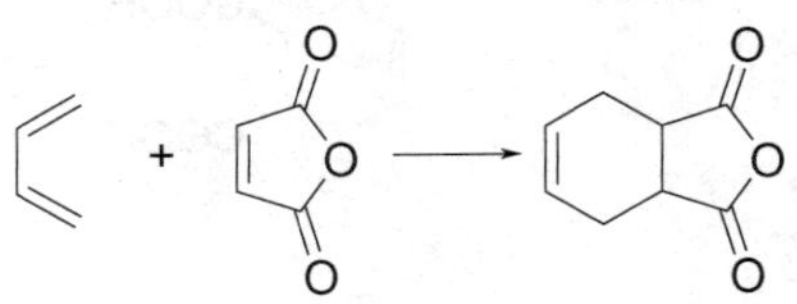

Diels-Alder 反应是共轭二烯烃的特征性反应，反应物由两部分组成，一个是共轭双烯（称双烯体），另一个是含碳碳双键的化合物（称为亲双烯体）。这是一种环加成反应，是合成六元碳环的最重要反应，其特征是新键的生成与旧键的断裂是协同进行的，反应一步完成，没有活泼中间体产生。具有这种特点的反应称为协同反应。例如：

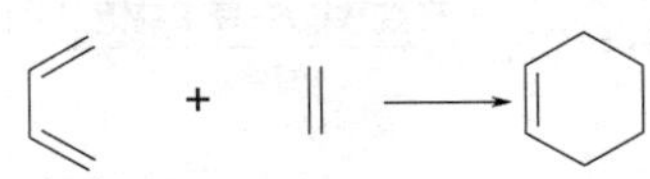

双烯烃　亲双烯烃

最典型的双烯合成是双烯体和一个“活化”了的含碳碳双键化合物（如碳碳双键的碳原子上带有吸电子基团如醛基、氰基、羧基等）作用，反应是非常顺利的，是定量进行的。两个碳碳双键固定在顺式位置的共轭烯烃在环加成中的反应活性特别高。例如环戊二烯与顺丁烯二酸酐反应的速率是 1,3-丁二烯的 1000 倍：

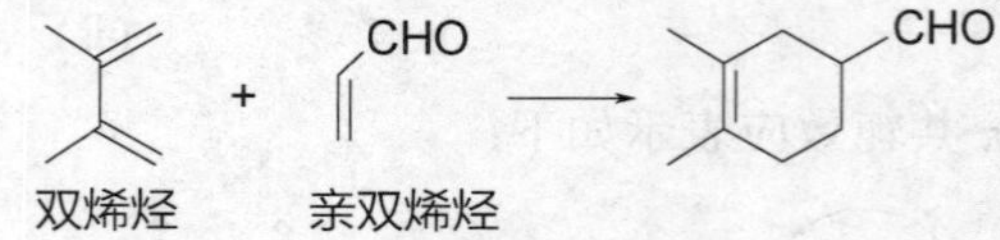

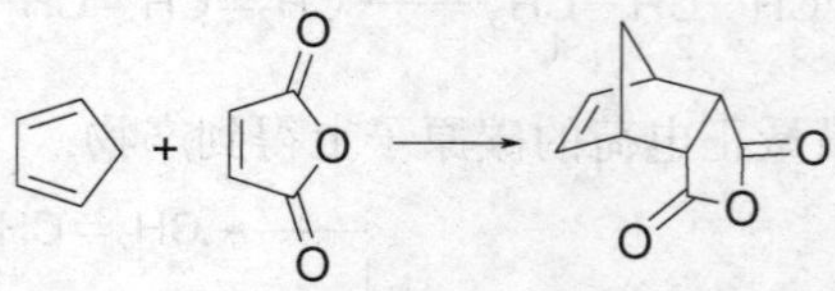

Diels-Alder 反应具有很强的区域选择性。当双烯体和亲双烯体上均有取代基时，从反应式来看，有可能产生两个不同的反应产物。实验表明，两个取代基处于邻位或对位的产物占优势：

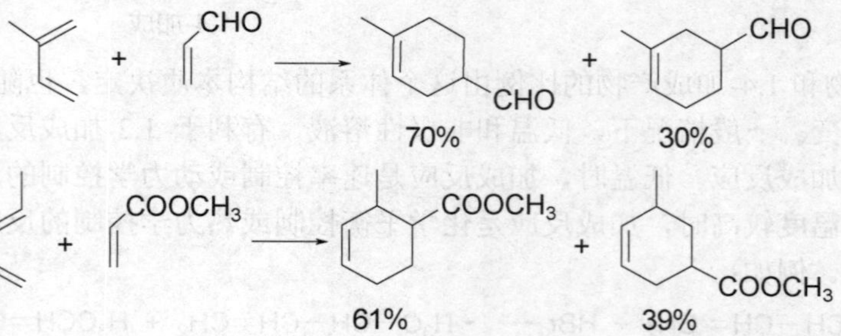

Diels-Alder 反应是立体专一的顺式加成反应，加成产物仍保持双烯体和亲双烯体原来的构型。例如顺丁烯二羧酸和反丁烯二羧酸与 1,3-丁二烯反应，分别得到顺-4-环己烯-1,2-二羧酸和反-4-环己烯-1,2-二羧酸：

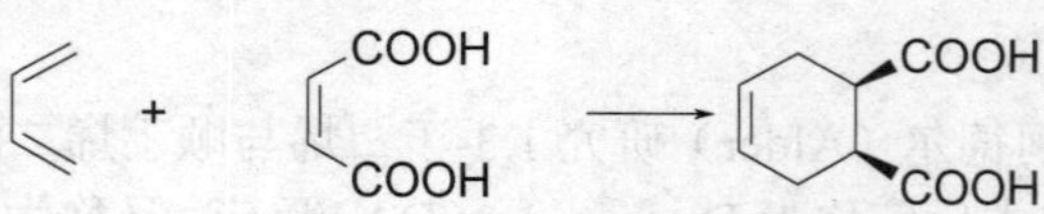

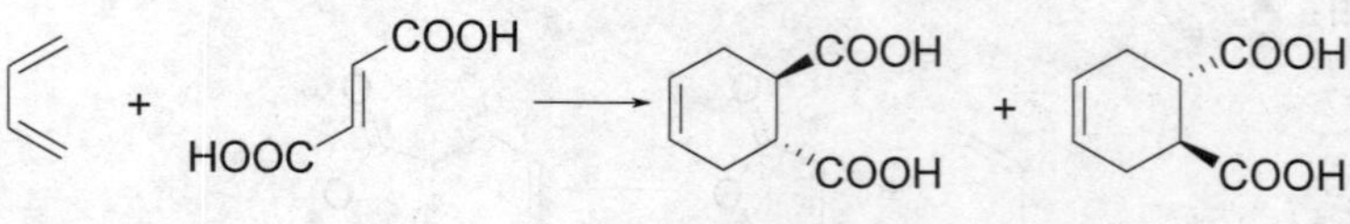

4.2.5 重要的共轭二烯烃

4.2.5.1 1,3-丁二烯

1,3-丁二烯主要用作合成橡胶的原料。在环烷酸镍/三异丁基铝催化作用下，进行定向聚合反应，可得到顺丁橡胶含量大于 96%的产物：

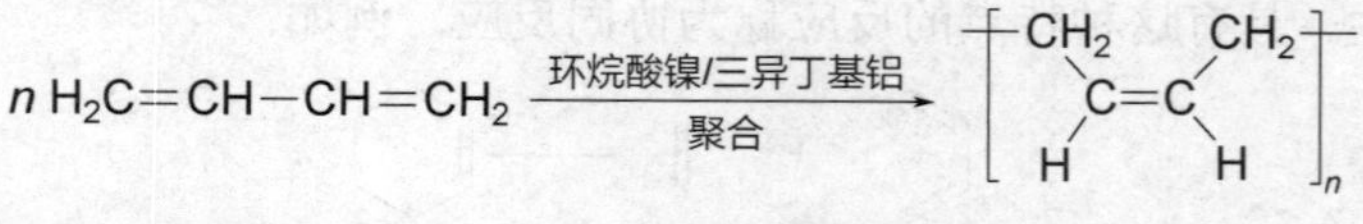

它同苯乙烯或丙烯腈共聚分别生成丁苯橡胶和丁腈橡胶：

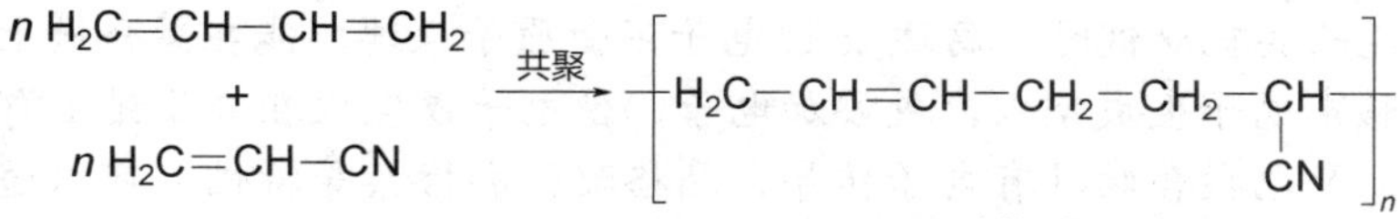

丁腈橡胶

4.2.5.2　异戊二烯

异戊橡胶是异戊二烯的全顺式聚合物，是结构和性质最接近天然橡胶的合成橡胶。

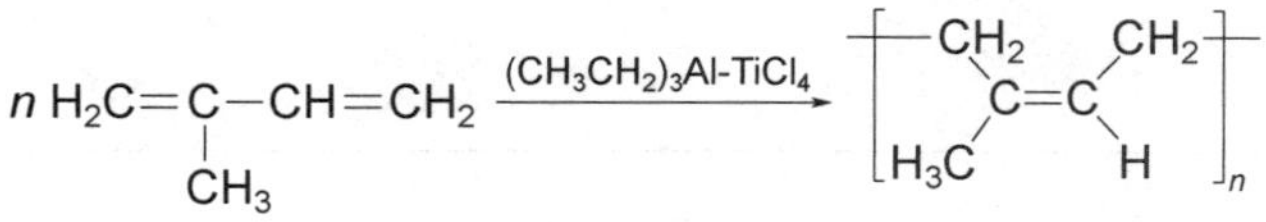

4.2.5.3　环戊二烯

将石油热裂解的 C_5 馏分加热至 100 ℃，其中的环戊二烯聚合为二聚体，蒸出易挥发的其他 C_5 馏分，再加热至约 200 ℃，使二聚体解聚为环戊二烯：

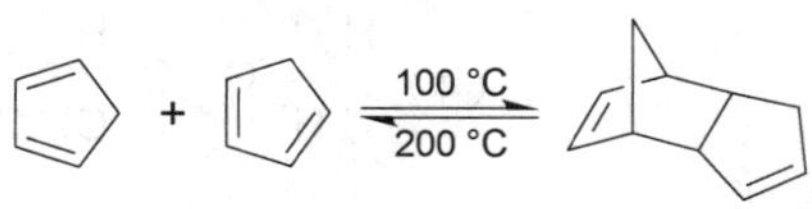

环戊二烯分子中亚甲基上的氢酸性较大，可与金属钾或氢氧化钾成盐，生成环戊二烯负离子：

环戊二烯钾(或钠)盐与氯化亚铁反应得到二茂铁，它具有夹层结构，铁原子夹在两个环中间，依靠环中的 π 电子成键。10 个碳原子等同地与中间亚铁离子键合，后者的外电子层含有 18 个电子，分子有一个对称中心，两个环是交错的。

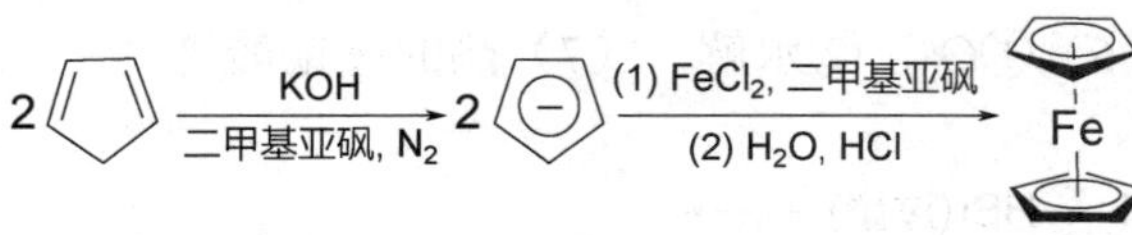

二茂铁

二茂铁的发现开启了金属有机化学的一个新时代，它可用作紫外线吸收剂、火箭燃料添加剂、挥发油抗震剂、烯烃定向聚合催化剂等。将其用于材料科学，可得到一系列新型材料。

拓展阅读

导电聚合物（conductive polymer），是一种具有导电性的高分子聚合物。在传统的印象中，聚合物的代表——塑料，都是不导电的绝缘体。20 世纪 70 年代，白川英树、Alan MacDiarmid 和 Alan Heeger，发现经过碘掺杂的聚乙炔呈现出金属特征和独特的光、电、磁、热等特性，这一导电聚合物的发现对于高分子物理和高分子化学的理论研究是划时代的事件。这也是大多数人第一次了解到导电聚合物这一个全新的概念。其后又相继开发了聚苯胺、聚吡咯、聚噻吩和聚对苯乙烯等导电高分子材料。2000 年，这三位科学家因在导电聚合物领域的开创性贡献，共同荣获诺贝尔化学奖。

与传统的电绝缘聚合物不同，导电聚合物既具有聚合物特征又具有导电体特征。当高分子结构拥有延长共轭双键时，离域 π 键电子不受原子束缚，能在聚合链上自由移动，经过掺杂后，可移走电子生成空穴，或添加电子，使电子或空穴在分子链上自由移动，从而形成导电分子。导电聚合物具有电子传导、晶格配位和掺杂等特性，可以通过控制聚合物的结构和类型来调节导电性能。由于其独特的性能和可加工性，导电聚合物不仅作为导电材料应用广泛，而且在能源、光电子器件、传感器、分子导线等领域也有着潜在的应用价值。

参考答案

习题

1. 写出下列化合物的名称。

（1）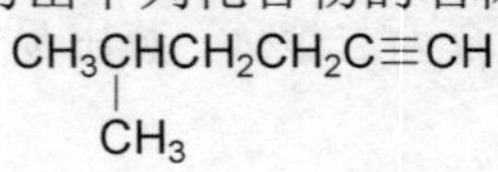　　（2）$(CH_3)_2CHC{\equiv}C-C(CH_3)_3$

（3）$CH_3CH{=}CH-C{\equiv}CH$　　（4）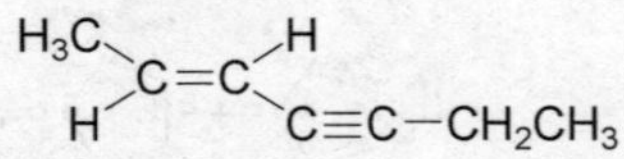

2. 写出下列化合物的构造式。

（1）3,5-二甲基-1-庚炔　　（2）3-甲基-3-戊烯-1-炔

（3）3-丙基-1,4-戊二烯　　（4）1,5-己二烯-3-炔

3. 用化学方法区别下列各组化合物。

（1）乙烷，乙烯和乙炔　　（2）1-丁炔和 1, 3-丁二烯

（3）$H_3CH_2CH_2CC{\equiv}CH$和$H_3CH_2CH_2CC{\equiv}CCH_3$

4. 写出 1-丁炔与下列试剂反应的反应式。

（1）1 mol H_2，Ni　（2）2 mol H_2，Ni　（3）2 mol Br_2　（4）H_2O, Hg^{2+}, H^+

（5）$Ag(NH_3)_2OH$　（6）①O_3，②水解　（7）热的高锰酸钾

5. 完成下列反应。

（1）$H_3CH_2CH_2CC{\equiv}CH$ + HBr(过量) ⟶

（2）$H_3CH_2CC{\equiv}CH \xrightarrow{NaNH_2}$

（3）$H_2C{=}\underset{H}{C}-\underset{H}{C}{=}CH_2$ + $Br_2 \xrightarrow{高温}$

（4）$H_2C{=}\underset{H}{C}-C{\equiv}CH \xrightarrow[H^+,\ HgSO_4]{H_2O}$

（5）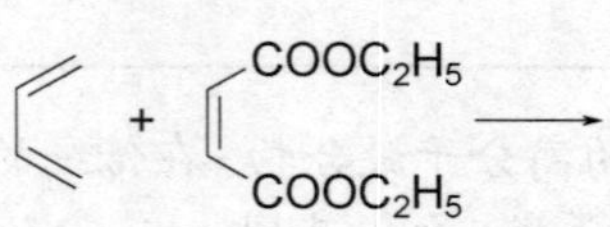

（6）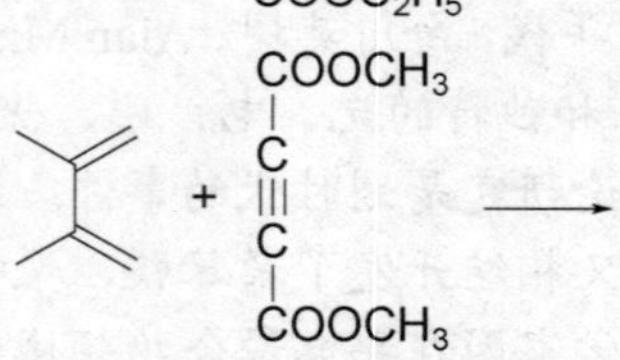

6. 以乙炔为原料合成下列化合物（可选用必要的无机试剂）。

（1）$CH_3CH_2CHOHCH_3$　（2）$CH_3CH_2CCl_2CH_3$　（3）丙醛

（4）2-丁炔　　（5）2-戊炔　　（6）$CH_3CH_2CH_2CH_2Br$

7. 某化合物的分子量为 82，每摩尔该化合物可吸收 2 mol 氢，当它和银氨溶液作用时，没有沉淀生成；当它吸收 1 mol 氢时，产物为 2,3-二甲基-1-丁烯，试写出化合物的结构式。

8. 四种化合物 A、B、C、D 都具有分子式 C_6H_{10},它们都能使溴的四氯化碳溶液褪色。A 能与 $AgNO_3$ 的氨溶液作用生成沉淀，B、C、D 则不能。当它们被热的酸性高锰酸钾氧化时，A 得 CO_2 和戊酸；B 得乙酸和 2-甲基丙酸；C 只得丙酸；D 得 2-甲基丙二酸和 CO_2。试写出 A、B、C、D 的结构式。

第 5 章

环烷烃

分子中含有环状碳骨架、性质与开链脂肪烃相类似的碳氢化合物，称为脂环烃，即环烷烃。环烷烃及其衍生物广泛存在于自然界中，是有机化工的重要基础原料。

5.1 环烷烃的分类和命名

环烷烃按照分子中含有的碳环数目，可以分为单环烃、双环烃和多环烃。

5.1.1 单环烃

分子中只含有一个碳环的脂环烃称为单环烃，根据分子中组成环的碳原子数目，单环烃可以分为三元环烃、四元环烃、五元环烃等。

对于不带支链的单环烃，按照碳环上的碳原子的数目，用环某烷命名。例如：

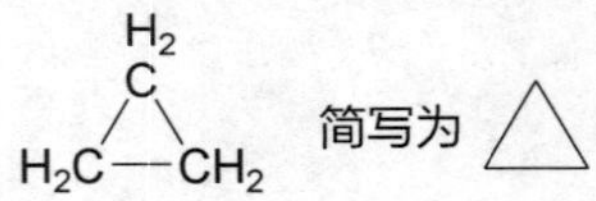

环丙烷
cyclopropane

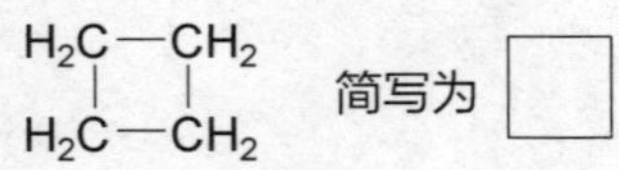

环丁烷
cyclobutane

对于带有支链的单环烃命名分两种情况，环上的支链比较简单时则把环上的支链看作是取代基。当取代基不止一个时，还要对环上的碳原子编号，按照最低系列原则编号使取代基的位次尽可能地小，同时根据次序规则中优先的基团排在后面的原则，把较小的位次给次序规则中位于后面的取代基。例如：

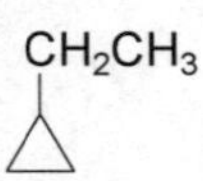

乙基环丙烷
ethyl cyclopropane

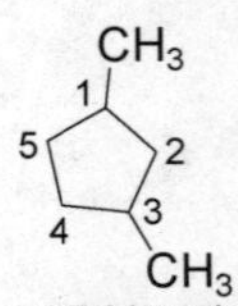

1,3-二甲基环戊烷
1,3-dimethyl cyclopentane

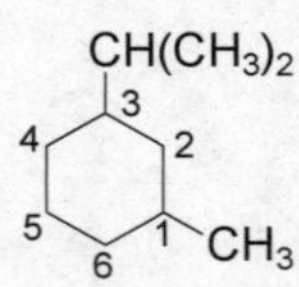

1-甲基-3-异丙基环己烷
1-methyl-3-isopropyl cyclohexane

当环上取代基的碳原子数多于环上的碳原子数时，或碳链上连有多个环时，则将链作为母体，将环作为取代基，按链烷烃的命名原则和命名方法来命名。例如：

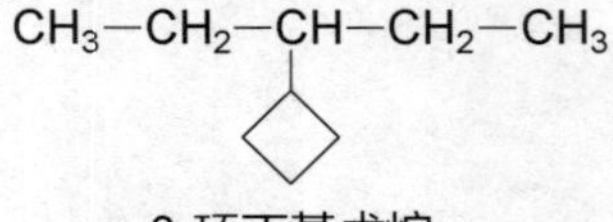

3-环丁基戊烷
3-cyclobutanepentane

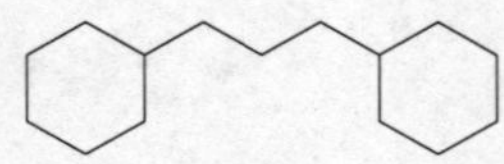

1,3-二环己基丙烷
1,3-dicyclohexylpropane

如果命名环烯烃和环炔烃，则把 1,2 位次留给双键和三键碳原子。例如：

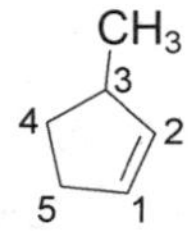

3-甲基环戊烯
3-methyl cyclopentene

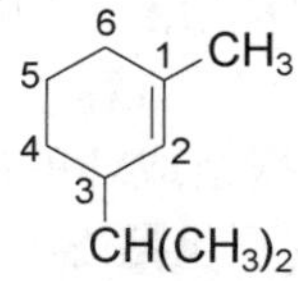

1-甲基-3-异丙基环己烯
1-methyl-3-isopropyl cyclohexene

由于碳原子连成环，因此，在二取代环烷烃的分子中，就存在顺反异构体，两个取代基在环同一侧的为顺式，分布在两侧的则为反式，命名时分别用“顺（*cis*）”代表顺式异构体和“反（*trans*）”代表反式异构体。例如：

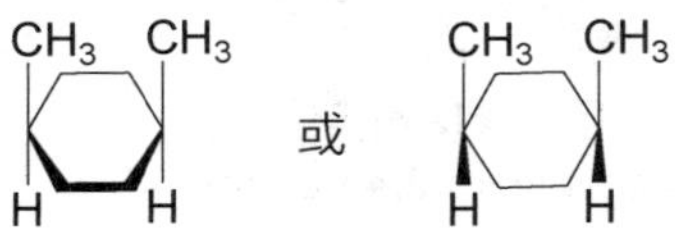

顺-1,4-二甲基环己烷
cis-1,4-dimethyl cyclohexane

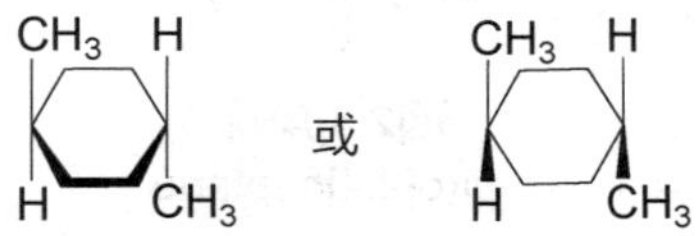

反-1,4-二甲基环己烷
trans-1,4-dimethyl cyclohexane

5.1.2　双环烃

双环烃主要有桥环化合物和螺环化合物。

（1）桥环化合物

桥环化合物是指两个碳环共用两个或两个以上碳原子的双环化合物。桥环化合物结构上的共同点是，都有两个“桥头”碳原子（即两个环共用的碳原子）和三条连在两个“桥头”上的“桥”。

命名桥环化合物时，根据该化合物碳环上碳原子的总数将其命名为“双环某烷”，环字后面加方括号，括号内用阿拉伯数字从大到小指出除去桥头碳原子的每一碳桥上碳原子的数目，数字之间用圆点分开。例如：

双环[2.2.1]庚烷
bicyclo[2.2.1]heptane

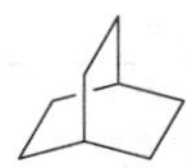

双环[2.2.2]辛烷
bicyclo[2.2.2]octane

命名取代桥环化合物时，环上碳原子编号从一个桥头碳原子开始，先编最长的桥至第二个桥头碳原子；再编余下的次长的桥，回到第一个桥头碳原子；最后编最短的桥。环上的取代基或不饱和键有多种位次可选时，应使它们的位次尽可能地小，命名时把它们的位置表示出来。例如：

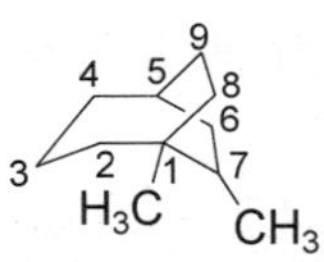

1,7-二甲基双环[3.2.2]壬烷
1,7-dimethyl-bicyclo[3.2.2]nonane

双环[2.2.2]-2-辛烯
bicyclo[2.2.2]-2-octene

（2）螺环化合物

螺环化合物是指两个碳环共用一个碳原子的双环化合物。螺环化合物中，两个环共用的碳原子叫做螺原子。

命名螺环化合物时，根据组成环的碳原子总数，将其命名为“螺某烷”，再把连接于螺原子的两个环的碳原子数目(不包括螺原子)，按由小到大的次序写在“螺”和“某烷”之间的方括号里，数字用圆点分开。螺环化合物的环上碳原子的编号，从连接在螺原子上的一个碳原子开始，先编较小的环，然后经过螺原子再编第二个环。环上的取代基或不饱和键有多种位次可选时，应使它们的位次尽可能地小。例如：

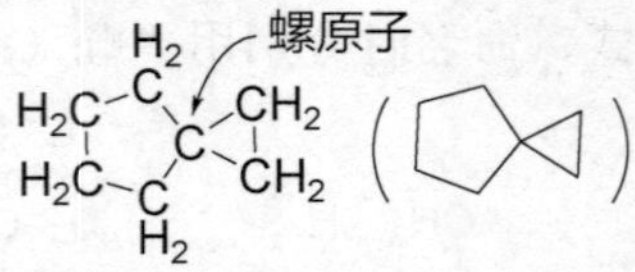

螺[2.4]庚烷
spiro[2.4]heptane

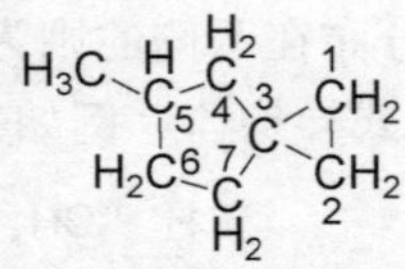

5-甲基螺[2.4]庚烷
5-methyl-spiro[2.4]heptane

5.2 环烷烃的性质

5.2.1 物理性质

环烷烃是无色且具有一定气味的物质。环烷烃的沸点、熔点和相对密度都比同碳原子数的直链烷烃高，这是由于直链烷烃可以比较自由地摇动且排列也比较松散，而环烷烃具有较大的刚性和对称性，分子之间的作用力更强。表 5-1 给出一些环烷烃的物理常数。

表 5-1 一些环烷烃的物理常数

名称	熔点/℃	沸点/℃	相对密度（20 ℃）
环丙烷	−127	−33	—
环丁烷	−80	13	—
环戊烷	−94	49	0.746
环己烷	6.5	81	0.778
环庚烷	−12	118	0.810
环辛烷	14	149	0.830

5.2.2 化学性质

环烷烃的化学性质与烷烃相似，能够发生取代反应和氧化反应。如环戊烷与戊烷相似，在日光或紫外光照射下或加热时，能与氯发生自由基取代反应，生成氯代环戊烷。环烯烃和环炔烃的化学性质与其相应的烯烃和炔烃性质相似，能发生氧化反应、加成反应等。

（1）氧化反应

同烷烃一样，环烷烃可以在空气中燃烧，如果燃烧时氧气充分则完全氧化生成二氧化碳和水，同时放出大量热量。例如：

$$CH_4 + 2O_2 \xrightarrow{\text{燃烧}} CO_2 + 2H_2O \qquad +891\ kJ\cdot mol^{-1}$$

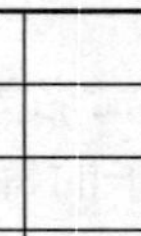 $+ 9O_2 \longrightarrow 6CO_2 + 6H_2O \qquad +3954\ kJ\cdot mol^{-1}$

由于氧化反应复杂，往往得到复杂的混合物。但是在工业生产中，可以控制反应条件使得某个产物为主产物，或直接利用氧化反应得到的混合物。例如：

$$R-CH_2-CH_2-R' + O_2 \xrightarrow[107\sim110\ ^\circ C]{MnO_2} \underset{\text{羧酸}}{RCOOH} + \underset{\text{羧酸}}{R'COOH} + \text{其他羧酸}$$

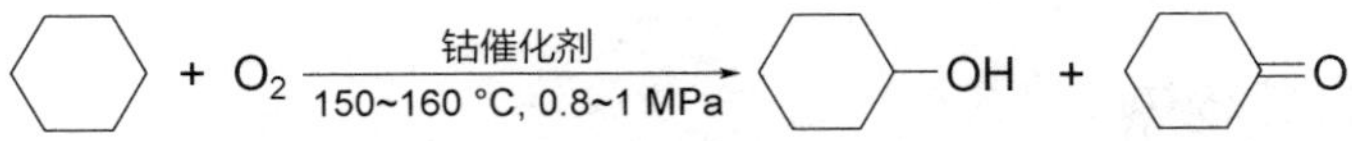

环己醇　　　　环己酮

(2) 小环环烷烃的加成反应

三元环和四元环的环烷烃则与烷烃不同，它们表现出一种特殊的化学性质，即较易开环，发生加成反应。

① 催化加氢　在催化剂铂、钯或镍的作用下，环丙烷、环丁烷和环戊烷与氢发生开环加成反应，开环的两端各加上一个氢原子，生成开链的烷烃：

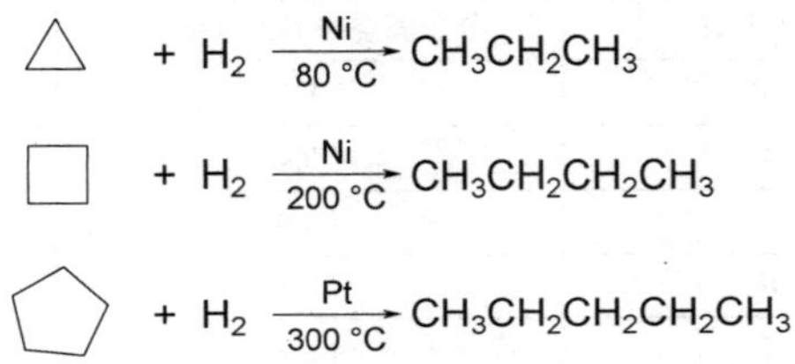

由以上反应式可以看出，环丁烷比环丙烷开环加氢的反应条件要求更高，说明环丁烷比环丙烷稳定。同理，环戊烷比环丁烷稳定，需要更强烈的反应条件才能发生开环加氢反应。在上述反应条件下，环己烷不发生反应。

② 加卤素或卤化氢　环丙烷与溴在常温下即可进行开环加成反应，生成 1,3-二溴丙烷。环丁烷与溴在常温下不发生反应，需在加热条件下才能开环加成。

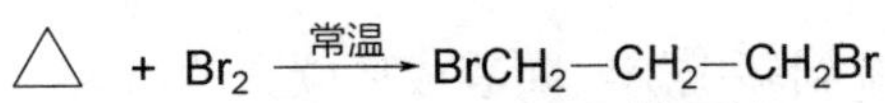

1,3-二溴丙烷

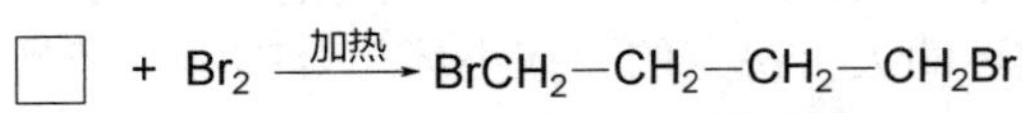

1,4-二溴丁烷

而环戊烷、环己烷与溴并不发生上述反应。

此外，环丙烷还能与溴化氢发生开环加成反应。

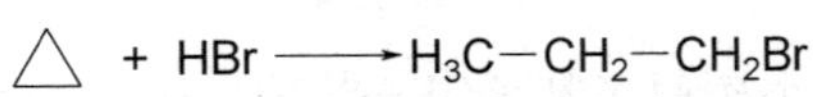

1-溴丙烷

取代环丙烷与溴化氢加成时，连接最多和最少氢原子的两个成环碳原子之间发生环的断裂，并且遵循马尔科夫尼科夫规则（马氏规则），即氢原子加到连接氢原子较多的碳原子上。例如：

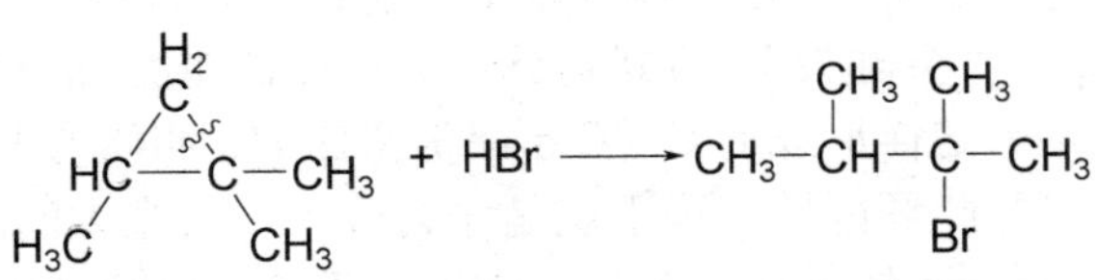

而环丁烷、环戊烷、环己烷并不发生上述反应。

从上述反应可以看出，在环烷烃中，三元环的稳定性最小，最易发生开环反应；四元环次之；五元环稳定性较大，不易发生开环反应；六元环一般不发生开环反应。

5.3 环烷烃的结构

5.3.1 环烷烃的燃烧热

有机化合物的燃烧热是指 1 mol 化合物完全燃烧生成二氧化碳和水所放出的热量。燃烧热数值的大小可以反映分子能量的高低，与有机化合物的稳定性有关。环烷烃可以看作是由不同数量的亚甲基单元连接而成的，由于环的大小不同，分子的燃烧热不同，不同环烷烃中的亚甲基单元的燃烧热存在着明显差异，如表 5-2 所示。

表 5-2 环烷烃的燃烧热

名称	成环碳数	分子燃烧热/(kJ·mol^{-1})	—CH_2—的平均燃烧热/(kJ·mol^{-1})
环丙烷	3	2091	697
环丁烷	4	2744	686
环戊烷	5	3320	664
环己烷	6	3951	659
环庚烷	7	4637	662
环辛烷	8	5310	664
环壬烷	9	5981	665
环癸烷	10	6636	664
环十五烷	15	9885	660
开链烷烃	—	—	659

从表中可以看出，从环丙烷到环戊烷，随着成环碳数的增大，亚甲基单元的平均燃烧热逐步降低。从环己烷到环十五烷，亚甲基单元的平均燃烧热趋于恒定，与开链烷烃相似。这说明环烷烃的稳定性是由环的大小决定的。在小环化合物中，环越小能量越高，越不稳定。其中环丙烷和环丁烷最不稳定，近代理论认为小环化合物不稳定的原因，是成环碳原子的 sp^3 杂化轨道未能最大程度地重叠，分子中产生了角张力。

5.3.2 环的张力

直链烷烃的结构中，每一个碳原子都采用 sp^3 杂化，sp^3 轨道对称轴之间的夹角是 109.5°，分子不存在张力。但环烷烃例如环丙烷分子中碳碳原子之间的夹角是 60°，碳原子的 sp^3 轨道对称轴之间的夹角是 109.5°，这样，相邻两个碳原子以 sp^3 轨道重叠形成 C—C σ 键时，相互重叠的两个 sp^3 轨道的对称轴就不能在一条直线上，即两个 sp^3 轨道不能以“头碰头”的方式达到最大程度的重叠，而只能以弯曲的方式重叠。这样形成的 C—C σ 键是弯曲的，叫做弯曲键，如图 5-1 所示。因此环丙烷、环丁烷是张力分子，其张力的产生是由于环碳原子的 sp^3 轨道达不到最大程度的重叠。以弯曲的方式重叠，sp^3 轨道重叠的程度显然较小，生成的弯曲键较弱，环丙烷分子的稳定性也

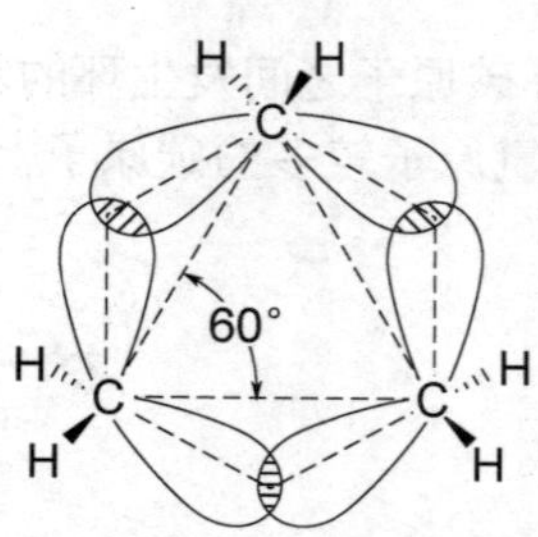

图 5-1 环丙烷分子中的 C—C σ 键

就较小，因而较易发生开环反应。此外，形成了弯曲键，不仅使 C—C σ 键变弱，而且使电子云分布在连接两个碳原子的直线的外侧，如图 5-1 所示，这就提供了亲电试剂进攻的位置，从而使环丙烷具有一定的烯烃的性质，例如，它较易与 Br_2、HBr 等加成。环丁烷的结构与环丙烷相似，sp^3 轨道也是弯曲重叠的，形成弯曲键。但是，弯曲的程度比环丙烷小，所以张力较小，稳定性降低的程度较小，发生开环反应也就比环丙烷困难。

在环烷烃中，三元环的稳定性最小；四元环次之；五元环稳定性较大，不易发生开环反应；六元环一般不发生开环反应。其原因就是，在三元环和四元环分子中存在着张力（三元环的张力比四元环大），环的张力使它们较易发生开环反应，生成开链化合物以解除张力。而在五元环和五元环以上的分子中，由于张力很小，或者没有张力，所以它们不易发生开环反应。

5.3.3　环己烷的构象

在环己烷分子中，碳原子采用 sp^3 杂化。碳原子以单键相连接，键角是 109.5°。而键角保持 109.5°或接近 109.5°，环己烷分子中的六个碳原子就不可能在同一个平面内形成环，而是在不同的平面内形成折叠式的环。这种折叠式的环有两种主要构象即环己烷的椅式构象和船式构象。

环己烷的分子结构看上去像一把“靠背椅”的构象，称为椅式构象，由“椅背”“椅腿”“椅面”三个平面组成。图 5-2 为环己烷分子椅式构象的模型、透视式和纽曼投影式。

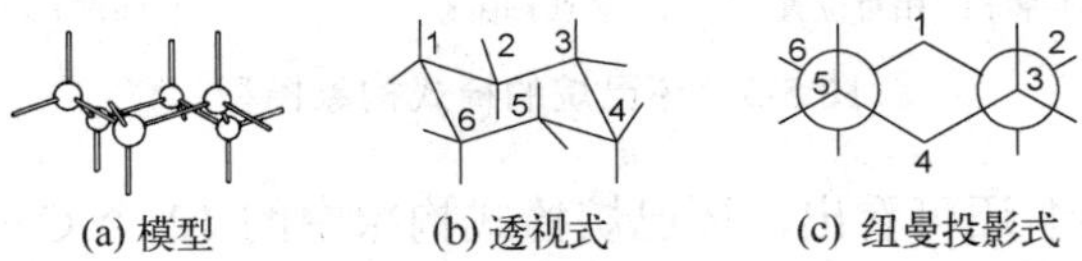

图 5-2　环己烷分子的椅式构象

从模型可以看出，在环己烷分子的椅式构象中，每个碳原子都是等同的。环己烷的椅式构象是非平面形的，键角为 109.5°，所以没有角张力。从模型还可看出，所有相邻的两个碳原子上的 C—H 键都是处于交叉式位置，所以也没有扭转张力。因此，椅式构象是环己烷能量最低、最稳定的构象，椅式构象也几乎是所有环己烷衍生物能量最低、最稳定的构象。

环己烷的分子结构看上去像一条“小船”的构象，称为船式构象，由“船头”、“船底”和“船尾”三个平面组成。图 5-3 为环己烷分子船式构象的模型、透视式和纽曼投影式。

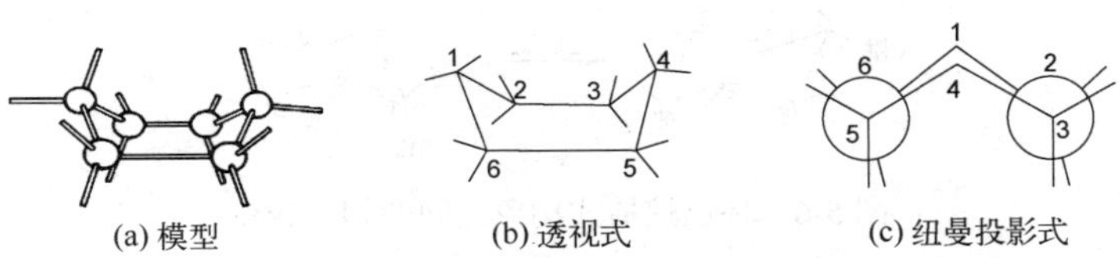

图 5-3　环己烷分子的船式构象

从模型可以看出，在环己烷分子的船式构象中，C2、C3、C5 和 C6 这四个碳原子处在同一个平面内，可以看作是“船底”；C1 和 C4 这两个碳原子则处在这个平面的上面，一个可以看作是“船头”，另一个可以看作是“船尾”。环己烷分子的船式构象是非平面形的，键角为 109.5°，所以没有角张力。但是，在船式构象中，C2 和 C3、C5 和 C6 上的 C—H 键处于重叠式位置，存在着扭转张力。此外，在船式构象中，C1 和 C4 上的两个“旗杆”H 原子间的距离非常近，比两个 H 原子的半径（把 H 原子看成球形）之和还小很多，这就使这两个 H 原子彼此产生排斥作用。因此，船式构象比椅式构象的能量高（大约高 29.7 $kJ \cdot mol^{-1}$）。环己烷船式构象不是处在能量极小位置，而是处在能量极大位置。

如果把船式构象模型的右端向下翻，则得到椅式构象的模型（图 5-4）。这一翻动只涉及绕着环己烷分子中的 C—C 单键的转动。许多物理方法已经证实，在常温下，环己烷的椅式构象和船式构象是互相转化的，在平衡混合物中，椅式构象占绝大多数（99.9%以上）。

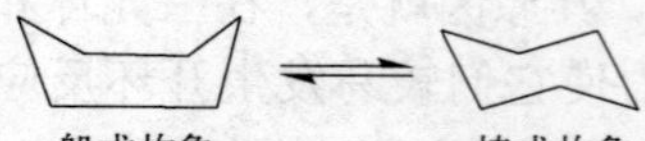

图 5-4　环己烷船式和椅式构象之间的相互转变

5.3.4　环己烷椅式构象中的 a 键和 e 键

从环己烷的椅式构象模型可以看出，C1、C3 和 C5 处在同一平面内，C2、C4 和 C6 处在另一个平面内，这两个平面彼此平行［图 5-5（a）］；此外通过模型中心，还有一个垂直于这两个平行平面的轴线［图 5-5（b）］。电子衍射实验测得两个平行平面间的距离是 0.05 nm。

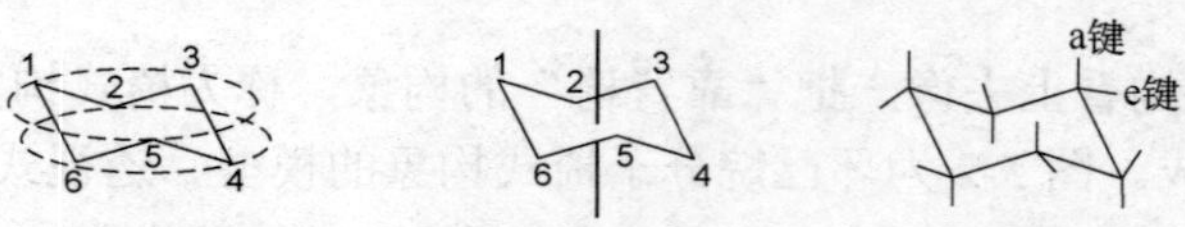

(a) 碳原子的相对位置　(b) 轴线　(c) a键和e键

图 5-5　环己烷的椅式构象模型

从模型［图 5-5（c）］还可看出，环己烷椅式构象中的 12 个 C—H 键分为两类。一类是与分子轴线平行的六个 C—H 键，是直立的，叫做 a 键或直立键。在 C1、C3 和 C5 三个碳原子上的三个 a 键方向向上；在 C2、C4 和 C6 三个碳原子上的三个 a 键方向向下。另一类是分别与 6 个 a 键成 109.5°的六个 C—H 键，可以粗略地看作它们处于水平位置，叫做 e 键或平伏键，指向环的外侧。在环己烷椅式构象中，每个碳原子都有一个 a 键和一个 e 键。

环己烷分子可以由一个椅式构象翻转成为另一个椅式构象（图 5-6）。在这个过程中，由 C1、C3 和 C5 所处平面转变成为下边的平面，而由 C2、C4 和 C6 所处平面则转变成为上边的平面；同时，碳原子上原来的 a 键变成了 e 键，而原来的 e 键则变成了 a 键。

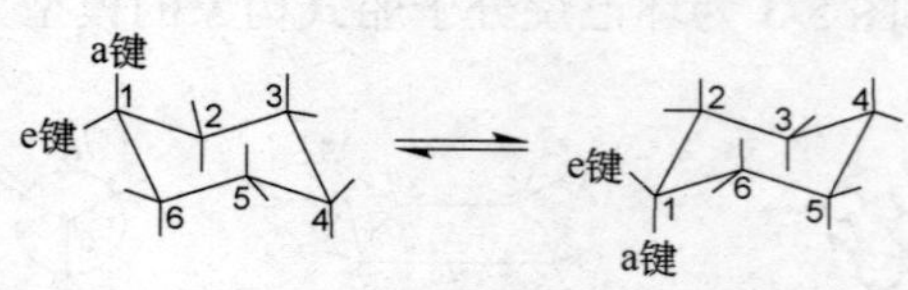

图 5-6　环己烷椅式构象之间的相互转变

5.3.5　取代环己烷的构象

在环己烷椅式构象中，连接在同一平面的碳原子上的三个 a 键（例如 C1、C3 和 C5 上的三个 a 键）上的氢原子间的距离很近，是 0.25 nm（图 5-7）。

当环己烷分子中的一个氢原子被其他原子或基团（例如 R）取代时，取代基 R 可以以 a 键，也可以以 e 键与碳原子连接，从而产生两种不同的构象异构体——连接 a 键的构象和连接 e 键的构象（图 5-8）。

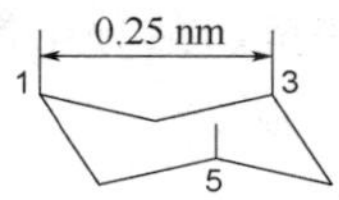

图 5-7　环己烷椅式构象中 C1、C3、C5 原子上 a 键上的氢原子间的距离

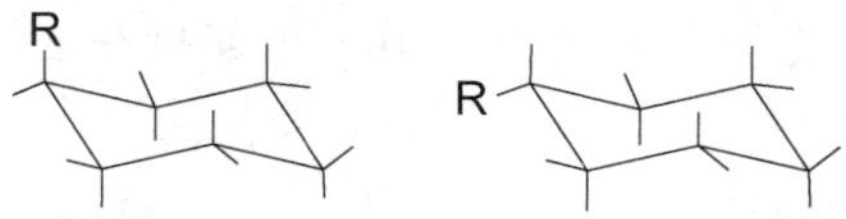

图 5-8　一取代环己烷椅式构象

取代基 R 的“体积”比氢原子的大。从模型或透视式可以看出，由于 a 键和 e 键的方向不同，以 a 键与环碳原子相连接的取代基 R 与环同侧的两个 a 键上的氢原子之间的距离较近，“拥挤”情况较严重，斥力较大。这叫做 1,3-二直立键的相互作用。由于这种作用，连接 a 键的构象异构体能量较高，稳定性较小。连接 e 键的构象异构体由于其 e 键指向环的外侧，没有这种排斥作用，因而能量较低，稳定性较大。所以取代基 R 一般以 e 键与环碳原子相连接。

当环己烷有两个取代基时，其优势构象可根据以下规律判断：

① 椅式构象为最稳定的优势构象。

② 取代基尽可能连接在 e 键上。

③ 取代基不同时，体积较大基团处于 e 键时的构象为优势构象。

例如，1,2-二甲基环己烷的顺、反两种异构体中，反式异构体的两个甲基全部连在 e 键上，而顺式异构体中只有一个甲基连在 e 键上，所以反式比顺式稳定。在顺-4-叔丁基环己醇的两种椅式构象中，叔丁基在 e 键上的构象比在 a 键上的构象稳定（图 5-9）。

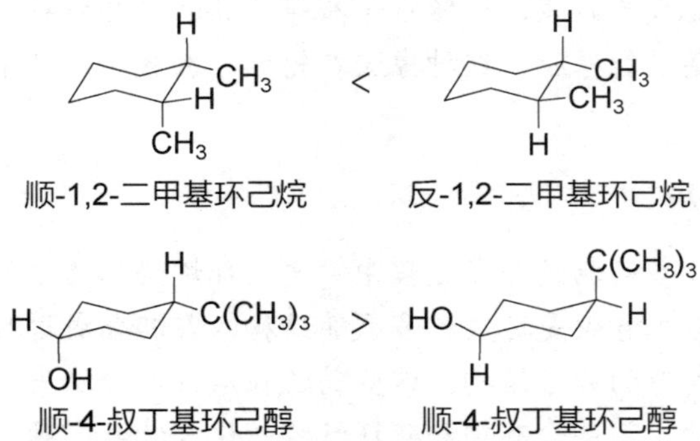

图 5-9　双取代环己烷构象

5.3.6　十氢化萘的结构

十氢化萘是双环[4.4.0]癸烷广为采用的名称。它有顺式和反式两种构型，如图 5-10 所示。顺式十氢化萘和反式十氢化萘都不是平面结构（图 5-11）。

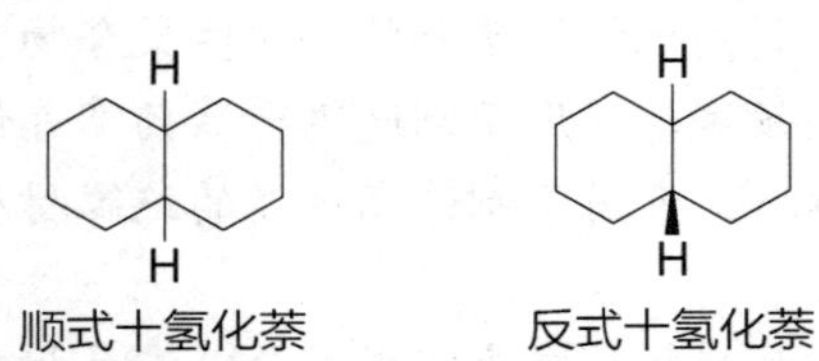

图 5-10　顺式和反式十氢化萘的结构式

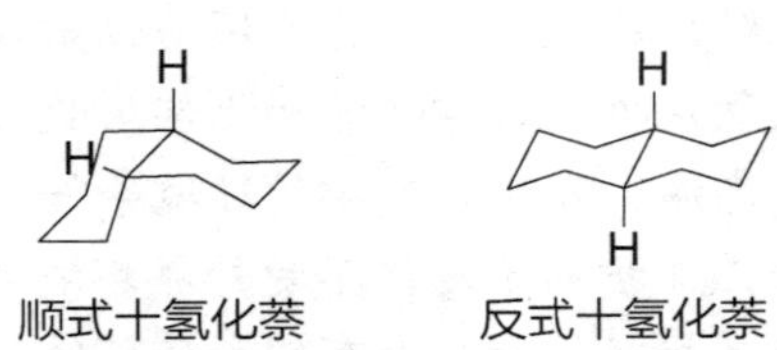

图 5-11　顺式和反式十氢化萘的构象

顺式和反式十氢化萘的稳定性不同，后者比前者稳定。主要原因为：反式十氢化萘的两个氢原子全部连接在 e 键上，其结构也比较平展。而在顺式异构体分子中，两个氢原

子一个连接在 e 键上，另一个连接在 a 键上，其结构也比较拥挤，故分子能量较高，稳定性较差。

拓展阅读

环烷烃的应用

1. 在石油化工领域的应用

燃料方面：环烷烃是石油的重要组成部分。在汽油、柴油和航空煤油等燃料中都含有一定量的环烷烃。例如，在汽油中，环烷烃的存在可以改善燃料的抗爆性能。它的燃烧特性与链状烷烃有所不同，环烷烃燃烧时火焰传播速度相对较慢，有助于燃烧过程更加平稳，减少发动机爆震现象的发生。在柴油中，环烷烃能够影响柴油的低温流动性和燃烧性能，合适比例的环烷烃可以使柴油在低温环境下仍能保持良好的流动性，并且在燃烧时提供足够的能量。

化工原料方面：环烷烃是生产多种化工产品的重要原料。例如，环戊烷和环己烷是生产尼龙等合成纤维的关键原料。环己烷通过氧化反应可以生成己二酸，己二酸是制造尼龙 66 的主要原料之一。尼龙是一种广泛应用于纺织、汽车、电子等众多领域的合成纤维，其强度高、耐磨性好等特点使其成为服装、轮胎帘子布等产品的重要材料。环戊二烯可以聚合生成聚环戊二烯，用于制造高性能橡胶，这种橡胶在轮胎、鞋底等产品中应用，能够提供良好的弹性和耐磨性。

2. 在制药行业的应用

药物合成中间体：许多药物的合成过程中需要用环烷烃作为中间体，例如，甾体类药物的合成。甾体化合物的基本骨架是环戊烷多氢菲结构，在其合成过程中，往往从含有饱和碳环结构的原料开始构建复杂的分子结构。这些药物在治疗内分泌失调、抗炎、免疫调节等方面发挥着重要作用。另外，某些含有饱和碳环结构的化合物具有独特的药理活性，如环磷酰胺，它是一种常用的抗肿瘤药物，其分子中的环状结构对于药物与癌细胞的作用靶点结合以及发挥抗癌活性具有关键作用。

3. 在材料科学领域的应用

高分子材料：环烷烃可以用于合成具有特殊性能的高分子材料。例如，将环烯烃（含有碳碳双键的环烷烃）进行开环易位聚合反应，可以得到高性能的聚合物。这些聚合物具有良好的热稳定性、力学性能和化学耐受性。在航空航天领域，可用于制造飞行器的零部件，能够承受高温、高压等复杂的环境条件；在电子材料领域，可用于制造高性能的绝缘材料和封装材料，保护电子元件不受外界环境的影响。

液晶材料：一些含有饱和碳环结构的化合物是液晶材料的重要组成部分。液晶材料在显示技术（如液晶显示器）中起到关键作用。饱和碳环结构能够影响液晶分子的排列和取向，从而改变液晶材料的光学性质。调节饱和碳环的结构和取代基，可以得到不同响应速度、对比度和视角特点的液晶材料，以满足不同类型显示设备（如手机屏幕、电脑显示器等）

的需求。

4. 在香料和香精行业的应用

香料成分：某些环烷烃及其衍生物具有独特的气味，是香料和香精的重要成分。例如，环十二烷酮具有类似麝香的气味，被广泛用于香水、化妆品等产品中，作为定香剂使用。它能够使香水的香味更加持久、醇厚。另外，一些含有饱和碳环结构的萜类化合物也是天然香料的重要来源，如薄荷醇，它具有清凉的气味，是薄荷香料的主要成分，用于口腔护理产品，以及糖果等食品的加香。

石油中的环烷烃如何提取和分离？

1. 原油蒸馏

这是石油加工的第一步。原油在蒸馏塔中根据沸点的不同进行分离。环烷烃的沸点因分子结构（如环的大小、取代基等）而异。一般来说，环烷烃的沸点比相同碳原子数的烷烃略高。例如，环己烷（C_6H_{12}）的沸点是 80.7 ℃，而己烷（C_6H_{14}）的沸点是 69 ℃。在蒸馏过程中，通过控制温度，可以将不同沸点范围的馏分分离出来。较轻的馏分（如汽油馏分）主要含有较低沸点的环烷烃和烷烃，而较重的馏分（如柴油、润滑油馏分）含有较高沸点的环烷烃等成分。

蒸馏塔内部有多层塔板或填料，原油在塔内上升过程中，不断汽化和冷凝。沸点较低的组分（包括部分环烷烃）首先汽化上升到塔顶，经过冷凝器冷却后收集，而沸点较高的组分则在塔的下部或底部收集。这个过程可以初步将环烷烃富集在不同的馏分中。

2. 溶剂萃取

利用环烷烃和其他烃类在特定溶剂中的溶解度差异来进行分离。例如，糠醛是一种常用的溶剂，它对芳烃有较好的选择性溶解能力，对环烷烃和烷烃的溶解能力不同。在萃取过程中，将含有环烷烃的石油馏分与糠醛混合，在一定的温度和压力下，芳烃会优先溶解到糠醛中，而环烷烃和烷烃则留在另一相中。通过这种方式，可以降低馏分中的芳烃含量，进一步提纯环烷烃。

另一种常用的溶剂是 *N*-甲基吡咯烷酮（NMP），它也能有效地分离芳烃和环烷烃。在萃取装置中，将石油馏分与 NMP 充分接触，然后通过分层或离心等方式分离两相。经过多次萃取和反萃取操作，可以得到纯度较高的环烷烃馏分。

3. 吸附分离

利用吸附剂对不同烃类的吸附选择性来分离环烷烃。例如，分子筛是一种常用的吸附剂，它具有规则的孔道结构。不同大小和形状的分子在分子筛孔道内的吸附行为不同。对于环烷烃和其他烃类，通过它们分子的大小、形状以及与分子筛表面的相互作用不同，可以实现分离。

比如，5Å 分子筛可以吸附正构烷烃，而环烷烃和异构烷烃则不易被吸附。将石油馏分通过装有分子筛的吸附柱，正构烷烃被吸附在分子筛上，而环烷烃等可以顺利通过吸附柱，从而实现环烷烃与正构烷烃的分离。之后可以通过改变温度、压力或使用洗脱剂等方法将吸附的正构烷烃从分子筛上脱附下来，使吸附剂再生。

4. 加氢精制

在氢气存在的条件下，利用催化剂对石油馏分进行加氢处理。这个过程主要是为了脱除石油中的硫、氮、氧等杂质，同时也可以改变烃类的结构。对于环烷烃来说，加氢精制可以使一些不饱和的环烯烃转化为环烷烃，提高环烷烃的纯度。

例如，在加氢精制装置中，石油馏分与氢气混合后，通过装有催化剂（如钴-钼或镍-钼催化剂）的反应器，在一定的温度（通常在300～400 ℃）和压力（5～20 MPa）下，杂质原子与氢气反应生成相应的化合物（如硫化氢、氨、水）而被除去，不饱和烃则被加氢饱和。经过加氢精制后的馏分中，环烷烃的质量得到进一步提高，更适合用于后续的精细加工或产品制造。

参考答案

习题

1. 写出下列化合物的构造式或名称。

（1）1,1-二甲基环丙烷　　（2）1,2-二甲基环丙烷

（3）乙烯基环戊烷　　（4）环丙基环戊烷

（5）反环辛烯　　（6）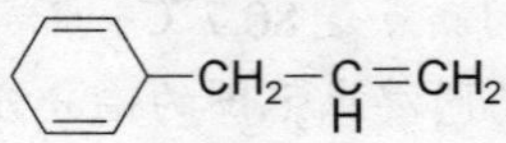

（7）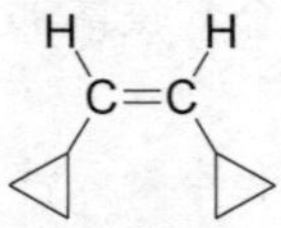

2. 写出分子式为C_5H_{10}的环烷烃的所有构造异构体，并命名。

3. 写出下列化合物的结构式。

（1）1,1-二甲基环庚烷　　（2）2,3-二甲基环戊烯

（3）1-环己烯基环己烯　　（4）3-甲基-1,4-环己二烯

（5）双环[4.4.0]癸烷　　（6）双环[3.2.1]辛烷

（7）螺[4.5]-6-癸烯

4. 写出下列化合物最稳定构象的透视式。

（1）异丙基环己烷

（2）顺-1,3-二叔丁基环己烷

（3）反-1-甲基-2-异丙基环己烷

（4）反-1-乙基-3-叔丁基环己烷

（5）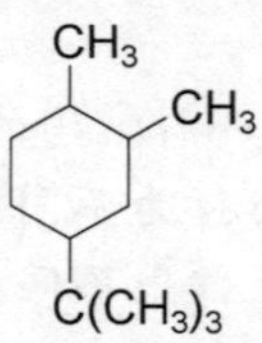

5. 完成下列反应式。

（1）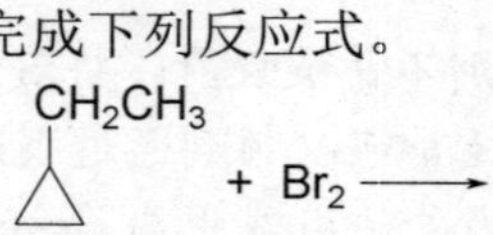

（2）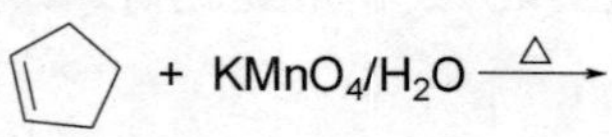

（3）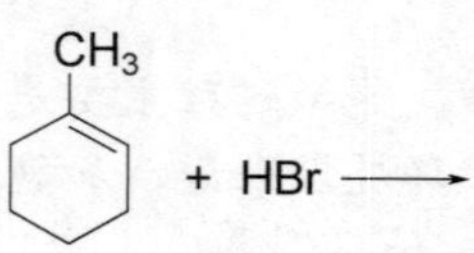

（4）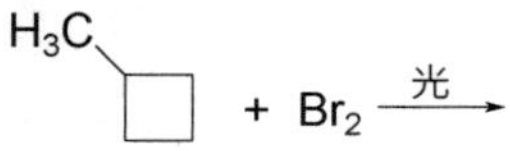

6. 1,3-丁二烯聚合时，除生成高分子聚合物外，还得到一种二聚体。该二聚体能发生下列反应：

（1）催化加氢后生成乙基环己烷；

（2）和溴作用可加四个溴原子；

（3）用酸性 $KMnO_4$ 氧化，能生成 *β*-羧基己二酸 $HOOC-CH_2-\underset{\displaystyle COOH}{\underset{|}{CH}}-CH_2-CH_2-COOH$

根据以上事实，推测该二聚体的结构，并写出各步反应式。

7. 某烃 A，经臭氧化并在 Zn 粉存在下水解，只得到一种产物 2,5-己二酮（$CH_3-\overset{\overset{\displaystyle O}{\|}}{C}-CH_2-CH_2-\overset{\overset{\displaystyle O}{\|}}{C}-CH_3$），试写出该烃可能的构造式。

8. 分子式为 C_4H_6 的三个异构体 A、B 和 C 能发生如下的化学反应：

（1）三个异构体都能与溴反应，对于等物质的量的样品而言，与 B 和 C 反应的溴的量是 A 的 2 倍。

（2）三者都能和 HCl 发生反应，而 B 和 C 在 Hg^{2+}催化下和 HCl 作用得到的是同一种产物。

（3）B 和 C 能迅速地和含 $HgSO_4$ 的硫酸溶液作用，得到分子式为 C_4H_8O 的化合物。

（4）B 能和硝酸银氨溶液作用生成白色沉淀。

试推测化合物 A、B 和 C 的结构，并写出有关反应式。

第 6 章

手性异构

同分异构现象在有机化学中极为普遍。因分子中原子互相连接次序不同而产生的异构现象称为构造异构，如：碳链异构、位置异构等；有些化合物分子中原子互相连接的次序相同，但空间排列的方式不同，这样呈现的异构现象称为立体异构。同分异构现象可以归纳如下：

- 同分异构
  - 构造异构
    - 碳链异构
    - 位置异构
    - 官能团异构
    - 互变异构
  - 立体异构
    - 构型异构
      - 顺反异构
      - 对映异构
    - 构象异构

本章讨论的对映异构是立体异构中的一种，它主要是指分子式、构造式相同，构型互成镜像对映关系的立体异构现象。

6.1 物质的旋光性

6.1.1 偏振光与旋光物质

普通光是一种电磁波，其中含有各种波长的光，并且是在各个不同的平面上振动的，如图 6-1 所示。当普通光通过一个尼科尔（Nicol）棱镜时，一部分光就被阻挡而不能通过，这是因为这种棱镜具有一种特殊的性质，即只有和棱镜的晶轴平行振动的光才能通过。这种在同一个平面上振动的光叫做平面偏振光，简称为偏振光或偏光。

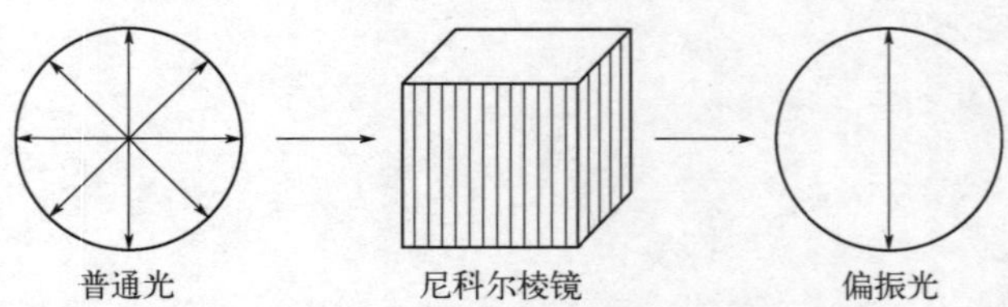

图 6-1　普通光与平面偏振光示意图

当偏振光通过介质时，有的介质和偏振光之间没有作用，即透过介质的偏振光仍在原方向上振动，如水和乙醇等（图 6-2）；而有些介质却能和偏振光之间产生作用，如葡萄糖、乳酸等物质。当偏振光通过葡萄糖、乳酸这些物质时，它们能将偏振光的振动平面旋转一定的角度，这种能将偏振光的振动平面旋转的性质叫做物质的旋光性。具有旋光性的物质叫旋光性物质或光活性物质。能使偏振光振动平面向右旋转的旋光性物质，称为右旋体，一般用（+）表示；能使偏振光振动平面向左旋转的称为左旋体，一般用（−）表示。

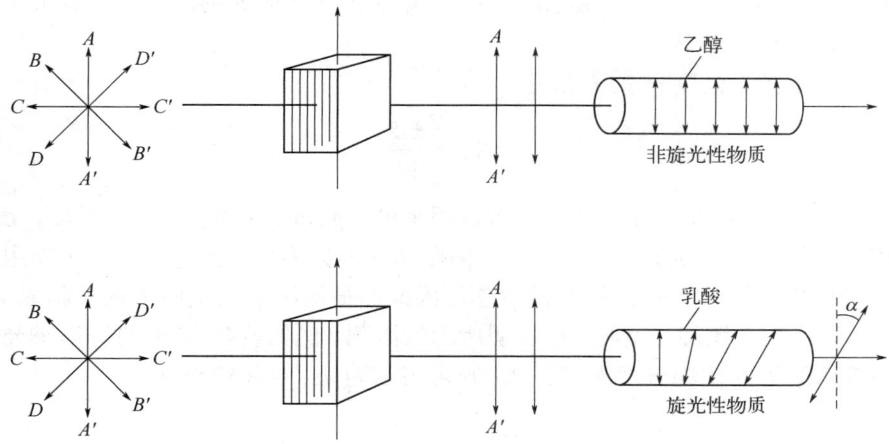

图 6-2 偏振光通过不同物质的情况

6.1.2 旋光仪和比旋光度

检查物质旋光性的仪器叫旋光仪。常用的旋光仪主要由光源（单色光，如钠光灯）、两个尼科尔棱镜、盛液管等组成。如图 6-3 所示，第一个棱镜是固定的尼科尔棱镜，称为起偏镜，其作用是将普通光变为平面偏振光。用于装被测物质的溶液或液体的盛液管置于两个尼科尔棱镜之间。第二个棱镜是可以转动的尼科尔棱镜，称为检偏镜。

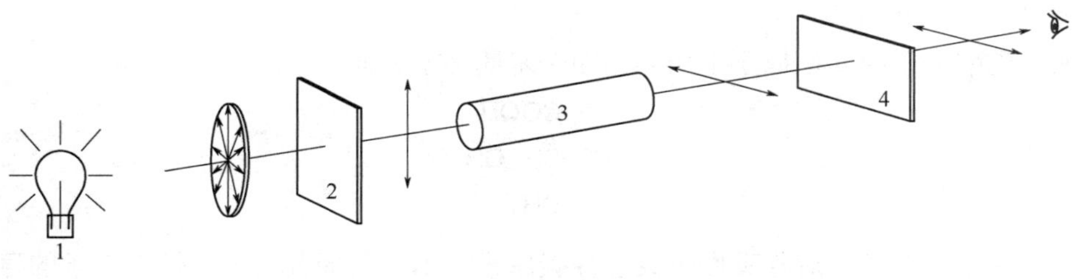

图 6-3 旋光仪的示意图

1—光源；2—起偏镜；3—盛液管；4—检偏镜

在测定物质的旋光性时，把两个棱镜的晶轴互相平行作为刻度盘零点，然后将被测试样放进盛液管中。若盛液管里放的是非旋光性物质，这时偏振光经过盛液管后，仍然可以完全通过检偏镜，由于检偏镜未经转动，故刻度盘仍处在零点处；若放的是旋光性物质，偏振光的振动平面向左或向右旋转一定的角度，需将检偏镜相应地旋转一定角度才能使光线完全通过。检偏镜连着刻度盘，从刻度盘上可以读出偏振光振动平面偏转的角度和方向，这就是被测物质的旋光度。旋光性物质使偏振光振动平面旋转的角度称为旋光度，用$\pm\alpha$ 表示。从观察者的方向看，振动平面向左旋的叫做左旋光性（−），向右旋的叫右旋光性（+）。

每一种旋光性物质，在一定条件下，都有一定的旋光度，但由于溶液的浓度、盛液管的长度、温度及所用光的波长等对旋光度的测量值都是有影响的，如果能把结构以外的影响因素都固定，则此时测出的旋光度就可以称为一个旋光性物质所特有的常数。为此，提出了比旋光度的概念。比旋光度是指温度为 t、波长为 λ 时，1 mL 含 1 g 旋光性物质的溶液放在 10 cm 长的盛液管中测得的旋光度。比旋光度是旋光性物质特有的物理常数，通常用 $[\alpha]_{\lambda}^{t}$ 表示。其中，t 为测定时的温度，一般是室温（15～30 ℃）；λ 为测定时光的波长，一般采用钠光（波长为 589.3 nm，用符号 D 表示）。

比旋光度与实测旋光度 $\pm\alpha$ 的关系为：

$$[\alpha]_{\mathrm{D}}^{20} = \frac{\pm\alpha}{cl}$$

式中，c 为溶液的质量浓度，纯液体可以用密度，g/mL；l 为盛液管的长度，dm。

由于溶剂会和光活性物质发生溶剂化，偏振光是和被溶剂包围起来的分子作用的，而溶剂化又对外界的影响和分子的结构非常敏感，因此当被测物质用不同溶剂配制成溶液时，α 的值不同。所以在表示比旋光度时，要标明所用的溶剂。例如若在 20 ℃时采用钠光源的旋光仪测得葡萄糖水溶液的比旋光度为+52.5°，则可表示为 $[\alpha]_{\mathrm{D}}^{20} = +52.5°$（水）。

6.2 手性和手性的判断

6.2.1 手性碳原子和手性分子

凡是直接连有四个不同原子或基团的碳原子称为不对称碳原子，或手性碳原子，用“*C”表示。含一个手性碳原子的分子在空间有两种排列方式，即两种不同的四面体空间构型。它们互为镜像，和左右手之间的关系一样，外形相似但不能重合，这种性质我们称之为手性。具有手性的分子称为手性分子。凡是只含有一个手性碳原子的有机化合物分子都具有手性，是手性分子。

例如，乳酸分子的 α-C 原子上所连的四个基团各不相同：

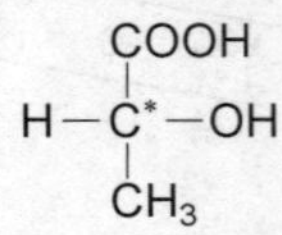

这个碳原子就叫做不对称碳原子或手性碳原子。由于乳酸分子中手性碳原子的存在，其结构上具有不对称因素，这种不对称结构，使得乳酸分子在空间上有两种不同的排列方式或两种不同的构型，如图 6-4 所示。

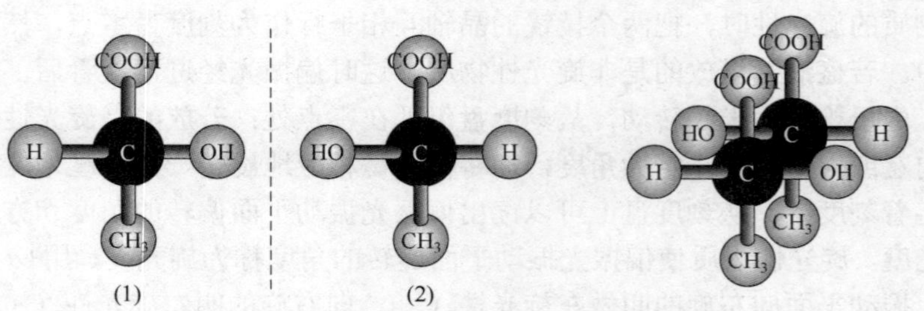

图 6-4　乳酸分子在空间上两种不同的排列方式

这两种构型看起来好像是一样的，四面体中心的 α-C 原子上都连有—H、—OH、—COOH、—CH_3 四个基团，但是图 6-4 中的（1）和（2）不能重叠，因此这是两种不同结构的分子，是两个异构体。如果在这两个异构体之间与纸面垂直的位置放一面镜子（图 6-4 中虚线位置），那么从镜子里面看：（1）的镜像就是（2），反过来（2）的镜像是（1），因此它们互为镜像，就像左右手一样不能重叠，所以乳酸是手性分子。

6.2.2　手性的判断

判断分子是否具有手性，最直接的办法就是看它与其镜像分子是否能够重合，如果不能重合，则该分子为手性分子，否则为非手性分子。但是，对于一个比较复杂的分子采用这种方法是极其不方便的，应该寻找更简便的判断方法。分子的手性是由于分子内缺少对称因素引起的，手性分子也称为不对称分子。因此，确定一个分子是否具有手性可以从其结构上是否具有对称因素入手。与分子手性有关的几种对称因素主要有以下几个。

（1）对称面（σ）

假如有一个平面可以将分子分割成两部分，其中一部分正好是另一部分的镜像，则这个平面称为分子的对称面，用 σ 表示。对于一些平面形分子，分子平面本身就是其对称面，图 6-5 中的化合物都有一个对称面。

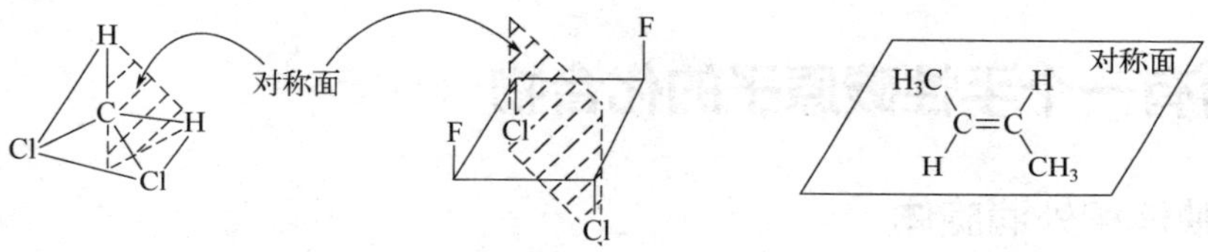

图 6-5　分子的对称面

（2）对称中心（i）

若一个分子中存在一个点 P，通过 P 点作任意直线，如果在与 P 点等距离的直线上的两端都有相同的原子或者基团，则此点 P 为分子的对称中心，用 i 表示，图 6-6 中的化合物都存在一个对称中心。

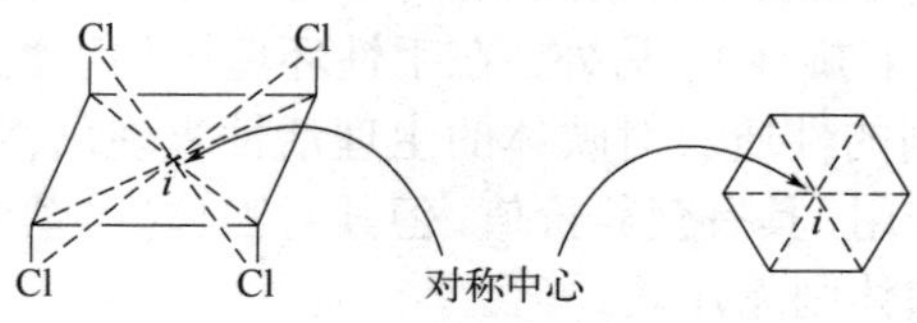

图 6-6　分子的对称中心

（3）对称轴（C_n）

分子中有一直线，当分子以此直线为轴，旋转 360°/n（n 为正整数）后，得到的分子与原来的分子形状相同，这条直线称为 n 重对称轴，用 C_n 表示。例如：反-2-丁烯中存在一个垂直于分子平面的二重对称轴，顺-1,2,3,4-四氯环丁烷中有一个四重对称轴，见图 6-7。

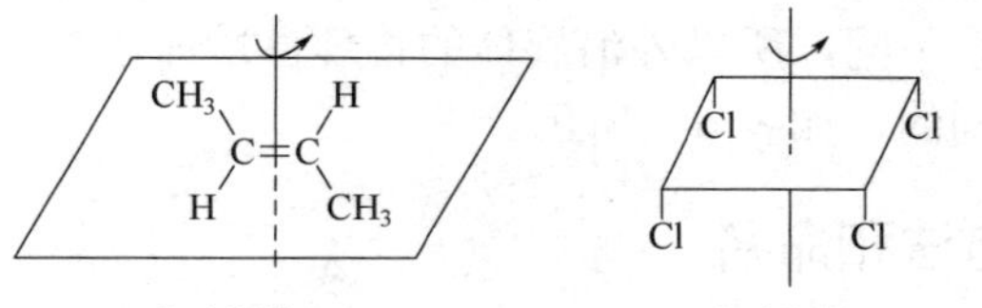

图 6-7　反-2-丁烯中的二重对称轴和顺-1,2,3,4-四氯环丁烷中的四重对称轴

实践证明，一个分子如果具有对称面或者对称中心，则一定无手性；但分子若具有对称轴，则可能是手性分子，也可能是非手性分子；一般情况下若一个分子既无对称面又无对称中心，那么该分子具有手性。因此对称轴不能作为手性判断的条件。例如反-1,2-二氯环丙烷分子内有一个二重对称轴，但实物和镜像不能重合，分子为手性分子，见图 6-8。

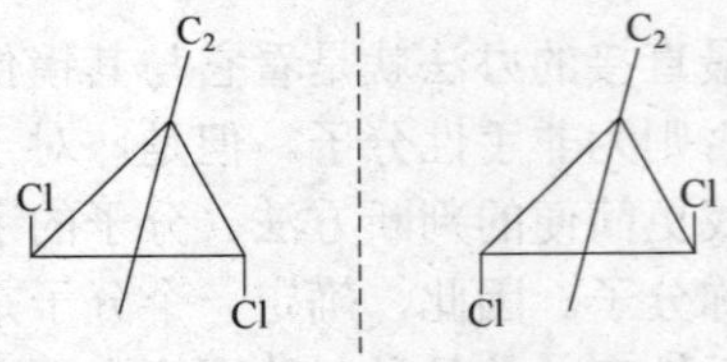

图 6-8　反-1,2-二氯环丙烷分子内的二重对称轴

在考察分子的对称因素时，通常将基团看成球形。一般来说，具有对称面或对称中心的分子和其镜像能够完全重合，为非手性分子。既无对称面又无对称中心的分子才具有手性，是手性分子。

6.3　含有一个手性碳原子的化合物

6.3.1　对映体和外消旋体

含有一个手性碳原子的化合物必定是手性分子，有两个对映异构体，且每个对映体都具有旋光性，其中一个是左旋体，另一个是右旋体。在一对对映体中，围绕着手性碳原子的四个基团间的距离是相同的，即对映体在几何尺寸上是完全相等的，它们的熔点、沸点、相对密度、折射率、在一般溶剂中的溶解度，以及光谱图等物理性质都相同。并且，在与非手性试剂作用时，它们的化学性质也一样。但是分子结构上的差异，在性质上必然会有所反映。对映体物理性质上的不同，只表现在对偏振光的作用不同，一个使偏振光向左偏转（左旋体），另一个使偏振光向右偏转（右旋体）。另外，在手性环境比如手性试剂、手性溶液、手性催化剂等条件下也会表现出不同的性质。对映体的生理活性表现出很大的差别，比如(+)-葡萄糖在动物代谢中能起独特的作用，具有营养价值，但其对映体(−)-葡萄糖则不能被动物代谢，(−)-氯霉素有抗菌作用，其对映体则无疗效。

将一对对映体等量混合，可以得到一个旋光度为零的混合物，称之为外消旋体，一般用（±）来表示。

例如，乳酸除了可以从肌肉中和通过细菌发酵分别得到右旋体和左旋体外，还可以从酸败的牛奶中或用人工合成方法制得。后一方法得到的乳酸的构造式是一样的，但不具有旋光性。因为人工合成方法制得的乳酸是由等量的右旋体和左旋体组成的混合物，即外消旋体，它们对偏振光的作用相互抵消，所以不具有旋光性。这种乳酸即外消旋乳酸。由于左旋体和右旋体分子之间亲和关系不同，所以外消旋体的物理性质如熔点、溶解度等与纯净的左旋体和纯净的右旋体是不相同的，如表 6-1 所示。

6.3.2　构型的表示方法和命名

（1）构型的表示方法

构型是指分子结构中的原子或基团在空间排列的顺序。表示分子构型比较常用的方法有模型式、透视式（楔形式）与费歇尔投影式，对于含有一个手性碳原子的化合物使用楔形式表示比较清楚直观，但书写麻烦，现在广泛使用的是费歇尔（Fischer）投影式。

表 6-1　外消旋体乳酸与对映体的有关物理性质比较

化合物	熔点/℃	[α]（水）	pK_a（25 ℃）
(+)-乳酸	53	+3.82	3.79
(−)-乳酸	53	−3.82	3.79
(±)-乳酸	18	无旋光性	3.79

把一个透视式写成 Fischer 投影式时，要遵守下列规则：在纸平面上画一个等长的十字线，十字线的交叉点代表纸面上的手性碳原子，连于手性碳原子水平线上的两个基团分别指向纸平面的左前方和右前方，连于手性碳原子垂直线上的两个基团分别指向纸平面的后上方和后下方，一般习惯将最长的碳链作为一直链垂直投影在纸面上，同时把氧化数较高的基团放在上面（图 6-9）。

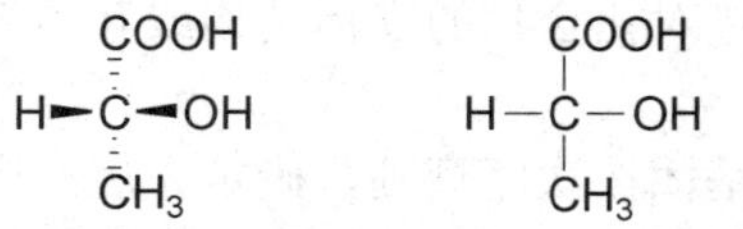

(a) 透视式　(b) Fischer投影式

图 6-9　乳酸一个对映体的两种表示方法

费歇尔投影式虽然用平面图形表示分子的结构，但却严格地表示了各基团的空间关系，因为规定横键的两个基团朝前，竖键的两个基团朝后。在使用费歇尔投影式时要注意以下几点：

① 费歇尔投影式不能离开纸面翻转。

② 费歇尔投影式在纸面上向左或向右旋转 180°，分子构型保持不变。

③ 费歇尔投影式在纸面上旋转 90°或 270°，变成它的对映体投影式。

④ 费歇尔投影式中任何两个原子或基团对调奇数次后变成它的对映体的投影式，对调偶数次则构型不变。

（2）构型的命名

① 相对构型和 D、L 命名法　D、L 命名法是以甘油醛的构型为标准来进行标记的。费歇尔选定(+)-甘油醛为标准物，在甘油醛的 Fischer 投影式中，把手性碳原子上的羟基在右侧的命名为右旋甘油醛，并且定义为 D 构型，羟基在左侧的命名为左旋甘油醛，定义为 L 构型：

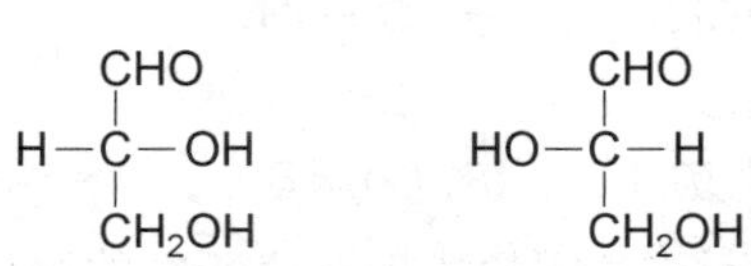

D-(+)-甘油醛　L-(−)-甘油醛

有了 D-(+)-甘油醛和 L-(−)-甘油醛这两个标准物，就可以方便地确定与甘油醛相关的或相似的手性化合物的构型。例如，D-(−)-乳酸可以通过 D-(+)-甘油醛经氧化、还原得到，在整个过程中，与手性碳原子直接相连的化学键没有发生断裂，D-(−)-乳酸的构型仍然为 D 构型，因此 D、L 构型是一种相对构型。

D-(+)-甘油醛转变成D-(−)-乳酸，虽然构型没有变化，但旋光方向却发生了变化。说明化合物的构型与旋光方向没有直接的对应关系和必然联系，D、L只代表构型，不代表旋光方向。化合物的旋光方向只能通过旋光仪直接测定。命名时若既要表示构型又要表示旋光方向，则旋光方向用“(+)”或“(−)”表示。相关反应式如下：

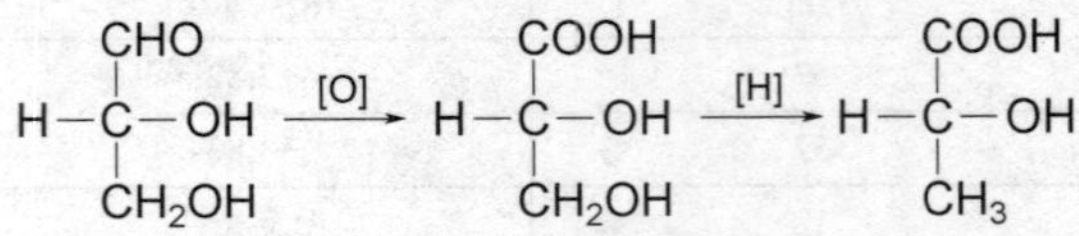

D-(+)-甘油醛　　D-(−)-甘油酸　　D-(−)-乳酸

D、L 命名法主要用于糖类、氨基酸类等化合物，但是其有一定的局限性，并不是所有的化合物都可以和甘油醛联系起来，有时采用不同的转换方法，同一物质可能是D型，也可能是L型。对于含有多个手性碳原子的化合物用这种方法是不合适的，有时会产生名称上的混乱。为了克服上述缺点，采用*R*、*S*命名法来代替*D*、*L*命名法。

② *R*、*S*命名法　根据IUPAC的规定，用*R*、*S*标记对映异构体的构型，该方法不需要选定化合物作为标准，而是直接对化合物的立体结构或其透视式、投影式进行处理。

R、*S*命名法的要点如下：

把手性碳原子所连的四个基团按次序规则，确定先后次序。

将次序最后的原子或基团置于远离我们视线的位置（背离我们），其他三个基团指向我们。

观察指向我们的这三个基团由大到小的排列次序。如果为顺时针方向，即为*R*构型，如果为逆时针方向，则为*S*构型。

对于透视式，可以直接观察其*R*、*S*构型，例如2-丁醇分子中与手性碳原子相连的四个原子和基团的优先顺序为—OH＞—C_2H_5＞—CH_3＞—H，所以其一对对映体的*R*、*S*构型应标记为：

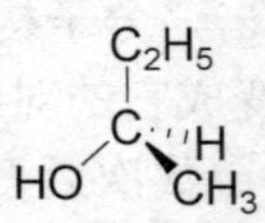

(*R*)-2-丁醇

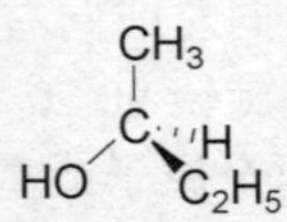

(*S*)-2-丁醇

对于费歇尔投影式，如果最小的基团在竖线上，那么直接根据另外三个基团判断，其他三个基团顺时针排列为*R*构型，逆时针排列为*S*构型；如果最小的基团在横线上，另外三个基团顺时针排列则为*S*构型，逆时针排列则为*R*构型。例如：

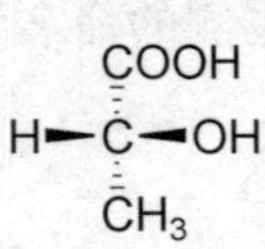

(*R*)-(−)-乳酸

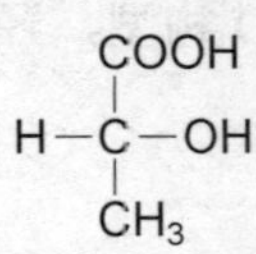

(*R*)-(−)-乳酸

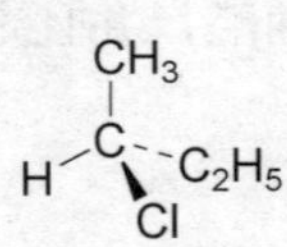

S-2-氯丁烷

*R*和*S*是根据手性碳原子所连基团的排列顺序所做的构型标记。在一个化学反应中，如果手性碳原子构型保持不变，产物的构型与反应物的相同，但它的*R*或*S*标记却不一定与反应物的相同。反之，如果反应后手性碳原子的构型转化了，产物构型的*R*、*S*标记也不一定与反应物的不同。因为经过化学反应，产物的手性碳原子上所连基团与反应物的不一样了，产物和反应物的相应基团的排列顺序可能相同也可能不同。产物构型的*R*或*S*标记，取决于它本身四个基团的排列顺序，与反应前后构型是否保持不变无关。例如：

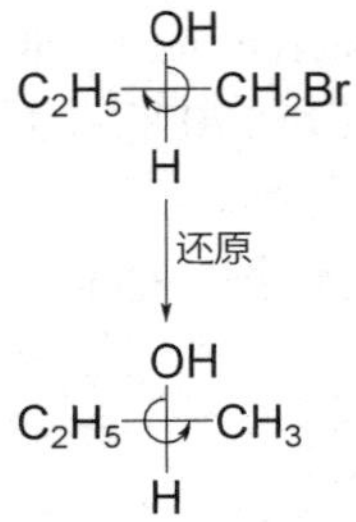

$—OH > —CH_2Br > —C_2H_5 > —H$

$—OH > —C_2H_5 > —CH_3 > —H$

对于此还原反应，手性碳原子的键未发生断裂，故反应后构型保持不变，但是 CH_2Br 变成了 CH_3。在反应物分子中，CH_2Br 排在 CH_2CH_3 之前；而在产物分子中，与 CH_2Br 相应的 CH_3 却排在 CH_2CH_3 之后。所以反应物构型的标记是 *R*，产物构型的标记是 *S*。

6.4　含有两个手性碳原子的化合物

含有一个手性碳原子的化合物，有两种旋光异构体，即一组对映体。含有两个手性碳原子的化合物，它们构型的异构情况怎样呢？下面分两种情况讨论。

6.4.1　含有两个相同手性碳原子的化合物

2,3-二羟基丁二酸（酒石酸）分子中含有两个相同的手性碳原子，每个手性碳原子上都连有—OH、—COOH、—H 和—CH(OH)COOH，即两个手性碳原子所连的原子和基团相同。酒石酸的 Fischer 投影式如下：

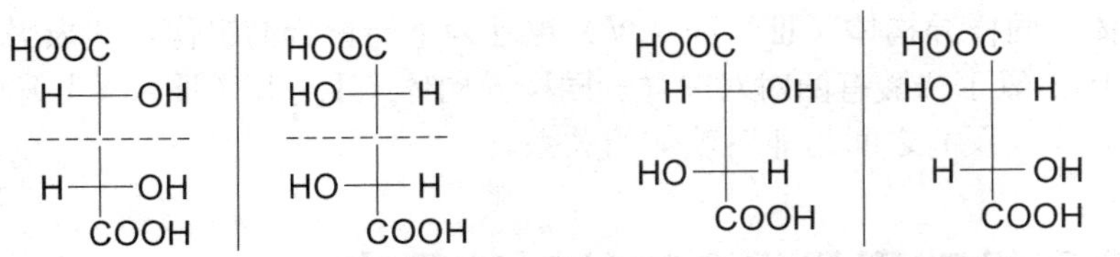

(Ⅰ)　(Ⅱ)　(Ⅲ)　(Ⅳ)

(2*R*,3*S*)-酒石酸　(2*R*,3*R*)-酒石酸　(2*S*,3*S*)-酒石酸

投影式（Ⅰ）和（Ⅱ）是互为镜像的关系，但当将投影式（Ⅰ）旋转 180° 后，就会发现投影式（Ⅰ）转变成投影式（Ⅱ）。因此投影式（Ⅰ）和（Ⅱ）是同一物质。从分子的结构来看，分子中存在一个对称面，Fischer 投影式中用虚线表示，它将分子分成上下两部分，上半部是 *R* 构型，下半部是 *S* 构型。因而旋光方向相反，又因上下两部分的原子和基团相同，旋光能力相等，即上下两部分对偏振光的作用相互抵消，所以整个分子没有旋光性。

这种由于分子中含有相同的手性碳原子，分子的上下两部分互为镜像的关系，从而分子内部旋光性能相互抵消的非光活性化合物称为内消旋体（用 *meso* 表示）。内消旋体虽无旋光性，但同外消旋体有本质不同。内消旋体是纯净物，是一种分子，不能分离成具有旋光性的化合物。而外消旋体是一对对映体，是混合物，可以分离成两种旋光性相反的化合物。投影式（Ⅲ）和（Ⅳ）中没有对称因素，且互为镜像关系，因此它们是一对对映体。它们的 20% 水溶液的比旋光度分别为+12°和−12°。

比较投影式（Ⅰ）和（Ⅲ）、（Ⅰ）和（Ⅳ），会发现它们之间也是异构体的关系，这种不互为对映体的立体异构体互称为非对映异构体（diastereomer）。非对映异构体不是同一种物质，其物理性质差异很大。如有旋光性的酒石酸熔点为 170 ℃，而内消旋的酒石酸熔点为 140 ℃。

从理论上来讲，凡含有两个相同的手性碳原子的化合物，都有三种立体异构体，即一对对映体和一个内消旋体。

6.4.2 含有两个不相同手性碳原子的化合物

所谓含有两个不相同手性碳原子，是指两个手性碳原子所连的原子或基团是不完全相同的，有四种立体异构体。分子中手性碳原子数越多，立体异构体的数目也越多。若分子中只有一个手性碳原子，则会有 *R* 构型和 *S* 构型两种旋光异构体。若分子中有两个不相同的手性碳原子，则可以产生 *RR*、*RS*、*SR*、*SS* 四种旋光异构体。按照同样的思路进行推理，那么有 n 个不同手性碳原子的化合物，就会有 2^n 个立体异构体，有 2^{n-1} 对对映异构体。现以 2-羟基-3-氯丁二酸为例介绍如下：

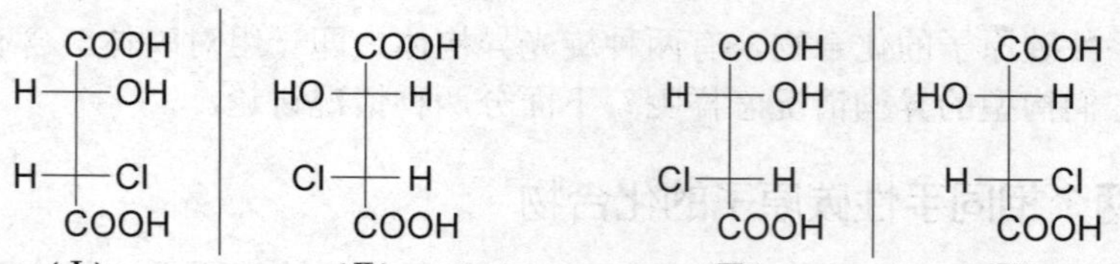

（Ⅰ） 2*S*,3*S*　（Ⅱ） 2*R*,3*R*　（Ⅲ） 2*S*,3*R*　（Ⅳ） 2*R*,3*S*

2-羟基-3-氯丁二酸有四个立体异构体，其中异构体（Ⅰ）和（Ⅱ）互为不能重合的镜像，代表一对对映体，同样异构体（Ⅲ）和（Ⅳ）也互为不能重合的镜像，代表另一对对映体，也就是说 2-羟基-3-氯丁二酸有两对对映体。同样异构体（Ⅰ）和（Ⅲ）、（Ⅰ）和（Ⅳ）、（Ⅱ）和（Ⅲ）、（Ⅱ）和（Ⅳ）之间是非对映体的关系。

6.5 不含手性碳原子化合物的对映异构

有机化合物中，大部分旋光性化合物含有手性碳原子，但有些含有手性碳原子的化合物也可能不具有旋光性，如内消旋体。而有些有机化合物分子中不含有手性碳原子，如丙烯型化合物和联苯型化合物，存在对映体。因此分子中含有手性碳原子不是分子具有手性的充分必要条件。

6.5.1 不对称的丙二烯型化合物

丙二烯中间碳原子采用 sp 杂化，丙二烯是直线形分子，其两端碳原子上的四个基团分别处在相互垂直的两个平面内。

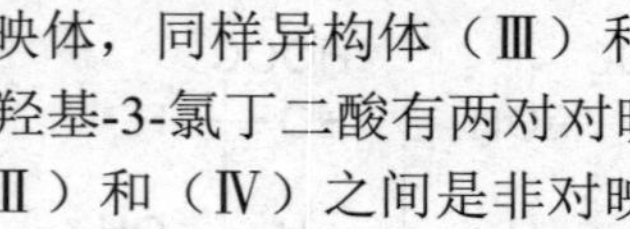

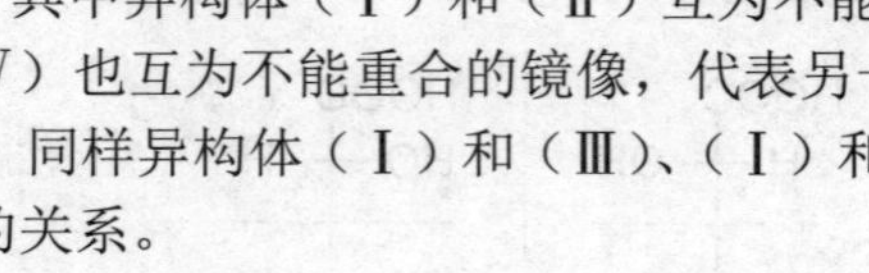

当丙二烯两端碳原子上连有两个不相同的原子或基团时，分子中不存在任何对称因素，即为手性分子，存在对映异构体。如 2,3-戊二烯有如下的对映体：

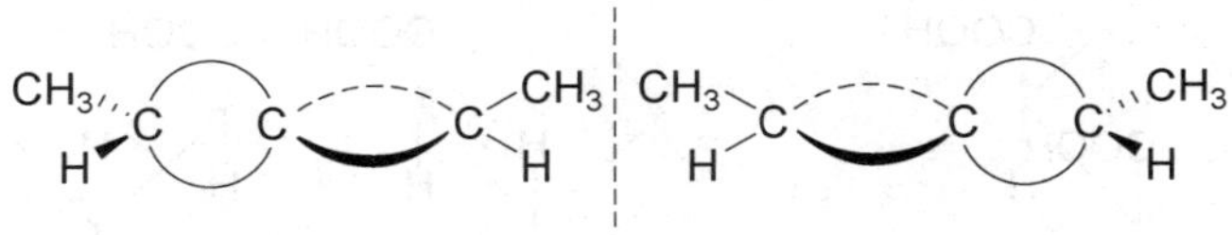

当丙二烯两端的任何一个碳原子上连有两个相同的基团时，整个分子不具有手性。例如，2-甲基-2,3-戊二烯为非手性分子，分子中存在一个对称面。

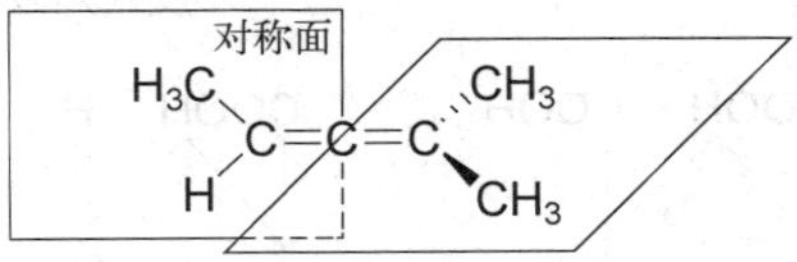

6.5.2 不对称的联苯型化合物

在联苯分子中的C—C σ键是可以自由旋转的，如果2、2′、6、6′位置上的氢被较大基团取代，由于空间位阻的作用，两个苯环不能旋转360°，而是扭成一定的角度，不能共平面，整个分子既没有对称面，也没有对称中心，是手性分子，存在一对对映体。例如，6,6′-二硝基-2,2′-联苯二甲酸：

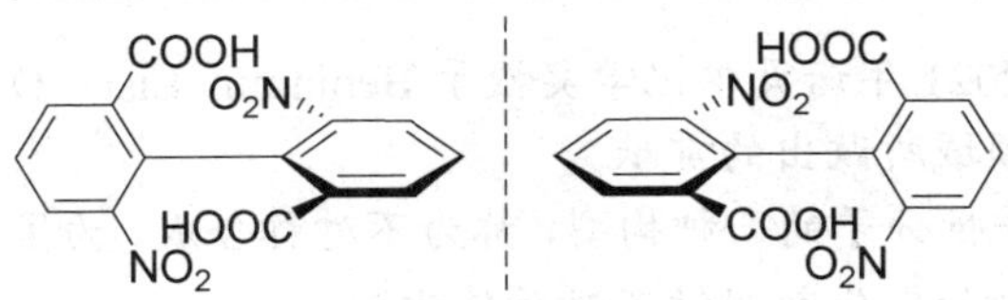

6.6 取代环烷烃的立体异构

取代环烷烃的构型异构比较复杂，往往同时存在顺反异构和旋光异构现象。在分析环烷烃的构型异构问题时，可以简单地将环视为平面结构来处理。凡是平面结构中有对称中心或对称面的单环化合物无旋光性，反之则有旋光性。例如，顺式和反式的1,2-环丙烷二羧酸既存在顺反异构，也存在旋光异构。在顺-1,2-环丙二甲酸分子中，虽然有两个手性碳原子，但分子中有一个对称面，所以是内消旋体。在反式异构体中，不存在对称因素，所以有一对对映体，可以组成外消旋体。因此1,2-环丙二甲酸有三个旋光异构体：一对对映体和一个内消旋体。所以，1,2-环丙二甲酸既存在顺反异构，也存在旋光异构，即

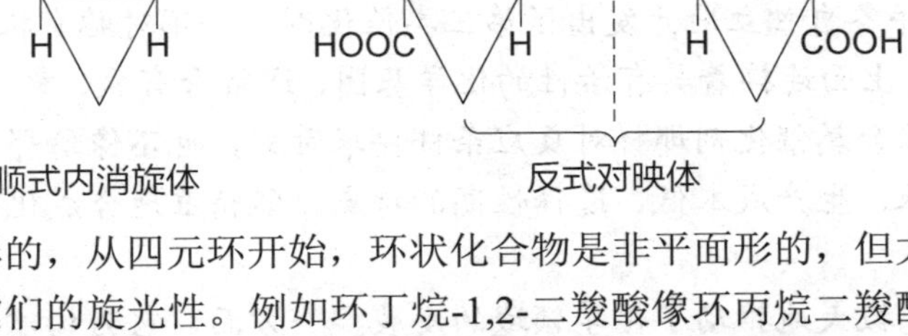

三元环是平面形的，从四元环开始，环状化合物是非平面形的，但大量事实证明可以从其平面结构来判断它们的旋光性。例如环丁烷-1,2-二羧酸像环丙烷二羧酸一样，有一个顺式的内消旋体和一对反式的对映体。但是环丁烷-1,3-二羧酸只有顺式和反式两种立体异构体。它们是非对映体，并且都是内消旋体，即

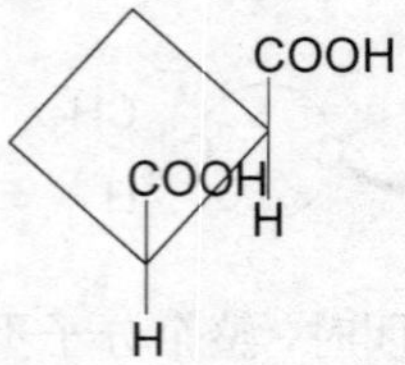

顺式内消旋体

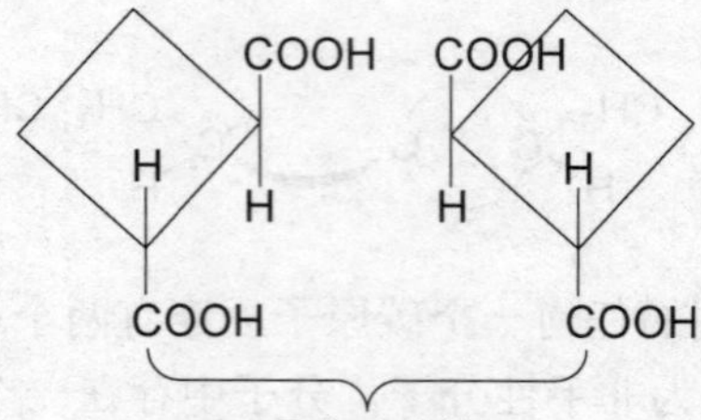

反式对映体

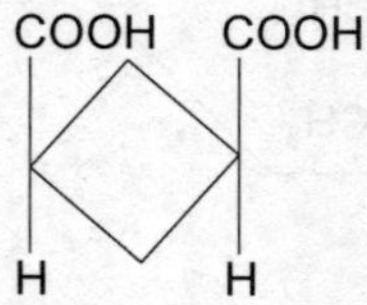

顺式内消旋体

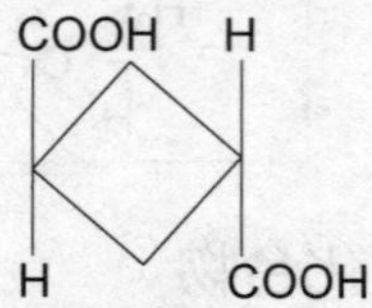

反式内消旋体

拓展阅读

瑞典皇家科学院将2021年诺贝尔化学奖授予Benjamin List、David MacMillan，以表彰他们在不对称有机催化领域所做出的贡献。

通过化学反应获得手性分子的一种构型，称为不对称合成，为了达到不对称合成的目的，经常要用到催化剂，这样的催化剂叫做不对称催化剂。

不对称（或手性）催化剂自身就是手性的，只催化或者主要催化一种构型，反应更精准，所需构型产率更好，即

2000年之前人们普遍认为催化剂仅有金属和酶这两类，金属催化剂对氧气和水敏感，难以用于大型工业生产，且许多金属催化剂是重金属，对环境有害；酶是生物体内的催化剂，虽可驱动不对称催化合成手性分子，但开发新型酶催化剂难度较大。而Benjamin List和David MacMillan在2000年各自独立地开发出了第三类催化剂——不对称有机催化剂，它以稳定的碳原子框架为基础，上面连接着具有活性的化学基团，通常含有氧、氮、硫或磷等常见元素，其优势在于它既不像金属催化剂那样对反应条件要求苛刻，也不像酶那样结构复杂而难以制备和调控，具有环保、生产成本低、选择性高的特点，能精准地合成化学家所需的特定构型的手性分子。

手性催化的研究极大地推动了化学领域的发展。一方面，它为构建分子提供了一种更精确的新工具，在制药研究领域有着重要意义。在不对称催化广泛应用之前，许多合成药物中包含两种互为镜像的手性分子，其中一种具有活性，而另一种是杂质，有时会带来不良

反应。一个灾难性的例子是，抗妊娠反应药物沙利度胺因混入手性分子杂质，在20世纪中叶造成数以千计人类胚胎发育畸形。而现在利用不对称有机催化剂就可以简单地获取手性分子。制药企业也利用不对称有机催化剂简化现有药品生产流程，例如治疗焦虑和抑郁的帕罗西汀和治疗呼吸道感染的抗病毒药物奥司他韦等。另一方面，手性催化的研究使化学合成过程更加绿色环保，减少了对环境的污染，符合可持续发展的理念，此外它在材料科学等诸多领域也有着广泛的应用前景，如利用相关反应可制造出能在太阳能电池中捕获光的分子等。

Benjamin List 和 David MacMillan 手性胺催化的工作，都必须有羰基官能团参与。手性酸催化也大多数基于羰基底物。更加高效、底物应用范围更加广阔的手性有机催化剂和催化体系的发展需要进一步加强。Push-Pull 多位点协同催化模式以及有效催化循环机制的研究，将有助于提高化学反应速率和立体选择性。合成化学、计算化学和人工智能（AI）的交叉融合，结合催化剂-底物组合库和筛查的建立，将加速各种不对称反应的条件优化过程。光电条件下的有机不对称催化和底物定点选择性控制，也将是科研工作者研究的热点。仿生催化和模拟生物酶的催化，发展新的催化剂体系和高效控制模式，并以此开发新的高效不对称反应，是未来有机不对称催化的一个重要发展趋势。

习 题

参考答案

1. 解释下列概念。

（1）手性分子　（2）手性碳原子　（3）对映体　（4）非对映体

（5）内消旋体　（6）外消旋体　（7）D、L 构型　（8）外消旋体的拆分

2. 20 mL 蔗糖水溶液中含有 5.678 g 蔗糖，20 ℃时，在 10 cm 长的样品管中测出其旋光度为+18.8°，试计算蔗糖的比旋光度。

3. 有一酸的分子式是 $C_5H_{10}O_2$，有旋光性，写出它的对映体，并标明 *R*-、*S*-构型。

4. 写出麻黄碱的各种异构体的投影式，用 *R*-、*S*-表示手性碳原子的构型，并指出各立体异构体之间的关系［麻黄碱的分子式 $C_6H_5{}^*CHOH{}^*CHNH(CH_3)CH_3$］。

5. 写出下列化合物的 Fischer 投影式，并用 *R*，*S*-标记。

（1）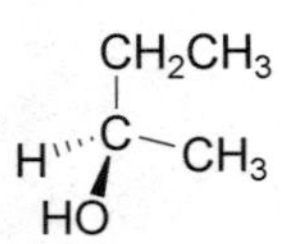
（2）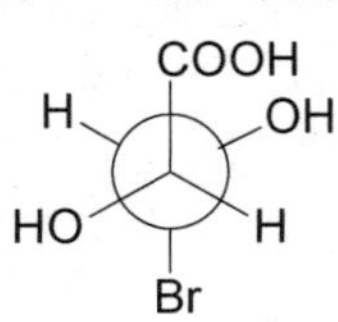
（3）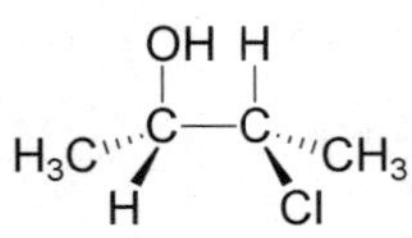
（4）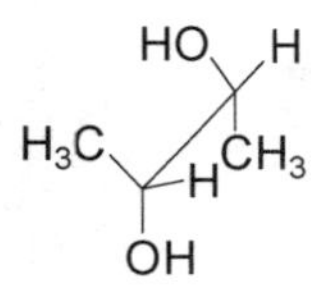

6. 下列化合物中属于对映异构体的是哪些？哪些是同一化合物？

（1）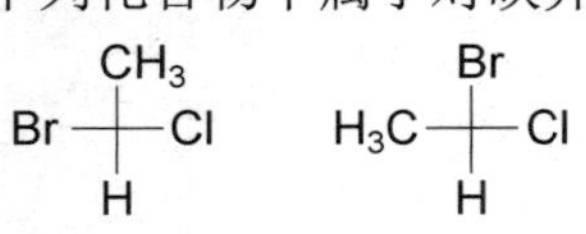
（2）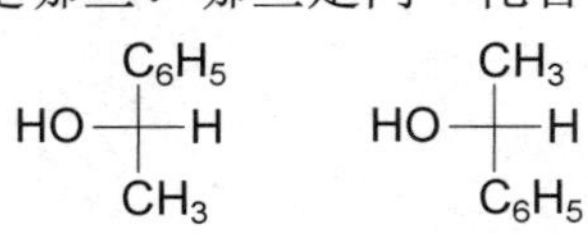

（3）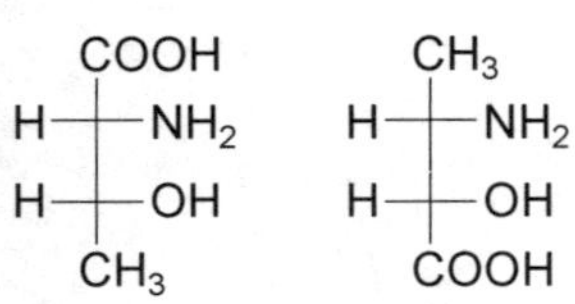
（4）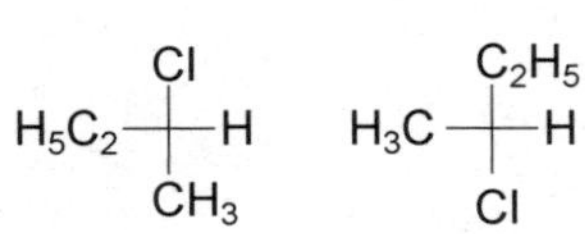

（5） 　（6） 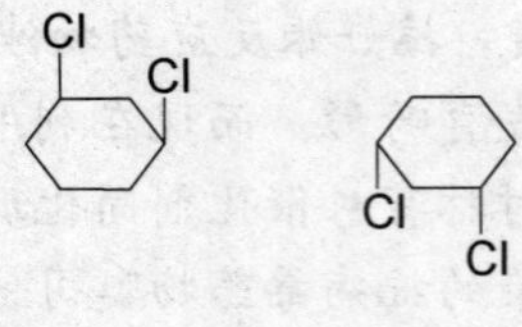

7. 下列化合物中，哪几个是内消旋体？

（1） 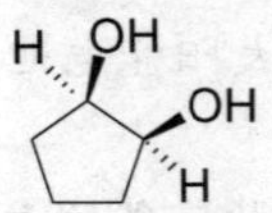　（2） 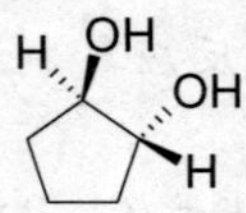　（3） 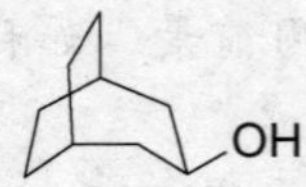　（4） 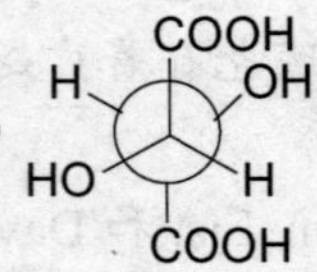

（5） 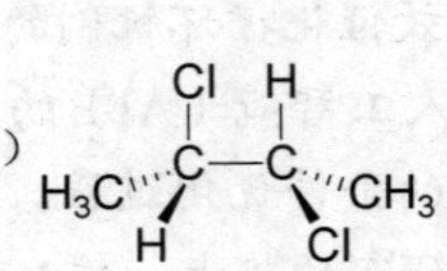　（6） 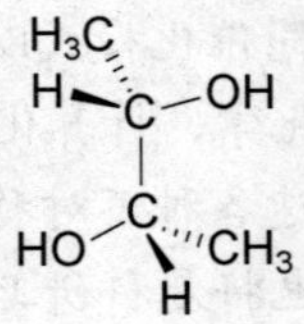　（7） 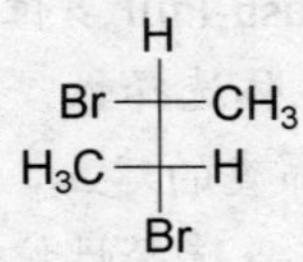　（8） 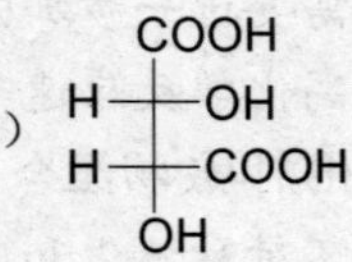

第 7 章

芳香烃

芳香烃最初来源于从植物胶中提取出来的具有芳香气味的物质，后经研究发现这类物质具有高度不饱和性，化学稳定性较高，不易发生加成反应和氧化反应，易发生取代反应，这种特性称为芳香性。由于这类化合物结构中大多含有苯环结构，因此将苯及含有苯环结构的化合物统称为芳香族化合物（aromatic compound），芳香族碳氢化合物统称为芳香烃。苯（benzene）是最简单的芳香烃（aromatic hydrocarbon）。

7.1 苯的结构

根据元素分析、分子量测定，苯的分子式为 C_6H_6。从表面看，苯是高度不饱和分子，但其性质却与烯烃相差甚远，不易发生加成反应和氧化反应，易发生取代反应。1865 年德国化学家凯库勒（Kekule）提出苯是碳链首尾相连的环状结构，环中三个单键、三个双键相间，即 。但是，凯库勒结构式不能解释下面三种现象：

① 苯分子的不饱和度为 4，却不发生类似于烯烃和炔烃的加成反应；

② 邻位二取代苯按此式应该有两种产物，即 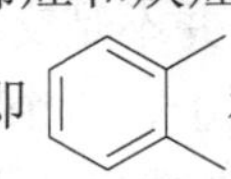 和 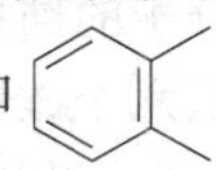，但是实际只有一种产物；

③ 由物理方法测定的苯分子中碳碳键长为 0.139 nm，比正常的碳碳单键（0.154 nm）短，比正常的碳碳双键（0.134 nm）长，其键长介于碳碳单键与碳碳双键之间，完全平均化。

7.1.1 分子轨道理论解释苯分子的结构

杂化轨道理论认为，苯分子中六个碳原子都是 sp^2 杂化的，六个碳原子互相以 sp^2 杂化轨道形成六个碳碳 σ 键，以 sp^2 杂化轨道分别与六个氢原子的 1s 轨道形成六个碳氢 σ 键（所有的 σ 键轴在同一平面内）。每个碳原子还有一个未参与杂化的 p_z 轨道（含一个 p_z 电子），这六个 p_z 轨道都垂直于碳氢原子所在的平面，互相平行，并且两侧同等程度地相互重叠，形成一个由六个 p 轨道组成的环状共轭 π 键，它含有六个 π 电子。如图 7-1 所示，形成的 π 电子云像两个面包圈，一个位于平面上面，一个位于平面下面，经能量计算，这是一个很稳定的体系。图 7-2 为苯的分子轨道。

7.1.2 共振论解释苯分子的结构

苯的结构也可以用共振式表示，如图 7-3 所示，苯分子的结构是 A 和 B 的共振杂化体。

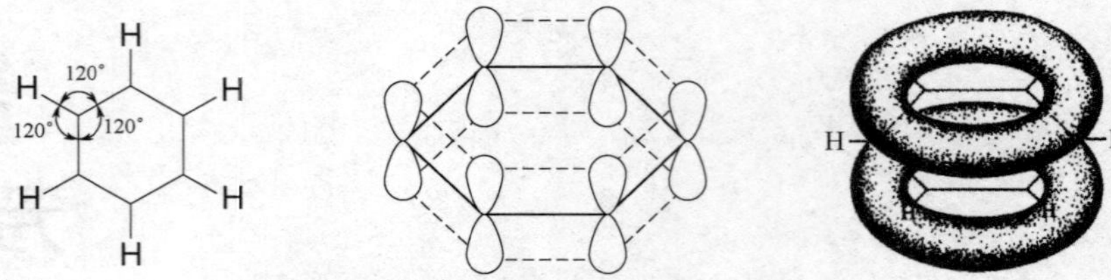

图 7-1　苯分子的形状和 π 电子云图

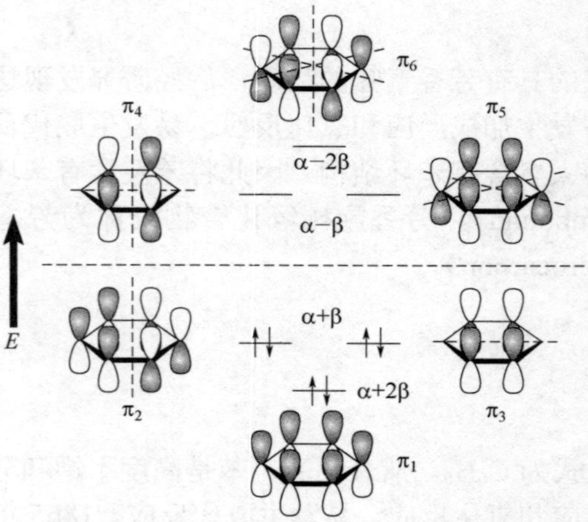

图 7-2　苯的分子轨道

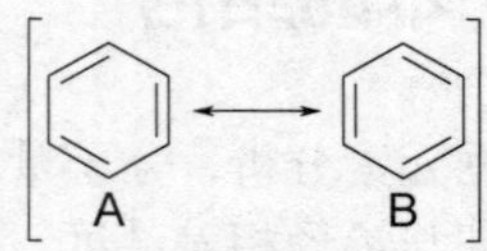

图 7-3　苯的共振式

苯的共振式和凯库勒构造式相似，事实上，自 1865 年起就用凯库勒构造式来表示苯分子的结构。虽然苯的凯库勒构造式未能完全正确地反映苯分子的结构，但是，只要了解到凯库勒构造式表示的苯分子的结构并不是交替的三个碳碳单键和三个碳碳双键，而是六个等同的碳碳 σ 键和一个包括六个碳原子、六个电子的环状共轭 π 键，凯库勒构造式就还是可以使用的。现今，苯分子的凯库勒构造式仍在普遍使用。为了表示苯分子中有一个环状共轭 π 键，强调 π 电子云的平均分布，有些书刊上也采用 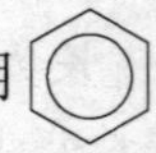 来表示苯的结构，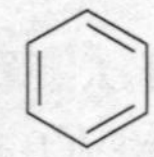 则用来表示苯是共振杂化体。苯的环状结构的提出，是芳香族化合物发展的一个里程碑。

7.2　苯系物的命名和物理性质

7.2.1　苯基的命名

苯分子中去掉一个氢原子剩下的原子团叫苯基（phenyl，Ph），甲苯分子苯环上去掉一个氢原子剩下的原子团叫甲苯基（tolyl），甲苯分子甲基中去掉一个氢原子剩下的原子团叫苯甲基或苄基（benzyl），芳烃分子芳环上去掉一个氢原子剩下的原子团称为芳基（aryl），用 Ar 表示：

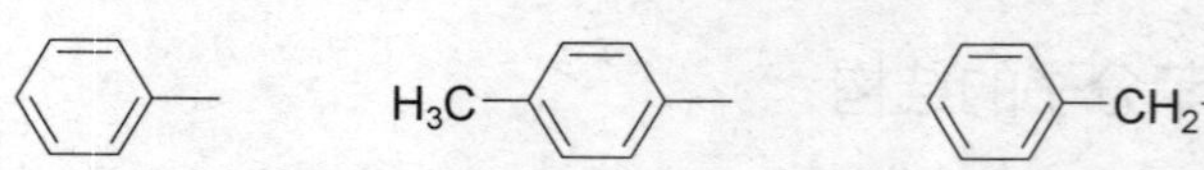

苯基　　　对甲苯基　　　苯甲基

7.2.2　烷基取代苯的命名

一烷基苯是以苯作为母体、烷基作为取代基来命名的。命名时常省略某基的“基”字，称为某苯。例如：

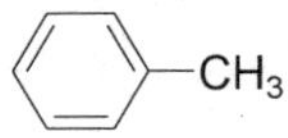
甲(基)苯

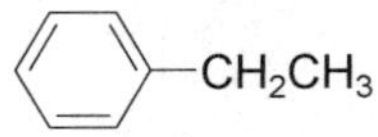
乙(基)苯

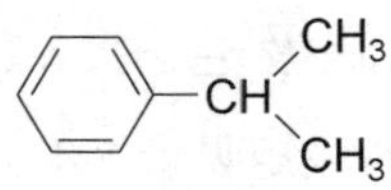
异丙(基)苯

苯的二元取代物有三种异构体。二烷基苯命名时以邻、间、对来表明两个取代基的相对位次，或者用阿拉伯数字来表明取代基的位次：

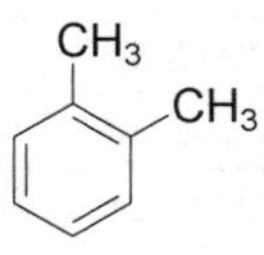
1,2-二甲苯
邻二甲苯

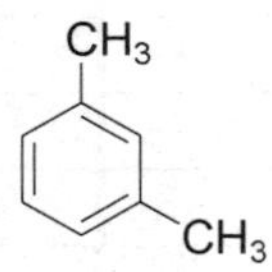
1,3-二甲苯
间二甲苯

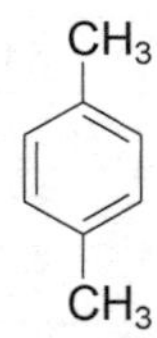
1,4-二甲苯
对二甲苯

对于三个相同烷基取代苯，有三种异构体，可用连、偏、均来表示：

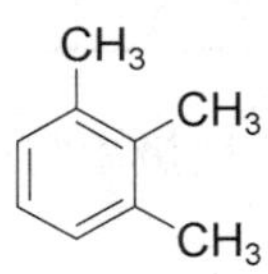
1,2,3-三甲苯
连三甲苯

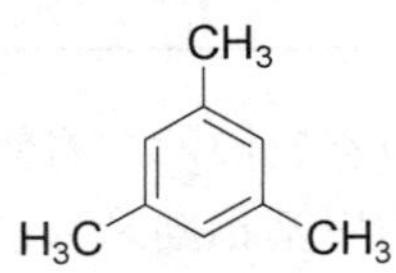
1,3,5-三甲苯
均三甲苯

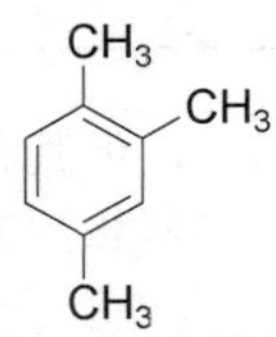
1,2,4-三甲苯
偏三甲苯

芳环中的卤素和硝基一般作为取代基来命名：

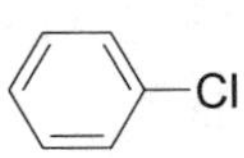
氯苯

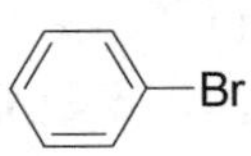
溴苯

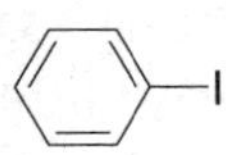
碘苯

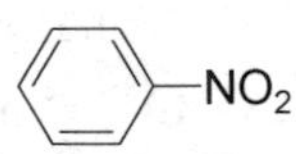
硝基苯

7.2.3　结构复杂的苯系物的命名

苯环上连有羟基（—OH）、醛基（—CHO）、羧基（—COOH）、氨基（$—NH_2$）、磺酸基（$—SO_3H$）、烯基（C═C）等基团时，一般以苯环作为取代基命名。

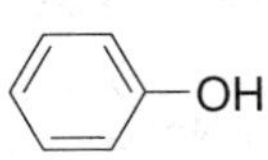
苯酚

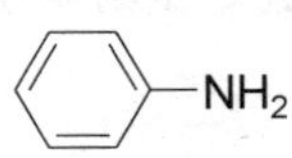
苯胺

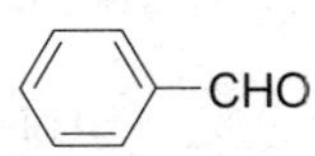
苯甲醛

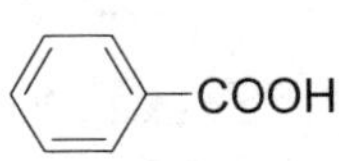
苯甲酸

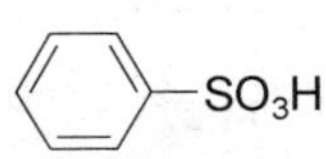
苯磺酸

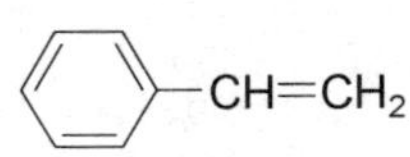
苯乙烯

当苯环上连接的脂肪烃基比较复杂，或烃链上有多个苯环时，则以脂肪烃作为母体，苯环作为取代基来命名。例如：

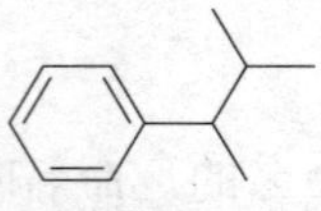

2-甲基-3-苯基丁烷

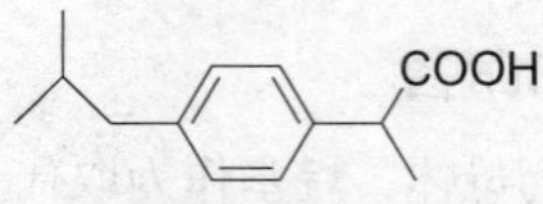

2-对异丁基苯基丙酸

7.2.4 苯系物的偶极矩

一些苯系物的偶极矩见表 7-1。

表 7-1 一些苯系物的偶极矩（气相）

化合物	偶极矩/(C • m)	化合物	偶极矩/(C • m)
C_6H_6	0	p-$C_6H_4Cl_2$	0
C_6H_5F	5.44×10^{-30}	o-$CH_3C_6H_4F$	4.50×10^{-30}
C_6H_5Cl	5.84×10^{-30}	m-$CH_3C_6H_4F$	6.17×10^{-30}
C_6H_5Br	5.74×10^{-30}	p-$CH_3C_6H_4F$	6.70×10^{-30}
C_6H_5I	5.70×10^{-30}	o-$CH_3C_6H_4Cl$	5.24×10^{-30}
$C_6H_5NO_2$	14.27×10^{-30}	m-$CH_3C_6H_4Cl$	5.90×10^{-30}
$C_6H_5CH_3$	1.23×10^{-30}	p-$CH_3C_6H_4Cl$	7.37×10^{-30}
o-$C_6H_4Cl_2$	8.40×10^{-30}	m-$CH_3C_6H_4NO_2$	12.40×10^{-30}
m-$C_6H_4Cl_2$	5.60×10^{-30}	p-$CH_3C_6H_4NO_2$	9.34×10^{-30}

甲苯的偶极矩虽小，但其存在是没有疑问的。对氯甲苯的偶极矩与甲苯和氯苯的偶极矩之和相近，说明甲苯的偶极矩方向是由甲基指向苯环：

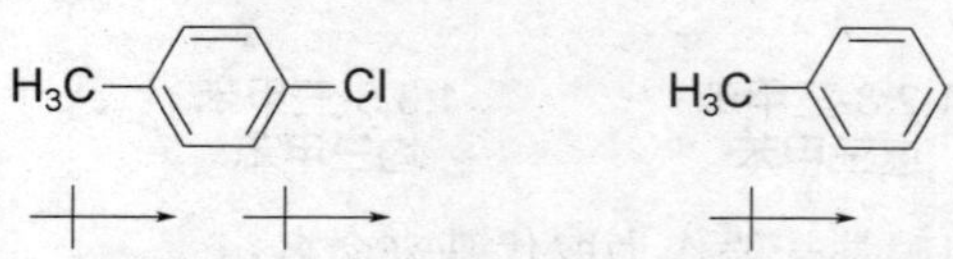

$1.23\times10^{-30}\ C\cdot m \quad 5.84\times10^{-30}\ C\cdot m \quad 1.23\times10^{-30}\ C\cdot m$

$$1.23\times10^{-30}\ C\cdot m + 5.84\times10^{-30}\ C\cdot m = 7.07\times10^{-30}\ C\cdot m$$

实测值 $7.37\times10^{-30}\ C\cdot m$

甲苯有偶极矩是由于甲基与苯环上的碳原子的杂化方式不同，后者的 s 成分较大，使碳碳单键的电子云偏向苯环一边。

苯胺的偶极矩为 4.94×10^{-30} C • m，硝基苯的偶极矩为 14.27×10^{-30} C • m，对硝基苯胺的偶极矩为 20.34×10^{-30} C • m，由此推测，氨基是给电子的取代基，即电子给体。

$4.94\times10^{-30}\ C\cdot m \quad 14.27\times10^{-30}\ C\cdot m \quad 4.94\times10^{-30}\ C\cdot m$

$$4.94\times10^{-30}\ C\cdot m + 14.27\times10^{-30}\ C\cdot m = 19.21\times10^{-30}\ C\cdot m$$

实测值 $20.34\times10^{-30}\ C\cdot m$

用类似的方法推测 CF_3 是吸电子取代基，即电子受体：

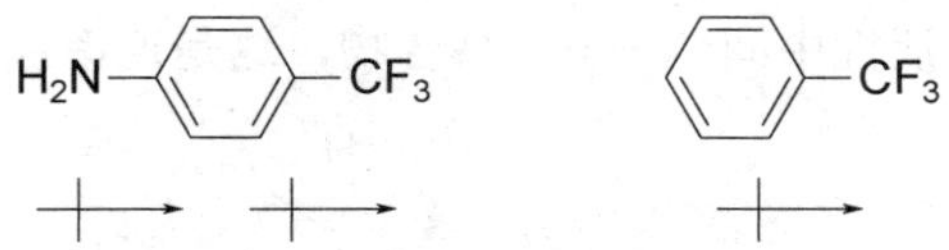

$4.94\times10^{-30}\ \text{C}\cdot\text{m}\quad 8.67\times10^{-30}\ \text{C}\cdot\text{m}\qquad 8.67\times10^{-30}\ \text{C}\cdot\text{m}$

$4.94\times10^{-30}\ \text{C}\cdot\text{m} + 8.67\times10^{-30}\ \text{C}\cdot\text{m} = 13.61\times10^{-30}\ \text{C}\cdot\text{m}$

实测值　$14.27\times10^{-30}\ \text{C}\cdot\text{m}$

7.2.5 苯系物的熔点、沸点和相对密度

苯系物多数为液体，由于其高度对称性而具有较高的熔点。每增加一个 CH_2 单位，沸点平均升高 30 ℃左右。含同数碳原子的各种异构体，其沸点相差不大，而结构对称的异构体，都具有较高的熔点。例如，邻、间、对二甲苯的沸点分别为 144.4 ℃、139.1 ℃、138.2 ℃。苯系物的密度比链烃、环烷烃和环烯烃大。苯系物都不溶于水，它们是许多有机化合物的良好溶剂。苯系物的相关性质见表 7-2。

表 7-2　苯系物的熔点、沸点和相对密度

中文名称	英文名称	熔点/℃	沸点/℃	相对密度
苯	benzene	5.5	80.1	0.8786
甲苯	toluene	−95	110.6	0.8669
乙苯	ethylbenzene	−95	136.2	0.8670
丙苯	propylbenzene	−99.5	159.2	0.8620
异丙苯	isopropylbenzene,cumene	−96	152.4	0.8618
丁苯	butylbenzene	−88	183.0	0.8601
仲丁苯	*sec*-butylbenzene	−75	173.0	0.8621
叔丁苯	*tert*-butylbenzene	−57.8	169.1	0.8665
邻二甲苯	*o*-xylene	−25.5	144.4	0.8802
间二甲苯	*m*-xylene	−47.9	139.1	0.8642
对二甲苯	*p*-xylene	13.3	138.2	0.8611

7.3 苯环上的亲电取代反应

根据苯环的结构，在苯环平面的上下有 π 电子云，它是富电子基团，类似于烯烃，所以可与缺电子的基团，即亲电试剂发生反应。但与烯键有区别，在苯环中，由于形成了闭合环状共轭大 π 键，苯环稳定性提高，反应中结构总是保持不变。

7.3.1 亲电取代反应的机理

在亲电取代反应中，首先亲电试剂 E^+进攻苯环，快速地和苯环上的 π 电子形成 π 络合物：

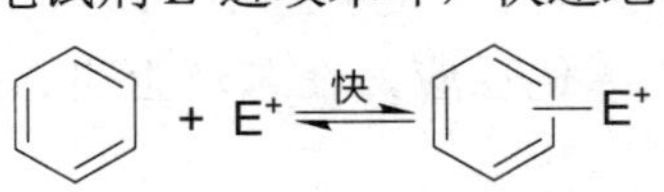

π络合物

π 络合物仍然保持着苯环的结构。然后 π 络合物中亲电试剂 E^+进一步与苯环上的一个碳

原子直接连接，形成活性中间体——σ 络合物，这是速率慢的一步：

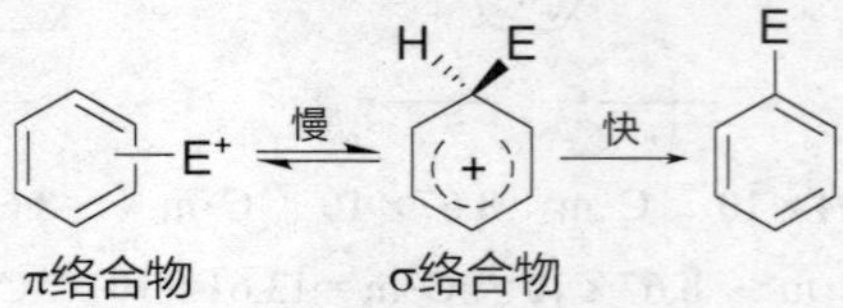

在 σ 络合物中，苯环的封闭共轭体系被破坏，能量比苯高，不稳定，很容易脱去 1 个质子恢复成能量低的苯环结构，生成产物，这是速率快的一步。

7.3.2 卤化反应

以铁粉或无水卤化铁为催化剂，苯与氯、溴发生取代反应生成氯苯或溴苯：

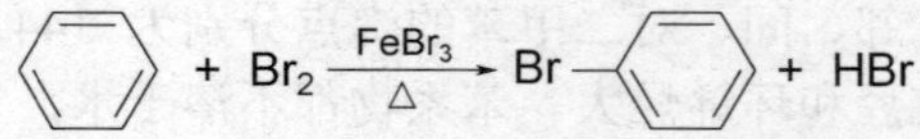

中间体碳正离子（苯鎓离子）远不及苯环稳定，生成碳正离子（苯鎓离子）的一步是决定反应速率的步骤。卤化反应要使用催化剂，催化剂也可用其他 Lewis 酸，如 $AlCl_3$：

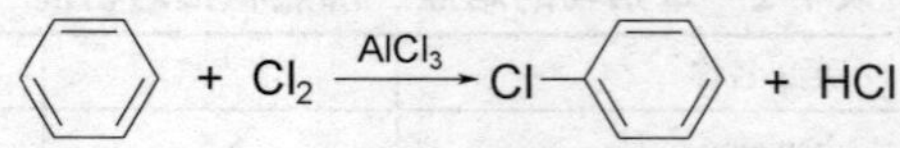

若反应条件强烈可得二取代产物。卤化反应通常用 Cl_2 和 Br_2，苯的碘化反应需在氧化剂（如硝酸）存在下进行：

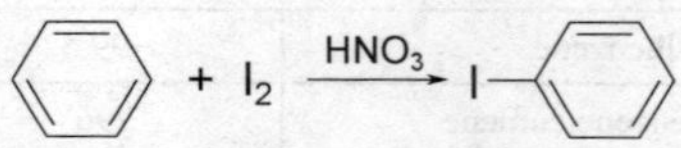

氟化反应太剧烈，难以控制，通常使用其他方法制备氟苯。

7.3.3 硝化反应

苯及其同系物与浓硝酸和浓硫酸的混合物（硝硫混酸）在一定温度下可发生硝化反应，苯环上的氢原子被硝基（$—NO_2$）取代，生成硝基化合物：

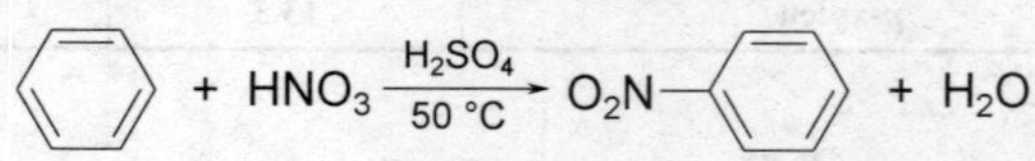

如果只使用硝酸作反应试剂，硝基苯的生成速率会很慢，硝化反应中，亲电试剂是硝基正离子（NO_2^+），它是由氮氧双键和氮氧配位键组成的，具有线型结构，亲电性很强。浓硫酸的存在有助于硝基正离子的生成：

$$H_2SO_4 + HONO_2 \rightleftharpoons HSO_4^- + H_2O^+NO_2$$

$$+\quad H_2O^+NO_2 + H_2SO_4 \rightleftharpoons NO_2^+ + H_3O^+ + HSO_4^-$$

$$2H_2SO_4 + HONO_2 \rightleftharpoons NO_2^+ + H_3O^+ + 2HSO_4^-$$

7.3.4 磺化反应

苯及其同系物与浓硫酸发生磺化反应，在苯环上引入磺（酸）基（$—SO_3H$），生成苯磺酸：

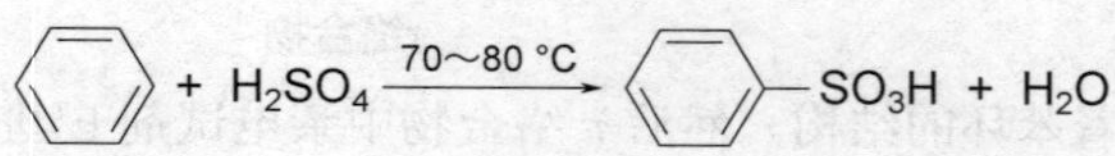

磺化反应不同于卤化、硝化反应，卤化、硝化反应是不可逆的，而磺化反应是可逆的。磺化反应的逆反应称为脱磺基反应或水解反应。

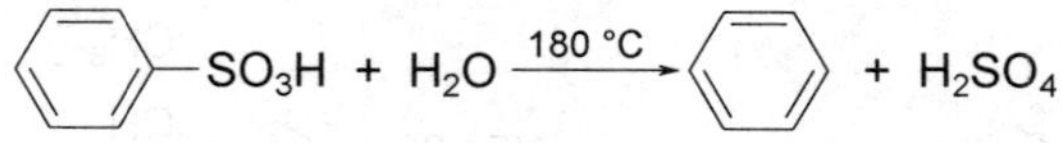

磺化反应的可逆性在有机合成中十分有用。通过磺化反应保护芳环上的某一位置，待进一步发生某一反应后，再通过稀硫酸将磺酸基除去，即可得到所需的化合物。例如：用甲苯制备邻氯甲苯时，甲苯直接进行氯化反应，得到的是邻氯甲苯和对氯甲苯的混合物，分离困难，利用磺化反应来保护对位，再进行氯化反应，就可避免对位氯化物的生成。产物再经水解，就可得到高产率的邻氯甲苯：

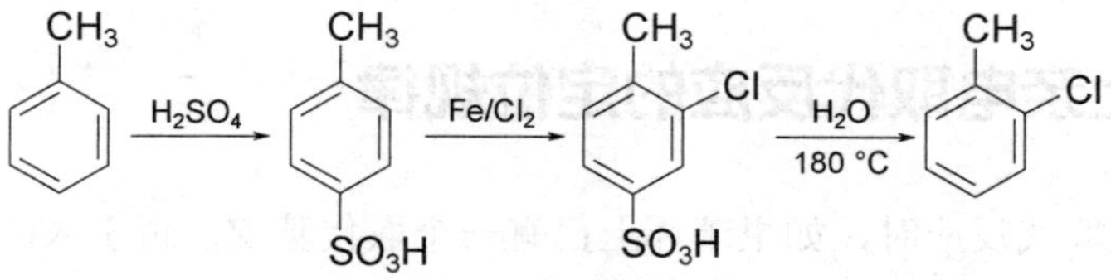

7.3.5 Friedel-Crafts 反应

芳烃在 Lewis 酸存在下的酰基化和烷基化反应称为 Friedel-Crafts 反应。它的应用范围很广，是有机合成中最有用的反应之一。

7.3.5.1　酰基化反应

在无水氯化铝催化下，芳烃与酰氯反应生成芳酮称为 Friedel-Crafts 酰基化反应，这是生成芳酮的重要方法：

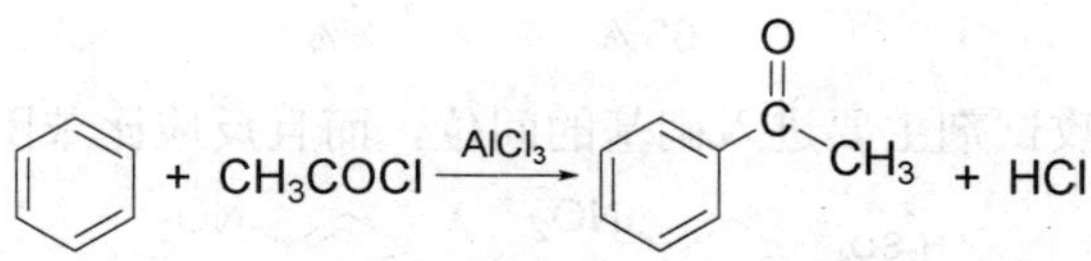

酰基化反应是不可逆的。由于酰基是一个吸电子的钝化苯环的取代基，酰基化产物芳酮的活性比反应物芳烃小，所以一般不发生多酰基化反应。此外，引入的酰基也不发生重排。

除酰氯外，酸酐也常用作酰基化试剂：

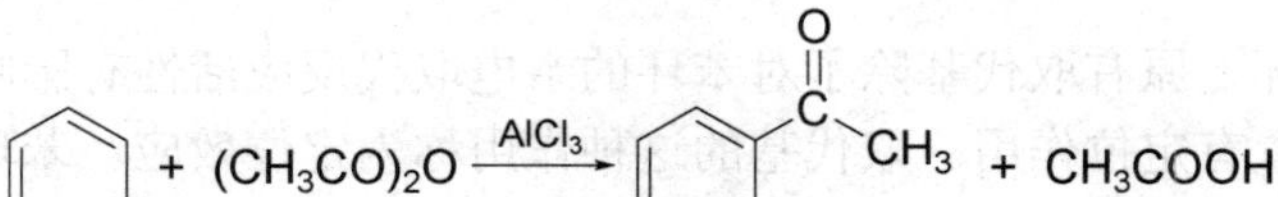

7.3.5.2　烷基化反应

在无水氯化铝的催化下，芳烃与卤代烷生成烷基苯的反应称为 Friedel-Crafts 烷基化反应：

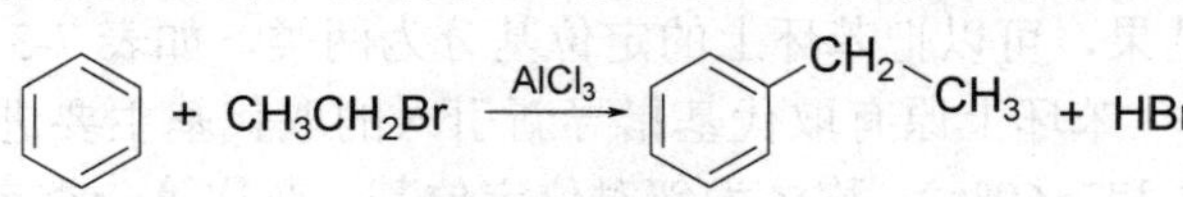

亲电试剂是碳正离子，故反应伴随碳正离子的重排：

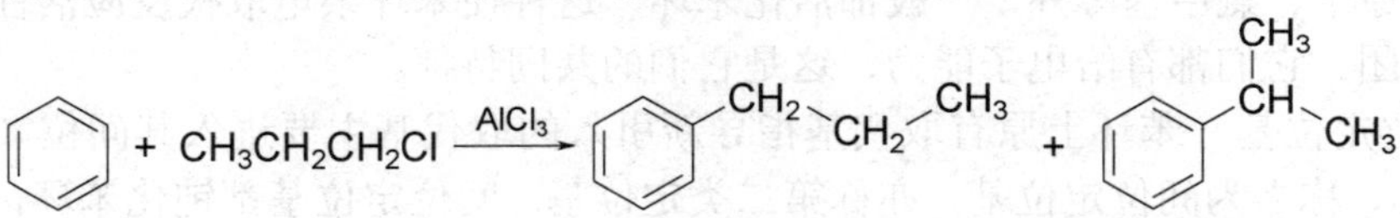

30%～35%　　65%～70%

能产生碳正离子的试剂均可作为烷基化试剂，如：卤代烷、烯烃、醇等。工业生产中往往使用烯烃作为烷基化试剂：

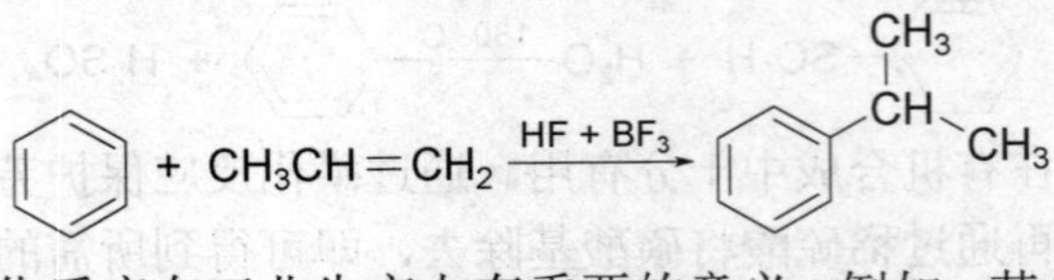

Friedel-Crafts 烷基化反应在工业生产上有重要的意义。例如，苯分别与乙烯和丙烯反应，是工业上生产乙苯和异丙苯的方法，乙苯和异丙苯都是重要的化工原料。乙苯经催化脱氢后生成苯乙烯，后者是合成树脂和合成橡胶的重要单体；异丙苯是生产苯酚、丙酮的主要原料。

7.4 苯环上亲电取代反应的定位规律

苯环进行亲电取代反应时，如果苯环上已有一个取代基 Z，再引入的取代基可以进入原取代基 Z 的邻、间、对位，生成三种异构体。

假设原取代基对取代反应进攻位置没有影响，那么邻位异构体应占 40%，间位异构体应占 40%，对位异构体应占 20%。事实上，甲苯硝化时，进攻试剂主要进入甲基的邻、对位，而且反应比苯容易发生：

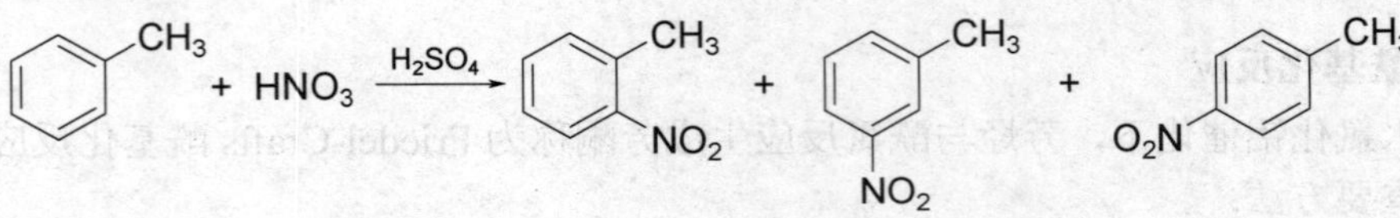

63%　　3%　　34%

硝基苯硝化时，进攻试剂主要进入硝基的间位，而且反应比苯困难。

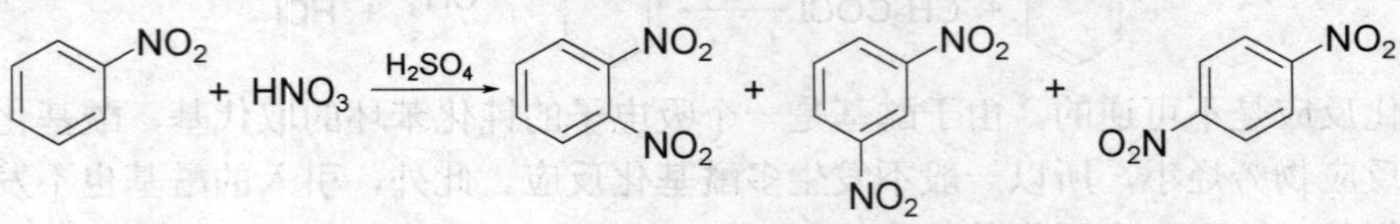

6%　　93%　　1%

由此可见，苯环上原有取代基除了对苯环的亲电取代反应活性有影响外，还对新引入的基团进入苯环的位置有定位作用。取代基的这种作用称为定位效应。苯环上原有取代基称为定位基。

7.4.1 两类定位基

根据大量的实验结果，可以把苯环上的定位基分为两类，如表 7-3 所示。

① 邻对位定位基　苯环上原有取代基指导新引入的取代基主要进入其邻位和对位（邻位和对位取代物产率之和＞60%），称之为邻对位定位基，亦称第一类定位基。在邻对位定位基中，除卤原子、氯甲基等外，一般都活化苯环，这种使苯环亲电取代反应活性增加的基团称为致活基团。它们都有给电子能力，这是它们的共同特征。

② 间位定位基　苯环上原有取代基指导新引入的取代基主要进入其间位（间位取代物产率＞40%），称之为间位定位基，亦称第二类定位基。间位定位基都钝化苯环，使苯环亲电取代反应活性降低。它们都有吸电子能力，这是它们的共同特征。

表 7-3　取代基性质及定位规律

定位规律	强度	取代基	电子效应	综合性质
邻、对位定位	最强	O^-	给电子诱导效应，给电子共轭效应	活化基团
	强	NR_2, NHR, NH_2, OH, OR	吸电子诱导效应小于给电子共轭效应	
	中	OCOR, NHCOR		
	弱	NHCHO, C_6H_5, $CH_3$①, $CR_3$①		
	弱	F, Cl, Br, I, CH_2Cl, CH═CHCOOH, CH═$CHNO_2$	吸电子诱导效应大于给电子共轭效应	钝化基团
间位定位	强	COR, CHO, COOR, $CONH_2$, COOH, SO_3H, CN, NO_2, $CF_3$②, $CCl_3$②	吸电子诱导效应，吸电子共轭效应	
	最强	NH_3^+, NR_3^+	吸电子诱导效应	

① 其电子效应为给电子诱导效应和给电子超共轭效应。

② 其电子效应只有吸电子诱导效应。

7.4.2　亲电取代反应定位规律的解释

7.4.2.1　取代基的电子效应

苯环上取代基的电子效应解释了定位规律。以—CH_3、—OH、—Cl 和—NO_2 为例，说明如下。

—CH_3：—CH_3 是一个活化苯环的邻对位定位基。—CH_3 的电子效应是给电子效应（+I）。—CH_3 的给电子效应，一方面增大苯环上所有碳原子的电子密度（与苯相比较），使亲电取代反应比苯容易进行，活化苯环；另一方面，还导致苯环中的 π 电子按照弯箭头所表示的方向共轭转移，由于共轭结构中正负电荷交替出现，从而苯环上邻位和对位碳原子的负电性（δ^-表示）比间位更大，亲电试剂优先选择进攻，所以它是邻对位定位基。

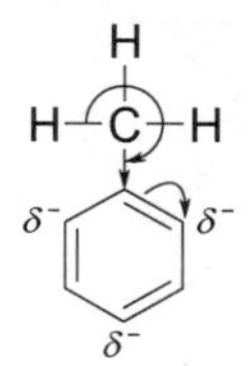

—OH：—OH 是一个活化苯环的邻对位定位基。—OH 的电子效应是−I 和+C，−I 降低苯环上所有碳原子的电子密度（与苯相比较），而+C 则增大苯环上邻位和对位碳原子的电子密度。+C 的产生是由于—OH 中氧原子的 p 轨道中有孤对电子，可以形成 p-π 共轭，该孤对电子可以通过共轭效应向苯环离域，所以增加了苯环的电子云密度。由于+C > −I，净结果是增大了—OH 邻位和对位碳原子的电子密度，如表示苯环中 π 电子共轭转移的弯箭号所示，所以—OH 是活化苯环的邻对位定位基。

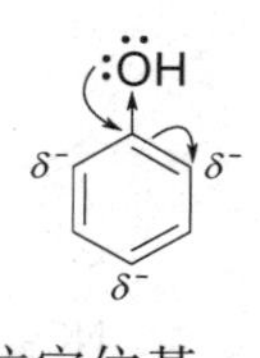

—Cl：—Cl 是一个钝化苯环的邻对位定位基。—Cl 的电子效应是−I 和+C，−I 降低苯环上所有碳原子的电子密度（与苯相比较），而+C 则增大苯环上邻位和对位碳原子的电子密度。由于−I > +C，净结果则是，虽然氯苯分子中苯环上所有碳原子的电子密度与苯相比较都有所减少——钝化苯环，但是，与间位相比较，氯苯分子中的邻位和对位碳原子的电子密度减少的程度较小，因此—Cl 是钝化苯环的邻对位定位基。弯箭头表示氯苯分子中苯环上 π 电子的共轭转移。

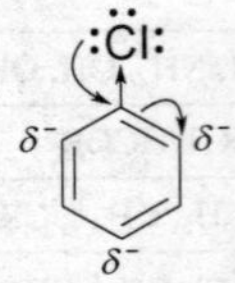

—NO_2：—NO_2 是一个钝化苯环的间位定位基。—NO_2 的电子效应是–I，降低苯环上所有碳原子的电子密度，即钝化苯环。另外，—NO_2 的–I 导致苯环中的 π 电子按照弯箭头所表示的方向共轭转移，从而使苯环上邻位和对位碳原子的正电性较大（与间位相比较），邻位和对位碳原子的负电性较小，亲电试剂优先与间位碳原子反应。

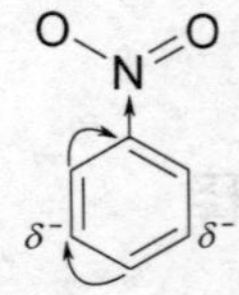

7.4.2.2　取代基的立体效应

苯环上有邻对位定位基时，生成的邻位和对位产物的量之比与苯环上原有取代基和进入基团的性质都有关系。一般说来，这两种基团体积越大，空间位阻越大，邻位产物越少。这是取代基的立体效应。

苯环上原有取代基和进入基团的体积都很大时，产物中邻位异构体的量极少。例如，叔丁苯、溴苯进行磺化反应时，都几乎生成 100%的对位产物。

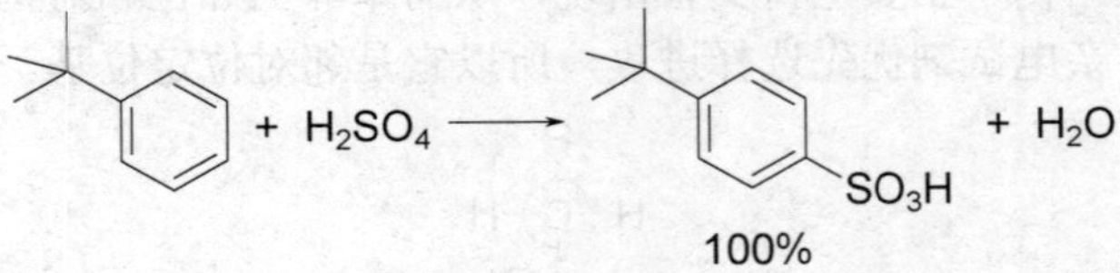

7.4.3　二元取代苯的定位规则

苯环上已有两个取代基时，第三个取代基进入苯环的位置，主要取决于原来的两个取代基的定位效应。

7.4.3.1　定位效应一致

苯环上原有的两个定位基对于引入第三个取代基的定位效应一致时，第三个取代基主要进入它们共同确定的位置。例如，下列化合物中再引入一个取代基时，取代基主要进入箭头所示的位置。

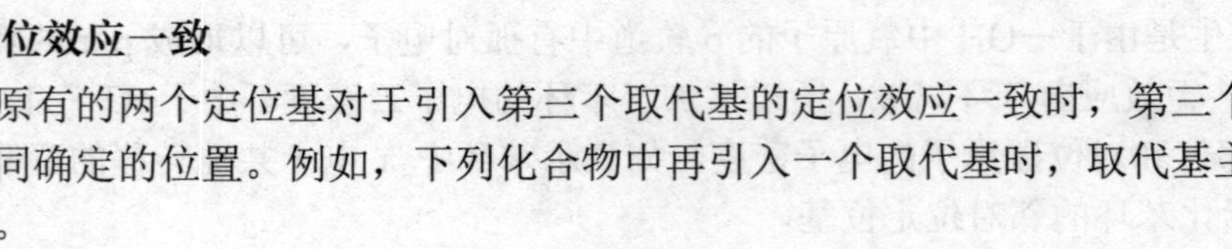

7.4.3.2　定位效应不一致

苯环上原有的两个定位基对于引入第三个取代基的定位效应不一致时，第三个取代基进入苯环的位置有两种情况。

① 两个定位基是同一类定位基团　此时，第三个取代基进入苯环的位置由定位能力强的基团确定，例如：

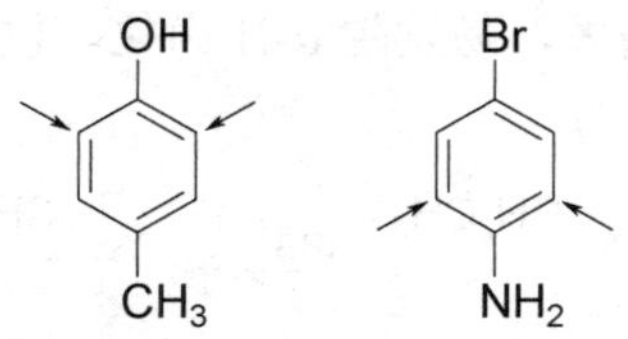

② 两个定位基是不同类定位基团　此时，第三个取代基进入苯环的位置，一般主要由邻对位定位基确定，因为这类定位基活化苯环，例如：

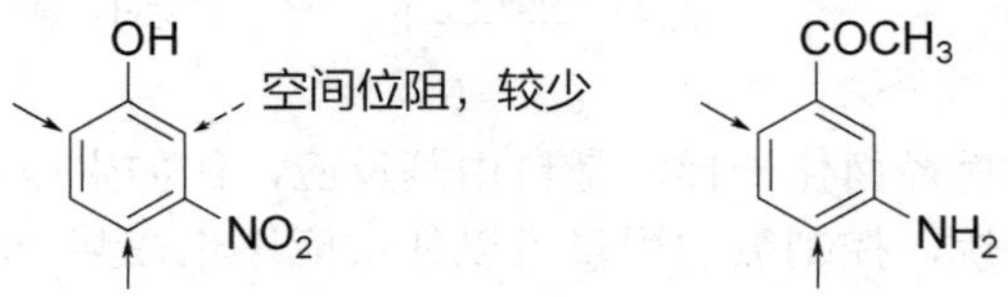

7.4.4　定位规则的应用

苯环上亲电取代反应定位规律，对于预测反应产物、选择正确的合成路线来合成苯的衍生物，具有重大的指导作用，例如苯先硝化再溴化和先溴化再硝化得到不一样的产物：

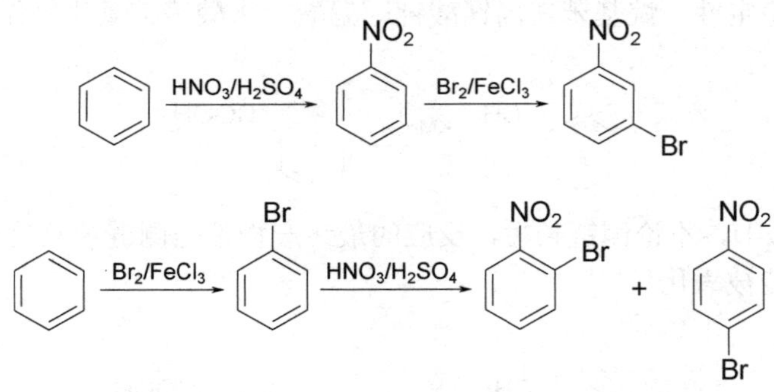

由苯酚制备纯邻溴苯酚时，直接溴化存在邻位、对位两种异构体，反应需要先磺化再溴化。

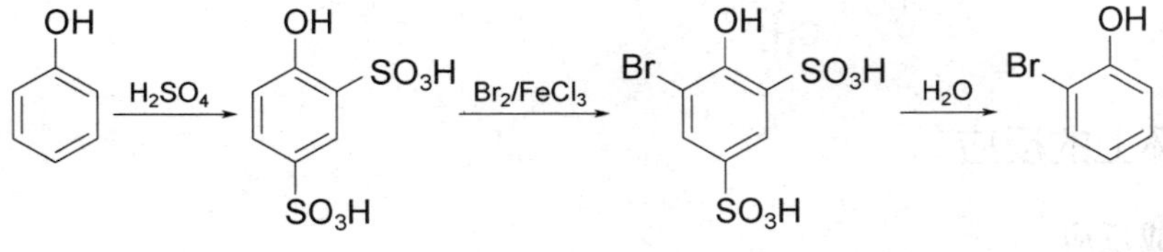

7.5　烷基苯的反应

烷基苯的反应可以在苯环或侧链上进行，苯环上的取代反应由于烷基的影响，反应速率比苯快，侧链上的反应由于苯环的影响，更容易在与苯环直接相连的 α-碳原子上进行。

7.5.1 苯环侧链上的反应

7.5.1.1 α-H 的卤化反应

由于 σ-π 超共轭，α-H 活性增大，易发生 α-H 卤化。例如

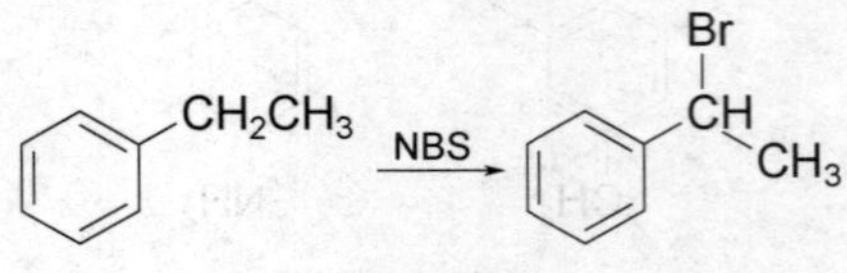

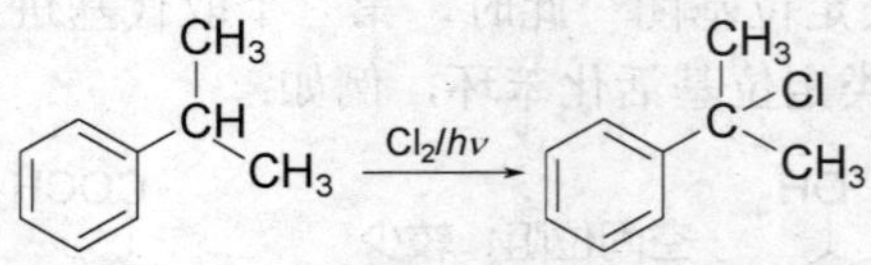

芳烃侧链上的卤化与烷烃卤化一样，是自由基反应，例如生成的苄氯可以继续氯化，生成苯二氯甲烷和苯三氯甲烷，控制氯的用量可以使反应停止在某一阶段。

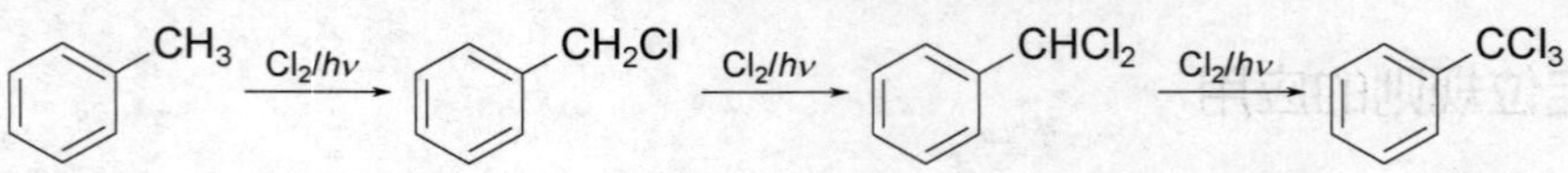

7.5.1.2 α-H 的氧化反应

苯环有特殊的稳定性，烷基苯在高锰酸钾、硝酸、铬酸等强氧化剂作用下，烷基被氧化成羧基：

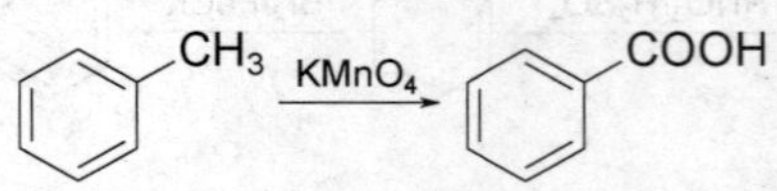

侧链上只要有 α-H，不论侧链长短，反应的最终产物都是侧链被氧化成羧基。若无 α-H，如叔丁苯，一般不能被氧化。

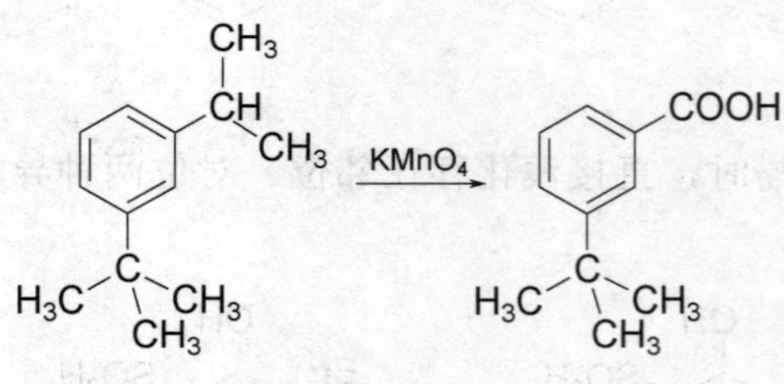

7.5.2 苯环上的反应

7.5.2.1 加成反应

在催化剂 Pt、Pd、Ni 等作用下，苯环能与氢加成，这是环己烷的工业制法：

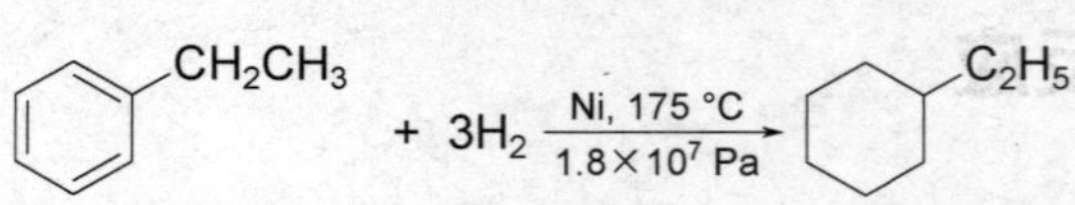

在日光或紫外光照射下，苯能与氯加成，生成六氯环己烷（$C_6H_6Cl_6$），简称六六六。六六六曾作为农药大量使用，由于残留严重，现已被淘汰。

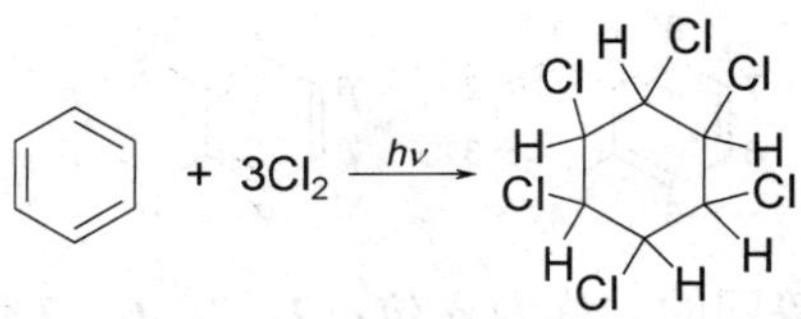

7.5.2.2　氧化反应

苯环很稳定不易被氧化，用特殊催化剂 V_2O_5，高温时将苯氧化成顺丁烯二酸酐（简称顺酐），是工业上合成顺酐的方法。

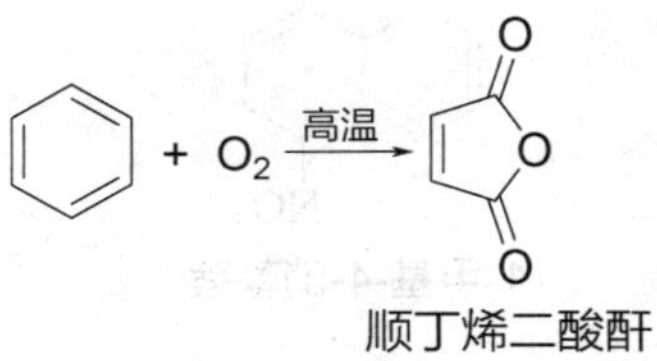

7.5.2.3　伯奇（Birch）还原

苯在液氨中用碱金属（Li，Na）和乙醇还原，通过 1,4-加成生成 1,4-环己二烯的反应：

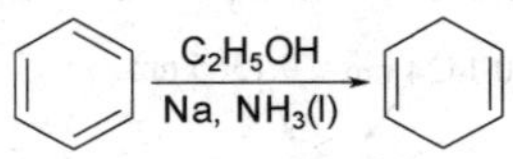

苯环中给电子基团反应后和碳碳双键相连，吸电子基团反应后和饱和碳原子相连。

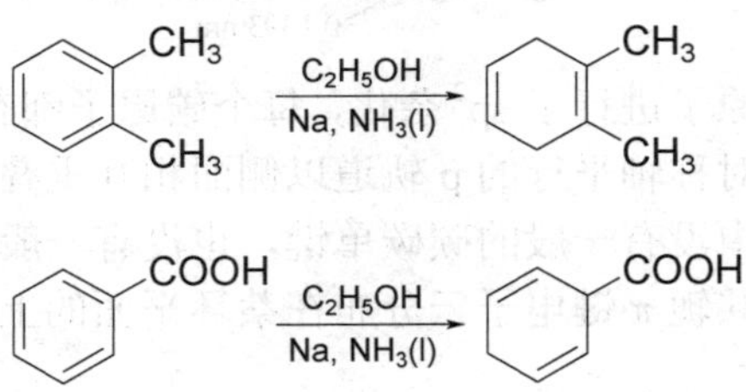

7.6　稠环芳烃

稠环芳烃中两个苯环共用两个碳原子，主要有萘、蒽、菲等化合物。

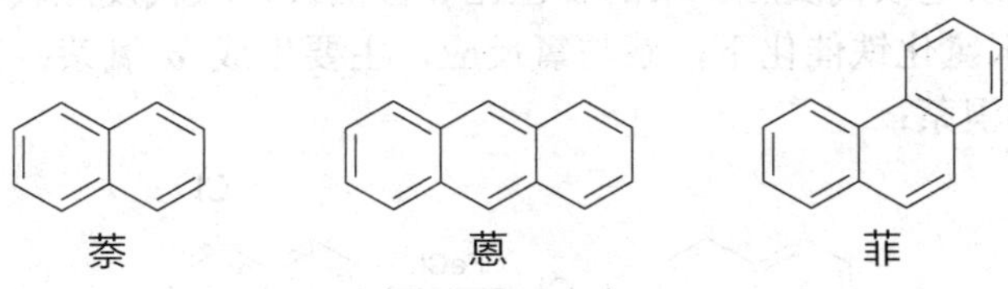

7.6.1　萘

萘（naphthalene）是无色片状晶体，熔点为 80 ℃，沸点为 218 ℃，易升华，有特殊气味，溶于乙醇、乙醚及苯中。萘是有机化工基础原料，它的很多衍生物是合成染料、农药和医药的重要中间体。

7.6.1.1　萘的衍生物的命名

萘环碳原子的编号如下：

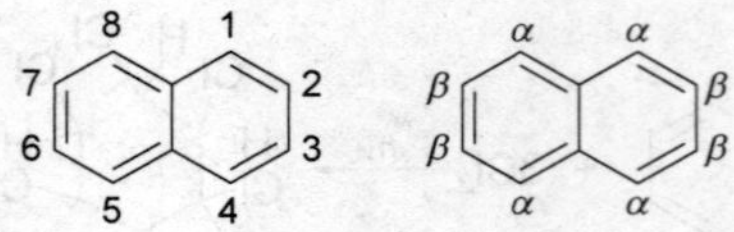

其中的 1、4、5、8 位是等同的，称为 α 位；2、3、6、7 位也是等同的，称为 β 位。所以，一元取代萘有两种异构体，命名为 α-取代萘和 β-取代萘。萘的二元取代物有更多的异构体，命名可参照下例：

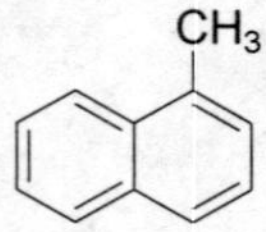

1-甲基萘或α-甲基萘

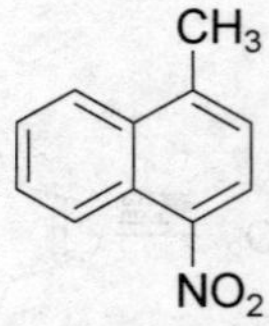

1-甲基-4-硝基萘

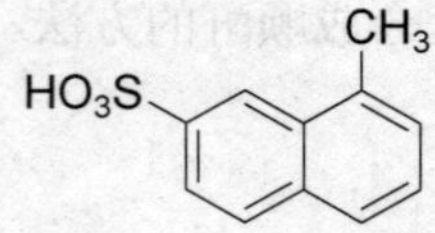

8-甲基-2-萘磺酸

7.6.1.2 萘分子的结构

萘是由两个苯环稠合而成的，成键方式与苯类似。经 X 射线衍射法测定，萘分子中的十个碳原子和八个氢原子均处于同一平面内，但萘分子中的碳碳键键长并不是完全等同的：

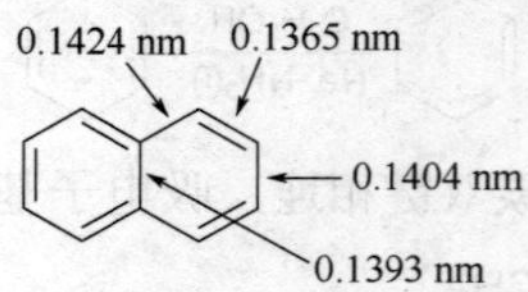

这是因为萘分子中的碳原子进行了 sp^2 杂化，每个碳原子都有垂直于萘环平面的 p 轨道，其中都有一个 p 电子。这些对称轴平行的 p 轨道以侧面相互重叠，形成包含十个碳原子在内的共轭 π 键。所以在萘分子中没有一般的碳碳单键，也没有一般的碳碳双键，而是存在特殊的共轭大 π 键。萘分子中的共轭 π 键电子云分布在萘环平面的上面和下面。

7.6.1.3 萘的化学性质

萘的化学性质与苯相似，萘的共轭能是 254.8 kJ • mol^{-1}，比两个单独苯环的共轭能的总和（2×150 kJ • mol^{-1}）低。因此，萘的活泼性比苯大。

（1）亲电取代反应

萘比苯容易发生亲电取代反应。萘的 α 位比 β 位活泼，取代反应较易发生在 α 位。

① 卤化　在无水氯化铁催化下，萘与氯反应，主要生成 α-氯萘；萘与溴不加催化剂即可反应，主要生成 α-溴萘：

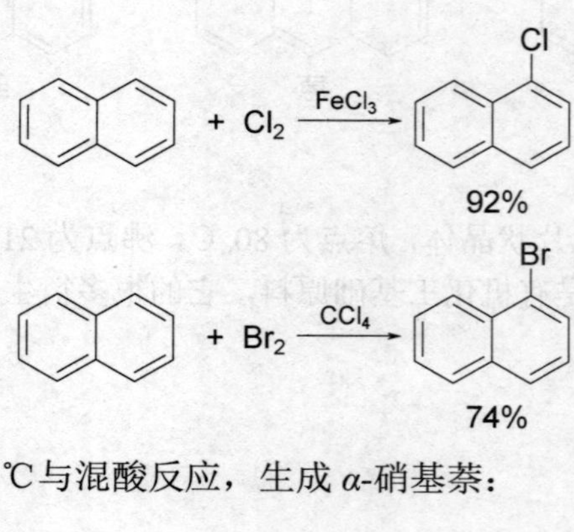

② 硝化　萘在 30～60 ℃与混酸反应，生成 α-硝基萘：

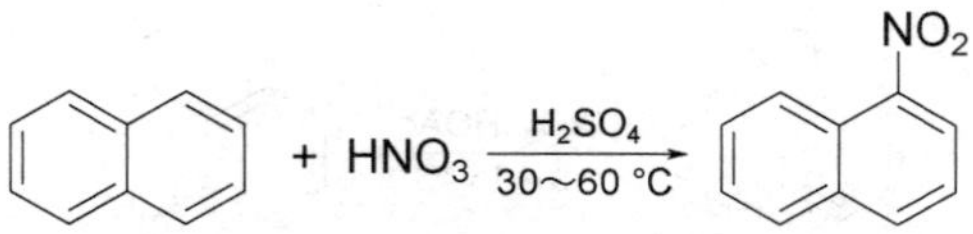

③ 磺化　萘在较低温度下与浓 H_2SO_4 发生磺化反应，生成的主要产物是 α-萘磺酸，当反应升温至 150 ℃以上时，主要产物则是 β-萘磺酸，150～170 ℃时，α-萘磺酸、β-萘磺酸和未反应的萘迅速达到平衡。

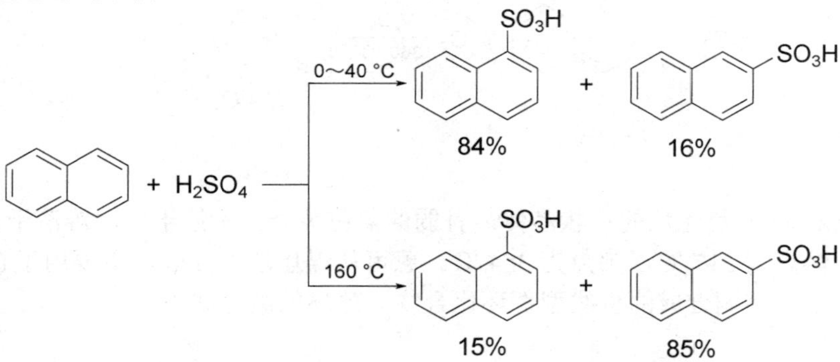

④ Friedel-Crafts 酰基化　萘的酰基化反应得到 α 位和 β 位取代的混合物，两种取代物的比例取决于反应条件：

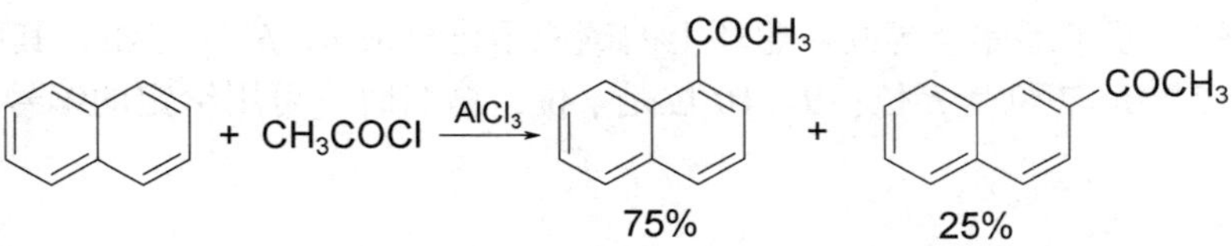

如果使用硝基甲烷作溶剂，主要生成 β-酰基化产物：

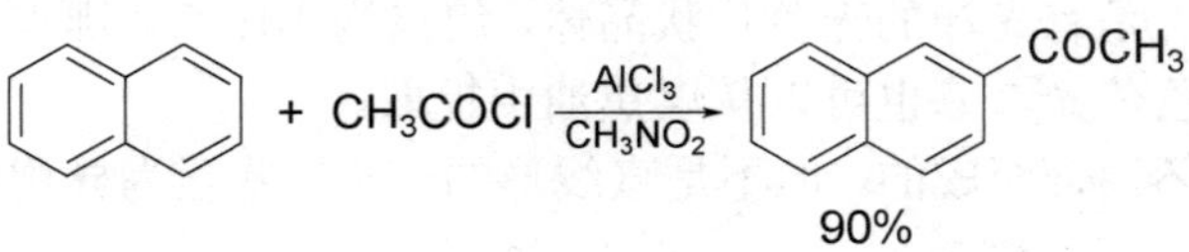

（2）加成反应

萘比苯容易发生加成反应，在催化剂存在下，萘与氢气反应，不同的条件下可得到不同程度的还原产物：

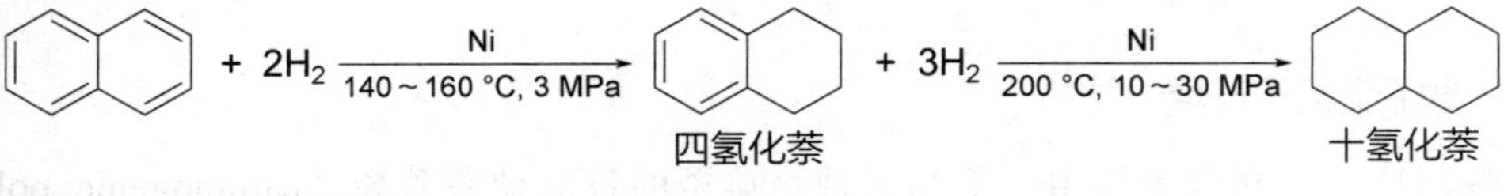

十氢化萘有顺反两种结构：

（3）氧化反应

萘比苯容易被氧化，很容易被氧化成1,4-萘醌，在更强的条件下被氧化成邻苯二甲酸酐，俗称苯酐。这是邻苯二甲酸酐的一个工业制法，也是萘的主要用途：

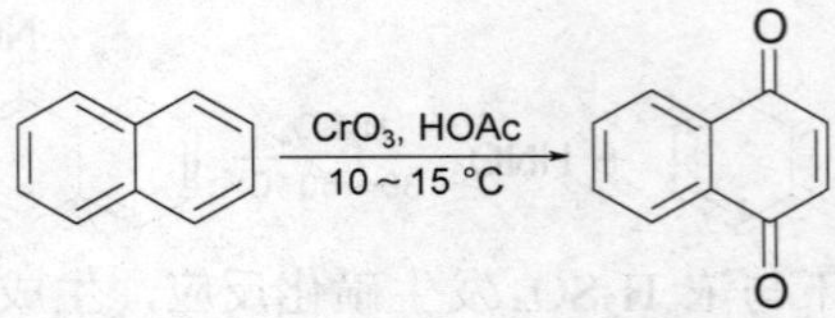

18%～22%

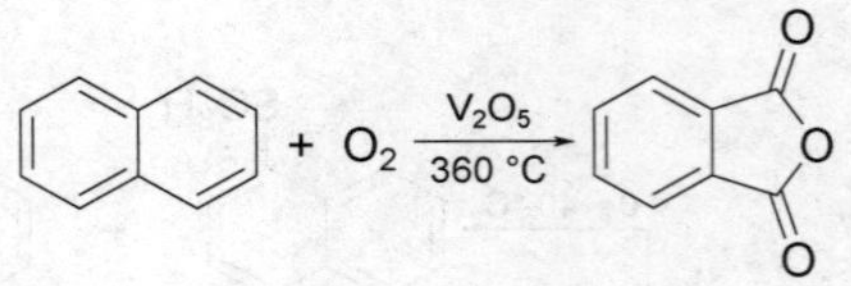

7.6.2 蒽

蒽（anthracene）是无色的片状晶体，有弱的蓝色荧光。不溶于水，难溶于乙醇和乙醚，易溶于热苯。熔点为 217 ℃，沸点为 354 ℃。蒽可从煤焦油中提取，主要用于合成蒽醌。

蒽是由三个苯环稠合成的直线型稠环化合物。蒽环的编号如下：

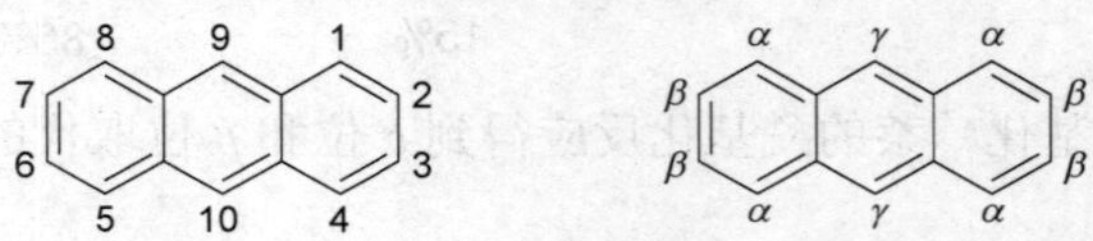

蒽分子中的碳原子不完全等同。蒽环上的碳原子可分成 α、β、γ 三组，其中 1、4、5、8 位是 α 位；2、3、6、7 位是 β 位；9、10 位是 γ 位。命名时，可用给定的编号表示取代基的位次。

7.6.3 菲

菲（phenanthrene）是有光泽的无色片状晶体，熔点为 101 ℃，沸点为 340 ℃，不溶于水，易溶于苯，溶液有蓝色荧光。菲也可以从煤焦油中提取。

菲也是由三个苯环稠合而成的，但不是直线形的。菲与蒽互为异构体。菲环的编号如下：

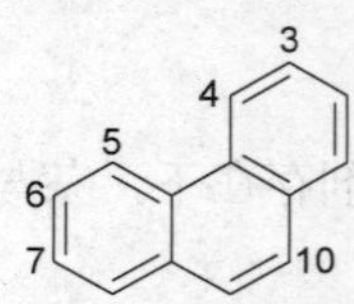

7.6.4 致癌稠环芳烃

某些稠环芳烃有致癌作用，下面三种是典型的致癌稠环芳烃（carcinogenic polycyclic aromatic hydrocarbon）：

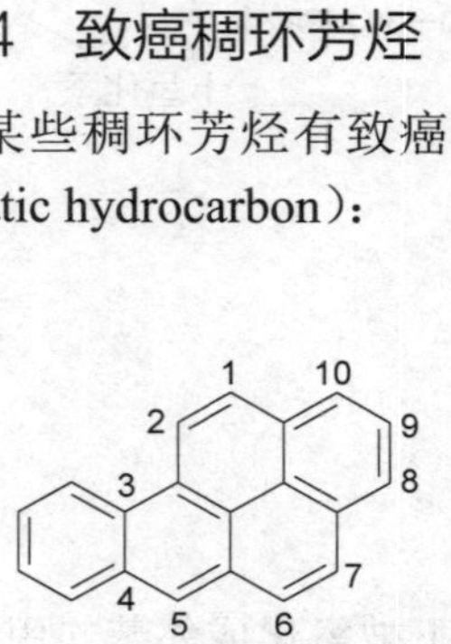

3,4-苯并芘

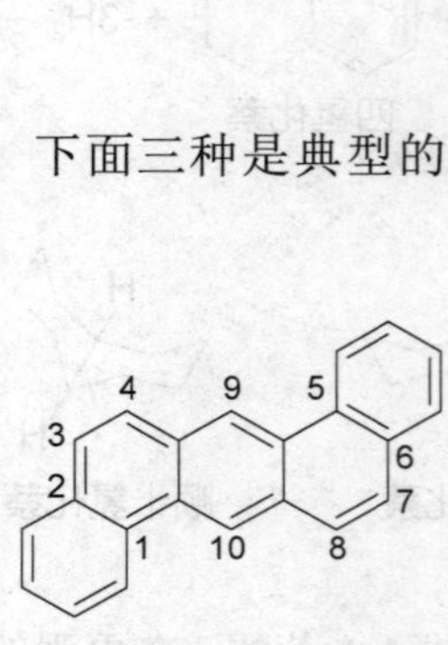

1,2,5,6-二苯并蒽

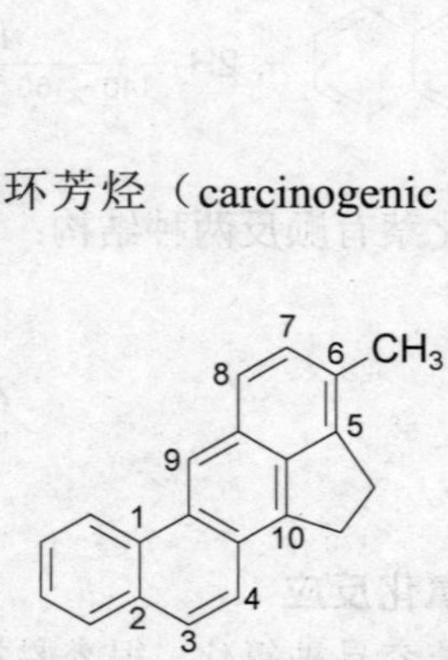

6-甲基-1,2-苯并-5,10-亚乙基蒽

3,4-苯并芘（benzopyrene）是黄色针状或片状晶体，熔点为 179 ℃，是公认的强致癌物质，由含碳化合物不完全燃烧或热解产生。烃类化合物热解产生的烟尘、汽车及柴油机排放的废气，以及纸烟的烟气中，都含有 3,4-苯并芘，它在大气中的含量是大气污染的重要指标之一。因此，如何使燃料充分燃烧及处理烟尘，是环境保护的重要课题。

习题

参考答案

1. 写出下列化合物的构造式。

（1）间二硝基苯　（2）对溴硝基苯　（3）1,3,5-三乙苯

（4）β-萘胺　（5）三苯甲烷　（6）联苯胺　（7）对苯苄氯

2. 写出下列反应中反应物的构造式。

（1）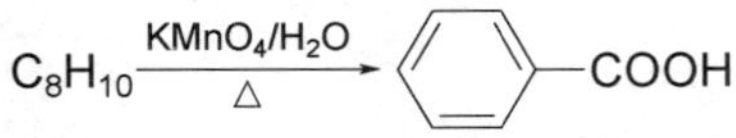

（2）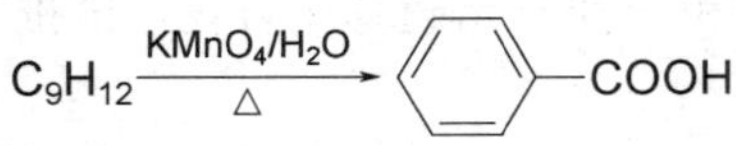

（3）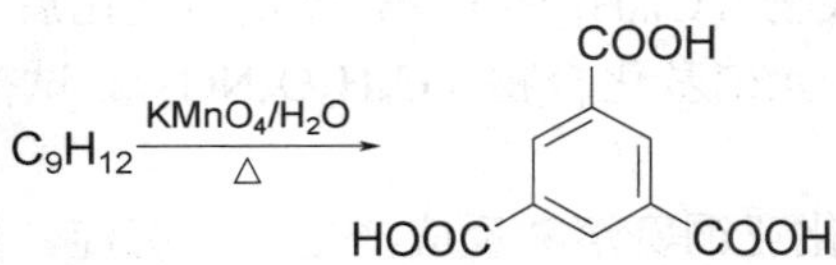

3. 完成下列反应式。

（1）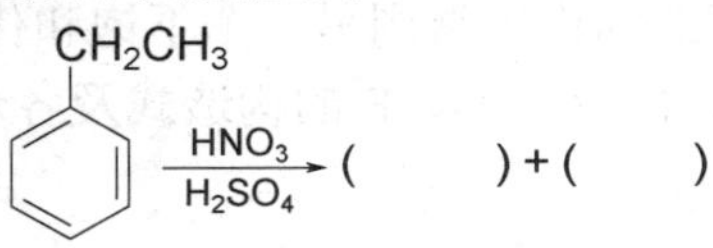

（2）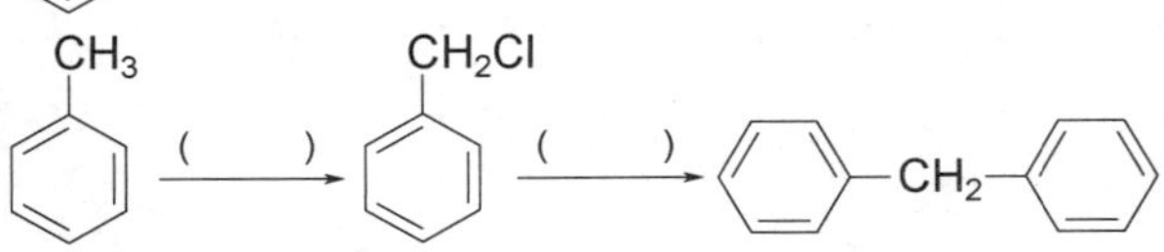

（3）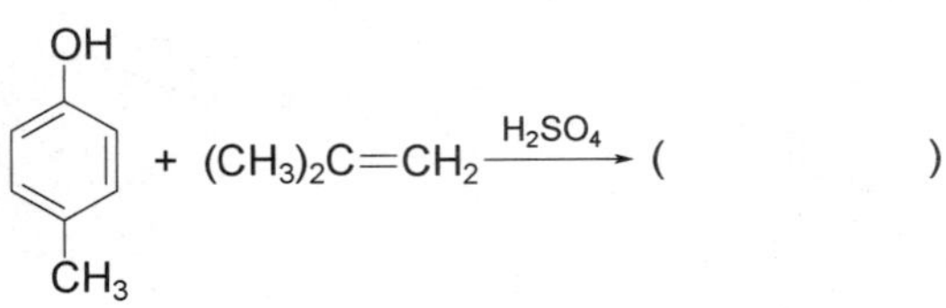

（4）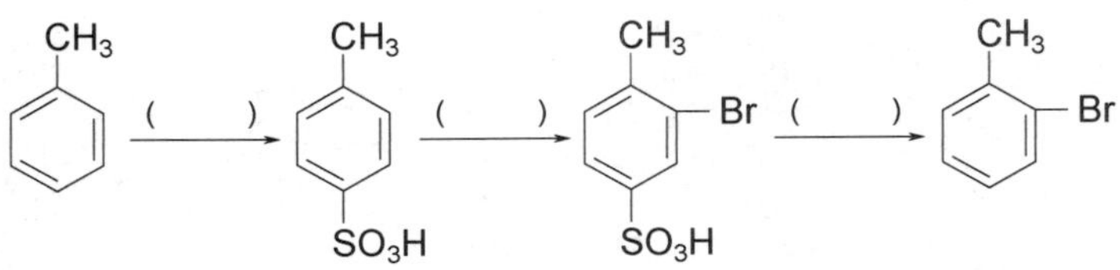

（5）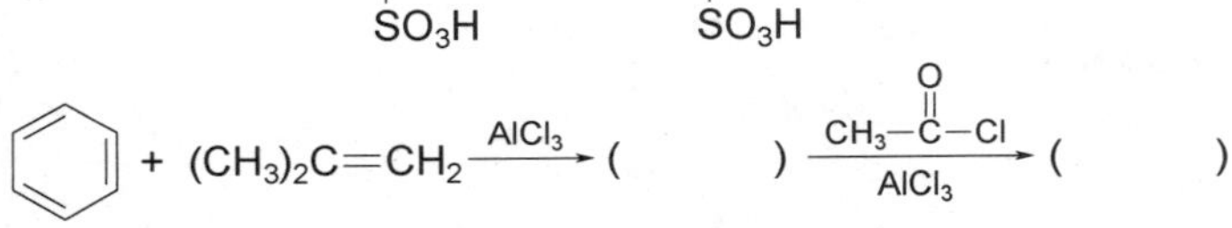

（6）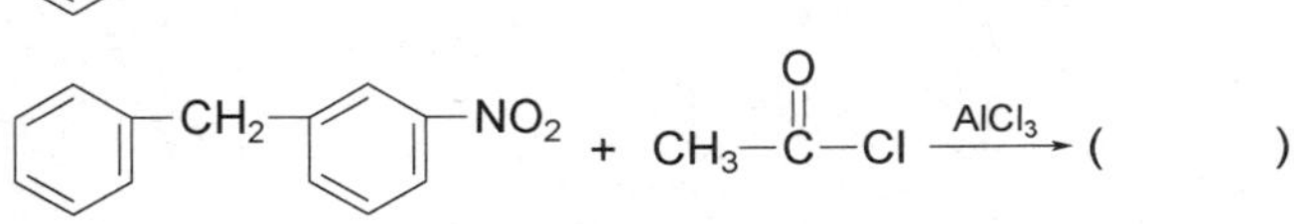

4. 用化学方法区别下列各组化合物。

（1）环己烷、环己烯和苯　　（2）苯和1,3-己二烯

（3）氯苯和乙苯　　（4）环己苯和1-苯基环己烯

5. 用苯、甲苯以及其他必要试剂合成下列化合物。

（1）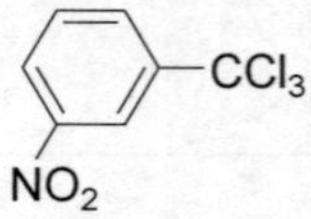

（2）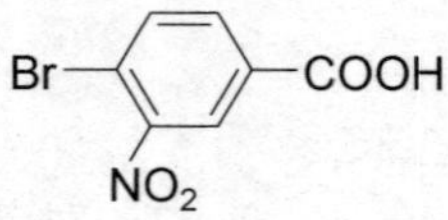

（3）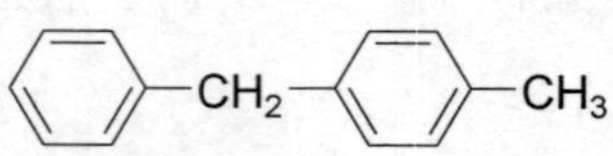

（4）正丙苯

6. 三种三溴苯经过硝化后，分别得到三种、两种和一种一元硝基化合物。试推测原来三溴苯的结构并写出它们的硝化产物。

7. 某芳烃 B（$C_{10}H_{14}$），有五种可能的一溴代物（$C_{10}H_{13}Br$）。B 经剧烈氧化后生成一个酸性物质（$C_8H_6O_4$），后者经硝化只能生成一种一元硝基化合物（$C_8H_5O_4NO_2$）。试推测 B 的结构。

8. 某不饱和烃 A 的分子式为 C_9H_8,它能和氯化亚铜氨溶液反应产生红色沉淀。化合物 A 经催化加氢得到 B（C_9H_{12}）。将化合物 B 用酸性重铬酸钾氧化得到酸性化合物 C（$C_8H_6O_4$）。将化合物 C 加热得到 D（$C_8H_4O_3$）。若将化合物 A 和丁二烯作用得到另一个不饱和化合物 E，将化合物 E 催化脱氢得到 2-甲基联苯。写出化合物 A、B、C、D、E 的构造式及各步反应方程式。

第 8 章

卤代烃

烃分子中的一个或几个氢原子被卤素原子取代以后生成的衍生物，称为卤代烃（halohydro-carbon）。卤代烃分子中的卤原子为卤代烃的官能团，其结构通式为 R—X。

卤代烃有许多用途，有些卤代烃可以作为溶剂、制冷剂或麻醉剂等，有些卤代烃能发生多种化学反应而转变成其他类型的化合物。但我们必须看到，卤代烃的大量使用已对环境产生影响，因此，要寻找替代产品，从根本上解决卤代烃对环境的污染问题。

8.1 卤代烃的分类和命名

8.1.1 卤代烃的分类

目前可以用作商品的卤代烃超过 15000 种。根据卤原子的种类可分为氟代烃（氟代烃的制法、性质和用途与其他卤代烃有所不同）、氯代烃、溴代烃和碘代烃；也可以根据卤代烃分子中的卤原子数目的多少，分为一卤代烃和多卤代烃。

卤代烃的性质与和卤原子直接相连的烃基种类和碳原子类型有很大关系，卤代烃主要根据烃基的种类分为卤代烷烃、卤代烯烃和卤代芳烃，根据与卤原子直接相连的碳原子类型分为伯卤代烃、仲卤代烃和叔卤代烃。例如：

$RCH_2—X$	$RCH═CHX$	$C_6H_5—X$
卤代烷烃	卤代烯烃	卤代芳烃
$RCH_2—X$	$R—CHR^1—X$	$R—CR^1R^2—X$
伯卤代烃（1°卤代烃）	仲卤代烃（2°卤代烃）	叔卤代烃（3°卤代烃）

8.1.2 卤代烃的命名

（1）普通命名法

简单一卤代烃的命名，可用相应的烃作为母体，称为卤（代）某烃。例如：

CH_3Cl	$CH_2═CH—Cl$	$C_6H_5—Br$
氯甲烷 chloromethane	氯乙烯 chloroethylene	溴苯 bromobenzene

（2）系统命名法

比较复杂的卤代烃一般用系统命名法命名。

把卤素作为取代基，选择连有卤原子的最长碳链作为主链，按照烷烃或烯烃的系统命名法编号，不同的取代基按立体化学中的“次序规则”排列，“优先基团”后列出。在英文命名时，不同的取代基则按字母顺序列出。

$(CH_3)_2CHCHClCH_3$
3-甲基-2-氯丁烷
2-chloro-3-methyl butane

$CH_2=CCl-CH=CH_2$
2-氯-1,3-丁二烯
2-chloro-1,3-butadiene

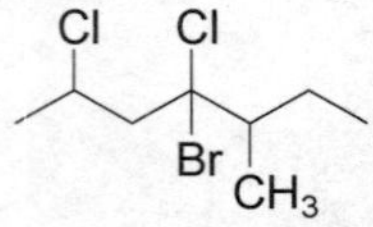

5-甲基-2,4-二氯-4-溴庚烷
4-bromo-2,4-dichloro-5-methyl heptane

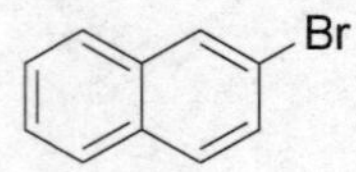

2-溴萘
2-bromonaphthalene

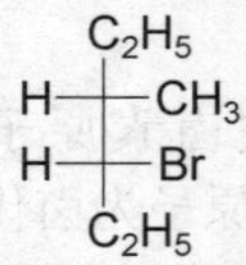

(3*S*,4*R*)-4-甲基-3-溴己烷
(3*S*,4*R*)-3-bromo-4-methylhexane

（3）俗名

一些多卤代烃会有相应的俗名，如：

$CHCl_3$	$CHBr_3$	CHI_3
氯仿（chloroform）	溴仿（bromoform）	碘仿（iodoform）

另外，根据烷基碳原子与官能团（—X）的相对位置，主链碳原子也可用希腊字母编号，规定与官能团直接相连的碳原子的位置为 α 位，称之为 α 碳原子。如：

(或ω)δ γ β α
$CH_3CH_2CH_2CH_2Br$

(ω) δ γ β α β' $\gamma'(\omega')$
$CH_3CH_2CH_2CH(Cl)CH_2CH_3$

8.2 卤代烃的结构

8.2.1 卤代烃的分子结构

卤代烃分子中，卤素原子的 sp^3 杂化轨道与碳原子的 sp^3 杂化轨道重叠形成 C—X 的 σ 键，C—X 键长如下：

C—F	C—Cl	C—Br	C—I
0.139 nm	0.176 nm	0.194 nm	0.214 nm

此外，C—H 键长为 0.110 nm，C—C 键长为 0.154 nm。四种 C—X 键中，只有 C—F（0.139 nm）的键长介于 C—H 键和 C—C 键之间。因此，只有氟与碳能形成长链的碳氟化合物。

8.2.2 诱导效应

在分子中引入一个电负性不同的取代基（原子或原子团）时，整个分子中的电子云密度发生变化。这种变化不但发生在直接与取代基相连的碳上，同样也发生在不与取代基直接相连的碳上。由于原子或原子团的极性成键电子云密度向某一方向偏移，从而分子发生极化的效应，叫诱导效应（inductive effect）。在具有诱导效应的分子中，一般用箭头“→”表示电子移动的方向，表示电子云的分布发生了变化。例如，氯原子取代了烷烃碳上的氢原子后，电子移动方向如下：

$$\overset{\delta^+}{H}\longrightarrow\overset{\delta^-}{Cl}$$

$$\overset{\delta\delta\delta^+}{C}\longrightarrow\overset{\delta\delta^+}{C}\longrightarrow\overset{\delta^+}{C}\longrightarrow\overset{\delta^-}{Cl}$$

诱导效应只改变键上电子云密度的分布，而不改变化学键的本质。诱导效应的特征是电子云偏移沿着 σ 键传递，并随着碳链的增长而减弱，最终会消失。诱导效应是一种短程力，传递到第三个碳时已经很弱，传到第五个碳时几乎完全消失。诱导效应是一种静电作用，是永久性的，属于电子效应的一种。

诱导效应的大小和方向与原子或原子团的电负性相关。在比较各种原子或原子团的诱导效应时，通常以 C—H 键中的氢原子为标准，一般规定 C—H 键中氢的 I=0。

吸引电子能力比氢原子强的原子或原子团（如—X、—COOH、—CN 和—NO_2 等）有吸电子的诱导效应（−I 效应），整个分子的电子云偏向取代基。吸引电子能力比氢原子弱的原子或原子团具有给电子的诱导效应（+I 效应），整个分子的电子云偏离取代基。

常规原子或原子团的诱导效应的大小顺序如下。

吸电子基团：—NO_2 > —CN > —F > —Cl > —Br > —I > —C≡CH > —OCH_3 > —C_6H_5 > —CH═CH_2 > —H

给电子基团：$(CH_3)_3C$— > $(CH_3)_2HC$— > H_3CH_2C— > —CH_3 > —H

8.3 卤代烷烃的性质

8.3.1 物理性质

在常温常压下，一般四个碳以下的氟代烷烃都是气体，氯甲烷、氯乙烷和溴甲烷是气体，其余低级的卤代烷烃是液体，高级的卤代烷烃为固体。一般情况下，熔沸点与其极性有关：极性越大，偶极-偶极作用越大，沸点越高。如果分子极性相似，则比较其摩尔质量，摩尔质量越大，分子间范德瓦耳斯力越大，则化合物的熔沸点越高。如，相同碳原子数的一元卤代烷中，碘烷的沸点最高，氯烷的沸点最低；而简单一元卤代烷的沸点随着碳原子数目的增加而升高。在卤代烷同分异构体中，直链分子沸点最高，支链越多的分子沸点越低。绝大多数卤代烃不溶于水或在水中溶解度很小，但能溶于很多有机溶剂，有些可以直接作为溶剂使用。卤代烷不溶于水，溶于醇和醚等有机溶剂。卤代烷的密度是一个重要的物理常数，开链卤代烷中，一氯代烷的相对密度通常<1，而溴代、碘代及多氯代烷的相对密度>1；环状卤代烷的相对密度>1。而烷基相同时，碘代烷的相对密度大于溴代烷大于氯代烷。一些卤代烷烃的物理常数见表 8-1。

表 8-1　一些卤代烷烃的物理常数

卤代烷烃	氯代烷烃		溴代烷烃		碘代烷烃	
	沸点/℃	密度/(g·mL^{-1})	沸点/℃	密度/(g·mL^{-1})	沸点/℃	密度/(g·mL^{-1})
CH_3X	−24	0.9159	4	1.6755	42	2.2790
CH_3CH_2X	12	0.8978	38	1.4604	72	1.9358
$CH_3CH_2CH_2X$	47	0.8909	71	1.3537	103	1.7489

续表

卤代烷烃	氯代烷烃		溴代烷烃		碘代烷烃	
	沸点/℃	密度/(g·mL^{-1})	沸点/℃	密度/(g·mL^{-1})	沸点/℃	密度/(g·mL^{-1})
CH_2X_2	40	1.3266	97	2.4970	182	3.3254
CHX_3	62	1.4832	150	2.8899	218	4.0080
CX_4	77	1.5940	189	3.2730	升华	4.2300
CH_2XCH_2X	84	1.2351	131	2.1792	200	3.3250
$CH_3(CH_2)_4CH_2X$	134	0.8800	154	1.1760	179	1.4370
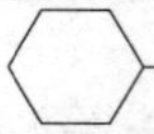—X	143	1.0000	116	1.3359	180	1.6244

8.3.2 化学性质

8.3.2.1 碳正离子

碳正离子是一种带正电荷的活泼有机中间体，其中心碳原子带有一个正电荷，最外层有 6 个电子。经典的碳正离子是一个平面结构，中间带正电荷的碳原子以 sp^2 杂化轨道与其他三个原子或原子团形成 σ 键，键角接近 120°，而其中未参与杂化的空的 p 轨道与这个平面垂直：

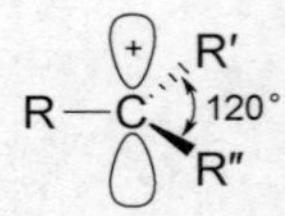

根据带正电荷的碳原子在有机分子中所处的位置，可将碳正离子分为甲基碳正离子、一级碳正离子、二级碳正离子和三级碳正离子。如：

$\overset{+}{C}H_3$	$CH_3\overset{+}{C}H_2$	$(CH_3)_2\overset{+}{C}H$	$(CH_3)_3\overset{+}{C}$
甲基碳正离子	1°碳正离子	2°碳正离子	3°碳正离子

碳正离子的稳定性与其结构直接相关。一般其稳定性有如下的规律：

① 苄基型或烯丙型碳正离子一般较稳定；

② 简单碳正离子的稳定性顺序是：3°>2°>1°>甲基碳正离子。

碳正离子的稳定性也直接受到与中心碳原子相连的基团的影响。一般中心碳原子连有吸电子基团会使碳正离子稳定性降低，连有供电子基团会使碳正离子稳定性增加。

8.3.2.2 结构与性质

卤代烷属于烷烃的一类衍生物，—X 官能团的引入，使分子中出现了 C—X 极性共价键。卤代烷的化学性质几乎都是由—X 引起的。实际上，烃的衍生物的主要化学性质是官能团的反应。

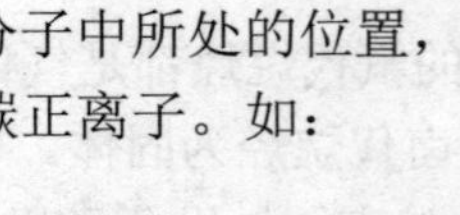

但—X 官能团的存在，会对其他官能团及烷基产生影响。反之，其他官能团及烷基对该

官能团也有所影响。因此，对于烃的衍生物，不仅要考虑所存在的各种官能团自身的性质，还要考虑官能团之间的相互影响所导致的特性以及官能团对烃基的影响。主要的反应类型如下：

① C—X 键异裂，卤素被取代，还可发生还原反应或与活泼金属的反应。

② C—X 键和 β 位 C—H 异裂，脱去 HX，生成不饱和烃。

C—X 键的极性大小顺序：C—Cl > C—Br > C—I。随着 C—X 键的极性减小，其可极化度增加，C—X 键的键能减小，其断裂倾向增加，越容易发生反应。

8.3.2.3　卤代烷烃的亲核取代反应

在卤代烷烃分子中，由于卤素原子的电负性比碳原子的电负性大，因此 C—X 化学键具有较强的极性，碳原子带有部分正电荷，卤素带有部分负电荷。当卤代烷烃遇到极性试剂时，C—X 化学键常发生异裂，结果是卤原子被其他的原子或原子团所取代。其反应通式为：

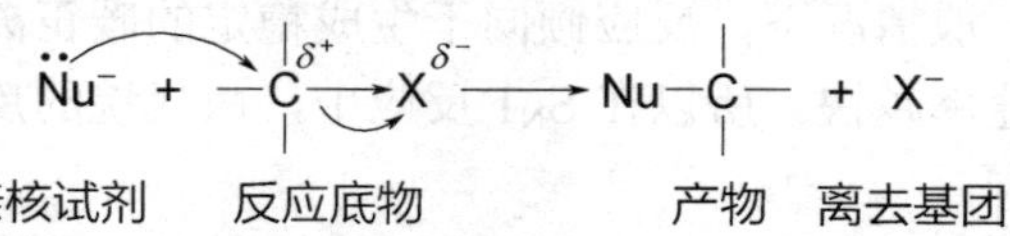

其中，进攻卤代烷带正电荷部位的试剂称为亲核试剂（nucleophilic reagent，用 Nu 表示）。这种由亲核试剂（Nu）进攻带有部分正电荷的碳原子而引起的取代反应叫亲核取代反应（nucleophilic substitution reaction），以 S_N 表示，其中 S 代表取代，N 代表亲核。亲核试剂可以是带有负电荷的离子，也可以是带有孤对电子的有机物。

常见的卤代烷烃的亲核取代反应类型有以下几种：

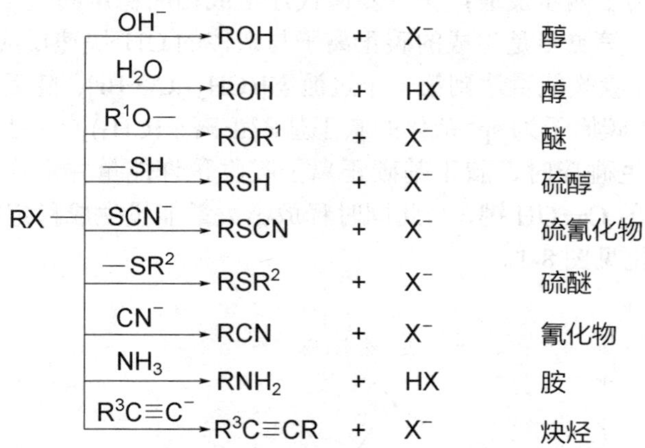

其中，碱或者水可以作为亲核试剂与卤代烃反应生成相应的醇；烷氧基作为亲核试剂可以与卤代发生取代反应生成相应的醚；硫类亲核试剂也能与卤代烃反应制备相应硫醇、硫醚及相应的硫衍生物；胺类亲核试剂与卤代烃发生取代反应生成相应的多取代胺；较弱的碳亲核试剂，如 CN^-和炔基负离子可与卤代烃反应生成氰化物和取代炔烃。

上述反应中，卤代烃中的 C—X 化学键中带有部分正电荷的碳原子被带有负电荷的试剂 OH^-、H_2O、—OR、—SH、—SR、SCN^-、CN^-、$RC\equiv C^-$或含有未共用电子对的 NH_3 试剂等进攻而形成新的共价键，反应中卤素以卤离子的形式存在。

经过一系列卤代烷的水解反应的动力学实验验证后发现，这类反应中有一部分卤代烷的亲核取代反应速率仅与卤代烷的浓度有关，而另一些卤代烃的反应速率却与卤代烃和亲核试剂的浓度都有关系。经研究发现卤代烃的亲核取代反应主要按单分子反应历程（S_N1）和双分子反应历程（S_N2）这两种不同反应方式进行。

（1）单分子亲核取代反应历程（S_N1）

以叔丁基溴在碱性溶液中的水解反应为例，其反应速率只与叔丁基溴浓度相关，而与 OH^- 的浓度无关。反应动力学研究表明反应是分步进行的：首先叔丁基溴解离为叔丁基碳正离子与带负电荷的 Br^-。这是一个吸热过程，是反应历程的速率控制步骤。生成的叔丁基碳正离子立即与亲核试剂 OH^- 结合生成产物，并释放能量，这是反应历程的第二步，是一步快反应。S_N1 反应历程可用一般式表示如下：

$$\text{第一步：}\quad R-X \xrightleftharpoons{\text{慢}} R^+ + X^-$$

$$\text{第二步：}\quad R^+ + Nu^- \xrightarrow{\text{快}} R-Nu$$

第一步中生成的碳正离子性质活泼，是一个活性中间体。而碳正离子的稳定性是影响 S_N1 反应速率的主要因素：一般情况下，反应倾向于生成稳定的碳正离子；反应中稳定的碳正离子越容易生成，则反应速率越快。所以在 S_N1 反应中，卤代烷的反应活性顺序与所形成的碳正离子的稳定性顺序相同。

叔丁基溴的水解反应机理如下：

$$\text{第一步：}\quad (CH_3)_3C-Br \xrightleftharpoons{\text{慢}} \left[(CH_3)_3\overset{\delta^+}{C}\cdots\overset{\delta^-}{Br}\right] \longrightarrow (CH_3)_3\overset{+}{C} + Br^-$$

$$\text{第二步：}\quad (CH_3)_3C^+ + OH^- \xrightarrow{\text{快}} \left[(CH_3)_3\overset{\delta^+}{C}\cdots\overset{\delta^-}{OH}\right] \longrightarrow (CH_3)_3C-OH$$

S_N1 反应历程经历了两步反应：第一步卤代烃生成相应稳定的碳正离子，该步反应是决定反应速率的慢反应；第二步是生成的碳正离子与亲核的 OH^- 快速反应生成相应的醇产物。反应中，叔丁基溴首先吸收能量达到第一个过渡态$[(CH_3)_3C\cdots Br]$；随后 C—Br 键断裂释放出少量能量，并生成中心碳原子为 sp^2 杂化的叔丁基碳正离子$(CH_3)_3C^+$；当亲核试剂 OH^- 与叔丁基碳正离子靠近并发生碰撞时，叔丁基碳正离子吸收稍许能量并形成第二个过渡态$[(CH_3)_3C\cdots OH]$；随后形成新的 C—OH 键，与此同时释放出大量能量生成稳定的产物$(CH_3)_3C-OH$。该反应的具体能量变化见图 8-1。

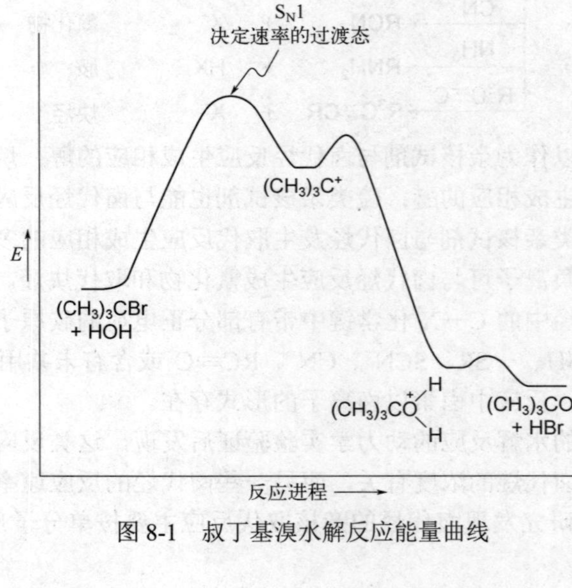

图 8-1　叔丁基溴水解反应能量曲线

在叔丁基溴的水解反应中，第一步反应是叔丁基溴中的 Br^-离去生成相应的叔丁基碳正离子。由于碳正离子的中心碳原子是 sp^2 杂化的，故碳正离子是平面结构。所以当它与亲核试剂 OH^-作用时，亲核试剂 OH^-从 sp^2 杂化轨道组成平面的两面进攻的机会是相等的，故生成产物的构型有一半保持，另外一半翻转：

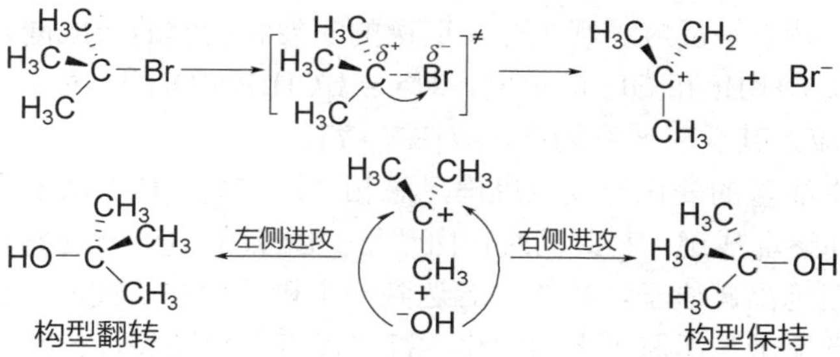

S_N1 反应的速率由其中慢反应来决定，即由生成碳正离子的这一步速率决定。在第一步慢反应中，只有叔丁基溴中的 C—Br 键解离生成相应的叔丁基碳正离子，因此该步反应的速率仅与卤代烷的浓度有关，即 $v = k[(CH_3)_3C—Br]$。这是 S_N1 反应的另一个特点，反应是一个一级反应，其速率只与卤代烃浓度相关，即 $v = k[RX]$。

（2）双分子亲核取代反应历程（S_N2）

在研究卤代烃的亲核取代反应时发现：一些卤代烷的水解与叔丁基溴的水解不同，其反应速率不仅与卤代烷浓度有关，还与碱的浓度有关。如溴甲烷在碱液中水解时，反应进行得很容易。通过溴甲烷的水解速率和有关立体化学的研究发现：溴甲烷水解反应的速率与卤代烃和亲核试剂的浓度有关，该类反应历程称为双分子亲核取代反应历程，用 S_N2 表示。

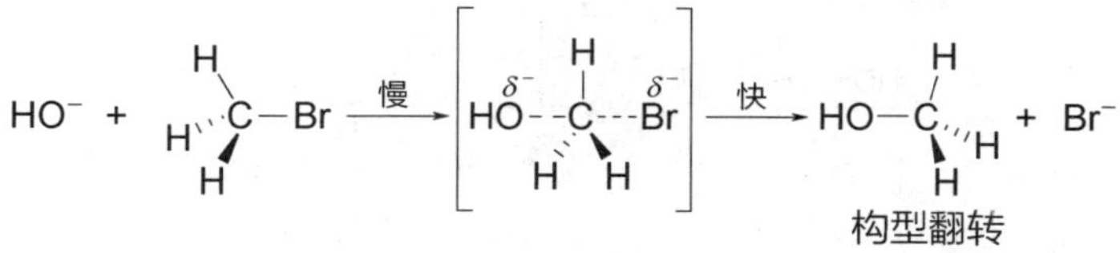

在 S_N2 反应中，亲核的 OH^-首先从溴的背面进攻溴甲烷分子中带部分正电荷的碳原子形成一个六元五配位的过渡态。过渡态中间的碳原子用近似 sp^2 的杂化形式与相连的三个氢原子成键，形成一个平面，且各个键间的键角约为 120°。中心碳原子剩余的 p 轨道分别与离去基团 Br 和亲核试剂 OH 部分成键。HO----C----Br 角度为 180°，使得 OH^-的孤对电子与 C—Br 键的 σ 反键轨道可以达到最大重叠。随后，C—Br 键断裂，Br 很快离去，形成含 C—OH 键的新化合物。该反应过程中旧键 C—Br 键的断裂与新键 C—OH 键的形成是同时进行的。

如上所述，在整个反应过程中，中心碳原子除了发生成键和断键外，与其他原子成键的键角也发生了改变。在该反应历程中，中心碳原子由原来的 sp^3 杂化，逐渐向 sp^2 杂化转变，并最终形成过渡态。在此过渡态中，中心碳原子为 sp^2 杂化状态，亲核试剂 OH 和离去基团 Br 处于反式共平面的位置上，分别与同一 p 轨道的两侧相互作用。随着反应的进行，中心碳原子由 sp^2 杂化状态，逐渐转变为 sp^3 杂化状态，生成相应的产物甲醇。将生成的甲醇和溴甲烷相比较，甲基上的三个氢原子完全偏到溴原子的一边，整个过程就像雨伞在大风中被吹得向外翻转一样。两者具有完全相反的构型，反应过程中发生了构型翻转，称之为瓦尔登（Walden）翻转。当中心碳原子为手性碳原子时，其构型翻转的结果更易看出来。

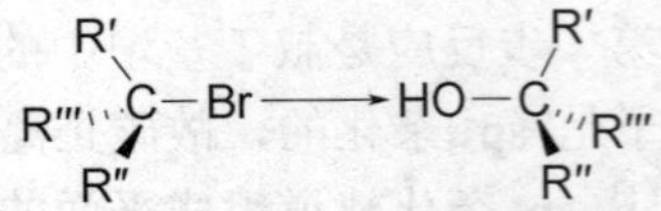

构型翻转
Walden翻转

S_N2 反应历程的特点是反应连续进行，旧键的断裂和新键的形成同时进行。其中，反应的速率取决于溴甲烷 CH_3Br 和 OH^-的浓度，即 $v = k[CH_3Br][OH^-]$。对于其他卤代烃 RX 和亲核试剂 Y 的 S_N2 反应，其反应速率为：$v = k[RX][Y]$。

整个反应过程中能量的变化与反应机理息息相关：首先，OH^-从溴原子的背面接近碳原子，并与碳原子之间逐渐成键，与此同时，由于 C—Br 键的电子云受到 OH^-的排斥作用，Br 原子带着电子对逐渐远离碳原子，最终二者达到一个极限状态。此时，OH^-与碳原子之间还没有形成共价键，碳原子与溴原子之间的化学键也没有完全断裂，该状态称为中间过渡态。此时反应体系的能量达到最大值。随后，伴随着能量的释放，C—Br 键迅速断裂，溴原子带着电子对快速远离碳原子，而 OH^-快速接近碳原子形成新的 C—OH 键，生成水解产物甲醇。此时，体系的能量降低到最小值。反应体系的能量变化如图 8-2 所示。

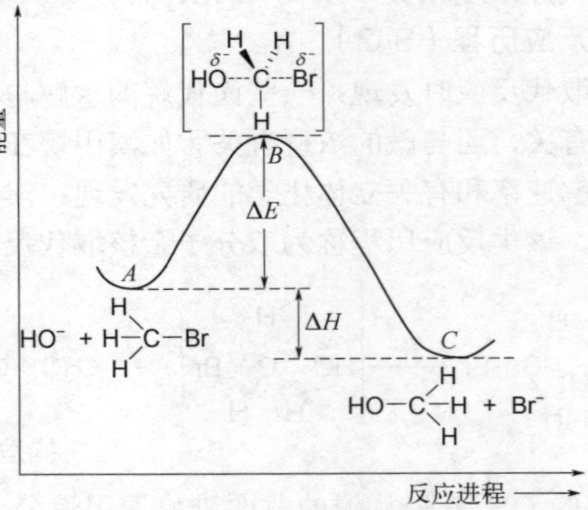

图 8-2　溴甲烷水解反应的能量曲线

（3）影响亲核取代反应的因素

卤代烃的亲核取代反应主要有以上提到的两种历程：单分子亲核取代反应历程（S_N1）与双分子亲核取代反应历程（S_N2）。这是两个极端的经典历程，大多数卤代烃的反应介于这两种极端情况之间，即同时具有以上两种反应历程。实际反应发生时，主要按哪种历程进行，需要视反应情况而定。反应受诸多因素的影响，最终呈现出其主要反应的具体历程。其中，卤代烷的结构、亲核试剂、离去基团和溶剂是主要的影响因素。

① 烃基结构的影响　在卤代烷的 S_N2 反应中，亲核试剂从离去基团的背面进攻中心碳原子。因此中心碳原子上连接的烷基越多且体积越大时，亲核试剂从碳卤键背后进攻中心碳原子时受到的阻碍就越大，使得其与中心碳原子发生有效碰撞的概率下降幅度极大；此外，在 S_N2 反应的过渡态形成时，中心碳原子与周围的取代烷基要保持在同一个平面内，而具有极大的张力，使得过渡态体系的能量升高，反应活化能升高。最终将导致卤代烷进行 S_N2 反应的活性下降，反应速率减小。下面各溴代烷发生 S_N2 反应的速率大小顺序为：$CH_3Br > C_2H_5Br > (CH_3)_2CHBr > (CH_3)_3CBr$。此外，即使卤代烷的 β-碳原子上连有取代烷基，烷基结

构对其发生 S_N2 反应的速率也有明显的相同影响，即卤代烷的 β-碳原子上连接的烷基体积越大，其空间位阻越大，同样越不利于亲核试剂的攻击。综上所述，卤代烷进行 S_N2 反应时，在其他条件相同的情况下，不同结构卤代烷的反应活性次序为：$CH_3X > RCH_2X > R_2CHX > R_3CX$。

在 S_N1 反应中，由于决定反应速率的步骤是碳正离子的生成。因此，生成的烷基碳正离子越稳定，其反应活化能越低，反应速率也越快。因此，稳定的碳正离子越容易生成，S_N1 反应的速率越大。由于叔卤代烷、仲卤代烷、伯卤代烷和卤代甲烷如若按 S_N1 反应历程发生亲核取代反应，生成的中间体分别为3°、2°、1°和甲基碳正离子，其稳定性次序为：$(R)_3C^+ > (R)_2CH^+ > RCH_2^+ > CH_3^+$。因此，不同卤代烷进行 S_N1 反应的速率次序为：$R_3CX > R_2CHX > RCH_2X > CH_3X$（3°卤代烷 >2°卤代烷 >1°卤代烷 > CH_3X）。例如：$R—Br + H_2O \longrightarrow ROH + HBr$ 反应中，RBr 为以下溴代烃时，发生 S_N1 反应的速率次序如下：$(CH_3)_3CBr > (CH)_2CHBr > CH_3CH_2Br > CH_3Br$。

② 离去基团（卤原子）的影响　由于 S_N1 和 S_N2 反应历程中的慢反应步骤（决速步）都包括 C—X 键的断裂，因此离去基团 X 的性质对 S_N1 和 S_N2 反应历程产生相似的影响。但卤素 X 在 S_N2 反应中，与亲核试剂一起参与了过渡态的形成，故在 S_N2 反应历程中卤原子 X 离去的难易程度除与本身性质有关外，还与亲核试剂的性质相关。卤原子 X 的性质对 S_N1 和 S_N2 反应影响的程度不同，其中对 S_N1 反应的影响更为突出。总之，离去基团 X 的离去倾向越大，碳卤键 C—X 越易于变形断裂，亲核取代反应速率越快。从 C—X 键解离能和可极化度的大小可知，卤代烷的活性次序为：RI > RBr > RCl > RF（S_N1 和 S_N2 一致）。其中，I 是最好的离去基团，F 的离去能力最差。

③ 亲核试剂的影响　在卤代烷烃的亲核取代反应中，由于 S_N1 反应的决速步骤是生成碳正离子的第一步，故反应速率只与卤代烷相关。所以，亲核试剂对 S_N1 反应的影响不大。对于 S_N2 反应，不仅亲核试剂的浓度能影响其反应速率，试剂的亲核能力对反应历程也有很大的影响。亲核试剂的亲核性与它的电荷、碱性、体积的大小以及可极化度等因素有关。一般来说，亲核试剂的碱性（给电子性）和可极化度（变形性）越大，其亲核性越强。通常情况下，这两个影响因素对试剂的亲核性的影响是一致的。但存在一些特殊情况，即其中一个影响因素起主导作用，往往是后者起主导作用。亲核试剂的亲核性一般有如下规律：

a. 同一周期的原子作为亲核中心时（包括同种原子作亲核中心），试剂的亲核性与碱性有相同的强弱次序。常见同周期亲核试剂的反应活性次序如下：

$$RO^- > HO^- > RCOO^- > ROH > H_2O > RCOOH;\ NH_3 > H_2O;\ ^-NH_2 > ^-OH > ^-F$$

b. 同一族的原子作为亲核中心时，可极化性大的原子（原子半径大、电负性小者）形成的亲核试剂具有较强的亲核性，这与试剂的碱性强弱次序刚好相反：

$$I^- > Br^- > Cl^- > F^-;\ RSH > ROH;\ RS^- > RO^-;\ H_2S > H_2O;\ HS^- > HO^-$$

其中，卤素负离子 X^-在质子型溶剂中表现出的亲核性次序如上所示，这与卤负离子 X^-的溶剂化作用相关。一般来说，卤负离子 X^-的体积越小，负电荷就越集中，质子型溶剂的溶剂化作用程度越大，则其亲核性越低。如果在非质子型极性溶剂（如二甲基亚砜或二甲基甲酰胺）中进行 S_N2 反应，由于 X^-与溶剂分子不发生溶剂化作用，故 X^-的负电荷是完全裸露的，这时它们的亲核性与碱性的强弱次序是相同的：$F^- > Cl^- > Br^- > I^-$。

c. 亲核试剂的体积也直接影响其亲核性的强弱。体积大者，在反应中空间位阻增大，亲核性下降：

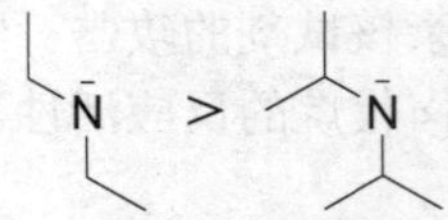

亲核性强的试剂有利于 S_N2 反应。此外，亲核试剂虽然不能直接影响 S_N1 反应的速率，但由于亲核性弱的亲核试剂不利于 S_N2 反应，故相对地有利于 S_N1 反应。

④ 溶剂的影响　溶剂的极性对 S_N1 和 S_N2 反应都有影响。首先，卤代烷如果按照 S_N1 反应历程进行，其决速步骤是卤代烃解离生成碳正离子这一正电荷不断形成的过程：

$$RX \rightarrow [R^{\delta+}\text{---}X^{\delta-}] \rightarrow R^+ + X^-$$

极性溶剂易促使 C—X 键异裂而离子化，溶剂的极性越大，碳正离子越稳定。因此，极性溶剂有利于 S_N1 反应。一般来说，溶剂的极性越大，溶剂解的速率也越快。例如，叔氯丁烷在 25 ℃时在不同溶剂中进行溶剂解（即 S_N1 反应）的相对速率为：

溶剂：	CH_3COOH	CH_3OH	HCOOH	H_2O
相对速率：	1	4	5000	150000

在 S_N2 反应过程中只发生电荷的分散，因此增加溶剂的极性反而使极性大的亲核试剂发生溶剂化而降低反应活性，从而不利于反应的发生。例如：苄基氯的亲核取代反应，以水为溶剂时，反应按 S_N1 历程进行，若用丙酮为溶剂，则反应按 S_N2 历程进行。

$$Nu^- + RX \rightarrow [Nu^{\delta-}\text{---}R\text{---}X^{\delta-}] \rightarrow NuR + X^-$$

一般情况下，在极性较大的溶剂（如乙醇）中，叔卤代烷主要按 S_N1 机理反应；在极性较小的溶剂（如丙酮）中，伯卤代烷主要按 S_N2 机理反应，仲卤代烷同时按照两种机理反应，一般以 S_N2 机理为主。改变溶剂的极性常可改变反应机理。如在极性较大的溶剂（如甲酸）中，伯卤代烷也可以按 S_N1 机理反应，而在极性较小的非质子溶剂中，叔卤代烷也可按照 S_N2 机理反应。

8.3.2.4　卤代烷烃的消除反应

一般来说，具有 β-H 的卤代烷和氢氧化钠或氢氧化钾的乙醇溶液共热时，可脱去一分子的卤化氢 HX 生成相应的烯烃。在这个反应中，卤代烷除失去 X 外，还从 β-碳原子上脱去一个氢原子，因此称其为 β-消除反应（β-elimination reaction）。卤代烃的亲核取代反应与消除反应是一对竞争反应。一级卤代烃一般易发生亲核取代反应，而二级和三级卤代烃易发生消除反应。因而二级和三级卤代烃发生亲核取代反应的同时常伴随消除反应。

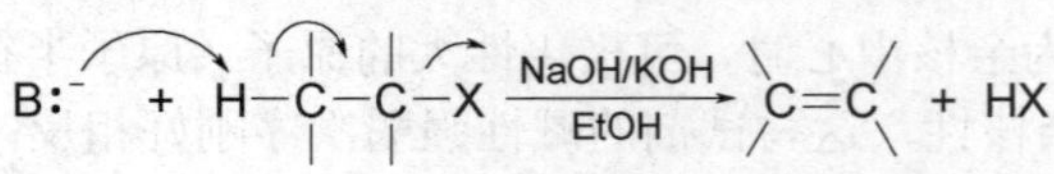

以叔丁基溴在碱性条件下的水解反应为例，在不加碱的条件下几乎全部生成亲核取代的产物，而随着碱的浓度增加，消除产物比例越来越大。

（1）消除反应的方向

在多数卤代烃中，可能有不止一种的 β 位氢原子可供反应中消除以生成两种或两种以上的烯烃，因此 β-消除反应具有方向性。通过对大量卤代烃的 β-消除反应实验研究表明，卤代烷在发生消除反应时，氢原子主要从含氢较少的碳原子上脱去，生成碳碳双键碳原子上连有最多烃基的烯烃。这一经验规律称为扎依采夫（Saytzeff）规则。由于碳碳双键碳原子上所连的烃基越多，烯烃越稳定，因此，扎依采夫规则也可以理解为烯烃结构的稳定性决定卤代烷的消除方向。例如 2-卤代丁烷在碱性条件下的消除反应主要得到 2-丁烯（81%），2-甲基-2-卤丁烷发生消除反应则主要生成 2-甲基-2-丁烯（71%）：

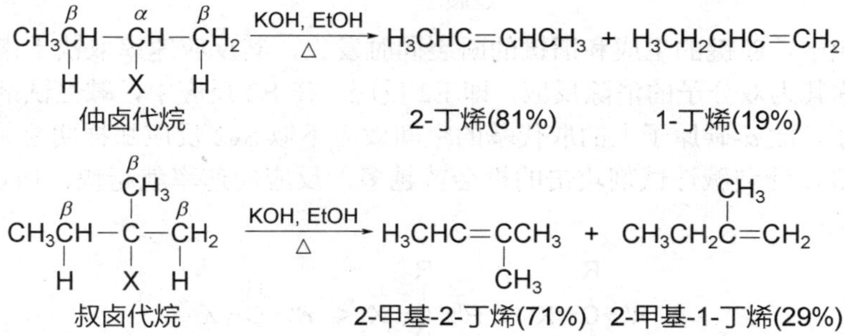

（2）消除反应的机理

卤代烷消除反应的动力学研究结果表明：消除反应有两种经典反应历程，即反应速率仅与卤代烃的浓度有关的消除反应，为单分子的消除反应，以 E1 表示，其速率方程为 $v = k[RX]$；反应速率不仅与卤代烷的浓度有关，还与碱的浓度有关的消除反应，为双分子的消除反应，以 E2 表示，其速率方程为 $v = k[RX][B]$。

① 单分子的消除反应（E1）　单分子的消除反应与 S_N1 反应类似，分两步进行：第一步也是卤代烃在溶剂的作用下解离成碳正离子，第二步是碱性试剂进攻 β-氢原子，失去质子后的 β-碳原子也转变成 sp^2 杂化状态，两个相邻的 sp^2 杂化碳原子的 p 轨道相互重叠形成 C═C。例如：

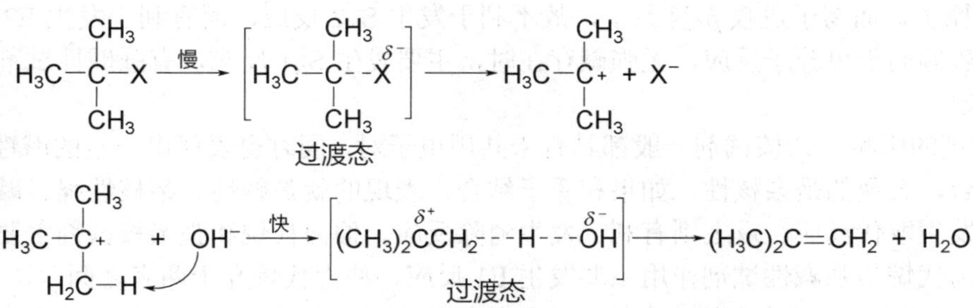

这样的反应是分阶段进行的，其反应速率仅与卤代烷生成碳正离子的浓度成正比，故称其为单分子的消除反应，即 E1 反应。

E1 反应的速率取决于碳正离子的稳定性，所以卤代烷的 E1 反应活性次序仍然是：

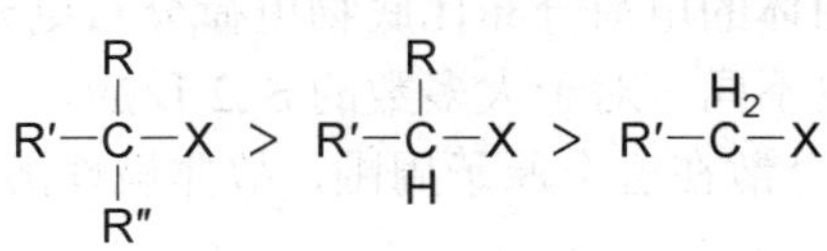

② 双分子的消除反应（E2）　当碱性的亲核试剂接近卤代烃分子进行反应时，它可以攻击卤代烷的 α-碳原子发生 S_N2 反应，也可以消除卤代烷分子中的酸性 β-氢原子。当碱性的亲核试剂攻击卤代烃分子中的 β-氢原子并部分成键时，β-氢原子周围的电子云开始向 α-碳原子和 β-碳原子之间转移，从而使 C—X 键上的电子云向卤原子的一方偏移，逐渐到达过渡态。随着反应进程的继续进行，β-氢原子以质子的形式与试剂结合而脱去，同时卤原子在溶剂的作用下带着一对电子离去，α-碳原子和 β-碳原子之间形成 C═C，而生成目标烯烃：

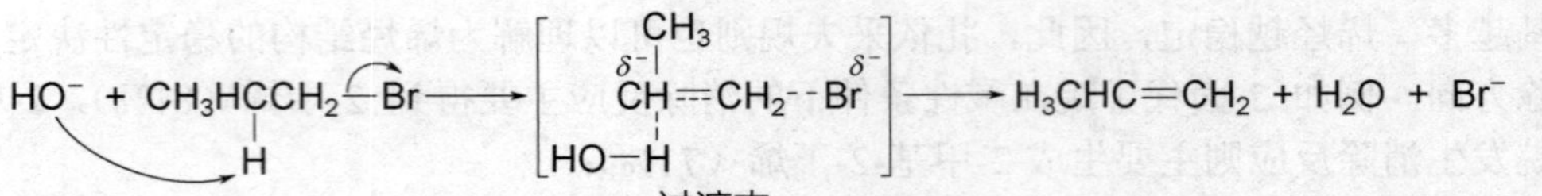

过渡态

在上述反应中，新键的生成和旧键的断裂同时发生，其反应速率取决于卤代烃和碱性试剂的浓度，故称其为双分子的消除反应，即E2反应。在E2反应中，碱性试剂攻击卤代烃分子中的β-氢原子，故α-碳原子上的取代基的空间效应不似S_N2反应那样明显。另外，如果β-氢原子的数目多，受到碱性试剂攻击的机会就越多，反应的速率就越快，所以卤代烷的E2反应活性次序是：

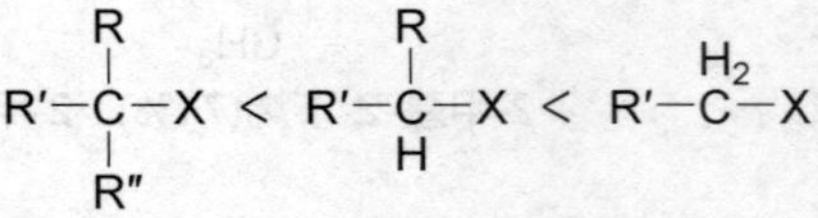

（3）影响取代反应和消除反应的因素

E2反应的过渡态和S_N2反应的过渡态很相似，不同的是试剂攻击的位置不同，类似的情况也存在于E1和S_N1反应中，二者都经历碳正离子中间体过程，不同的也是试剂攻击的位置不同，因此卤代烷和亲核试剂在一起作用时，可能往往四种反应伴随发生，且相互竞争，即E1、S_N1、E2和S_N2反应。如能掌握它们的反应规律，也可使反应选择性地生成某一主产物。

a. 卤代烷结构的影响　一般说来，无支链的伯卤代烷与强的亲核试剂作用，主要发生S_N2反应。仲卤代烷和β-碳原子上有支链的伯卤代烷，因空间的阻碍增加，试剂难以从背面接近α-碳原子，而易于进攻β-氢原子，故不利于发生S_N2反应，而有利于发生E2反应。叔卤代烷一般倾向于单分子反应，无强碱存在时，主要发生S_N1反应，有强碱性试剂时，主要发生E1反应。

b. 试剂的影响　亲核试剂一般都具有未共用电子对，同时也表现出一定的碱性。试剂和碳原子结合，表现的是亲核性，如果和质子结合，表现的就是碱性。亲核性强、碱性弱的试剂有利于发生取代反应，反之则有利于发生消除反应。伯卤代烷和强亲核试剂主要进行S_N2反应，叔卤代烷与强碱性试剂作用主要发生E1反应，仲卤代烷介于两者之间。

c. 溶剂的影响　过渡态的稳定性与溶剂的极性有关，能降低过渡态能量的溶剂能降低反应的活化能。对于E1和S_N1反应来说，极性溶剂都有利于碳正离子的稳定，所以极性溶剂对E1和S_N1反应都有利，产物的比例取决于卤代烷的结构。极性溶剂对发生E2和S_N2反应都不利，因为它们过渡态中间体的电荷分布比底物电荷分布更分散。对于E2和S_N2反应来讲，非极性溶剂影响的程度也不同。对于大多数的S_N2反应，过渡态电荷分散在三个原子周围，而E2反应的过渡态电荷分散在五个原子周围，故非极性溶剂更有利于发生E2反应，所以消除反应在醇溶液中进行。

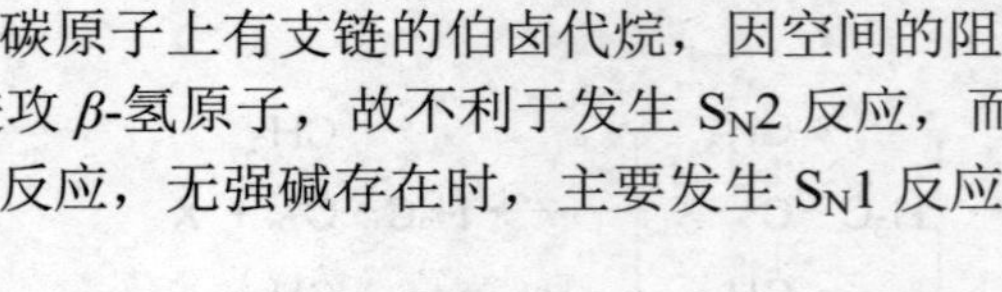

S_N2反应过渡态　　E2反应过渡态

d. 温度的影响　升高温度对发生取代和消除反应都有利，但消除反应所需要的活化能比取代反应高，因此升高反应的温度更有利于发生消除反应。

8.3.2.5　卤代烷烃与金属的反应

卤代烃能和活泼金属 Li、Na、K、Mg、Al 等反应生成金属有机化合物。所谓金属有机化合物就是一类金属原子和碳原子直接相连接的化合物。

（1）有机镁试剂（Grignard 试剂）

卤代烃和金属镁在绝对无水乙醚中反应，生成的烃基卤化镁有机化合物（一般写作 R—MgX），是众多金属有机化合物中的典型代表。

$$R{-}X + Mg \xrightarrow{\text{无水乙醚}} R{-}MgX$$

这个反应是法国人格利雅（V. Grignard）研究发现的，尽管这一反应的产物结构至今尚未十分清楚，但这一金属有机化合物在有机合成方面得到了广泛的应用，因此他获得了诺贝尔化学奖。称 R—MgX 为 Grignard 试剂。

Grignard 试剂的最大特点是将分子中的碳原子极性做了转换，在 Grignard 试剂中的 C—Mg 键具有较强的极性，碳原子带有部分的负电荷，MgX 带有部分的正电荷。因此 Grignard 试剂中的烃基具有非常强的亲核性，可以发生一系列的反应，广泛地用于有机合成。Grignard 试剂遇到含有活泼氢的化合物（如水、醇），则立即分解生成烷烃，因此制备 Grignard 试剂时，要在无水条件下进行：

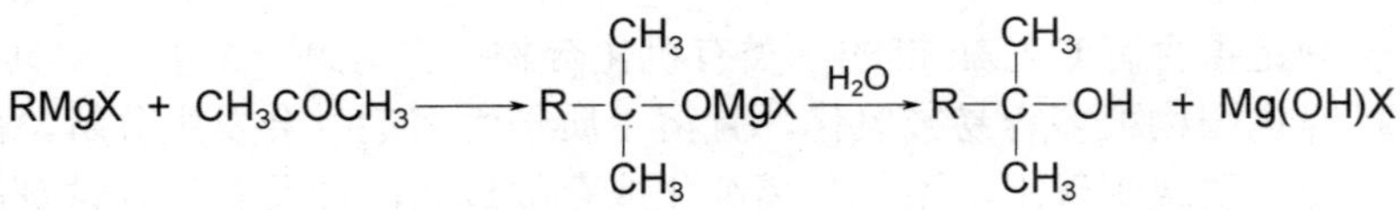

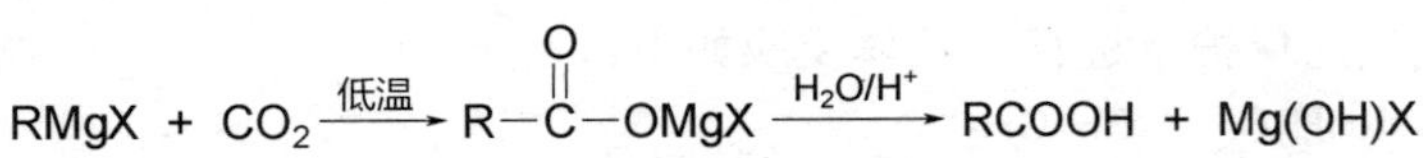

$$RMgX + H_2O \longrightarrow RH + Mg(OH)X$$

（2）有机锂化合物

有机锂试剂和有机镁试剂类似，但 C—Li 键具有更强的极性。其中，Li 的正电性使得与之相连的碳原子带有负电荷，故有机锂试剂具有强烈的极性，在有机合成中显示出强碱性和亲核性。一般卤代烃 RX（X = Cl 或 Br）与金属 Li 在惰性气体保护下的绝对无水乙醚中低温反应生成相应的强碱性烃基锂化物 RLi。除无水乙醚外，无水的 THF、1,2-二甲氧基乙烷、丁醚、己烷和苯等也可用于该反应。

$$RX + Li \xrightarrow{\text{无水乙醚}} RLi + LiX$$

有机锂试剂的制备和反应性质与有机镁试剂类似，但由于它是高活性的亲核试剂，可与几乎所有类型的亲电试剂发生反应。具体可进行的反应如下：

$$RLi + R'H \longrightarrow R'Li + RH$$

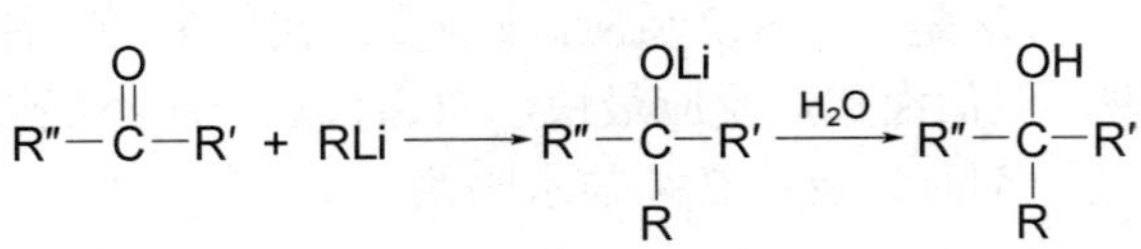

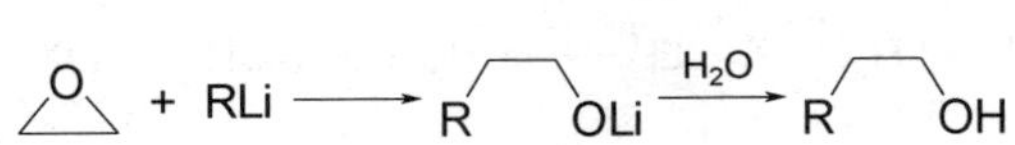

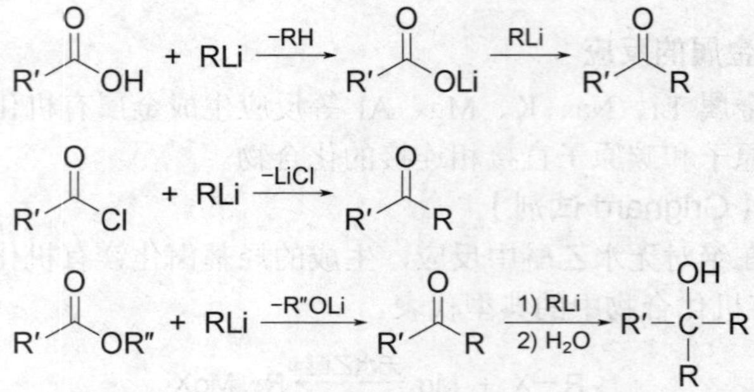

由于有机锂试剂对水、氧气和二氧化碳等都很敏感，故上述有机锂试剂参与的反应均须在惰性气体保护下进行，如在氮气或效果更佳的氩气中。

有机锂试剂还可与亚铜盐反应以制备二烃基铜锂试剂，又称吉尔曼试剂。该试剂则可以直接与其他烃基卤（特别是碘代烷烃）制成相应的长链烷烃。由于该反应是烷基碳负离子与卤代烃的亲核取代反应，故理论上碘代烷烃的效果较好。

$$\mathrm{RLi + CuI \xrightarrow{EtOEt} R_2CuLi}$$

$$\mathrm{R_2CuLi + R'I \xrightarrow[0\ ^\circ C]{EtOH} R-R' + RCu + LiI}$$

（3）有机锌化合物

有机锌化合物是指含有 C—Zn 键的一类有机化合物。它是第一个被发现具有 C—M σ 键的化合物。有机锌化合物大多容易被氧化，且溶于质子性溶剂时会发生分解。故在许多反应中，有机锌试剂都需要现制现用，不能分离纯化或存放过久。涉及有机锌试剂的反应都需要在惰性气体氮气或氩气的保护下进行。具体反应如下：

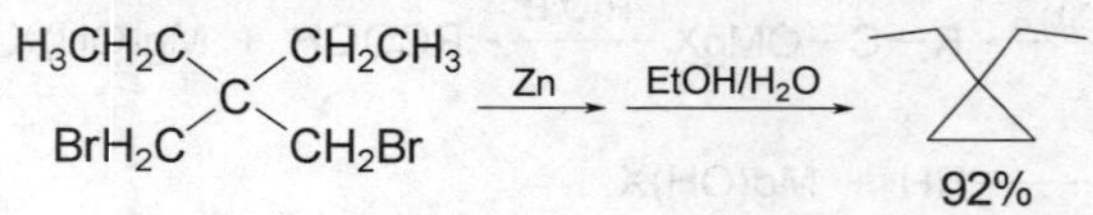

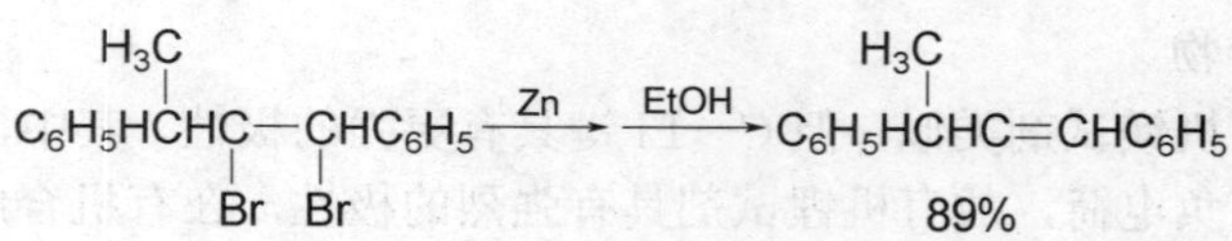

8.3.2.6 还原反应

卤代烃中的卤素可以被氢还原成烷烃，目前主要使用 $LiAlH_4$ 作为该还原反应的还原剂。在此还原剂作用下，包括乙烯型卤代烃在内的所有类型的卤代烃均可以被还原。例如：

$$\mathrm{RX \xrightarrow[THF/乙醚]{LiAlH_4} RH}$$

$$\mathrm{CH_3(CH_2)_6CH_2X + LiAlH_4 \xrightarrow[25\ ^\circ C]{THF/乙醚} CH_3(CH_2)_6CH_3 + AlH_3 + LiX}$$

通过实验验证该反应原理为：氢负离子作为亲核试剂进攻卤代烃中的碳正离子中心，取代了卤素生成目标氢化产物，这是一个 S_N2 反应。故众多卤代烃中，伯、仲卤代烃均能被 $LiAlH_4$ 还原得到构型翻转的产物，但伯卤代烃反应最快。叔卤代烃一般不能被还原，会发生消除反应。另外，用 $LiAlH_4$ 作还原剂时，反应必须与水隔绝。

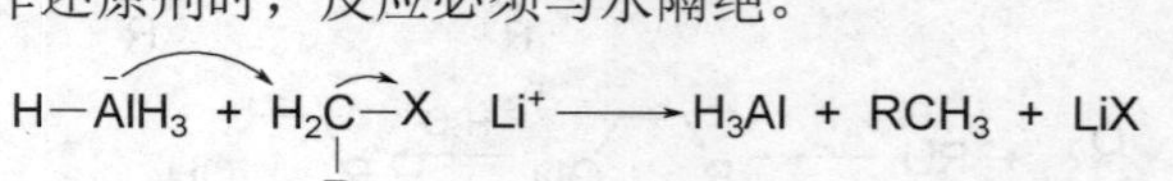

$NaBH_4$也可用于还原卤代烃，一般用于还原仲、叔卤代烃。因为$NaBH_4$可以溶于水，得到的溶液呈碱性，其也可溶于甲醇、乙醇中，故$NaBH_4$的还原反应可以用水或醇作溶剂。

8.4 卤代烯烃和卤代芳烃

在卤代烯烃和卤代芳烃分子中，卤原子和碳碳双键的相对位置直接影响它们的化学性质，不但影响卤原子的活性，而且影响碳碳双键和苯环上的一些性质。

8.4.1 乙烯型卤代烯烃和卤代芳烃

卤原子直接连在不饱和的sp^2杂化碳原子上的卤代烯烃或卤代芳烃，称为乙烯型卤代烯烃或乙烯型卤代芳烃，如氯乙烯、氯苯等。

在这种卤代烃中，由于卤原子直接连在电负性较大的sp^2杂化碳原子上，卤原子不易从碳原子处获得电子而离去，另外，卤原子的孤对电子所处的p轨道和碳碳双键中的π轨道发生部分侧面重叠，形成共轭体系（p-π共轭），使碳卤键C—X电子云密度增大，具有部分碳碳双键的性质，卤原子和碳原子结合得更加牢固。

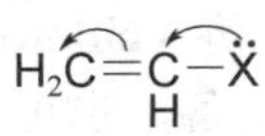

乙烯型卤代烯烃和卤代芳烃中的卤原子极不活泼，与硝酸银的醇溶液共热，也无卤化银沉淀产生。

由于p-π共轭效应，卤代乙烯和卤化氢发生亲电加成反应时，生成同碳二卤代化合物：

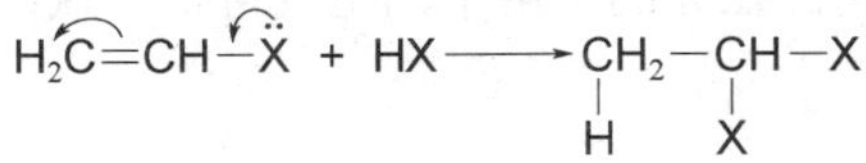

8.4.2 烯丙型卤代烯烃和卤代芳烃

卤原子和C═C或苯环相隔一个饱和碳原子的卤代烯烃或卤代芳烃，称为烯丙型卤代烯烃或烯丙型卤代芳烃。例如烯丙基氯、苄基氯等。

在烯丙型卤代烯烃和卤代芳烃中，卤原子与碳碳双键之间不存在共轭效应，且卤原子获得电子离去后，生成的是烯丙基碳正离子。在烯丙基碳正离子中，由于带正电荷的碳原子空的p轨道能与π键形成p-π共轭效应，正电荷得以分散在三个或多个原子周围，碳正离子趋于稳定而易于生成，如图8-3所示。

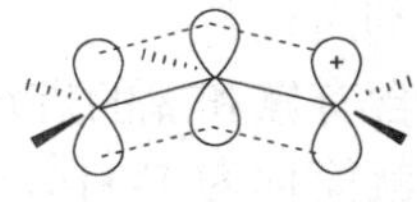

图8-3 烯丙基碳正离子电子离域示意图

烯丙型卤代烯烃和卤代芳烃中的卤原子活性很高，在室温下就能与硝酸银的醇溶液发生反应，生成卤化银沉淀。

8.4.3 孤立型卤代烯烃和卤代芳烃

卤原子与碳碳双键或苯环相隔两个以上饱和碳原子的卤代烯烃或卤代芳烃，称为孤立型卤代烯烃或孤立型卤代芳烃。

在孤立型卤代烯烃和卤代芳烃中，π键与卤原子相距较远，相互之间基本没有作用，其卤原子的活性和卤代烷中的基本相当。在加热的条件下，它们能与硝酸银的醇溶液反应而生成卤化银沉淀。

8.5 重要的卤代烃

8.5.1 氯乙烯

氯乙烯（vinyl chloride）为无色气体，在−13 ℃下为液体。它可以通过 1,2-二氯乙烷与氢氧化钾醇溶液作用脱掉氯化氢来制备，也可以通过乙炔与氯化氢的加成来制备。也可以将二者结合在一起来进行工业生产。

氯乙烯在过氧化物存在下可以聚合成高聚物，即聚氯乙烯，简称 PVC（polyvinyl chloride）。氯乙烯也可以和其他不饱和化合物共聚，生成高聚物。这些高聚物在工业上具有广泛的用途。

$$n\,H_2C{=}CHCl \xrightarrow{\text{过氧化物}} \lbrack CH_2-\underset{\displaystyle Cl}{\underset{|}{CH}} \rbrack_n$$

8.5.2 三氯甲烷

三氯甲烷（trichloromethane）俗称氯仿（chloroform），是一种无色而有甜味的液体，沸点为 61.2 ℃。它可以通过甲烷的氯化来制备，也可以通过四氯化碳的还原来制得：

$$CCl_4 + 2[H] \xrightarrow{Fe,\ H_2O} CHCl_3 + HCl$$

氯仿是一个良好的不燃溶剂，能溶解油脂、有机玻璃和橡胶等。在有机合成中也得到广泛应用。它对肝脏有伤害作用。在光的作用下，空气可把三氯甲烷氧化为剧毒的光气，因此要在棕色瓶中保存。

8.5.3 二氟二氯甲烷

二氟二氯甲烷（diflorodichloromethane）是无色无臭的气体，沸点为−29.8 ℃，易压缩为液体，解除压力后，则汽化，同时吸收大量的热，因此用作制冷剂。商品名为“氟利昂”（Freon）。二氟二氯甲烷用作制冷剂有很多优点，但近年来的研究表明，二氟二氯甲烷的大量使用和废弃会导致大气臭氧层的破坏，造成全球性的环境污染问题。因此它正逐渐被其他制冷剂所代替。

含有氟和氯的烷烃也统称为氟利昂，常用数字来加以区别。例如：1,1,2,2-四氟-1,2-二氯乙烷就简称为 F-114，其中 F 代表氟利昂，个位的数代表氟原子数，十位的数代表氢原子数加一，百位的数代表碳原子数减一。

8.5.4 四氟乙烯

四氟乙烯（tetrafluoroethylene）是无色气体，沸点为−76.3 ℃，不溶于水，溶于有机溶剂。在过硫酸铵的引发下，可聚合成聚四氟乙烯：

$$CF_2{=}CF_2 \xrightarrow{(NH_4)_2S_2O_8} \lbrack CF_2-CF_2 \rbrack_n$$

聚四氟乙烯的分子量可达到五十万到二百万，具有突出的化学稳定性，其与浓硫酸、浓碱和王水等都不起反应，其耐高温和低温，机械强度高，有塑料王之称。

8.6 卤代烃的制备和用途

8.6.1 卤代烃的制备

简单的卤代烃，如氯甲烷、二氯甲烷等，多是在高温或光照条件下由烷烃直接发生卤代反应制得。结构复杂的卤代烃则多由相应的醇或不饱和烃制得。对于一卤代烃而言，通常用醇、烃来制取。

8.6.1.1 由醇制取

常用的试剂有氢卤酸、卤化磷及氯化亚砜（$SOCl_2$）。

（1）醇与氢卤酸作用

$$ROH + HX \longrightarrow RX + H_2O$$

由于这是一个可逆反应，故为了使反应完全，在整个反应过程中需要不断地从反应体系中移去水以提高反应产率。一般来说，在制备氯代烃时，将干燥氯化氢气体在无水氯化锌存在下通入醇中；制备溴代烃时，将溴化钠与浓硫酸的混合物与醇共热，浓硫酸原位制备 HBr 的同时吸收反应产生的水分；而制备碘代烃时，则直接将醇与氢碘酸一起回流。由于某些醇在反应过程中会发生重排，生成混合产物，故这不是很理想的制备方法。

（2）醇与卤化磷作用

醇与卤化磷作用，可以制备氯代烃、溴代烃和碘代烃。制备溴代烃、碘代烃和氯代烃常用三溴化磷、三碘化磷和五氯化磷。例如：

$$3ROH + PBr_3 \longrightarrow 3RBr + P(OH)_3$$

$$3ROH + PI_3 \longrightarrow 3RI + P(OH)_3$$

$$ROH + PCl_5 \longrightarrow RCl + POCl_3 + HCl$$

所用的三卤化磷是将赤磷和溴或碘直接加入醇中反应得到的。而制备氯代烃一般不采用三氯化磷，常因生成亚磷酸酯而使产率只能达到 50%左右。

（3）醇与氯化亚砜（$SOCl_2$）作用

这是制备氯代烃最常用的方法之一：

$$ROH + SOCl_2 \longrightarrow RCl + SO_2 + HCl$$

上述反应中生成的副产物都是气体，容易除去，故产品纯度高，产率可达 90%左右。工业生产也多采用此法。

详细反应见第 10 章中的与亚硫酰氯的反应。

8.6.1.2 由烃制取

（1）饱和烃发生取代反应

$$CH_4 + Cl_2 \longrightarrow CH_3Cl + HCl$$

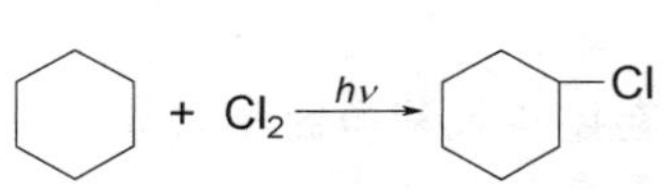

（2）不饱和烃发生加成反应

$$CH_2{=}CH_2 + HBr \longrightarrow CH_3CH_2Br$$

详细反应见 3.5.2 亲电加成反应。

8.6.2 卤代烃的用途

许多卤代烃可用作灭火剂（如四氯化碳）、冷冻剂（如氟利昂）、清洗剂（常见干洗剂、机件洗涤剂）、麻醉剂（如氯仿，现已不使用）、杀虫剂（如六六六，现已禁用），以及高分子工业的原料（如氯乙烯、四氟乙烯）。

在有机合成中，由于卤代烃的化学性质比较活泼，能发生许多反应，例如取代反应、消除反应等，从而转化成其他类型的化合物。因此，引入卤原子常常是改变分子性能的第一步反应，在有机合成中起着重要的桥梁作用。

（1）在烃分子中引入羟基

例如，由苯制苯酚。先用苯与氯气在有铁屑存在的条件下发生取代反应制取氯苯，再用氯苯在氢氧化钠存在的条件下与高温水蒸气发生水解反应便得到苯酚。再如由乙烯制乙二醇。先用乙烯与氯气发生加成反应制 1,2-二氯乙烷，再用 1,2-二氯乙烷在氢氧化钠溶液中发生水解反应制得乙二醇。

（2）在特定碳原子上引入卤原子

例如，由 1-溴丁烷制 1,2-二溴丁烷。先由 1-溴丁烷发生消除反应得 1-丁烯，再由 1-丁烯与溴加成得 1,2-二溴丁烷。

（3）改变某些官能团的位置

例如，由 1-丁烯制 2-丁烯。先由 1-丁烯与氯化氢加成得 2-氯丁烷，再由 2-氯丁烷发生消除反应得 2-丁烯。再如由 1-溴丙烷制 2-溴丙烷。先由 1-溴丙烷通过消除反应制丙烯，再由丙烯与溴化氢加成得 2-溴丙烷。由 1-丙醇制 2-丙醇。先由 1-丙醇发生消除反应制丙烯，再由丙烯与氯化氢加成制 2-氯丙烷，最后由 2-氯丙烷水解得 2-丙醇。

拓展阅读

1. 制冷剂氟利昂的开发、应用、危害及替代

氟利昂是二十世纪二三十年代开始被广泛应用的卤代烃类制冷剂，具有稳定的化学性质、无毒性和不可燃性。杜邦公司为其取名为“Freon”（氟利昂），它是一个统称，涵盖了多种具有类似性质的化合物，化合物的通式为 $C_mH_nF_xCl_yBr_z$。

氟利昂最初在家电、日用品、泡沫塑料等领域得到了广泛应用，并迅速成为了制冷剂的代名词。氟利昂作为制冷剂，主要被用于冰箱、空调等制冷设备中。其制冷原理是通过在封闭循环中使用挥发性流体，实现热量的传递和转移。在空调中，氟利昂被压缩机压缩成高温高压的气态，然后送往冷凝器释放热量，变成高温常压的液态。液态氟利昂再经过膨胀机构节流处理，变为低温低压的液态，进入空气交换机中蒸发吸热，从而实现制冷效果。除了作为制冷剂外，氟利昂还被用作发泡剂、清洗剂等，广泛应用于家用电器、泡沫塑料、日用化学品、汽车、消防器材等领域。

臭氧层破坏、气候变化异常直接与氟利昂的排放有关。氟利昂中的部分化合物（如 CFC 类）能够分解产生氯离子，这些氯离子在与臭氧反应后会破坏臭氧分子，从而导致臭氧层空洞的形成。氟利昂也是一种温室气体，存在于大气中会加剧温室效应，导致全球气候变暖。氟利昂对人体健康也存在一定的危害。长时间吸入氟利昂可能导致氟中毒，出现咳嗽、腹痛、腹泻等症状。氟利昂还可以损伤中枢神经，出现头晕、头疼、注意力不集中等症状。此外，眼睛和皮肤接触氟利昂也可能受到损害。

鉴于氟利昂的危害，人类一直在寻找和开发其替代品。如清华大学的研究团队对具有较低的全球变暖潜能值（GWP）和不破坏臭氧层的制冷剂氢氟烯烃（HFOs）-1234yf 的制冷效率、物理特性以及环保性能进行了深入研究；哈尔滨工业大学和上海交通大学的科研团队联合开发了 CO_2/NH_3 复合制冷剂系统，该系统结合了卤代烃的低毒性与天然制冷剂的环保特性，能够大幅降低能耗和环境污染，这一系统可以在超低温环境中实现高效制冷，适用于冷链运输、低温食品储存等领域；同时中国科学院物理研究所与北京大学合作，研究了含纳米材料的氟基制冷剂的应用，特别是在低温制冷设备中的表现，这类制冷剂不仅在低温下具有优异的热力学性能，还能显著延长制冷设备的使用寿命。

2. 化学的双刃剑：芥子气与科研伦理

芥子气作为一种极具破坏力的化学武器，其历史可以追溯到第一次世界大战。1917 年 7 月 13 日，德军首先在比利时的伊普尔地区对英法联军使用了芥子气，这是芥子气首次被用于实战。这一举动迅速被交战各方效仿，芥子气因此得名“伊普尔”。在第一次世界大战期间，芥子气被广泛使用，总共约有 12000 吨被投放于战场，导致 130 万人因毒气伤亡，其中 88.9% 的人因为芥子气中毒。由此可见，芥子气的破坏性非常强，它也因此被称为“毒剂之王”。第二次世界大战（简称二战）期间，侵华日军在中国大量研制和使用化学武器，其中包括芥子气。这些武器主要用于对付中国军队和平民，造成了极大的伤害。日本在二战期间大量生产芥子气毒气弹，这些毒气弹绝大多数被运到了中国华北地区。侵华日军在中国设有负责毒气研究和试验的部队，如 516 部队和 731 部队，这些部队进行了大量的芥子气相关实验。芥子气被日军在多个战役中使用，包括淞沪战场、徐州战场、衡阳保卫战等。在这些战役中，芥子气造成了中国军民的大量伤亡。日军还曾在一些特定区域，如中国东北地区，使用芥子气对付当地的中国军队和平民。这些往往伴随着残忍的人体实验，如强迫被害人饮下混入毒剂的水等。芥子气的使用造成了中国军民的大量死亡和伤残，给中国人民带来了深重的灾难。此外，日军在撤离时还将大量芥子气等化学武器就地掩埋或遗弃，这些遗留的化学武器在后来的岁月中继续威胁着中国人民的生命安全，如 2003 年 8 月 4 日，在黑龙江省齐齐哈尔市，一家公司在施工时挖出了侵华日军遗弃的芥子气毒剂罐，导致多人中毒，其中一人死亡。这一事件是二战期间日军在中国使用芥子气的一个典型后果。

芥子气，又称二氯二乙硫醚，是一种无色或微黄色油状液体，具有芥末和大蒜的气味。根据芥子气结构发现其中的硫原子具有两对未共用的电子，由于氯原子的诱导效应，硫原子上的未共用电子沿着氯原子诱导效应的方向移动，促进氯原子分离。

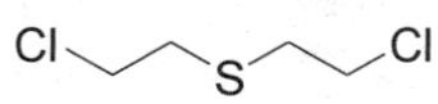

溶解于水或体液等极性溶液后，芥子气迅速解离，内部电子重新排列，形成碳正离子或硫正离子。硫正离子具有强亲电性，极易与生物大分子的亲核性原子 S、N、O 等发生烃基化反应，形成以共价键结合的不可逆烃基化产物。

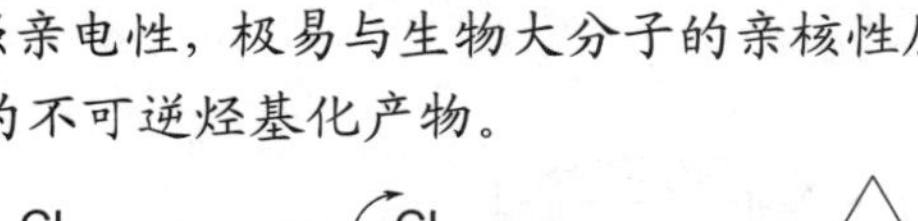

芥子气中毒的临床表现包括：眼部症状，如眼部灼痛、流泪、畏光等；呼吸系统症状，如咳嗽、咳痰、胸闷、气短等，严重时可能导致呼吸阻碍；消化系统症状，如食欲减退、恶

心、呕吐、腹痛、腹泻等；循环系统症状，如胸闷、心悸、头晕、头痛等；神经系统症状，如精神错乱、抽搐、昏迷等。同时芥子气对皮肤和黏膜的损害，会使皮肤出现烧伤、红肿、水泡、溃烂、坏死，且容易造成二次感染，使得呼吸道黏膜出现发炎、坏死。

芥子气的使用不仅揭示了战争中人性的阴暗面，也应该激发起科研人员对于科研伦理的深刻思考。芥子气的研发和使用过程中，涉及了大量的人体实验，这些实验往往是在军事、政治或行政压力下进行的。例如，在拉瓦尔品第实验中，至少 4 万军人在野外和实验舱中被迫接触了高浓度的芥子气和刘易斯毒气。这种以欺骗手段征集实验对象，并在他们不知情的情况下进行危险实验的行为，严重违反了科研伦理的基本原则。芥子气的研发和使用也反映了科技进步与伦理道德之间的冲突。在追求科技进步的过程中，人们往往容易忽视伦理道德的约束，从而导致灾难性的后果。芥子气的研发和使用就是一个典型的例子，它虽然在某种程度上推动了化学武器的发展，但给世界带来了深重的灾难。

因此，在科研活动中，我们必须时刻警惕科技进步可能带来的伦理风险，确保科研活动始终在伦理道德的框架内进行。芥子气的使用历史也让我们深刻反思战争与和平的问题。战争往往会导致人性的扭曲和道德的沦丧，而和平则是人类共同追求的理想。不伤害他人是科研伦理的基本原则，也是核心原则之一。芥子气的研发和使用违反了科研伦理的基本原则，特别是不伤害他人原则。科学家在研发新技术或新物质时，应充分考虑其潜在的危险性和滥用可能性。

参考答案

习 题

1. 命名下列化合物。

（1）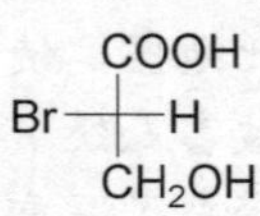
（2）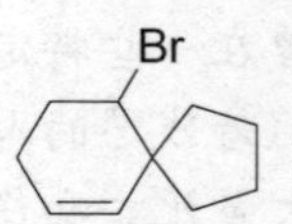
（3）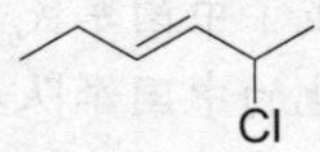

（4）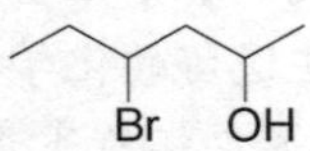
（5）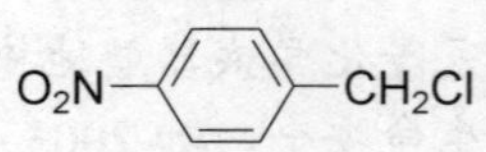
（6）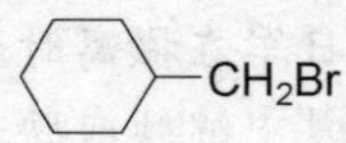

（7）$CH_3C(CH_3)_2CH_2Br$
（8）$CH_3CHClCHClCH(CH_3)_2$
（9）

2. 完成下列反应。

（1）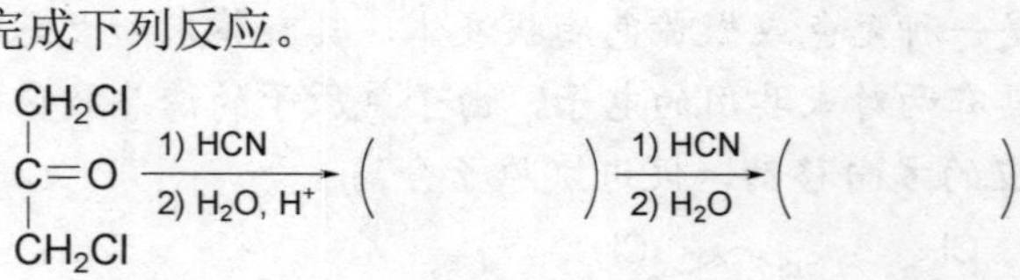

（2）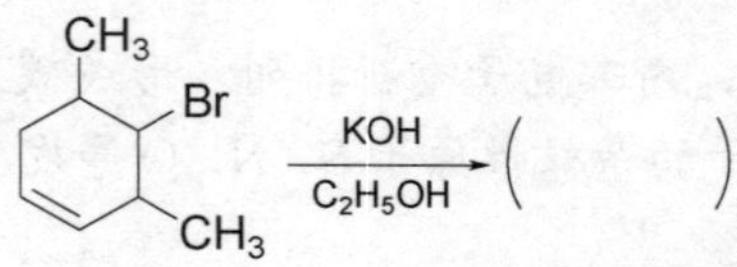

（3）$ClCH_2CH_2CH(Cl)CH_2CH_3 + NaI \xrightarrow{CH_3COCH_3}$ (　　)

（4）$ClCH_2CH_2CH_2CH_2Cl + NaS \longrightarrow$ (　　)

（5）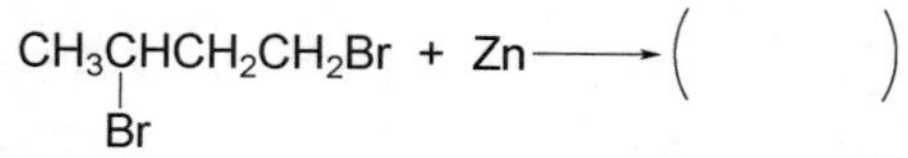

（6）$C_6H_5CH{=}CH_2 \xrightarrow{HBr} (\quad) \xrightarrow[\text{无水乙醚}]{Mg} (\quad) \xrightarrow[2)\ H_3O^+]{1)\ CO_2} (\quad)$

（7）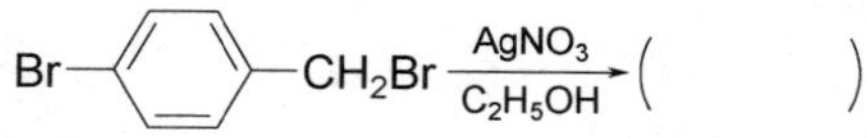

（8）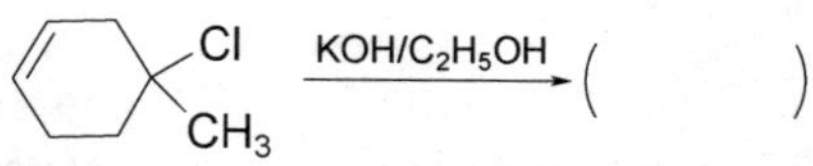

3. 写出溴甲烷在氢氧化钠水溶液中的水解反应历程，并加以说明。

4. 下列反应中，哪一个化合物的反应速率快？为什么？

（1）2-甲基-1-氯丁烷或1-氯戊烷在丙酮溶液中与碘化钠反应；

（2）3,3-二甲基-2-溴丁烷，2-甲基-2-溴戊烷或溴甲烷与硝酸银乙醇溶液反应；

（3）$CH_3CH{=}CHCH_2CH_2Br$，$CH_3CH_2CH{=}CHCH_2Br$，$CH_3CH_2CH_2CH{=}CH{-}Br$ 与硝酸银的乙醇溶液反应。

5. 某烃A与Br_2反应生成二溴衍生物B，B与NaOH的乙醇溶液作用得到$C(C_5H_6)$，将C催化加氢得到环戊烷。写出A、B、C的结构式。

6. 有一化合物A的分子式为$C_5H_{11}Br$，和氢氧化钠水溶液共热后，生成$B(C_5H_{12}O)$，B具有旋光性，能和钠作用放出氢气，和浓硫酸作用生成$C(C_5H_{10})$。化合物C经臭氧化和在还原剂存在下水解，生成丙酮和乙醛，写出化合物A、B、C的构造式及各步反应式。

7. 化合物A与溴的四氯化碳溶液作用生成一个三溴化物B，A很容易与NaOH水溶液作用，生成两种同分异构体的醇C和D。A与KOH的醇溶液作用，生成一种共轭二烯烃E。将E臭氧化，还原水解后生成乙二醛和4-氧代戊醛，推导A～E的构造式。

8. 合成。

（1）以苯和不大于三个碳的有机物为原料合成下列化合物：

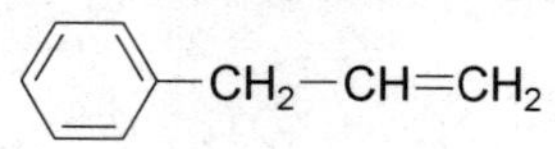

（2）$CH_3CH_2CH_2Cl \longrightarrow CH_3CH_2CH_2COOH$

（3）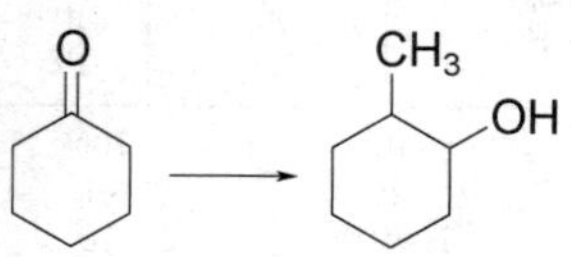

第 9 章

有机波谱分析

20 世纪 30 年代之前，主要通过化学方法测定有机化合物的结构，即通过对有机物质的化学性质和合成方法的认识来获得分子的结构信息。这种方法既耗时又费力，对于一个相对比较复杂的化学分子，需要经过许多物理及化学转化，才能完成其结构分析，而且有时只能解析出其构造式，对其空间结构却无能为力。近几十年来，运用现代物理学、电子学和计算机技术，只需微量样品、很短的时间，就能快速、准确地测出化合物的分子结构，包括其空间构型。当前，经常使用的物理技术有紫外光谱（ultraviolet spectrum，UV）、红外光谱（infrared spectroscopy，IR）、质谱（mass spectrum，MS）、核磁共振谱（nuclear magnetic resonance，NMR），以及 X 射线单晶衍射（X-ray）等，以上称为波谱分析技术。此章初步介绍红外光谱、核磁共振谱、质谱的基本原理和其在有机化合物结构分析中的应用。

9.1 电磁波谱

9.1.1 电磁波的概念

电磁波的波长（wavelength）范围很广，从波长只有千万分之一纳米（10^{-7} nm）的宇宙线到波长用米、甚至千米计的无线电波都包括在内。电磁波按照波长的长短或频率的高低，可以排列为无线电波、微波、红外光、可见光、紫外光及 X 射线等几个区域，图 9-1 给出了各区域的波长、波数及能量。

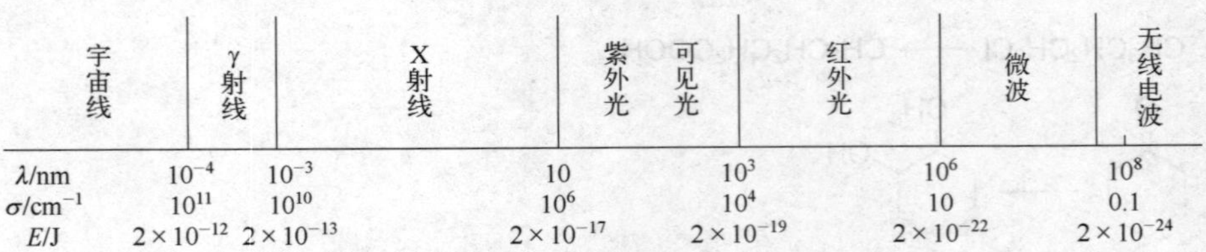

图 9-1 电磁波谱图

9.1.2 光的二象性

光是一种电磁波，具有二象性，即波动性和微粒性。光的衍射、干涉、偏振等现象主要表现其波动性，光的发射和吸收主要表现其微粒性。

（1）光的波动性

一束沿 X 方向传播的电磁波是一横波。它有两个相互垂直的相位相同的振动矢量，可用电场强度 E 和磁场强度 B 来表征。E 和 B 都与电磁波的方向垂直。在光波中，电场强度 E 能产生感光作用和生理作用，所以 E 又叫做光矢量，E 的振动叫做光振动。电磁波用振动频率 ν、波长 λ、光速 c 等参数来描述。可用下式表示它们的关系：

$$\nu = \frac{c}{\lambda} \tag{9-1}$$

式中，c 表示光速，其值为 $3\times10^{10}\ \text{cm}\cdot\text{s}^{-1}$；$\nu$ 表示频率，Hz；λ 表示波长，经常使用的单位有 cm、μm、nm、Å，各单位之间的换算关系为：

$$1\ \text{cm} = 10^4\ \mu\text{m} = 10^7\ \text{nm} = 10^8\ \text{Å}$$

波数 σ 还可以表示频率，表示 1 cm 长度中光波振动的数目，即波长的倒数 $1/\lambda$，单位是 cm^{-1}。由频率与波长的关系式和频率与波数的关系可知：波长 λ 越长的光，频率 ν 越低，波数越小。

（2）光的微粒性

在研究电磁波的分子和原子的相互作用时，可以把光当作是一束从光源射出的能量子流或者高速运动的微粒子。这种能量子也称为光量子或者光子。每个光子都具有一定能量，用 E 表示，它与光的频率 ν 的关系为：

$$E = h\nu \tag{9-2}$$

式中，ν 代表光的频率，Hz（赫兹）；h 代表 Planck 常数（$6.62\times10^{-34}\ \text{J}\cdot\text{s}$）。

9.1.3 光与物质的相互作用

物质是由分子组成的，分子在不断地运动。分子运动很复杂，它可以归纳为四种主要的运动方式，每一种运动方式即运动状态都具有一定的能量。当不考虑各种运动方式之间的相互作用时，可以近似地认为分子所具有的总能量 E 为四种运动方式的能量之和，即：$E = E_t+E_e+E_v+E_r$。

E_t 是分子在空间由一个位置移动到另一个位置作自由运动时所具有的能量，称为平动能量。因 E_t 仅是温度的函数，E_t 值的变化为连续的，所以分子的平动能量与吸收光谱无关。

E_e 是分子中价电子运动所具有的能量，称为电子能，可用价电子所处的分子轨道能量来描述。

E_v 是分子中原子在平衡位置附近振动时所具有的位能及动能。

E_r 是分子通过它的质量中心绕轴旋转时所具有的能量。

分子内部的运动有电子运动、振动和转动，相应状态的能量是量子化的，故分子具有电子能级、振动能级和转动能级。一般情况下，分子处在低能量的基态，吸收外界的能量后，就会引发分子能级的跃迁。电子能级的跃迁所需的能量最大。

由量子理论可得：

$$\Delta E = h\nu = hc/\lambda \tag{9-3}$$

电子跃迁时吸收光的波长能够通过该公式计算得到。

9.1.4 光的吸收定律

当一束平行单色光照射在均匀、非散射的介质，比如溶液时，由于溶液中吸光粒子吸收光能，透过溶液的光强度（I）就要减弱，这种现象称为溶液对光的吸收作用。

$$\lg(I_0/I) = \varepsilon bc \tag{9-4}$$

式（9-4）是朗伯-比尔定律的数学表达式。方程式左边的对数项称为吸光度，用 A 表示，那么该定律又可以写成：

$$A = \varepsilon bc \tag{9-5}$$

式（9-5）表明物质的吸光度 A 与物质的浓度 c 和液层厚度 b 的乘积成正比。式中，ε 称摩尔吸光系数；而当物质浓度或液层厚度以其他单位表示时就称为吸光系数，常用 K 表示。吸光系数与入射光波长以及吸光物质的性质等有关。

在应用光谱中还常使用透射率 T 来表示物质对光的吸收程度。透射率 T 是透射光强度（I）与入射光强度（I_0）之比，即

$$T = I/I_0 \tag{9-6}$$

透射率与吸光度的关系为

$$A = -\lg T \tag{9-7}$$

朗伯-比尔定律是分光光度法定量测定的基础。摩尔吸光系数 ε 是在 1 cm 的吸收池中，在一定波长下测得的浓度为 1 $mol \cdot L^{-1}$ 的溶液的吸光度。它表示物质对某一波长的光的吸收特性，因而是鉴定化合物的重要数据。ε 愈大，表示物质对某一波长光的吸收能力愈强，因而分光光度法定量测定的灵敏度就愈高。

对于某一特定物质，在不同的波长下，其相应的摩尔吸光系数是不同的。若固定物质的浓度和吸收池的厚度，以吸光度 A 为纵坐标，波长 λ 为横坐标作图，就得到了该物质的吸收曲线。吸收曲线体现了物质的特性，不同的物质具有不同的特征吸收曲线。

9.1.5 吸收光谱

吸收光谱是指分子吸收电磁波所形成的光谱。因为分子结构的差别，各能级之间的能量差不同，故可形成不同的特征吸收光谱，可以测定和鉴别有机化合物的结构。

分子吸收光谱可分为三类：

（1）转动光谱（rotational spectrum）

在转动光谱中，分子所吸收的光能只引起分子转动能级的变化，即激发分子从较低的转动能级跃迁到较高的转动能级。转动光谱是由彼此分开的谱线所组成的。由于分子转动能级之间的能量差很小，所以转动光谱位于电磁波谱中的长波部分，即在远红外光及微波区域内。根据简单分子的转动光谱可以测定键长和键角，但在有机化学中的用途不大。

（2）振动光谱（vibrational spectrum）

在振动光谱中，分子所吸收的光能引起其振动能级的变化。分子中振动能级之间的能量差要比同一振动能级中转动能级之间的能量差大 100 倍左右。振动能级的变化常伴随着转动能级的变化，所以振动光谱是由一些谱带组成的。它们大多在中红外光区域内，因此叫红外光谱。

（3）电子光谱（electron spectrum）

在电子光谱中，分子所吸收的光能激发其价电子跃迁到较高的能级。电子能级发生变化所需的能量约为其振动能级发生变化所需能量的 10～100 倍。电子能级发生变化的同时，常发生振动和转动能级的变化。因此从一个电子能级转变到另一个电子能级时，产生的谱线不是一条，而是无数条，实际上观察到的是一些互相重叠的谱带。一般把吸收光谱中吸收强度最大的波长 λ_{max} 作为特征吸收峰的波长标出。电子光谱在可见光及紫外光区域内出现。

由于电磁波的区域不同，分子吸收光谱所处的区域不同，一般可将光谱方法分为：γ 射线光谱、X 射线光谱、远紫外光谱、紫外光谱、可见光谱、近红外光谱、中红外光谱、远红外光谱、微波光谱、无线电波光谱。

吸收谱带的主要特征是其位置及强度。吸收位置与光的波长相对应，该波长光所具有的能量与电子跃迁所需能量相等。

吸收强度主要取决于价电子由基态跃迁到激发态的概率。理论证明并不是任意两个能级间都能发生跃迁，能级间的跃迁要受到选择定律的限制。选择定律规定哪些跃迁是允许的，哪些跃迁是禁阻的。而分子结构的变化影响选择定律，因此这一问题较为复杂。在电子光谱中通常用 ε 来表示电子跃迁产生的吸收强度。允许跃迁的吸收强度 ε 比禁阻跃迁要大得多。

9.2 红外光谱

红外光谱在化学领域中主要用于分子结构的基础研究，例如测定分子的键长、键角，进而推断其立体构型等，以及化学组成的分析即化合物的定性、定量，但其中应用最广泛的还是化合物结构的鉴定。红外光谱最突出的特点是具有高度的特征性，除光学异构体外，每种化合物都有自己的红外吸收光谱。所以可以根据化合物的红外吸收光谱的峰位、峰强以及峰形判断该化合物中是否存在某些官能团，进而推断其结构。任何气态、液态、固态样品均可进行红外光谱的测试，测试过程中不破坏样品，分析速度快，样品用量少，操作简便。但红外光谱法在定量分析方面还不够灵敏，对于复杂分子结构的鉴定，尚须结合紫外光谱、核磁共振谱、质谱以及其他理化数据进行综合判断才能得到圆满的鉴定结果。

9.2.1 红外吸收光谱产生原理

波长（λ）在 0.78～500 μm 之间的电磁波叫红外线或红外光。红外吸收光谱（IR）是指样品被具有连续波长的红外光照射，引起分子中转动和振动能级的跃迁而产生的吸收光谱。波长 λ 或波数 σ（波长的倒数）为红外光谱图的横坐标，代表的是吸收峰的位置；纵坐标为透射率［T（%）］，代表吸收强度。

9.2.2 分子的振动形式和红外光谱

由原子组成的分子是在不断地振动着的，分子的振动分为两大类：原子间沿着键轴的伸长和缩短是第一类，叫做伸缩振动（stretching vibration)，这种振动是键长改变、键角不变的振动，伸缩振动可进一步划分为不对称伸缩振动（ν_{as}）和对称伸缩振动（ν_s）两种；另一类是弯曲振动，即组成化学键的原子离开键轴而上下左右地弯曲，是键角改变、键长不变的振动，面内变形振动和面外变形振动是弯曲振动的两种形式，前者又分为面内摇摆振动和剪式振动，后者又分为面外摇摆振动和扭曲振动。各种振动形式如图 9-2 所示。

分子有许多振动形式，在弯曲振动中出现较多的是剪式振动和面内摇摆振动。实验结果和理论分析都证明只有偶极矩大小或方向有一定改变，即有瞬时偶极矩变化的振动才能吸收红外光而发生振动能级的跃迁。这种由于吸收红外光而产生的光谱叫红外吸收光谱或红外光谱。在分子中发生振动能级跃迁所需要的能量大于转动能级跃迁所需要的能量，所以发生振动能级跃迁的同时，必然伴随转动能级的跃迁，因此红外光谱也称为振转光谱（vibrational-rotational spectrum)。例如在对称炔烃 RC≡CR 中，C≡C 键的对称伸缩振动无偶极矩变化，因此不产生红外吸收。偶极矩变化大的振动，如醛、酮分子中羰基的伸缩振动在 1725 cm^{-1} 附近出现很强的吸收峰。

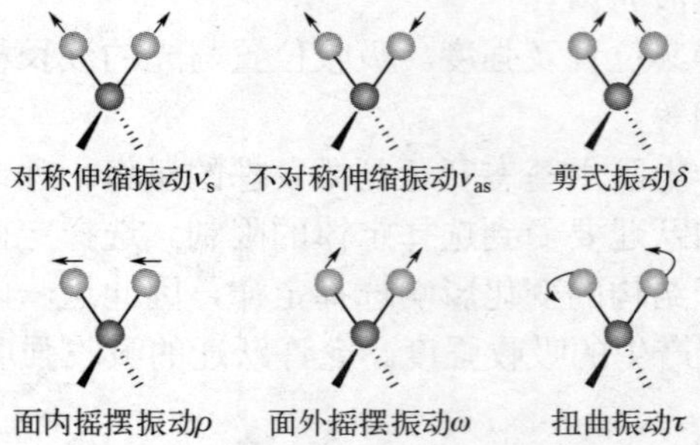

图 9-2　分子振动示意图

两个原子之间的伸缩振动可以看作是一种简谐振动，其振动频率可根据胡克（Hoocke）定律近似估算为：

振动频率
$$\nu = \frac{1}{2\pi}\sqrt{\frac{k}{\mu}} \tag{9-8}$$

$$\mu = \frac{m_1 m_2}{m_1 + m_2} \tag{9-9}$$

将光速（c）、频率（ν）、波数（σ）三者的关系式 $\sigma = \nu/c$ 代入上式：

$$\sigma = \frac{1}{2\pi c}\sqrt{k\Big/\frac{m_1 m_2}{m_1 + m_2}} = \frac{1}{2\pi c}\sqrt{\frac{k(m_1 + m_2)}{m_1 m_2}} \tag{9-10}$$

式中，m_1、m_2 为两原子的质量；μ 为折合质量；k 为力常数。

从上式可见，振动波数 σ 与 $k^{1/2}$ 成正比，与 $\mu^{1/2}$ 成反比。k 的大小与键长、键能有关，键长越短，键能越大，k 就越大。π 和 c 为常数，振动频率随键的强度的增加而增加，随键所连原子折合质量的增加而减少。k 越大，μ 越小，ν 越高，振动频率高的吸收峰将出现在高波数区（即短波长区）。相反，振动频率低的吸收峰则出现在低波数区（即长波长区）。当振动频率和入射光的频率一致时，入射光就被吸收，因而同一基团总是相对稳定地在某一特定波数范围内出现吸收峰。例如，由于 C—H 键的伸缩振动，在波数 3300～2870 cm^{-1} 将出现吸收峰，O—H 键的伸缩振动，在 3650～2500 cm^{-1} 出现吸收峰，而 C—O—H 共平面间的弯曲振动会在 1500～1250 cm^{-1} 出现吸收峰。因此，研究红外光谱可以得到分子内部结构的资料。

可是，红外光谱往往是很复杂的。即使像甲烷这样最简单的有机分子也应有 9 种振动方式（振动方式数目可用 $3n-6$ 公式计算而得，n 为分子中原子数），而每种方式需要一定的能量。虽然并不是所有振动都能在红外光谱中产生吸收峰，但分子量较高的化合物的红外光谱常有几十个吸收峰。通过研究大量有机化合物的红外光谱图，现已大体上可以确定在一定频率范围出现的谱峰是由哪种键的振动所产生的。

例如，—C≡C—与 ＞C=C＜ 具有相同的折合质量，但三键比双键的键能大、键长短，前者振动频率高。因此，三键吸收峰位于 2200 cm^{-1} 附近，双键吸收峰位于 1650 cm^{-1} 附近。又例如

O—H、N—H、S—H 等氢键键能较大，k 大，μ 较小，其吸收峰出现在高频区 3650～3200 cm^{-1}。

【例 9-1】 估算 $\sigma_{C=O}$ 的数值，已知 $k = 12\ N \cdot cm^{-1}$。

解：由式（9-10）得

$$\sigma = \frac{1}{2\pi c}\sqrt{\frac{k(m_1+m_2)}{m_1 m_2}}$$

$$=1303\sqrt{\frac{12\times(12+16)}{12\times16}}=1723.7\ cm^{-1}$$

用式（9-10）计算羰基振动频率为 1723.7 cm^{-1}，这与红外光谱检测的羰基振动频率在 1850～1650 cm^{-1} 之间基本一致。当然这种按经典力学模型，把基团孤立起来的算法十分粗略，过于简化，实际上分子振动遵从量子力学规律，分子中各原子之间存在着复杂的相互作用，对基团频率有着不同程度的影响。

9.2.3 红外光谱仪及测定方法

红外光谱仪（infrared spectrometer）是由光源、单色器、检测器、放大器和记录器五部分组成的。常用的红外光源有 Nernst 灯和碳硅棒两种，作用是发射高强度、连续红外光。单色器是由棱镜（或光栅）、狭缝单元及用作聚焦和反射光束的反射镜组成的，它的功能是将通过样品池和参比池而进入入射狭缝的“复合光”分成“单色光”再到检测器上。常用的红外检测器有热电偶、电阻测辐射热计和高莱池（Golay cell）三种。它们的作用是测量红外光的强度。放大器将检测器产生的微弱电信号放大，记录器记下透射率（透过率)的变化。双光束红外分光光度计的原理图如图 9-3 所示。

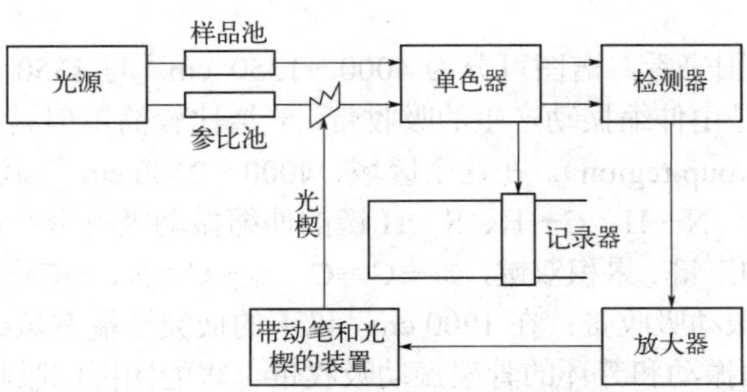

图 9-3　双光束红外分光光度计的原理图

现在，傅里叶变换光谱仪（Fourier transform spectrometer，FTS)应用十分广泛，它是由迈克逊干涉仪和数据处理系统组成的，数据处理系统包括电子计算机、绘图仪、电传打字机等。干涉仪将信号以干涉图的形式送往计算机进行傅里叶变换，再经绘图仪、电传打字机就输送出了红外光谱图，使用十分方便。FTS 具有信号可多路传输、能量输出大、光谱范围宽、分辨率高、精确度高等优点。

用于测定红外光谱的样品可以是气体、液体、固体。气体样品装在气体池中测定；液体样品常用的测定方法是将样品直接滴在一块氯化钠盐块上，然后用另一块氯化钠盐块压匀后进行测定；固体样品最常用的测定方法是溴化钾压片法，将 1～2 mg 样品和 200～300 mg 的溴化钾粉末在玛瑙研钵中研磨混匀，然后在压片机上压成透明薄片进行测量，该法适用于任何固体样品，图谱中在 3430 cm^{-1}、1640 cm^{-1} 附近会有少量水的吸收峰。也可用石蜡油法，先将样品在玛瑙研钵中磨碎，再转移到滴有石蜡油的两块氯化钠盐块间压匀压紧后进行测量。该法的缺点是石蜡油本身的碳氢键在 2918 cm^{-1}、1458 cm^{-1}、1378 cm^{-1}和 720 cm^{-1} 处有吸收带，因此对样品的 C—H 键的吸收带会产生干扰。

9.2.4 红外光谱图

图 9-4 是 2-辛醇的红外光谱图。由图可得出：红外光谱图的横坐标是红外光的波长（μm）或波数（cm^{-1}），纵坐标是透射率 T 或吸光度 A。A 与 T 的关系是 $A = \lg(1/T)$。吸收强度越大，吸光度 A 就越大（透射率 T 就越小）。吸收强度的强弱还常定性地用 vs（很强）、s（强）、m（中）、w（弱）、v（可变）等符号表示。图谱中吸收峰的形状也各不相同，一般分为宽峰、尖峰、肩峰、双峰等类型。

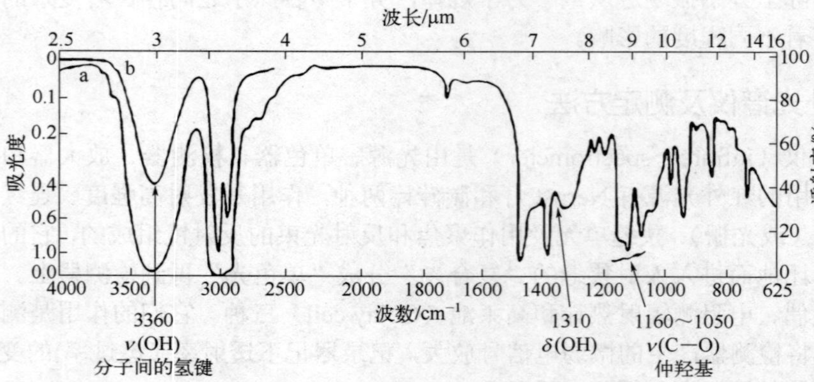

图 9-4 2-辛醇的红外光谱图

从 IR 图的整个范围来看，谱图可分为 4000～1350 cm^{-1} 与 1350～650 cm^{-1} 两个区域。4000～1350 cm^{-1} 区域是由伸缩振动产生的吸收带，光谱比较简单但具有很强的特征性，称为官能团区（functional group region）。在这个区域，4000～2500 cm^{-1} 高波数一端有与质量小的氢原子相结合的 O—H、N—H、C—H、S—H 键的伸缩振动吸收带；在 2500～1900 cm^{-1} 波数范围出现力常数大的三键、累积双键，如—C≡C—、—C≡N、—C=C=C—、—C=C=O、—N=C=O 等的伸缩振动吸收带；在 1900 cm^{-1} 以下的低波数端有碳碳双键、碳氧双键、碳氮双键及硝基等的伸缩振动和芳环的骨架振动吸收带。官能团区的吸收带对于基团的鉴定十分有用，是红外光谱分析的主要依据。在 1350～650 cm^{-1} 区域，有 C—O、C—X 的伸缩振动和 C—C 的骨架振动吸收带，还有力常数较小的弯曲振动产生的吸收峰，因此光谱非常复杂。该区域中各峰的吸收位置受分子整体结构影响较大，分子结构稍有不同，吸收就有细微的差异，所以称这个区域为指纹区（finger-print region）。指纹区对于用已知物来鉴别未知物十分重要。

9.2.5 各类有机化合物的红外特征吸收

9.2.5.1 饱和烃

饱和烃主要由 C—H 和 C—C 键的振动产生红外光谱。CH_3、CH_2、CH 的 C—H 键伸缩振动吸收峰在 2960～2850 cm^{-1} 处，这可用于辨别饱和烃和不饱和烃。亚甲基、甲基的 C—H 键面内摇摆振动吸收峰在 1460 cm^{-1} 附近，甲基的 C—H 键剪式振动吸收峰在 1380 cm^{-1} 附近，若分子中含有四个及其以上的 CH_2 连接成直链，在 724～722 cm^{-1}（中）会出现摇摆振动的吸收峰。当分子中的 CH_2 的数量小于 4 时吸收峰会向高波数移动。这些吸收峰的情况可以表明分子的链的长短以及是否是直链。

9.2.5.2　烯烃

烯烃中含有双键，双键的特征频率主要有三个：一是碳碳双键伸缩振动频率，二是和双键相连 C—H 键的伸缩振动频率，三是和双键相连 C—H 键的面外变形振动频率。在 3100～3010 cm^{-1}（中）有和双键相连 C—H 键的伸缩振动吸收峰，这用于判断双键以及双键的碳原子上最少存在一个氢原子。在 1000～800 cm^{-1} 有和双键相连的 C—H 键的面外摇摆振动吸收峰。碳碳双键伸缩振动在 1680～1620 cm^{-1} 处有红外吸收峰，峰的强度和位置与双键的取代基数目和性质相关。

在共轭体系中，碳碳双键的伸缩振动吸收峰向低波数方向移动。

9.2.5.3　炔烃

炔烃分子中主要的红外特征是碳碳三键（$R-\!\!\equiv\!\!-R'$）的伸缩振动，和双键相比，碳碳三键的伸缩振动吸收峰出现在高波数附近。乙炔和对称的二取代乙炔由于结构对称在红外光谱中观察不到吸收峰，所以，存在即使有碳碳三键也不能看到吸收峰的情况。在 2140～2100 cm^{-1}（弱）有一元取代的炔烃碳碳三键的伸缩振动吸收峰，在 2260～2190 cm^{-1} 有二元取代的炔烃碳碳三键的伸缩振动吸收峰。同时，在 3310～3300 cm^{-1}（较强）有末端炔烃的碳氢键及其相关特征吸收峰，末端炔烃碳氢键的弯曲振动吸收峰在 700～600 cm^{-1}，这对于炔烃结构的鉴定十分有用。

9.2.5.4　芳烃

芳烃的红外特征吸收主要是苯环上的碳氢键和碳碳双键的振动引起的。单环芳烃碳碳双键的伸缩振动产生的 4 条吸收带分别位于：1600 cm^{-1}，1580 cm^{-1}，1500 cm^{-1}，1450 cm^{-1}。在这四条吸收带中 1600 cm^{-1} 和 1500 cm^{-1} 最易观察到，对于确定芳环的结构十分有用。在 3110～3010 cm^{-1} 有苯环的 C—H 键的伸缩振动吸收峰，在 900～690 cm^{-1} 有 C—H 键的面外弯曲振动吸收峰，2000～1650 cm^{-1} 区域是它的倍频区。在分析苯环上的取代情况时这两个区域的图谱十分有用，由此可以推断苯环的取代基个数及邻、间、对位置取代情况。

9.2.5.5　卤代烃

卤代烃的红外特征吸收主要是 C—X 键的伸缩振动引起的，各个碳卤键伸缩振动吸收峰的位置分别为：C—F 键在 1350～1100 cm^{-1}（强），C—Cl 键在 750～700 cm^{-1}（中），C—Br 键在 700～500 cm^{-1}（中），C—I 键在 610～485 cm^{-1}（中）。如果同一碳上有多个卤素会使吸收峰的位置向高波数方向移动。此外，卤化物，特别是氟化物和氯化物的伸缩振动吸收峰在很大程度上易受邻近基团的影响。很多红外光谱仪在 700 cm^{-1} 以下是没有作用的，因此很多时候不能在红外光谱图中观察到 C—Br 和 C—I 键的吸收峰。

9.2.5.6　醇和酚

醇和酚的结构中都含有—OH，它们主要有氧氢键的伸缩振动、碳氧键的伸缩振动和氧氢键的弯曲振动产生特征吸收峰。在 3650～3590 cm^{-1} 范围、3500 cm^{-1} 附近、3320 cm^{-1} 附近分别有游离、二缔合、多缔合的醇和酚氧氢键的伸缩振动吸收峰。邻位有杂原子的醇和酚氧氢键的伸缩振动吸收峰波数会低于游离态。醇和酚碳氧键的伸缩振动吸收峰位置分别为：酚在

1200 cm^{-1} 附近，伯醇在 1050 cm^{-1} 附近，仲醇在 1100 cm^{-1} 附近，叔醇在 1150 cm^{-1} 附近。若醇的 α-碳上引入烯基、芳基等，其 C—O 键的伸缩振动吸收峰会向低波数移动。醇的氧氢键面内弯曲振动吸收峰位置在 1420～1330 cm^{-1}，酚的氧氢键面内弯曲振动吸收峰位置在 1350 cm^{-1} 附近。

9.2.5.7 醚和环氧化合物

醚的结构特点是分子中含有 C—O—C 官能团。C—O—C 的不对称伸缩振动是醚最主要的特征吸收。1150～1060 cm^{-1} 是脂肪醚 C—O—C 的不对称伸缩振动吸收峰位置。1275～1210 cm^{-1} 是芳香醚 C—O—C 的不对称伸缩振动吸收峰位置。乙烯基醚 C—O—C 的不对称伸缩振动吸收峰在 1225～1200 cm^{-1}。而六元环醚与开链脂肪醚的 C—O—C 的不对称伸缩振动吸收峰位置基本相同。随着环的减小，不对称伸缩振动吸收峰的波数降低。六元环氧化合物 C—O—C 的不对称伸缩振动吸收峰位置在 1098 cm^{-1}，五元环氧化合物在 1071 cm^{-1}，四元环氧化合物在 983 cm^{-1}，三元环氧化合物在 839 cm^{-1} 处。

9.2.5.8 羰基化合物

醛、酮、酸、酯、酰卤、酸酐和酰胺结构中都含有羰基，由于化合物结构不同，其特征频率有所不同。羰基有一个非常强的吸收峰，它在 1750～1680 cm^{-1}，可以识别是否存在羰基但不易于区分出醛、酮。一般在约 2720 cm^{-1} 有—CHO 中的 C—H 键伸缩振动的吸收峰，可用来鉴别是否存在—CHO。在 1770～1710 cm^{-1} 处有羧酸的羰基伸缩振动吸收峰。若存在共轭则吸收峰在 1720～1690 cm^{-1}，在 1700～1680 cm^{-1} 有芳香羧酸的二缔合体吸收峰。羧酸的氧氢键在约 1400 cm^{-1} 和 920 cm^{-1} 有两个宽而强的弯曲振动吸收峰，这可进一步判断羧基是否存在。酯中羰基的伸缩振动吸收峰在 1735 cm^{-1} 附近，若分子中有碳碳双键和羰基共轭，吸收峰在 1720 cm^{-1} 附近。在 1300～1050 cm^{-1} 有两个碳氧键的伸缩振动吸收峰，波数较高的吸收峰是比较特征的，可用于酯鉴定。此外，芳香酯还有一个环振动吸收峰在 1605～1585 cm^{-1}。在 1800 cm^{-1} 有脂肪酰卤的羰基伸缩振动吸收峰，若存在共轭那么吸收峰位置在 1800～1750 cm^{-1}。芳香酰卤在 1785～1735 cm^{-1} 有两个强吸收峰，波数较高的是羰基的伸缩振动吸收峰，具体在 1785～1765 cm^{-1}。波数较低的是羰基和芳环碳相连的碳碳单键的伸缩振动吸收峰，在 1750～1735 cm^{-1}。在 1860～1800 cm^{-1} 和 1800～1750 cm^{-1} 酸酐有两个对称的羰基伸缩振动吸收峰，这两个峰的距离一般约为 60 cm^{-1}，在 1310～1045 cm^{-1} 有酸酐的碳氧单键伸缩振动吸收峰，可用于鉴别酸酐。在 1690 cm^{-1} 附近有一级酰胺的羰基伸缩振动吸收峰。一级酰胺的氮氢键的弯曲振动在 1640 cm^{-1} 和 1600 cm^{-1} 附近有两个特征吸收峰，在 1400 cm^{-1} 有碳氮键的伸缩振动吸收峰。在 1680 cm^{-1} 有二级酰胺游离的羰基伸缩振动吸收峰。游离的氮氢键伸缩振动吸收峰在 3440 cm^{-1}。在 1550～1530 cm^{-1} 的范围有氮氢键的弯曲振动吸收峰。在 1650 cm^{-1} 有三级酰胺的羰基伸缩振动吸收峰。

9.2.5.9 含氮的有机化合物

(1) 胺和铵盐

胺和铵盐的特征吸收主要由 C—N 伸缩振动以及 N—H 的弯曲振动和伸缩振动产生。在 1650～1590 cm^{-1}（强，中）和 900～650 cm^{-1}（宽）有一级胺的氮氢键弯曲振动吸收峰。二级胺氮氢键的面外变形振动在 750～700 cm^{-1} 有强的吸收。碳氮键的伸缩振动吸收峰和所连接的基团有关，不易区别。

在 3200～2800 cm^{-1}（宽）有伯铵盐的氮氢键的伸缩振动吸收峰，在 3000～2700 cm^{-1}（宽）

有仲铵盐的氮氢键的伸缩振动吸收峰。在 2700～2330 cm^{-1} 范围内叔铵盐有吸收谱带。此外，在 1625～1560 cm^{-1} 及 1550～1505 cm^{-1} 有伯铵盐的氮氢键的弯曲振动吸收峰。在 1620～1560 cm^{-1} 有仲铵盐的氮氢键的弯曲振动吸收峰。

（2）硝基化合物和亚硝基化合物

脂肪族硝基化合物在 1600～1530 cm^{-1} 有氮氧双键的不对称伸缩振动吸收峰，在 1390～1300 cm^{-1} 有氮氧双键的对称伸缩振动吸收峰。芳香族硝基化合物的氮氧双键的不对称伸缩振动吸收峰在 1550～1490 cm^{-1}，氮氧双键的对称伸缩振动吸收峰在 1355～1315 cm^{-1}。亚硝基化合物的氮氧双键伸缩振动吸收峰在 1600～1500 cm^{-1}。

（3）腈

腈的特征吸收主要是碳氮三键的伸缩振动引起的。饱和脂肪腈类化合物的碳氮三键伸缩振动吸收峰在 2260～2240 cm^{-1}。在 2240～2225 cm^{-1} 有不饱和的腈类化合物的碳氮三键伸缩振动吸收峰。在 2240～2225 cm^{-1} 芳香腈类化合物有一个比脂肪腈类化合物吸收峰强的碳氮三键伸缩振动吸收峰。

9.2.6 影响基团频率的因素

9.2.6.1 内部因素

（1）诱导效应

由于取代基具有不同的电负性，通过诱导效应，分子中电子云分布发生变化，从而改变了键的力常数，也就改变了基团的特征吸收频率。

（2）共轭效应

共轭效应的作用使得共轭体系中的电子云密度平均化，双键略有伸长，单键略有缩短，单键具有部分双键特性，双键具有部分单键特性。共轭体系还极易传递静电的影响，因此明显地改变某些键的特征吸收频率。

（3）环张力效应

环张力效应的实质是键角效应作用。随着环的由大变小，键角变小，环张力增加，环外双键的伸缩振动频率升高，环内双键的伸缩振动频率降低。

（4）空间位阻效应

当共轭体系的共平面性被偏离或被破坏时，共轭体系亦受到影响或破坏，吸收频率将移向高频。

（5）偶极场效应

偶极场效应是一种静电作用，虽然它也使电子云密度发生变化，但不是通过化学键而是分子内的空间起作用。一般只有在立体结构上互相靠近的基团之间才会产生偶极场效应，此效应会使吸收峰向高频移动。

（6）氢键效应

氢键的形成，会使参与形成氢键的化学键的力常数减小，吸收频率移向低频。并且，振动时偶极矩的变化加大，吸收峰增强。而分子内形成氢键时，吸收频率会大幅度移向低频。

（7）质量效应

原子的质量对其本身的伸缩振动频率有显著的影响。如果含氢基团的氢原子被氘取代，该基团的吸收频率向低波数方向移动。如果氘代后键的力常数未改变，可利用公式计算得到。

9.2.6.2 外部因素

（1）物态效应

物质分子所处的物理状态不同，其红外光谱有明显的差异。特别是在形成氢键时，溶液浓度对吸收峰的位置、强度均有影响。

（2）溶剂效应

同一种物质在不同溶剂中，由于溶质与溶剂间的相互作用不同，测得的红外光谱也不同。溶剂的极性是溶质特征频率变化的主要影响因素。在极性溶剂中，溶质的极性基团的伸缩振动频率一般会随着溶剂的极性增加而降低，但吸收强度增加。在红外光谱测定时，注明所用的溶剂是十分重要的。

9.2.7 红外光谱图解析实例

分析红外光谱图，依靠的主要是化学结构与红外光谱的关系和积累的经验，红外光谱能够鉴定化合物中所含有的基团，对于复杂分子，须结合质谱、核磁共振谱、元素分析、紫外光谱等分析方法，才能完全推测其结构。

一般先根据化学式，计算其不饱和度。不饱和度的计算公式为：

$$U=\frac{\Sigma n_i(V_i-2)}{2}+1 \tag{9-11}$$

式中，n_i为每种元素的原子个数；V_i为该元素通常表现的化合价；U为不饱和度。H的化合价为+1，C为+4，X（卤素）为+1，O为+2，S为+2，N为+3等。

【例 9-2】计算 C_8H_8BrNO 的不饱和度。

解：

$$U=\frac{8\times(4-2)+8\times(1-2)+1\times(1-2)+1\times(3-2)+1\times(2-2)}{2}+1=5$$

苯环不饱和度为4，三个乙烯基加上一个环计不饱和度为4，若 $U>4$，该分子结构就可能有苯环。

【例 9-3】图9-5为乙烯的红外光谱图，解析谱图。

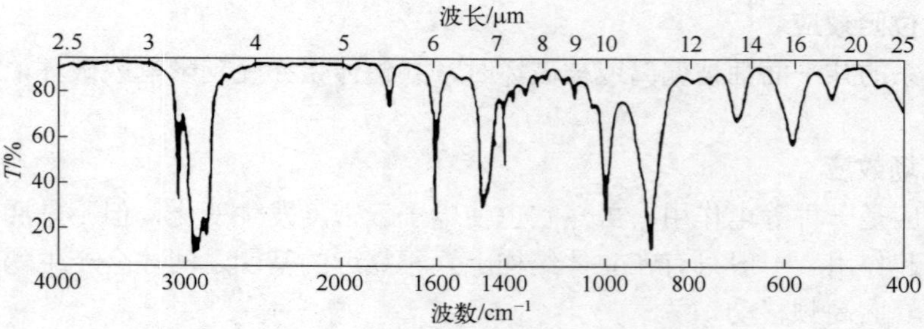

图 9-5 乙烯的红外光谱图

解：ν（═C—H）在 3000 cm^{-1} 左右，C═C 伸缩振动的峰在 1600 cm^{-1}，═C—H 面外弯曲振动的峰在 600 cm^{-1}、900 cm^{-1}、1000 cm^{-1}。

【例 9-4】图9-6为苯甲醛的红外光谱图，解析谱图。

解：3010 cm^{-1} 有芳基 C—H 键伸缩振动吸收峰，2970～2800 cm^{-1} 有 C—H 键伸缩振动多

重峰，苯环骨架上碳碳双键的伸缩振动吸收峰在 1605 cm^{-1}、1495 cm^{-1}、1466 cm^{-1}。1050 cm^{-1}、1022 cm^{-1}、742 cm^{-1} 处的峰分别是芳基=C—H 面内和面外变形振动吸收峰。在 1870～1500 cm^{-1} 有羰基伸缩振动吸收峰（$\nu_{C=O}$）。

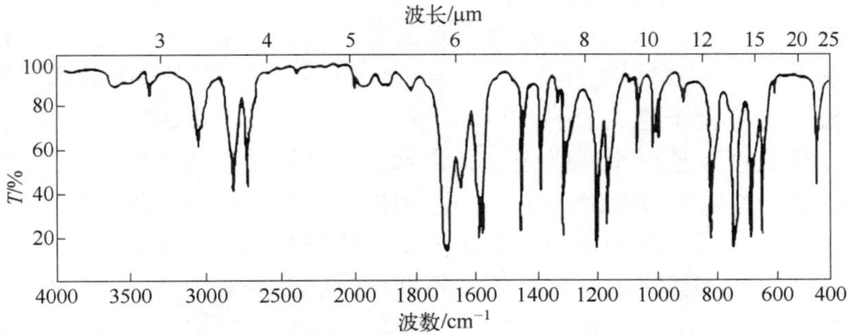

图 9-6　苯甲醛的红外光谱图

【例 9-5】图 9-7 为 3-甲基-1-戊烯的红外光谱图，解析谱图。

解：3010 cm^{-1} 有芳基 C—H 伸缩振动吸收峰，2800～2970 cm^{-1} 有 C—H 伸缩振动多重峰，1610～1600 cm^{-1} 有 C=C 键的不对称和对称伸缩振动吸收峰。

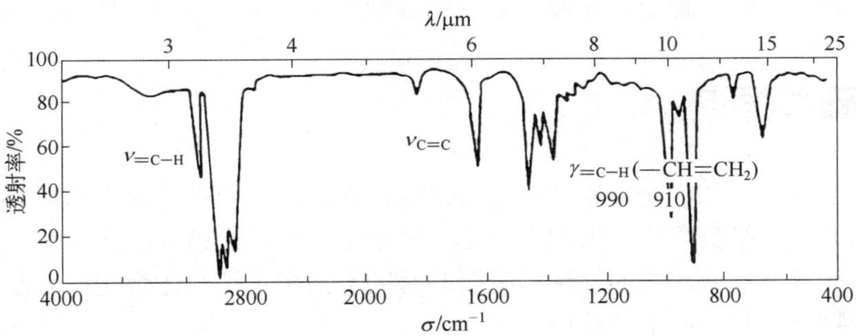

图 9-7　3-甲基-1-戊烯的红外光谱图

9.2.8　红外光谱的应用

（1）有机化合物的鉴定

根据红外光谱图上提供的各种特征频率以及各峰的强度，进行定性分析。在红外光谱图上，无论是几何异构体，还是位置异构体，每种化合物都有其特定的吸收谱带。鉴定方法如下：

① 用已知化合物作标准进行谱图对照，进行定性。

② 查阅标准谱图进行谱库检索。

③ 根据谱图提供的吸收特征频率、峰强度和峰形进行定性。观察谱图中有什么官能团的吸收峰，了解原有活性基团是否完全参与反应，了解新的官能团是否形成。

④ 利用各类官能团特征频率的不同，测定有机化合物中存在的杂质。

（2）未知物结构测定

在测定有机化合物的结构中，红外光谱是一个强有力的工具。对于大多数的化合物来说，红外光谱图仅能提供相关官能团的信息。要推断出相应的结构式还需要其他仪器的数据。测定许多未知的新化合物结构时，在进行光谱分析之前，须了解试样的来源和理化性质，应当进行一些必要的化学分析。

（3）定量分析

朗伯-比耳定律是红外光谱定量分析的理论基础。通常，红外光谱进行定量分析时，可采用溶液、固体样品或气体样品。其中最为普遍的是采用试样溶液进行定量分析。测量吸光度一般有一点法和基线法。当参比光路中插入的参比池正好补偿溶剂的吸收和池窗的反射损失，同时溶剂中又没有悬浮粒子造成散射时，即当背景吸收可以不考虑时，就采用一点法。直接从谱图上测量波数处读取透射率或吸光度。实际上，红外吸收池光程短，加上吸收池窗口易被腐蚀，吸收池厚度难以调节准确，所以采用参比池不可能完全消除吸收池、溶剂等的影响，背景吸收可以忽略的情况是很少见的。因此为了使测量到的吸光度更加准确，常常采用基线法。所谓基线法就是用基线来表示该吸收峰不存在时的背景吸收线，用它来代替记录纸上的透射率为 100%的坐标。在分析未知样品前，先利用纯物质配制成一系列不同浓度的标准溶液，逐一在测量波数处按照基线法测出吸光度，绘制标准曲线。只要待测溶液浓度在标准曲线范围内，即可得出准确的结果。如果使用傅里叶变换红外光谱仪，那么可使用定量软件或自编程序，进行峰高或峰面积的定量分析，使定量手续大为简化。有机混合样品，特别是异构体混合物的各组分定量分析，一般找不到各组分对应的无干扰的测量峰。根据吸光度具有加和性，通过解联立方程组的方法，可求出各组分的含量。当采用溴化钾压片法、研糊法或液膜法进行定量测定时，样品的厚度难以精确控制，此时可以使用内标法。

9.3 核磁共振谱

自 20 世纪 50 年代初广泛应用红外光谱以后，有机化学获得了很大的裨益。但对于某些细致的结构仍无法能得到明确的证明。对未知物来说，红外光谱只能指出是什么类型的化合物。而 60 年代普遍发展起来的核磁共振谱却有助于指出是什么化合物，因此已成为现阶段测定有机化合物不可缺少的重要手段。

核磁共振谱广泛应用于天然有机化学、生物学、石油化工、医药等多个领域。特别是在研究有机化合物方面，NMR 是提供分子的结构、构型、构象的主要工具之一。尤其是在研究立体异构方面，核磁共振谱具有其他仪器无法相比的功能。从原则上说，凡是核自旋量子数 I 不等于零的原子核，都可发生核磁共振。但到目前为止，最有实用价值的只有氢谱和碳谱。

9.3.1 核磁共振谱的基本原理

9.3.1.1 原子核的自旋与磁矩

质子和中子组成原子核。不同的原子核有不同的自旋运动，可以用核的自旋量子数 I 来表示。原子序数与核的自旋量子数两者之间存在一定关系。质子数和中子数为偶数的核自旋量子数 $I = 0$，原子核可看作一种非自旋的球体，没有自旋现象，如 ^{18}O、^{32}S、^{12}C 等。中子数和质子数其中之一是奇数的核自旋量子数 $I \neq 0$，原子核存在自旋现象，例如 ^{13}C、^{31}P、^{1}H、^{19}F 等。

有自旋现象的原子核，由于自旋，即产生一定的角动量（P），角动量大小与自旋量子数 I 有关。

$$P=(h/2\pi)\sqrt{I(I+1)}=\hbar\sqrt{I(I+1)} \tag{9-12}$$

式中，h 是普朗克常数，$\hbar$ 是角动量单位，P 是总角动量，I 是核的自旋量子数。

$I=0$ 的原子核既没有自旋也没有磁矩。$I\neq 0$ 的原子核具有自旋现象，原子核带有的正电荷会围绕着自旋轴旋转，从而产生循环电流，这些循环电流会产生磁场，进一步产生磁矩：

$$\mu=\gamma P=\gamma\hbar\sqrt{I(I+1)} \tag{9-13}$$

式中，γ 为磁旋比，$\hbar$ 为角动量单位，I 为自旋量子数，μ 为磁矩。γ 是特征常数，也是一个比值，是自旋核的磁矩除以总角动量的值。

在磁感应强度为 B_0 的外磁场中放置自旋核，除自旋外，它还会围绕 B_0 运动，这一运动叫做拉莫尔进动。磁感应强度 B_0 与自旋核进动的角速度 ω_0 成正比，比例常数就是磁旋比。

$$\omega_0=2\pi\nu_0=\gamma B_0 \tag{9-14}$$

式中，ν_0 为进动频率，ω_0 为核进动的角速度，γ 为磁旋比，B_0 为外磁场强度。

$I=1/2$ 的原子核，相当于电荷均匀分布在表面的球体。而 $I=1/2$ 整数倍或者 $I=1$ 的原子核，电荷分布不是球形对称的。

9.3.1.2 核磁共振现象

原子核的自旋是引起核磁共振的主要原因。有机化学中，应用最广泛的是氢原子核（即质子）的核磁共振谱，称为氢谱或质子核磁共振谱，用 ^{1}H-NMR 表示，还有 ^{13}C-NMR。

核自旋角动量在外磁场中受到力矩的作用，会进行不同的排列，称为空间量子化。根据空间量子化规则，一个自旋量子数为 I 的原子核在磁场中只能有 $2I$+1 个取向，每一个取向用一个自旋磁量子数 m 来表示，$I=1/2$ 时，共 $2\times\frac{1}{2}+1=2$ 个取向，$m=+\frac{1}{2}$、$-\frac{1}{2}$。$I=1$ 时，有三个取向，$m=1$、0、−1。$I=3/2$ 时，有四个取向，即 $m=3/2$、1/2、−1/2、−3/2。核的自旋角动量在 z 轴上的投影为：

$$P_z=\frac{h}{2\pi}m=\hbar m \tag{9-15}$$

m 的取值有 $2I$+1 个，因此 P_z 也有 $2I$+1 个值，P_z 的各个可能值之间相差 $\hbar$ 整数倍。P 一般表示自旋角动量在 z 轴投影的最大值即：

$$P=\hbar I \tag{9-16}$$

同样，在外磁场中核磁矩也有 $2I$+1 个取向，核磁矩在 z 轴上的投影为：

$$\mu_z=\gamma P_z \tag{9-17}$$

核磁矩在 z 轴上投影的最大值：

$$\mu=\gamma P=\gamma\hbar I \tag{9-18}$$

原子核的每一个取向代表核在磁场中的一种能量状态，表示为 $E=-|\mu||B_0|\cos\alpha$，B_0 为外磁场强度，α 为核磁矩 μ 与外磁场 B_0 之间的夹角，μ 为磁矩。

对 ^{1}H 来说，自旋量子数 $I=\frac{1}{2}$，$m=\pm\frac{1}{2}$，^{1}H 的两种取向代表了两种不同的能级。在磁

场中，$m=+\frac{1}{2}$、$m=-\frac{1}{2}$，其能量分别为 $E=-\mu B_0$、$E=\mu B_0$，前者能量低，后者能量较高。

二者能量差为

$$\Delta E = 2\mu B_0 \tag{9-19}$$

处于低能级的 ^{1}H 核吸收 $E_{射}$ 的能量就会发生能级跃迁，同样，只有 ^{1}H 的能量差等于电磁波的辐射能时，才会发生 ^{1}H 的核磁共振即：

$$E_{射} = h\nu_{射} = \Delta E = h\nu_0 \tag{9-20}$$

结合二者能量差的公式可得：

$$\nu_{射} = \nu_0 = \frac{\gamma B_0}{2\pi} \tag{9-21}$$

也就是当两个振动的频率相等时，这两个振动就会发生共振。核磁共振也是一种共振现象，必须符合这个条件。要使 $\nu_{射} = \nu_0$ 成立，可以采用两种方法来实现。一种方法是固定磁感应强度 B_0，通过调节电磁波的辐射频率 $\nu_{射}$，进行扫描，当磁感应强度和辐射频率匹配时，产生核磁共振，这种方法叫做扫频。另一种方法是，固定电磁波辐射的频率 $\nu_{射}$，按照低场到高场的顺序逐渐改变磁感应强度，当磁感应强度和电磁波辐射频率匹配时，也会发生核磁共振现象，这叫做扫场。一般的仪器都是通过扫场的方法发生核磁共振的。

在外磁场中，处于低能态的 ^{1}H 核数目比高能态的多。但两者能量差很小，因此，数目相差并不是很大。^{1}H-NMR 信号就是这些微弱过剩的低能态核吸收电磁波辐射跃迁到高能态产生的。假如，高能态不能返回到低能态，随着更多的低能态发生跃迁，两种能态的原子核数目差距将逐渐减小，趋于相等状态，同时，NMR 信号也会逐渐消失，这种现象叫做饱和。

9.3.1.3 核磁共振仪

目前使用的核磁共振仪有连续波（CN）及脉冲傅里叶变换（PFT）两种形式。连续波核磁共振仪主要由磁铁、射频发射器、检测器、放大器及记录仪等组成（见图 9-8）。磁铁用来产生磁场，主要有三种：永久磁铁，电磁铁［磁感应强度可高达 24000 Gs（2.4 T）］，超导磁铁［磁感应强度可高达 190000 Gs（19T）］。频率高的仪器，分辨率好，灵敏度高，图谱简单易于分析。磁铁上备有扫描线圈，用它来保证磁铁产生的磁场均匀，并能在一个较窄的范围内连续精确变化。射频发射器用来产生固定频率的电磁辐射波。检测器和放大器用来检测和放大共振信号。记录仪将共振信号绘制成共振图谱。

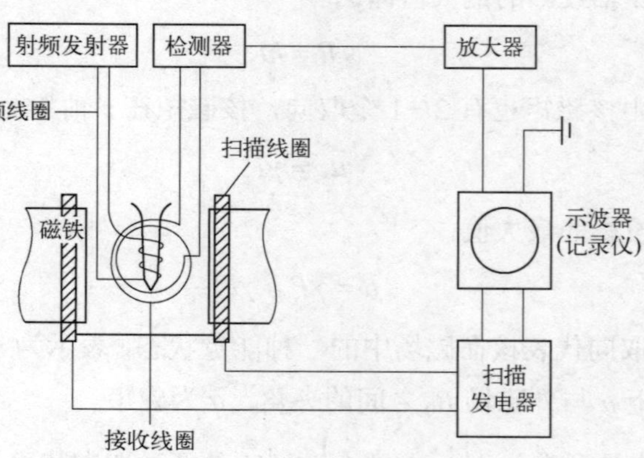

图 9-8 核磁共振仪

20 世纪 70 年代中期出现了脉冲傅里叶变换核磁共振仪，它的出现使 ^{13}C 核磁共振的研究得以迅速展开。

9.3.1.4　核磁共振谱

图 9-9 为乙酸乙酯的核磁共振氢谱，横坐标表示质子的化学位移，以 δ 表示，纵坐标为吸收强度，以积分曲线高度表示各峰的峰面积。通过峰面积之比，即可算出各峰所代表的氢原子数目。

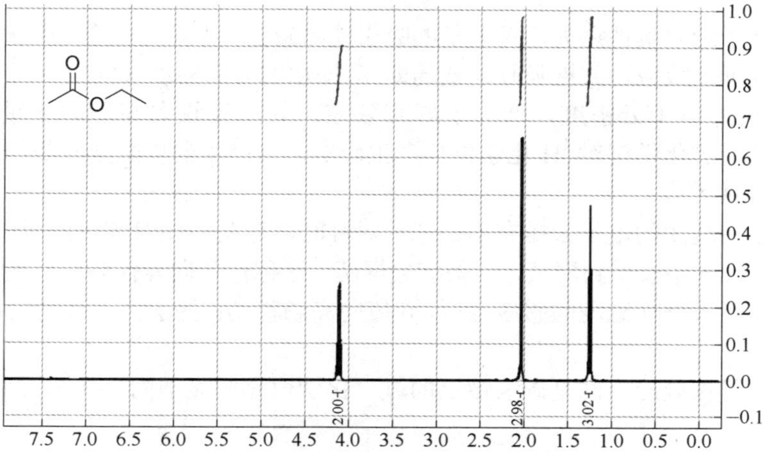

图 9-9　乙酸乙酯的核磁共振氢谱

9.3.2　化学位移

实验发现，由于化合物中的各种氢原子处在不同的化学环境下，会在不同的共振磁感应强度下显示吸收峰，就称为化学位移。同样是氢原子，化学位移却不同，主要是因为在外界磁场的作用下，包裹质子的电子循环流动，会生成一个和外界磁场相反的感应磁场。质子实际受到的磁感应强度是两者之差。这种作用叫做屏蔽作用或抗磁屏蔽作用。

$$B_{有效}=B_0(1-\sigma)=B_0-B_{感应} \tag{9-22}$$

B_0 为外加磁场强度，$B_{有效}$ 为原子核实际受到的磁场强度，σ 为屏蔽常数。由此可知，屏蔽较多的质子对外磁场的感受较小，需在较高的外加磁场 B_0 作用下才可进行共振。也有一些区域质子感受到的有效磁场是 $B_{感应}$ 和 B_0 的加和，这种作用称为顺磁去屏蔽效应或去屏蔽效应。受到这种作用的质子在低于 B_0 时就能发生共振吸收。由此可知，质子发生核磁共振本质上应该符合的是：

$$\nu_{射}=\frac{\gamma B_{有效}}{2\pi} \tag{9-23}$$

要精确测量化学位移值非常困难，因此以相对值表示。一般用四甲基硅烷 $(CH_3)_4Si$（TMS）作为标准物质，原因有二：一是 TMS 的四个甲基分布对称，所处化学环境相同，表现出一个尖锐的吸收峰。二是 TMS 有很高的屏蔽效应，吸收峰位置在高场，并且吸收峰所处的位置是一般有机物中质子不发生吸收的区域内。标准物质选择 TMS，化学位移以 δ 表示，四甲基硅烷吸收峰的 δ 值为 0，其峰左边的 δ 值为正，右边的 δ 值为负。在实际工作中，为了减少不同仪器带来的误差，δ 值一般用相对值来表示：

$$\delta=\frac{\nu_{样}-\nu_{标}}{\nu_{仪}}\times10^{6} \tag{9-24}$$

式中，$\nu_{样}$ 表示样品的共振频率，$\nu_{标}$ 表示标准物质的共振频率，$\nu_{仪}$ 表示操作仪器选用的频率。δ 在 0～10 处是大部分有机化合物的质子信号发生地。

决定化学位移的是核外电子云的密度，因此，影响电子云密度的因素都会影响化学位移，在众多影响因素中电负性与各向异性影响最大。

（1）电负性

基团或者原子的电负性愈大，对电子的吸引能力越强。吸电子基团使氢核周围的电子云密度降低，降低屏蔽效应，共振吸收向低场即 δ 增加的方向移动（向左）；相反，给电子基团增加了质子核外电子云密度，增大了屏蔽效应，共振吸收向高场即 δ 减小的方向移动（向右）。电负性通过化学键对 ^{1}H 化学位移产生影响，它产生的屏蔽效应是局部屏蔽效应。

（2）各向异性效应

分子中的某些基团的电子云排布不是球形对称时，这些基团对邻近的质子产生一个各向异性的磁场。导致一些核受到屏蔽，一些核去屏蔽，这称作各向异性效应。处于屏蔽区的核，发生核磁共振要增大外加磁场的感应强度，δ 值向高场移动；处于去屏蔽区的核，δ 值向低场移动。

由于磁各向异性效应，同是碳氢键上的氢，化学位移明显不同。

	$CH_2{=}CH_2$	$H_2C{=}O$	$HC{\equiv}CH$	
δ	4.5～6.5	9～10	2.8	7.26

许多化合物，如羧酸、醛、酮等都会存在各向异性效应，碳碳单键和碳氢单键也有此效应。各向异性效应是远程屏蔽效应。

（3）其他

除上述两个因素外，氢键、溶剂效应、范德瓦耳斯效应等，都会改变电子云密度，导致化学位移发生移动。氢键对羟基质子化学位移的影响与氢键的强弱及氢键的电子给予体的性质有关，在大多数情况下，氢键产生去屏蔽效应，使 ^{1}H 的 δ 值移向低场。有时同一样品使用不同的溶剂也会使化学位移值发生变化，这称为溶剂效应。活泼氢的溶剂效应比较明显。能引起溶剂效应的因素很多，当取代基与共振核之间的距离小于范德瓦耳斯半径时，取代基周围的电子云与共振核周围的电子云就相互排斥，导致共振核周围的电子云密度降低，质子受到的屏蔽效应明显下降，质子峰向低场移动，这叫做范德瓦耳斯效应。溶剂效应、氢键、范德瓦耳斯效应在分析 NMR 图谱时很有用。

9.3.3 各类质子的化学位移

9.3.3.1 烷基氢的化学位移

	CH_4	CH_3CH_3	$CH_3(CH_2)_3CH_3$	$(CH_3)_2CHCH(CH_3)_2$
δ	0.23	0.86 0.86	0.91 1.33 0.91	0.86 1.50

由这些数据可以看出，在饱和烃中，甲基氢、亚甲基氢、次甲基氢的化学位移如下：

$$\delta(CH_3)=0.9 \quad \delta(CH_2)=1.33 \quad \delta(CH)=1.5$$

甲基峰一般具有比较明显的特征。当把其他官能团引入分子中后，次甲基氢、亚甲基氢、甲基氢的化学位移值都会受到影响。对于环烷烃，环丁烷的化学位移值为 1.96，环丙烷的化学位移值为 0.22，其他环烷烃的化学位移值在 1.5 附近。

9.3.3.2　烯氢的化学位移

因为碳碳双键的各向异性，烯氢的化学位移值相较于烷基氢向低场移动。乙烯氢的化学位移约为 5.25。不和芳基共轭的取代烯烃氢的化学位移在 4.5～6.5。与芳基共轭，则其化学位移值变大。乙烯基对次甲基氢、亚甲基氢、甲基氢的化学位移也有影响。

9.3.3.3　炔氢的化学位移

连接在三键上的氢，受到碳碳三键的屏蔽作用，化学位移向高场移动，在 δ = 1.7～3.5 一般有一吸收峰。若 HC≡C—连接的基团不含有氢，那么炔氢表现为一个尖锐的峰。炔基对亚甲基氢、甲基氢的化学位移都有影响，和炔基直接相连的碳上的氢受到炔基的影响最大，其 δ = 1.8～2.8。

9.3.3.4　芳氢的化学位移

一般芳环上的氢化学位移在 6.3～8.5。苯上的六个氢是等价质子，因而峰重叠在一起成为一个单峰，当有取代基存在时，就会影响各个氢的化学位移。杂环芳香质子的化学位移在 6.0～9.0。萘环上连接的质子由于受到芳环的影响，化学位移值变大，α-质子的化学位移为 7.81，β-质子的化学位移为 7.46。

9.3.3.5　醛基氢和羧酸衍生物烷基氢的化学位移

受到羰基的去屏蔽效应醛基氢的化学位移范围一般在 9.0～10.5。

	HCHO	$CH_3CH_2CH_2CHO$	$CH_3CH{=}CHCHO$	$PhCH{=}CHCHO$	PhCHO
δ	9.61	9.74	9.48	9.70	9.96

δ = 3.7～4 是酯 $RCOOCH_2R$ 的烷基上的质子的化学位移。δ = 5～9.4 是酰胺氮上的质子的化学位移，一般不能显示为一个尖锐的峰。酰卤 CH_3COCl 的烷基上的质子的化学位移 δ = 2.67。CH_3COOCH_3，δ = 2.03。RCH_2COOCH_3，δ = 2.13。CH_3CONH_2，δ = 2.08。RCH_2CONH_2，δ = 2.23。CH_3CN，δ =1.98。RCH_2CN，δ = 2.3。

9.3.3.6　卤代烃中质子的化学位移

由于卤素的电负性较大，会降低和卤素直接相连的碳或者邻近的碳上的质子所受的屏蔽效应，化学位移移向低场。直接和卤素相连的碳上的质子化学位移在 2.16～4.4。相邻碳上的质子所受的影响减小，δ = 1.25～1.55，相隔一个碳原子时，影响更小，化学位移在 1.03～1.08 之间。

9.3.3.7　醇、酚、羧酸、胺、醚的化学位移

	醇	酚	烯醇	羧酸
δ	0.5 ~ 5.5	10.5 ~ 16	15 ~ 19	10 ~ 12

醚的 α-H 的化学位移约为 3.54。酚羟基上的质子的化学位移值很不稳定，容易受到温度、溶剂、浓度的影响。酚羟基氢的化学位移一般在 4～8，如果存在分子内缔合，在 10.5～16 之间。羧酸的 α-H 的化学位移在 2～2.6，羧酸中羧基的质子化学位移在 10～12。在胺中，有时 N—H 和 C—H 的化学位移接近，不易区别。通常，α-H 的化学位移在 2.7～3.1，β-H 的化学位移在 1.1～1.71。N—H 的化学位移在 0.5～5。$ArNH_2$、Ar_2NH、ArNHR 化学位移值大致在 2.9～4.8 之间。

9.3.4 自旋偶合与自旋裂分

由图 9-9 乙酸乙酯的 ^{1}H-NMR 谱看出，c 甲基为单峰，而 a 甲基有三重峰，b 亚甲基有四重峰，这是为什么呢？这是自旋的氢核之间互相干扰的结果。这种现象叫做自旋-自旋偶合，简称自旋偶合。

由自旋偶合引起的吸收峰分裂使谱线增多的现象称为自旋-自旋分裂，简称自旋分裂。

9.3.4.1 自旋裂分的起因

谱线裂分是怎样产生的？在外磁场的作用下，质子是会自旋的，自旋的质子会产生一个小的磁矩，通过成键价电子的传递，对邻近的质子产生影响。质子的自旋有两种取向，假如外磁场感应强度为 B_0，自旋时与外磁场取顺向排列的质子，使受它影响的邻近质子感受到的总磁感应强度为 B_0+B_0'；自旋时与外磁场取逆向排列的质子，使邻近的质子感受到的总磁感应强度为 B_0-B_0'。因此当发生核磁共振时，一个质子发出的信号就分裂成了两个，这就是自旋裂分。一般只有相隔三个化学键之内的不等价的质子间才会发生自旋裂分的现象。

9.3.4.2 偶合裂分的规律

^{1}H 核在磁场中的两种取向分别用↑和↓来表示。CH_2 上两个氢有三种排列方式，产生三种局部磁场，使邻近 CH_3 的峰裂分为三重峰，高度为 1∶2∶1；同理 CH_3 的三个氢有四种排列方式，产生四种局部磁场，使邻近 CH_2 峰裂分为四重峰，峰的高度为 1∶3∶3∶1。

由上可见，^{1}H-NMR 谱的自旋裂分存在一定的规律，叫做 n+1 规律。即对于一组化学等价的质子，邻近质子的数目决定了它的共振吸收峰的个数。假设它有一组邻近质子，数目为 n，那么它的吸收峰数目为 n+1。如若它有两组邻近质子，数目分别为 n、n'，那么它的吸收峰数目为$(n+1)(n'+1)$。以此类推。n+1 规律是一个近似的规律，它成立的条件是两组质子的化学位移 $\Delta\delta$ 和偶合常数 J 满足 $\Delta\delta/J\geqslant 6$。事实上有时峰重叠在一起，若仪器灵敏度达不到，则峰的个数比理论上要少一些。

9.3.4.3 偶合常数

自旋的偶合常数是自旋偶合的量度，用符号 J 代表，单位是赫兹，也可用周/秒、CPS 表示，偶合作用的强弱以 J 的大小表示。J 左上方的数字代表相互偶合的质子相隔的键数目，右下方表示的是其他信息。J_{ab} 表示的是质子 a 被质子 b 分裂。同碳偶合是指同一个碳上的两个氢发生偶合，其偶合常数表示为 $J_{同}$ 或 $^2J_{H-C-H}$。$^3J_{反}$ 代表的是双键上反式质子间的偶合。超过三个键的偶合称为远程偶合。在本质上，偶合常数是指质子在自旋裂分时的两个核磁共振能之差，图谱上表现为裂分峰之间的距离。J 值的大小与两个作用核之间的相对位置相关，随着两个作用核相隔键数的增加，J 值会很快减弱，相隔少于等于 3 个单键的两个质子可以发生偶合，超过 3 个单键时，偶合常数趋于 0。例如 $C(H_a)_3C(H_b)_2COC(H_c)_3$ 中，H_b 和 H_a 两个质子之间可以发生偶合裂分，而 H_c 与 H_a 或 H_c 与 H_b 之间偶合极弱，J 趋于 0。但中间有双键或共轭体系的两个质子，如

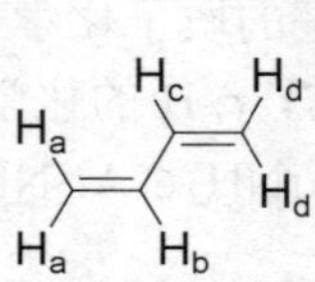

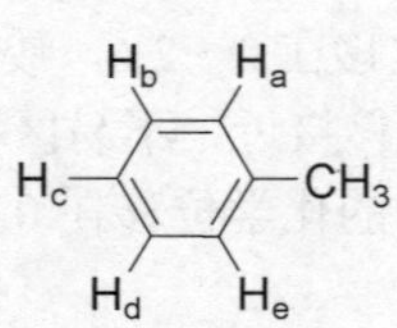

H_d与H_a两个质子之间可以发生远程偶合。所以，芳烃中苯环（有取代基团）的核磁共振是很复杂的。

化学位移会随着外磁场的变化而变化，但是偶合常数和外磁场无关，偶合常数不随外磁场的变化而变化。由于磁核之间相互作用的结果是自旋偶合的产生，这是通过成键电子来传递的，不涉及外磁场。所以，可以用改变外磁场的方法来判断偶合裂分峰和化学位移形成的峰。

9.3.4.4 化学等价、磁等价、磁不等价

化学等价是指化学环境（即核周围的电子云密度）相同的原子。化学位移等价核是指化学位移相同的核。化学等价的质子一定具有相同的化学位移。例如氯乙烷CH_3CH_2Cl中，亚甲基的 2 个质子为化学等价的，甲基的 3 个质子为化学等价的，它们的化学位移值也相同。再如，2-甲基丙烯中的H_b、H_a为化学等价的，但在 2-氯丙烯中由于H_a和H_b所处的化学环境不同，H_b、H_a为化学不等价的。具有相同化学位移的质子未必都是化学等价的。判别分子中的质子是不是化学等价的，对于识谱是非常重要的。

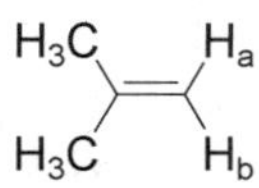

2-甲基丙烯

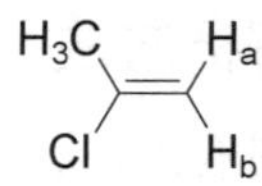

2-氯丙烯

一组化学等价的核，假如对组外任一核的偶合常数也相等，那么这组核叫做磁全同核或磁等价核。比如在$CH_3—CHBr_2$中位于甲基上的 3 个质子，H_c、H_b、H_a是化学等价的，而且每一个质子对H_d的偶合常数都是相等的，$J_{ab}=J_{ba}=J_{cd}$，因此H_c、H_b、H_a为磁等价核。

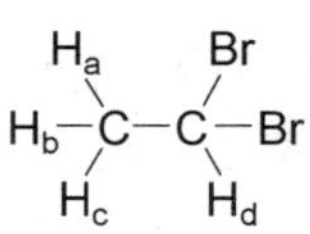

$CH_3—CHBr_2$

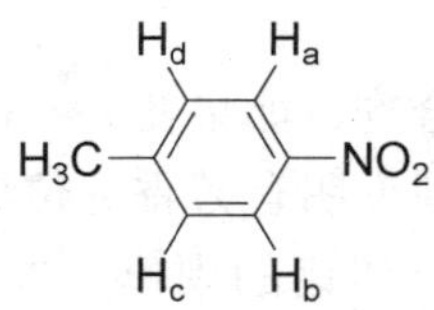

对硝基甲苯

有些核化学等价，但磁不等价，如对硝基甲苯中，H_b与H_a化学等价，但 H 之间的偶合常数不相等，因此，H_b与H_a、H_c与H_d都是磁不等价、化学等价的。

化学等价的核的不一定是磁等价的，但磁等价的核一定是化学等价核。再如：

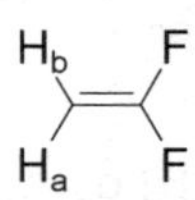

H_b、H_a是磁不等价的核，却化学等价。

只有磁不等价核之间的偶合作用，才会产生峰的又一次裂分，磁等价核之间的偶合作用不产生峰的裂分。

9.3.4.5 积分曲线和峰面积

核磁共振谱中，产生峰的质子数与共振峰下面的面积成正比，故峰面积比就是不同类型质子数的相对比值。对于一个给定的分子，可根据分子中质子的峰面积比例算出各组磁等价质子的具体数目。电子积分仪用来测量峰的面积，在谱图上从低场到高场用连续阶梯积分曲线表示。分子中的总质子数和积分曲线的总高度成正比，峰面积和各个峰的积分曲线高度成正比，即积分曲线高度与质子数成正比。

9.3.5 ^{1}H-NMR 谱的类型

9.3.5.1 一级谱

当两组（或几组）质子的化学位移之差 $\Delta\delta$ 与其偶合常数 J 之比大于等于 6 时，$\Delta\delta/J \geqslant 6$，称为一级谱，此外，一级谱还要满足化学位移相同的同一组的核，均是磁等价的，则 $J_{AX} = J_{XA}$。在一级谱图中，一组裂分峰的各峰的高度比与二项式$(a+b)^n$ 的展开式的各项系数比一致。并且，一级谱的每组峰的中心可以作为每组核化学位移的位置。

9.3.5.2 高级谱

当自旋偶合系统中 $\Delta\delta/J<6$ 时，称为高级谱，它包括 AB、AB_2、ABX、AA′BB′、AA′XX′等类型。它们裂分时不符合一级谱的规则，因此谱型较复杂。其化学位移值与偶合常数，除前三类可用简单运算解析外，其余的类型须经较烦琐的计算，因此借助于计算机来计算、解析。但谱型的识别在解析中是重要的。

9.3.6 ^{1}H-NMR 谱图的解析方法

① 检查整个 ^{1}H-NMR 谱图的外形、信号对称性、分辨率、噪声、被测样品的信号等。

② 应注意所使用溶剂的信号、旋转边带、^{13}C 卫星峰、杂质峰等。

③ 确定 TMS 的峰位置，若有偏移应对全部信号进行校正。

④ 根据分子式计算不饱和度。

⑤ 根据积分曲线计算质子数。

⑥ 解析单峰。

⑦ 确定有无芳香族化合物，如果在 $\delta = 6.5 \sim 8.5$ 范围内有信号，则表示有芳香族质子存在。如果出现 AA′BB′的谱型说明有芳香邻位或者对位二取代。

⑧ 解析多重峰。按照一级谱的规律，根据各峰之间的相互关系，确定有何种基团。如果峰的强度太小，可把局部峰进行放大测试，增大各峰的强度。

⑨ 确定吸收峰是何种官能团，并预测质子的化学环境。

⑩ 用重水交换确定有无活泼氢。

⑪ 连接各基团，推出结构式，并用此结构式对照该谱图检查它是否合理，再对照已知化合物的标准谱图。

^{1}H-NMR 谱解析实例：

【例 9-6】 对甲氧基苯酚 ^{1}H-NMR 谱见图 9-10，解析其谱图。

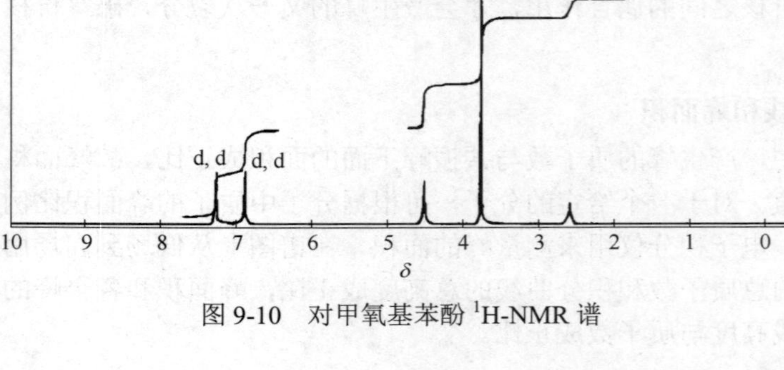

图 9-10 对甲氧基苯酚 ^{1}H-NMR 谱

解：$\delta = 3.8$ 对应于—CH_3，面积为 3 个单位，即 3 个 H，$\delta = 4.5$ 对应于酚羟基，$\delta = 6.8$、7.3 分别对应于苯环上两组 H，每组 H 有两个质子，所以峰面积均为 2。

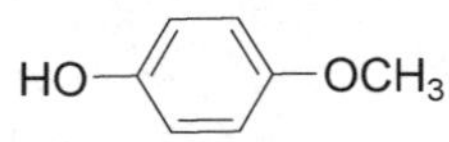

【例 9-7】了解并解释化学位移 δ。

	CH_3CHO	$CH_3CH_2CH_2CHO$
δ	2.2　9.8	0.97，1.67，2.42，9.74

解：醛基氢的化学位移在 10 左右的低场，因为醛基氢正好位于羰基 π 电子体系形成的各向异性效应的去屏蔽区域内，同时醛基氢附近还有羰基氧的作用。羰基邻碳上氢的化学位移在 2～3。

【例 9-8】2-溴-4-硝基甲苯 ^{1}H-NMR 谱见图 9-11，解析其谱图。

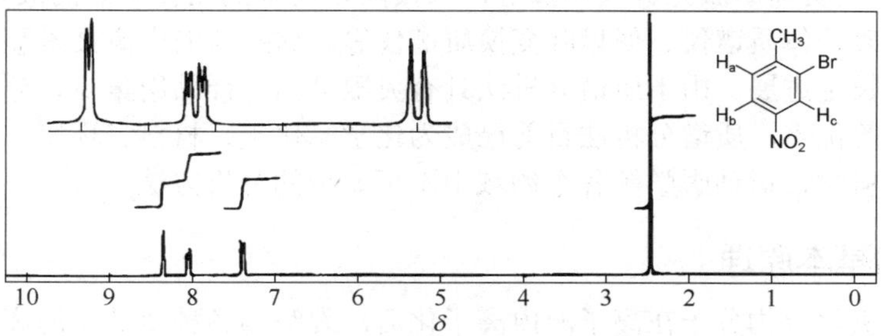

图 9-11　2-溴-4-硝基甲苯的 ^{1}H-NMR 谱图

解：甲基氢的化学位移在 2.50，甲基邻位的 H_a 的 δ 在 7.40，它和其邻位氢 H_b 有偶合，$J = 8.6$ Hz，H_b 的 δ 为 8.04，它除了和 H_a 发生偶合裂分外，还与间位 H_c 有偶合，$J = 2.2$ Hz，故表现出两个二重峰，H_c 的 δ 为 8.38，与 H_b 产生偶合，表现出二重峰。H_a、H_b、H_c 的相应 δ 按小到大顺序排列，这与拉电子基团、吸电子基团有关。

【例 9-9】简述核磁共振在鉴别氨基酸中的作用。

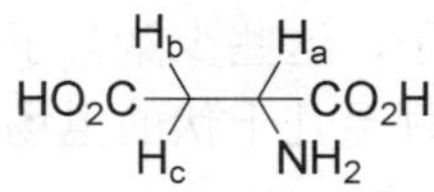

解：利用 ^{1}H-NMR 谱提供的化学位移、偶合常数和裂分峰型以及积分值能很好地鉴别各种氨基酸。谱图的分析方法与一般小分子有机物的解析相似，需要注意的是绝大部分 α-氨基酸的 α-碳是一个手性碳原子，如果 β-碳是个仲碳原子（即 CH_2）的话，该碳上的两个 H 是不等价的。如天冬氨酸 H_b、H_c 有着不同的化学位移，是不等价的。因此，H_a、H_b、H_c 之间形成了比较复杂的偶合关系：H_b 和 H_c 分别与 H_a 偶合，使 H_a 表现出两个二重峰，H_b 和 H_c 的化学位移相近而偶合常数较大，它们裂分不符合一级谱规则。

9.3.7　核磁共振谱的应用

核磁共振谱的应用非常广泛。在低分子化合物、金属络合物、大分子化合物、高聚物等方面都有广泛的应用。它也是一个定性、定结构的有力工具。在测定未知复杂结构的化合物中，氢谱可以提供化合物中各种氢核的化学环境和数目，提供化合物的构型、构象信息和化合物中存在的官能团信息。除此之外，核磁共振谱还用于金属络合物结构的研究、互变异构体的研究、共聚物中组成的测定、反应机理的研究等。

9.4 质谱

1913 年，汤姆逊制成了第一台质谱仪。经过近百年的发展，质谱技术已成为当代最前沿的科学技术之一。通过质谱分析，可以获得分析样品的分子量、分子式、分子中同位素构成和分子结构等多方面的信息。早期的质谱仪主要用来进行同位素测定和无机元素分析，20 世纪 40 年代以后开始用于有机物分析，60 年代出现了气相色谱-质谱联用仪，使质谱仪的应用领域大大扩展，开始成为有机物分析的重要仪器。计算机的应用又使质谱分析法发生了质的飞跃，使其更加成熟，使用更加方便。80 年代以后又出现了一些新的质谱技术，如快原子轰击电离（FAB）、基质辅助激光解吸电离等，以及随之而来的比较成熟的液相色谱-质谱联用仪、感应耦合等离子体质谱仪、傅里叶变换质谱仪等。这些新的电离技术和新的质谱仪使质谱分析又取得了长足进展。由于质谱分析法具有灵敏度高、样品用量少、分析速度快、分离和鉴定同时进行等优点，质谱分析法目前已成为化学、化工、材料、环境、地质、能源、药物、刑侦、生命科学、运动医学等各个领域中不可缺少的分析方法。

9.4.1 质谱的基本原理

质谱是指有机化合物分子在离子源内离子化后，裂解为各种质荷比的离子，进而在电场和磁场的作用下被分离，并被检测器测定，按质荷比值的大小和强度排列而成的谱，主要是正离子谱。

质荷比，即 m/z 表示，m 为质量，z 为电荷数，通常 $z = 1$。质谱通常以相对丰度（%）作纵坐标，m/z 为横坐标，通常为棒形图。

根据分析器的类型可以把质谱仪分成 5 大类。其中的磁质谱仪（图 9-12）主要由三个部分构成。首先是离子源，它是整个仪器的核心部分。然后是分析系统，最后是离子收集、检测系统。在离子源内，待测物质汽化，汽化的分子被轰击成为带正电的分子离子，并伴随着产生少量的中性分子、自由基和负离子，这些少量分子不能进入分析系统，最终会被真空抽走。所生成的正离子经过电位差为几百至几千伏的电场加速，进入分析系统。离子在电场中经过加速后其动能为

$$\frac{1}{2}mv^2 = zeU \tag{9-25}$$

z 是离子电荷数，U 是离子的加速电压，m 是离子的质量，v 是离子运动速度。

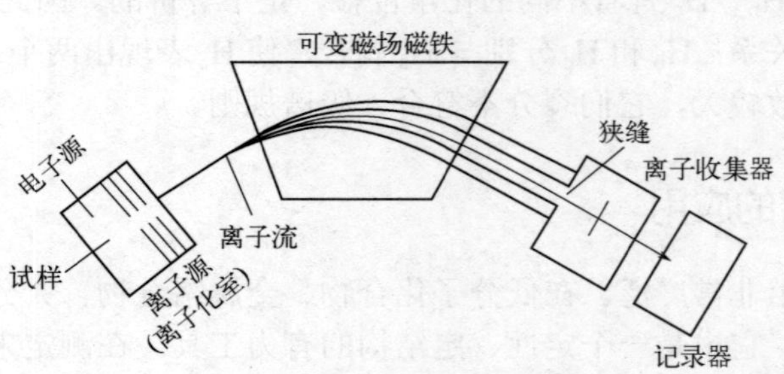

图 9-12 质谱仪示意图

正离子进入分析系统后，在可变磁场的作用下，每个离子按照一定的弯曲轨道前进，该轨道的曲率半径决定了 m/z 的值。所有 m/z 值相同的离子一起形成离子流。各种离子流沿着不同曲率半径的轨道进入离子收集、检测系统。具有一定动能的正离子进入磁场时，受到洛伦兹力发生偏转，稳态时，离心力和洛伦兹力保持平衡即：

$$Bzev = \frac{mv^2}{r} \tag{9-26}$$

r 是曲率半径，z 是电荷数，B 是磁感应强度，v 是离子运动速度，m 是离子质量。

合并式（9-25）和式（9-26），可得

$$\frac{m}{z} = \frac{r^2 B^2 e}{2U} \tag{9-27}$$

式（9-27）是质谱分析的主要依据。从上式可知，离子在磁场内运动曲率半径 r 与 m/z、B、U 有关。所以只有在 B 和 U 满足一定要求时，具有一定质荷比 m/z 的正离子才能以运动半径为 r 的轨道到达检测系统。

离子收集、检测系统中各种不同质荷比的离子流会产生信号，其强度与离子数成正比，用照相或者电子方法记录所产生的信号，即可得到待测样的质谱图。

质谱图一般用棒形图表示，每条线表示一个峰。谱图的横坐标表示质荷比，因多电荷离子很少见，所以质谱的横坐标数值上等于离子的质量。纵坐标表示峰的相对丰度，丰度最大的峰称为基峰（base peak），并规定其丰度为 100%，其他峰的丰度均是与它相比较而来的百分数。图 9-13 是正丁烷的质谱图，其基峰的质荷化为 43，对应于碎片离子 $C_3H_7^+$。

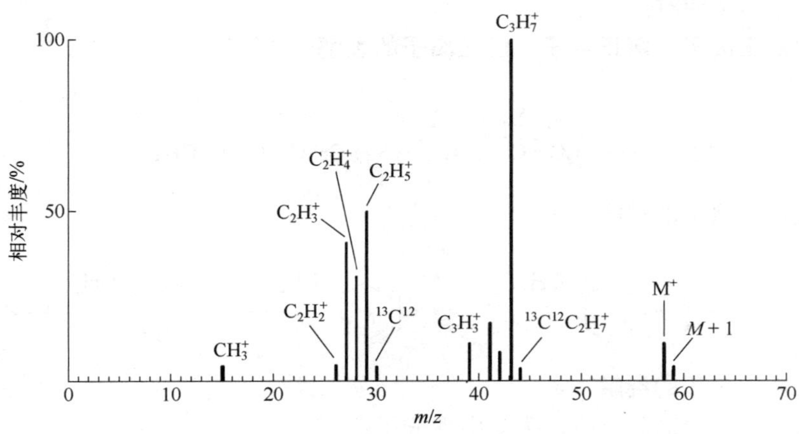

图 9-13　正丁烷的质谱图

9.4.2　离子主要类型

9.4.2.1　分子离子

质谱仪的离子源会把有机化合物离子化，丢失成键或非成键轨道上的一个电子而成为奇电子离子，即分子离子，用 M^+ 表示。例如 CH_4^+，$m/z = 16$。

分子离子在质谱中相应的峰叫分子离子峰。大部分有机化合物的质谱图中都有分子离子峰，分子本身的稳定性和分子结构决定了这个峰的相对强度。但有些化合物的分子离子峰非

常不稳定，所以表现出分子离子峰强度小甚至没有的情况。一般共轭结构的分子离子较稳定，峰也较强。如芳烃、共轭烯烃和脂环烃，分子离子峰都较强。而含支链烷烃和羟基化合物的分子离子较不稳定，分子离子峰很小或不出现。要使分子离子峰的强度增加，可以通过降低轰击电子束的能量来实现。

从本质来看，分子离子是带有一个正电荷的自由基型的正离子。因此，其质荷比即为化合物的分子量。在质谱图中正确识别分子离子峰，可得到化合物的分子量这一重要信息。

识别分子离子峰时要注意其质量数要符合含氮规则。分子离子是奇电子离子，这是判断分子离子峰的重要依据。

9.4.2.2 同位素离子

同位素离子是指含有同位素的离子。C、H、N、O、S、Cl 和 Br 等一些组成有机化合物的主要元素都具有同位素。在质谱图中，和同位素离子相对应的峰叫做同位素离子峰，由于同位素比一些常见元素重，故同位素离子峰都出现在常见元素峰的右侧附近。同位素离子峰的强度和该同位素的丰度相当，这对鉴定分子中是否含有硫、溴、氯原子十分有用，因为这些元素含有较丰富的高两个质量单位的同位素，并且在 M、M+2、M+4 处出现离子峰。二项式$(A+B)^n$可用来计算分子离子峰和同位素离子峰的强度比，式中 A 和 B 表示的是常见元素的天然丰度和同位素的天然丰度，n 表示的是此元素在分子中的数目，展开后系数的比值即为强度比。

9.4.2.3 碎片离子和重排离子

在电离室中分子离子发生键断裂生成的离子叫做碎片离子，重排裂解生成的离子叫做重排离子。裂解是按照一定的规律进行的，得到中间过渡态的活化能低。产物稳定的裂解反应较易进行。常见的裂解有：

（1）产生氮正离子、氧正离子、卤正离子的裂解

例如：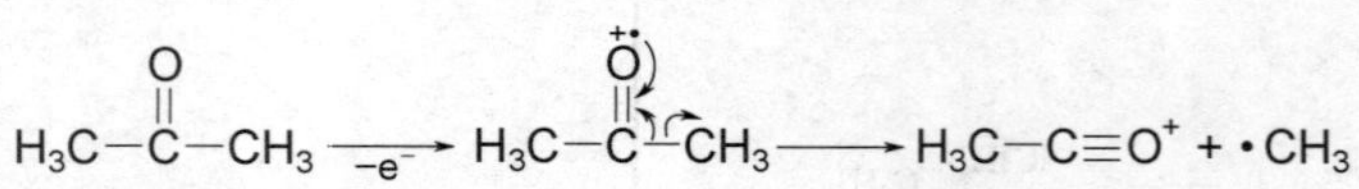

（2）产生碳正离子的裂解

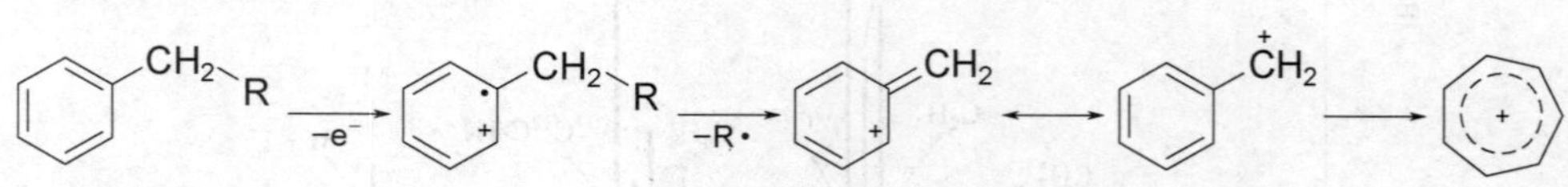

（3）脱去中性分子的裂解

官能团与氢结合的消除反应，丢失中性分子：

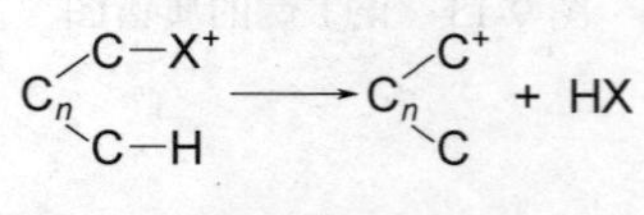

X = F、Cl、Br、I、OH、SH、$OCOCH_3$ 等。

芳香族化合物邻位取代引起中性碎片的丢失：

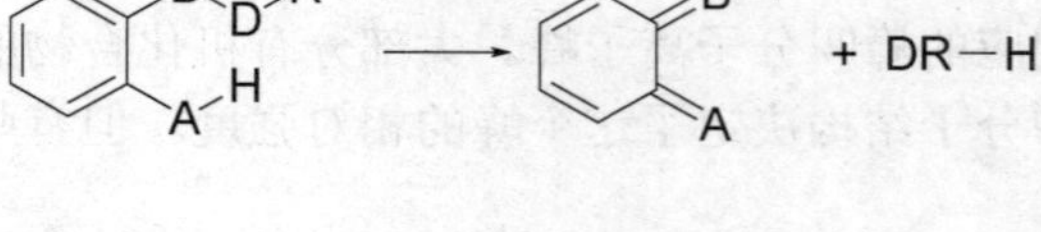

式中，DR = OH，OR，NH_2；A = CH_2，O，NH。

无规重排又叫随机重排，分子离子上有两个原子或基团交换，产生新离子。

9.4.2.4　亚稳离子

如果在离子源中产生的离子 m_1^+的分解反应速率常数 k 介于 $10^5\ s^{-1}$ 与 $10^6\ s^{-1}$ 之间，则 m_1^+不会在离子源中分解，而是在分析器中分解，在分析器中裂解产生的离子（m_3^+）叫做亚稳离子。原始的碎片离子裂解生成亚稳离子的同时常会失去一个中性分子，裂解情况表示为：

$$\underset{\text{原始碎片离子}}{m_1^+} \xrightarrow{\text{在分析器中裂解}} \underset{\text{亚稳离子}}{m_3^+} + \underset{\text{中性分子}}{(m_1-m_3)}$$

亚稳离子峰用 m^*表示，其质荷比可能不是整数。

9.4.2.5　多电荷离子

一些特别稳定的分子，例如芳香化合物和共轭化合物，其 π 电子可以稳定正电荷，因此，可以连续失去两个或多个电子，生成带两个或多个电荷的稳定离子，这种离子叫做多电荷离子。在质谱图中出现的是 $z = n$ 的离子峰。出现这类离子峰表明该化合物是一个非常稳定的物质。

9.4.2.6　母离子与子离子

任何离子因裂解进一步产生某离子，前者称为母离子，后者称为子离子。分子离子是母离子。

9.4.2.7　奇电子离子和偶电子离子

具有未配对电子的离子称为奇电子离子（又称游离基），反之即为偶电子离子，分子离子是奇电子离子，奇电子离子具有较高的活性，较易发生反应。

9.4.3　影响离子形成的因素

各种离子的形成虽可通过不同的途径，但影响因素可归纳为三类：①键的相对强度。②所产生的正离子的稳定性，这是一个重要的因素，直接影响键的断裂。键断裂除了形成正离子外，还形成中性分子和自由基，它们的稳定性当然对键断裂也有一定影响。③原子或官能团的空间相对位置对键的断裂也有影响。以上各种影响因素都和分子结构有关，在键断裂过程中，很难说哪一种是决定性的。一般情况下，断裂产物的稳定性是主要的，但是也有可能因不同因素的影响产生平行的两种或者多种断裂。

9.4.4　有机质谱中的电离方法

9.4.4.1　电子轰击电离（EI）

导入离子源［约在 10^{-6} Torr（1 Torr = 133.32 Pa）压力下工作］的样品经气化，在直角方向受到来自热丝（铼或钨丝等通电加热至 2000 ℃左右）的电子束的轰击，其气体分子被打掉或俘获电子生成正负离子，在推斥电极作用下离子离开离子源。电离能量可从 0～100 eV 任意调节，对有机物常用 70 eV 的电离能量。

分子被打掉一个电子成为未配对电子的正离子，叫做带正电荷的分子离子或母离子，即 $M-e^- \longrightarrow M^{+\cdot}$；得到一个电子则形成带负电荷的分子离子，即 $M+e^- \longrightarrow M^-$。

一般有机化合物的电离能为9～15 eV，因此样品受70 eV能量的电子轰击后，除了失去一个电子或得到一个电子形成分子离子外，处于激发态的分子离子进一步裂解形成碎片离子和游离基，即 $M^{+\cdot} \longrightarrow A^{+} + B^{\cdot}$；也有可能失去一个中性分子，即 $M^{+\cdot} \longrightarrow C^{+\cdot} + D$。

EI 叫硬电离，它是最常用的电离技术。其原因是 EI 法最易实现，谱图再现性好，有较多的碎片离子可供分析，对推测分子结构有利。但是EI谱的缺陷是大多数有机化合物分子离子峰很低，挥发性低和热稳定性差的有机化合物得不到分子离子峰。因此需采用软电离技术，它的主要优点是分子离子或准分子离子丰度大；缺点是碎片离子峰少，不利于结构分析。

9.4.4.2 化学电离（CI）

化学电离法的原理是在离子室中通入反应气（使压力上升到1 Torr左右），用200～500 eV能量的电子轰击。通常反应气分子首先电离，然后样品分子在高压力下与反应气离子发生离子-分子反应生成样品离子。反应气通常是甲烷、氨、异丁烷等气体。化学电离法虽然可准确地推定分子量，但是它要求样品必须先经汽化才可以解离。对于那些不稳定的和挥发性低的样品不太适用。

9.4.4.3 场电离（FI）和场解吸技术（FD）

这两种方法实验装置基本上是一样的。采用FI时将样品变成气态通过电极而电离，而采用 FD 时需将样品溶解在溶液中，沾在电极上的溶剂挥发后样品沉积在电极上逐渐解吸电离。

9.4.4.4 快速原子轰击电离（FAB）

对一些用FD电离仍有困难的化合物，可用FAB技术完成分析。其原理是将试样分散于一种底物（常用的底物有甘油、硫代甘油、二乙醇胺等高沸点极性溶剂）中，最好是溶解在所选择底物中，再将试样溶液涂布在金属靶上，直接插入FAB源中，用加速到数千电子伏特、获得较大动能的惰性气体离子（早期曾用中性原子）对准靶心“轰击”。快速原子的大量动能以各种方式消散，其中一些能量导致样品蒸发和解离，进入气相，并被导入质谱仪分析区，分离、检测。

在FAB质谱中，测得的主要是各种偶电子离子以及它们与底物分子复合而形成的复合离子，如 $(M+H)^+$、$(M+H+G_0)^+$（G_0 代表中性甘油分子）等等。根据复合离子的质量即可求出分子量。

这种软电离技术的优点是灵敏度高，谱图再现性好，对各种高极性、难挥发的有机化合物，都可分析得到 M^+、$(M+H)^+$、$(M+H+G_0)^+$，以及少数碎片离子。

9.4.5 常见几类化合物的 *m*/*z* 值

9.4.5.1 烃类

正癸烷的质谱图见图9-14。

m/*z* 为15、29、43、57等峰之间相差14（—CH_2—）。这些峰所表征的离子都是奇数离子，质量稳定，丰度较大。还有 *m*/*z* 为27、41、55等离子失去二个H，即为烯基。

支链烷烃还会出现 *m*/*z* 为71（$C_2H_5CH^+C_2H_5$）、85（$C_2H_5CH^+C_3H_7$）等离子峰。

9.4.5.2 芳烃

由于芳烃类化合物含有苯环结构，因此，其分子离子峰稳定，分子离子峰强度增大。

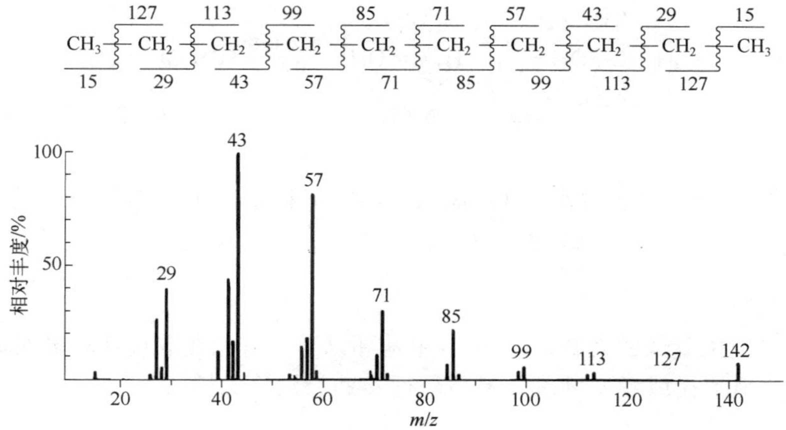

图 9-14　正癸烷的质谱图

① 当有侧链存在时，一般发生 α-断裂（苄基裂解），环扩张后得到环庚三烯正离子。

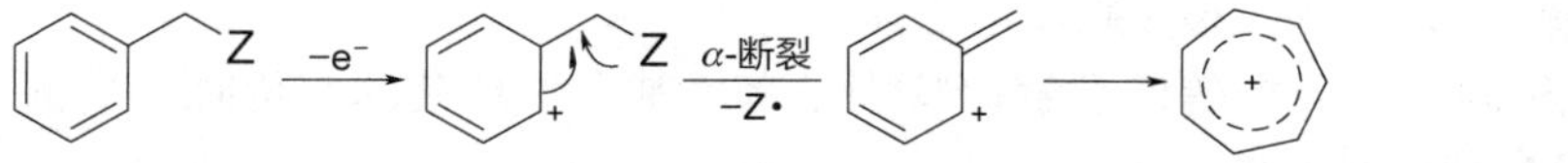

苯和环庚三烯正离子逐级丢失乙炔分子，得到 m/z 为 39、51、65 等离子。因此在质谱图中表征芳环的 m/z 为 39、51、65、77、91、105 等。

② 侧链发生断裂：

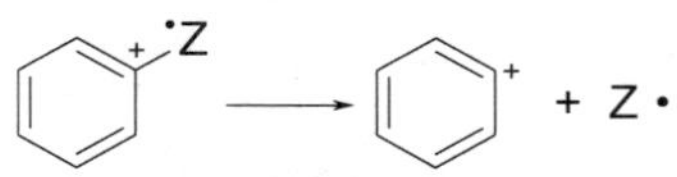

③ 当取代基上有 γ-氢时，发生麦氏重排。

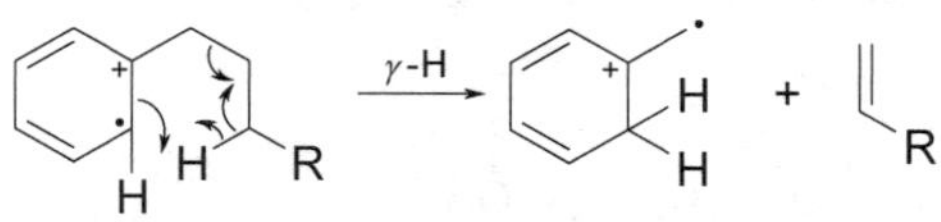

④ 受邻位效应的影响，邻位二取代的芳香化合物会脱掉中性碎片。

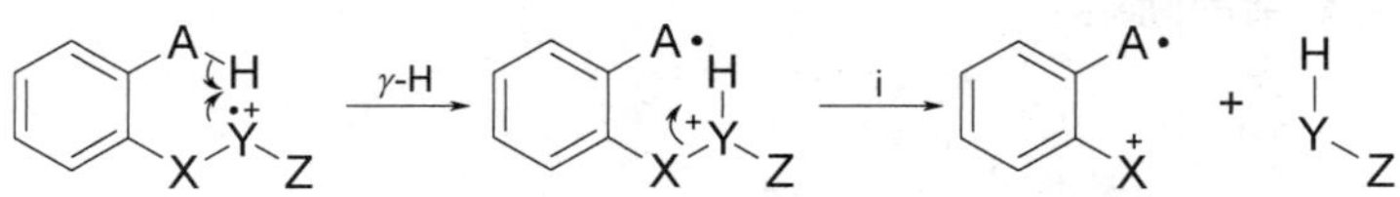

⑤ RDA 断裂：

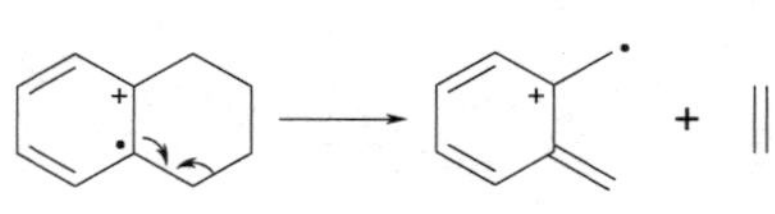

9.4.5.3　醇类

伯醇、仲醇的分子离子峰强度很小，叔醇的分子离子峰测不出来。醇的断裂方式主要有 α-断裂、脱水和复杂裂解三种。

（1）α-断裂

醇的分子离子容易发生 α-断裂，较大的 R 基团会优先丢失，形成稳定的离子系列，之后经过 γ-氢重排和 α-断裂得到新的离子。在质谱图上也存在先发生 α-断裂丢失其他 R 基团之后重排和 α-断裂的峰。

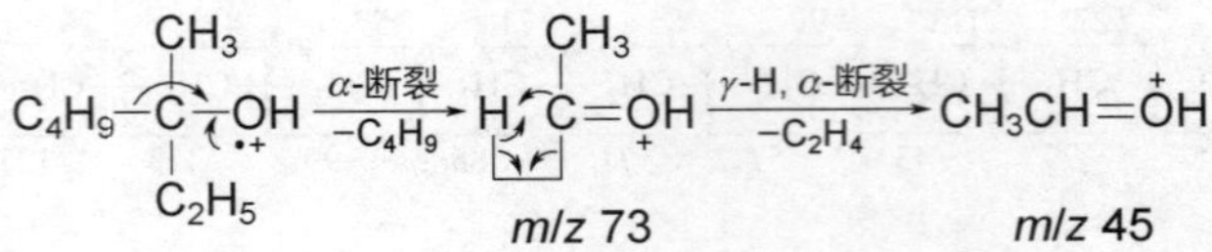

（2）脱水

可以发生1,2-脱水、1,3-脱水或1,4-脱水，其中1,4-脱水的产物可进一步裂解。

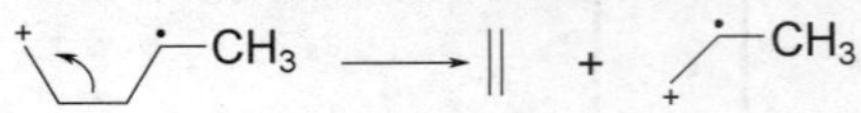

（3）复杂裂解

脂环醇可以发生复杂的裂解，例如2-甲基环己醇，首先在取代基较多的环键处发生α-断裂，之后发生氢重排或者α-断裂，最后进行α-断裂消除乙烯。

9.4.5.4 酚类

由于酚类化合物拥有稳定的苯环结构，因此分子离子峰很强。

① 酚类存在$(M—CO)^{+\cdot}$奇电子离子峰的裂解特征，m/z为（M−28），也存在$(M—HCO)^{+}$峰的裂解，形成（M−29）峰。

② 甲酚、多元酚等的裂解，特别是有甲基在酚羟基的邻位时，受到“邻位效应”影响会产生$(M-18)^{+\cdot}$峰即失去水。

9.4.5.5 醛和酮

芳香族的醛、酮分子离子峰很强，而脂肪醛、酮的分子离子峰强度和分子量有关，分子量增加分子离子峰强度反而减小。

（1）α-断裂

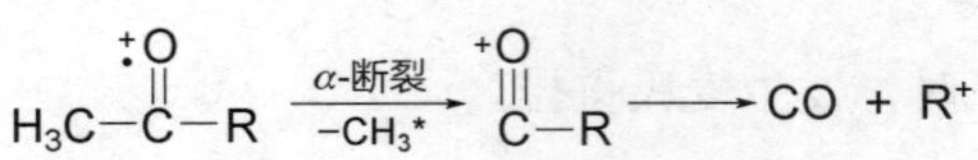

（2）麦氏重排

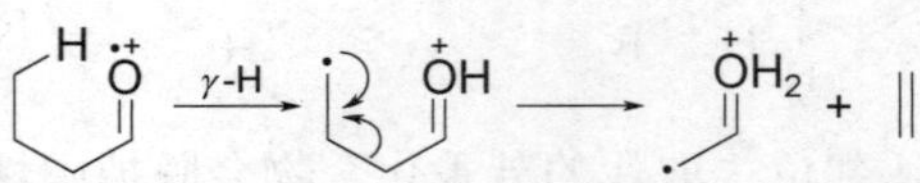

（3）环酮发生复杂的断裂

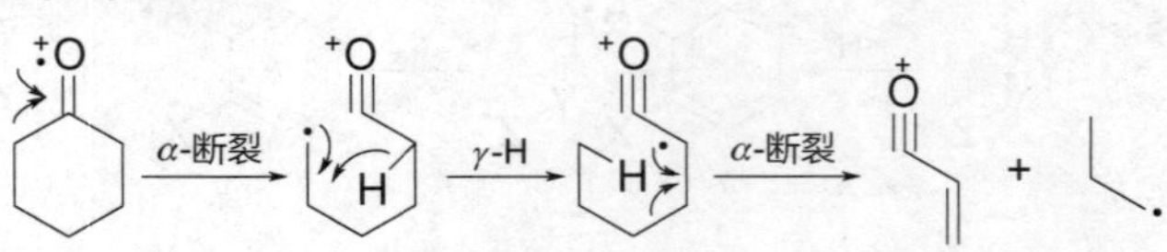

（4）芳香醛的断裂

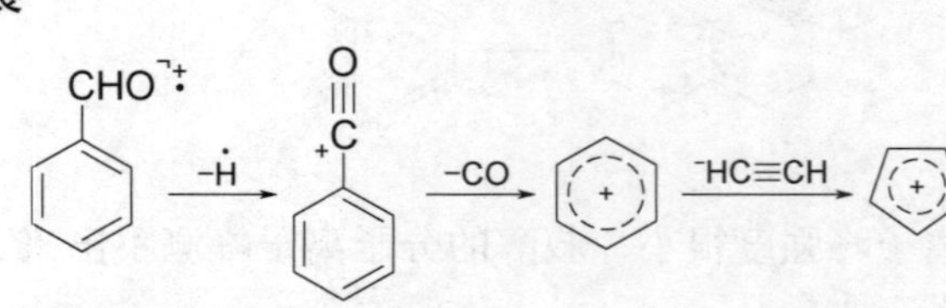

（5）芳香酮发生的主要是α-断裂

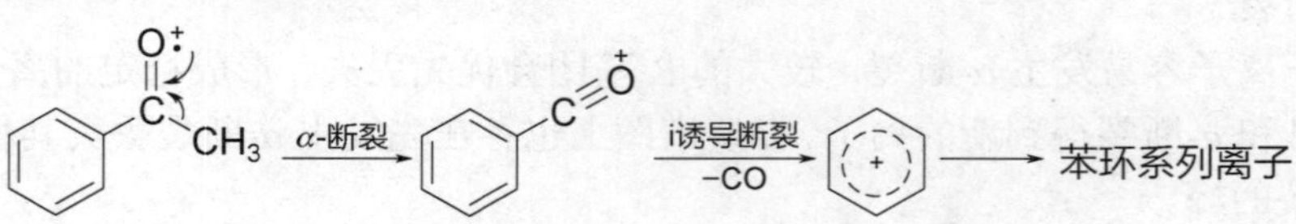

9.4.5.6　羧酸及酯类

脂肪族一元羧酸分子离子峰很弱，随着共轭的增多分子离子峰会增强。芳香族酸及酯的分子离子峰很强。一般有以下断裂方式：

（1）α-断裂与 i 诱导断裂同时发生

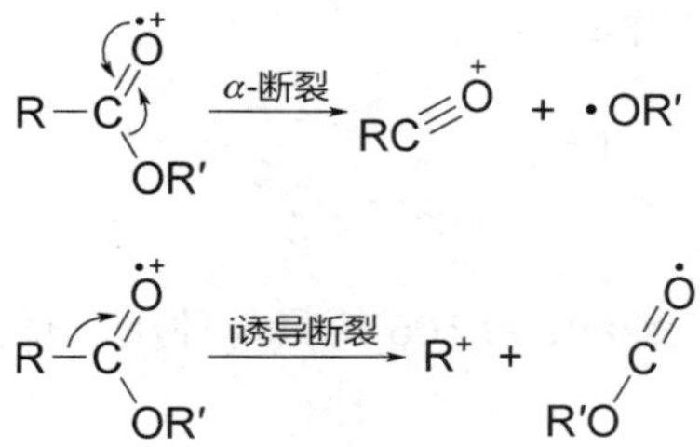

（2）有 γ-氢时发生氢重排

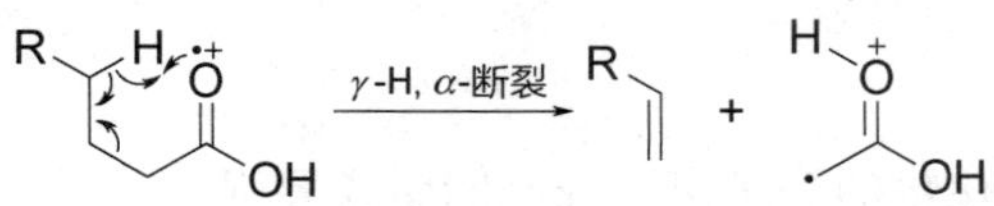

（3）部分酯还可以发生双氢重排

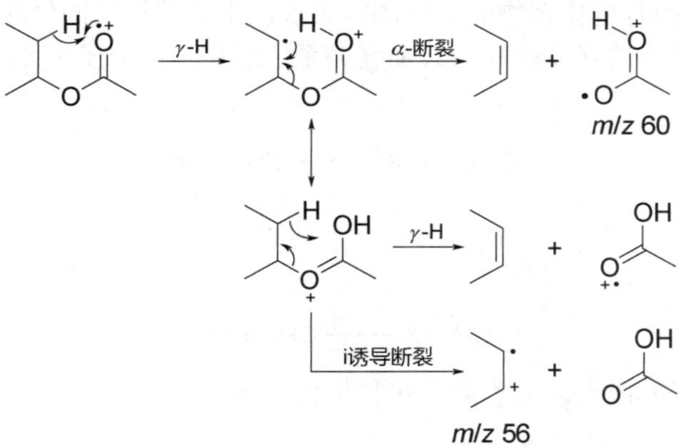

9.4.5.7　胺类

脂肪胺的分子离子峰一般较弱，芳香胺和环胺的分子离子峰通常很强。一般会发生以下裂解方式：

① α-断裂：

当 α 位有多个取代基时，发生 α-断裂，较大的取代基优先丢失，并且会伴随有氢的重排：

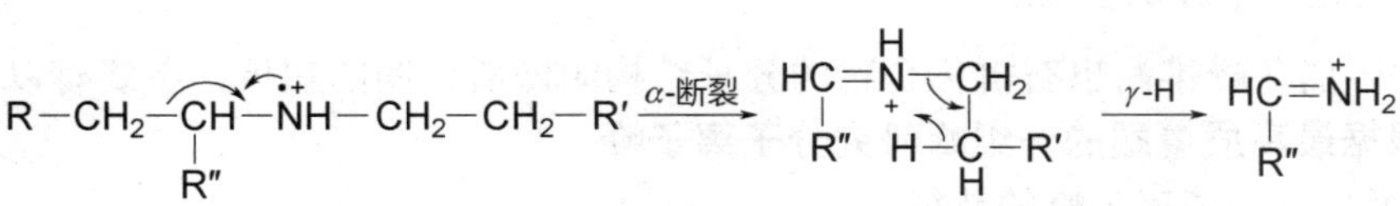

② 正烷基的伯胺发生 γ d 反应，得到最强的峰 m/z 为 86：

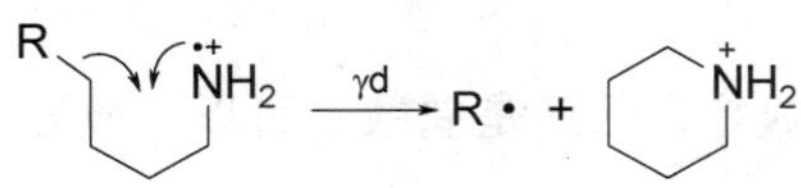

m/z 86

③ 环状胺的裂解较为复杂：

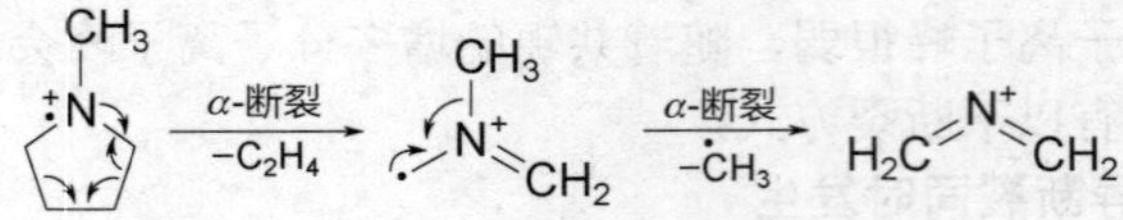

④ 芳胺丢失 HCN 导致的裂解：

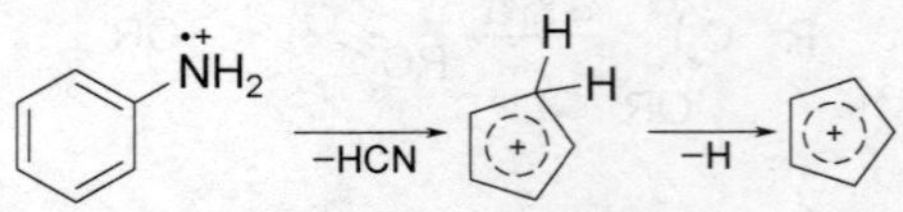

⑤ 烷基芳胺发生 α-断裂得到 m/z 为 106 的氨基环庚三烯正离子。

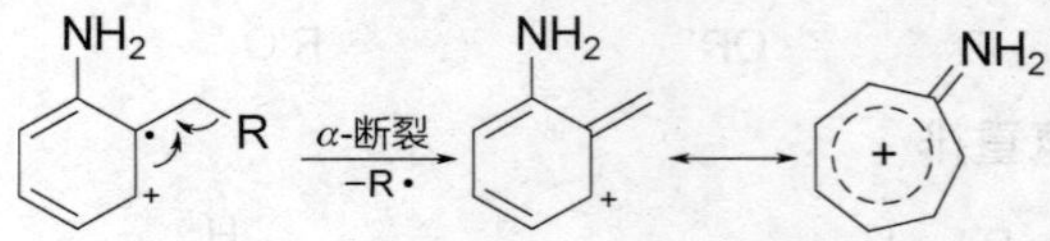

9.4.5.8 卤化物

显而易见，芳香族卤化物的分子离子峰比脂肪族要强。对于一个给定的卤原子，其分子离子峰随分子量及叉链的程度的增强而减弱。

① 含有 Cl、Br 的有机化合物的质谱图能表现出十分特征的同位素峰，在 M、（M+2）、（M+4）、（M+6）区域峰的强度很高，其强度关系，能指示出分子中 Cl、Br 原子的个数。

② α-断裂：

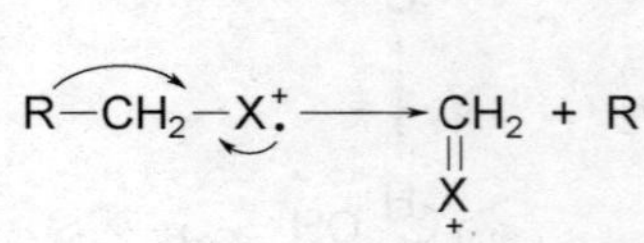

③ i 诱导断裂：

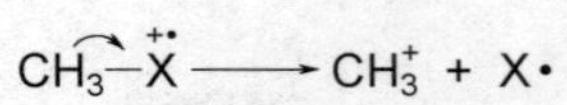

④ 脱 HX 类似于醇脱水，芳香族卤化物失去卤素：

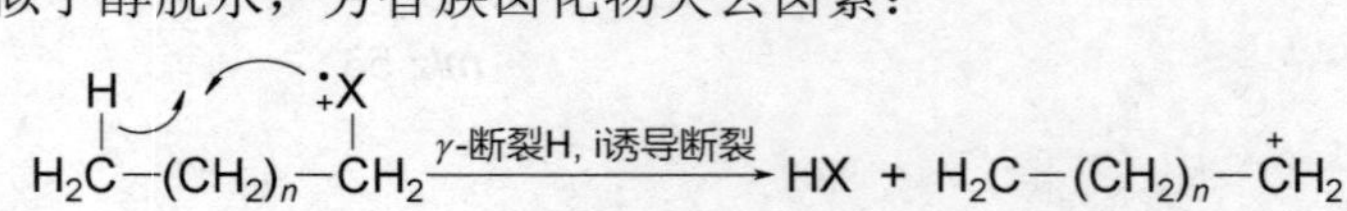

⑤ γ d 置换反应：

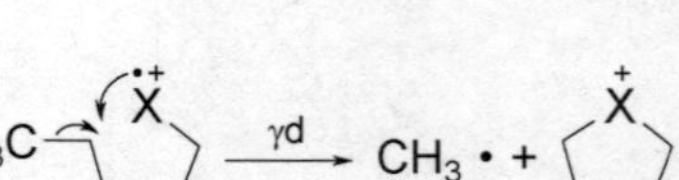

9.4.6 质谱图的解析步骤

从质谱图的各峰推断出有机化合物的分子结构叫做质谱图的解析，主要有以下几步：

（1）根据最高质量端的一组峰研究分子离子峰

① 是否具有分子离子峰的特征。

② 根据分子离子峰强度的大小，大体上可以知道该物质是芳香族化合物还是脂肪族化合物。

③ 根据分子离子的质量数是奇数还是偶数，可以大概知道此化合物含有偶数个氮、不含氮还是含有奇数个氮。

④ 由同位素峰群相对强度的大小，可以知道是否含有 Br、Cl、S 等元素。

⑤ 求出化合物的分子式和不饱和度。

（2）研究碎片离子的情况

① 特征断裂是否明显，由此可估算出化合物的结构类型或裂解类型。

② 根据碎片离子的质量推断碎片离子的元素组成，估算化合物的结构类型。

③ 重要离子质量的奇偶数特性可说明是重排过程还是 Diers-Alder 反应。

④ 高分辨质谱分析可给出这些离子的化学组成。

（3）列出部分结构单元

① 有哪些结构单元。

②“亚稳峰”是否指出各主要离子之间的某些关系。

③ 根据各结构单元算出不饱和度与原子数。

④ 除了这些结构单元以外，其余部分可能是什么。

（4）推断结构式

① 将各结构单元和剩余部分结构，按所有可能的结合方式联结起来。

② 用质谱或其他数据，舍去不合理的结构式，即得到比较合理的结构式。

9.4.7 质谱的应用

9.4.7.1 分子量的测定

分子量可用质谱仪来测定，分子离子的质量与轻同位素的原子组成的分子量相等，所以，精确的分子量可根据有机质谱中分子离子峰确定。因许多有机化合物可得到分子离子峰，采用软电离离子源是非常方便的，可直接测定分子离子。分子离子峰多数以 M+1（M+H），M+23（M+Na），M+39（M+K）等峰出现。

9.4.7.2 分子式的确定

使用质谱确定分子式，一般有高分辨质谱法及同位素丰度法两种。同位素丰度法是指在确定了分子离子后，在低分辨质谱仪中以分子离子峰的峰高为基峰求出 M+1、M+2 同位素峰的相对强度，根据 Beynon 表确定分子式。高分辨质谱法可给出精确的分子量，可根据分子量推导出分子式。

9.4.7.3 分子结构的推断

有机化合物的结构也可以用质谱来测定。对质谱图进行详细分析，可以把分子裂解的碎片进行合理拼接，以此推断出有机化合物的结构。在寻找各峰之间的母子关系来推测结构时，亚稳峰的检测与分析是非常重要的。

拓展阅读

二维核磁共振图检测手性物质

某物质与它的镜像（物质）不能完全重叠，该物质即称为手性物质。自然界中手性物质的两个对映体的存在量是不同的，有的仅以单一构型存在。核磁共振（NMR）技术是一种基于原子核在磁场中发生共振现象的分析技术，广泛应用于医学、化学、材料科学等多个领域，通过检测氢原子的核磁共振信号，生成相应的谱图。NMR 能够清晰显示氢原子的位置、强度，对于物质发现具有重要意义。

许多天然存在的手性小分子也主要以单一构型存在，这种现象称为手性优择。手性优择使作为生命活动重要基础物质的生物大分子如核酸、蛋白质、酶等以及受体、离子通道等具有不对称的性质，因此当手性化合物的两个对映异构体与这些生物大分子作用时，就会显示不同的作用方式，产生不同的效果。例如，抗菌药氧氟沙星最开始研发出来是外消旋体化合物，后来研究发现右旋的结构无效，因此又研发出左旋氧氟沙星，使得药效提高、用药量减小。

从 1992 年 FDA 开始要求手性药物在研发的新药中所占比例逐年增加，手性药物的 NMR 鉴定方法变得尤为重要。

NOESY/ROESY 谱属于二维核磁共振谱，是一种同核相关的二维技术，此技术检测的是化合物分子中氢原子与氢原子之间的绝对空间距离（空间中偶极-偶极相互作用），当质子空间距离小于 0.4 nm 时，便可观测到，被记录到谱图上。这项技术的最直接应用是判断化合物构象以及相对构型，因此在现代结构解析中的重要性是不可替代的，它可向化学家提供分子的三维结构信息，但不能判断绝对构型。一般情况下，选择二维试验（2D-NOESY/ROESY）是简单而高效的，做一次试验可以看到分子结构中所有的 NOE 信息。另外，若观测的氢谱信号（待激发峰）与邻近峰非常接近，比如小于 25 Hz，一维试验分不开，必须用二维试验。通常，NOESY 试验适合小分子（分子质量<1000 Da）和大分子（分子质量>2000 Da），混合时间一般设置 0.5 ~ 0.8 s；ROESY 试验适合中等大小分子（分子质量在 1000 ~ 3000 Da），混合时间参数一般选择 0.2 ~ 0.4 s。

然而，为了做好 NOESY 试验，除了设置好上述提到的混合时间，还需要注意以下几点：①样品浓度不要太高，也不能太低，10 mg 左右。②样品需除去氧气。③固定测试温度。一般情况常规温度在 20 ~ 25 ℃即可，非常必要时可选择低温核磁。④分子质量在 800 ~ 1200 Da 之间的不太容易出 NOE 信号，可以尝试 ROESY 试验，尝试修改混合时间。⑤分子大小、分子形状、溶液情况（黏度、温度、pH）对试验结果都有影响，可以尝试更改不同场强的谱仪、更换溶剂、调节温度等。

参考答案

习题

一、选择题

1. 下列方法中，（　　）主要用于确定有机化合物中的官能团。

A. 核磁共振氢谱（^{1}H-NMR）　　B. 红外光谱（IR）

C. 质谱（MS）　　D. 紫外-可见光谱（UV-Vis）

2. 红外光谱中，羰基（C=O）的伸缩振动吸收峰一般出现在（　　）。

A. 1750～1700 cm^{-1}　　B. 3600～3200 cm^{-1}

C. 3000～2800 cm^{-1}　　D. 1300～1000 cm^{-1}

3. 质谱分析中，离子源的作用是（　　）。

A. 将样品离子化　　B. 分离离子

C. 检测离子　　D. 记录离子信号

4. 以下波谱技术中，（　　）对鉴定有机化合物的纯度最有帮助。

A. 红外光谱　　　　　　　　　　　　　B. 核磁共振氢谱

C. 质谱　　　　　　　　　　　　　　　D. 紫外-可见光谱

二、填空题

1. 红外光谱是基于分子的__________跃迁产生的吸收光谱。

2. 质谱的基本原理是将样品分子____________后，按其质荷比（m/z）大小进行分离和检测。

3. 紫外-可见吸收光谱主要反映分子中的__________跃迁。

4. 在 ^{1}H-NMR 谱中，多重峰的数目可以用__________规则来预测。

5. 质谱图中，__________离子峰是确定化合物分子量的重要依据。

6. 核磁共振谱中，化学位移的单位是__________。

三、简答题

1. 什么是核磁共振？核磁共振定性和定量分析的依据是什么？影响化学位移的因素有哪些？

2. 实际上，绝大多数化合物在红外光谱图上出现的峰数远小于理论计算的振动数，即一般观察到的振动数要少于简正振动数，其原因是什么？

第10章

醇、酚、醚

脂肪烃分子中的氢原子或芳香烃侧链上的氢原子被羟基取代后的化合物称为醇。羟基是醇的官能团，其通式为 R—OH。醇（alcohol）、酚（phenol）、醚（ether）都是烃的含氧衍生物。

10.1 醇

10.1.1 醇的分类和命名

醇可以看作是烃分子中的氢原子被羟基取代后生成的衍生物。羟基（—OH）为醇的官能团。

10.1.1.1 分类

醇按羟基所连接的碳原子是伯碳、仲碳和叔碳原子，分别称为伯醇、仲醇和叔醇。如：

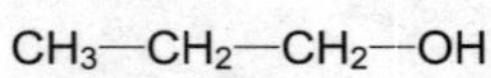

伯醇

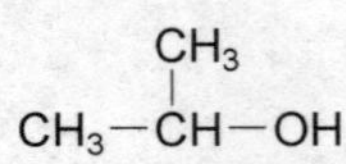

仲醇

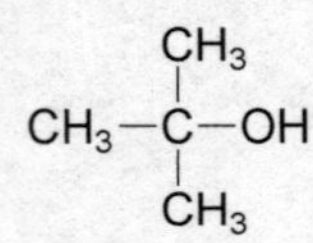

叔醇

根据醇羟基所连的烃基种类可分为饱和醇、不饱和醇和芳香醇。羟基与饱和烃基相连的称为饱和醇，羟基与不饱和烃基相连的称为不饱和醇，羟基与芳烃基相连的称为芳香醇。如：

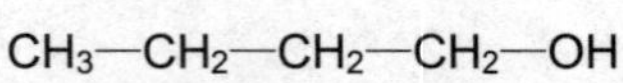

饱和醇

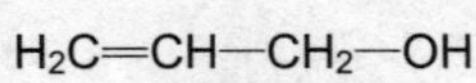

不饱和醇

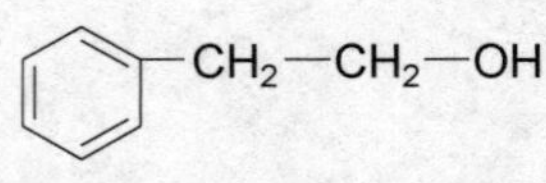

芳香醇

根据羟基的数目多少，可分为一元醇、二元醇、三元醇等。含有两个及以上羟基的醇，称为多元醇。例如：

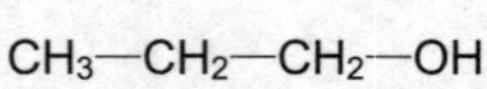

一元醇

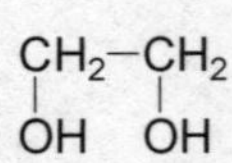

二元醇

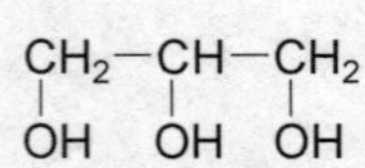

三元醇

10.1.1.2 命名

(1) 普通命名法

对于结构简单的一元醇可采用普通命名法命名，一般在烃基名称后加上“醇”字即可。如：

CH_3CH_2OH

乙醇

ethyl alcohol

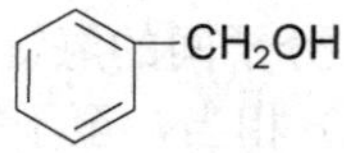

苯甲醇

benzyl alcohol

（2）系统命名法

结构比较复杂的醇可采用系统命名法命名。命名时，选择连有羟基的最长碳链作为主链，把支链看作取代基；主链中碳原子从靠近羟基的一端开始编号，按照主链中所含碳原子数目称为某醇；取代基的位次、名称及羟基的位次写在母体名称的前面。例如：

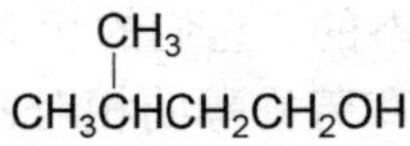

3-甲基-1-丁醇

3-methyl-1-butanol

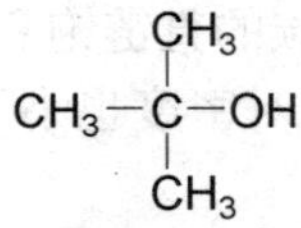

2-甲基-2-丙醇

2-methyl-2-propanol

芳香醇的命名，一般将苯基作为取代基，如：

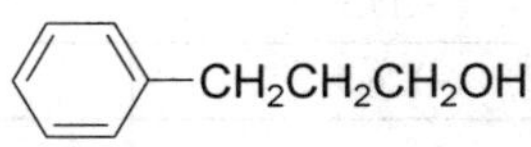

3-苯基-1-丙醇

3-phenyl-1-propanol

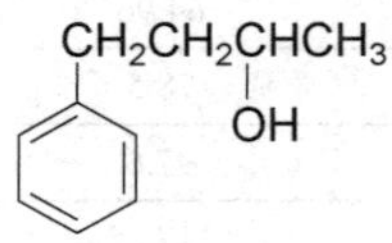

4-苯基-2-丁醇

4-phenyl-2-butanol

多元醇的命名，应尽可能选择含有多个羟基的碳链为主链。例如：

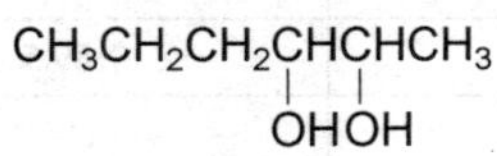

2,3-己二醇

2,3-hexanediol

对不饱和醇命名时应选择连有羟基和不饱和键在内的最长链为主链，根据碳原子数命名为某烯（炔）醇，编号时，从靠近羟基端开始。书写时，需注明羟基和不饱和键的位次。如：

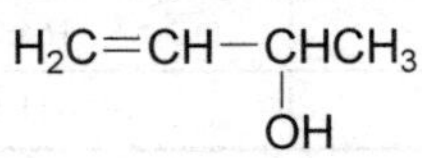

3-丁烯-2-醇

3-buten-2-ol

10.1.2　醇的物理性质

醇分子含有羟基，可以形成分子间氢键，故低级醇的沸点通常比分子量相近的烷烃高得多。但随着分子量的增大，形成分子间氢键的能力越来越弱，因此，这种差别逐渐变小。

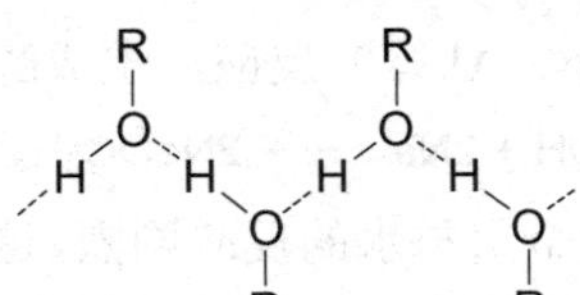

对于饱和的直链低碳一元醇，随着分子量的增加，其沸点也明显升高，一般每增加一个 CH_2，沸点升高 18～20 ℃左右，在分子量相同时，直链醇的沸点要高于有支链的醇。多元醇

由于羟基数目的增多，分子间的氢键作用更强，其沸点更高，如乙二醇的沸点（197 ℃）与正辛醇的沸点（195 ℃）相当，至于季戊四醇，由于羟基数目进一步增多，分子间力增大，加上分子的对称性高，所以，常温下以固体存在，其熔点高达 260 ℃。

虽然醇可以与水形成氢键，但只有较低级的醇才能与水混溶，如甲醇、乙醇、丙醇等。在直链的一元醇中，随着烃基所含碳原子数的增多，醇的溶解度大幅度地减小，六个碳以上的伯醇在水中的溶解度已经很小了。在芳香醇中，由于芳环的存在，溶解度都很小。多元醇分子中含有两个以上的羟基，可以形成更多的氢键，故分子中所含的羟基越多，在水中溶解度越大。常见的一些二元醇、三元醇可与水互溶。

在常温下，低于 12 个碳的直链饱和一元醇是液态的，它们的相对密度在 0.7900～0.8300 之间，其他液态一元醇的相对密度也小于 1，多元醇和芳香醇的相对密度则大于 1。一些常见醇的物理常数见表 10-1。

表 10-1　一些常见醇的物理常数

名称	沸点/℃	熔点/℃	相对密度（20 ℃）
甲醇	64.96	−93.9	0.7914
乙醇	78.5	−117.3	0.7893
正丙醇	97.6	−126.5	0.8035
正丁醇	117.25	−89.35	0.8098
正戊醇	137.3	−79	0.8144
正十二醇	255.9	26	0.8309
正十六醇	344	50	0.8176
2-丙醇	82.4	−89.5	0.7855
2-丁醇	99.5	−114.7	0.8063
2-戊醇	118.9	—	0.8103
环戊醇	140.85	−19	0.9478
环己醇	161.1	25.15	0.9624
苯甲醇	205.35	−15.3	1.0419
三苯甲醇	380	164.2	1.199
乙二醇	198	−11.5	1.1088

10.1.3　醇的化学性质

在醇分子中，由于氧的吸电子诱导效应（−I 效应），O—H 键间的电子云偏向氧原子，有利于氢原子被取代；C—O 键也是极性键，容易断裂，羟基可被取代。

10.1.3.1　醇与活泼金属的反应

醇可与活泼金属（K、Na、Mg、Al 等）反应，生成醇的金属化合物并放出氢气。

$$2C_2H_5OH + 2Na \longrightarrow 2NaOC_2H_5 + H_2\uparrow$$

醇和活泼金属的反应没有活泼金属与水的反应剧烈，这是因为烃基的给电子诱导效应（+I 效应）使羟基中氧原子上的电子云密度增加，减弱了氧原子吸引 O—H 键间电子云的能力，使醇中 O—H 键的极性较水中 O—H 键的极性弱，氢原子的活性相对减弱。烃基的给电子能力越强，羟基中氢原子的活性越低。

10.1.3.2 羟基的取代反应

与卤代烃相似，醇分子中的羟基也可被一些阴离子基团取代，如醇能与 HX、$SOCl_2$、PCl_5 等作用生成卤代烃。

醇与氢卤酸反应，生成卤代烃：

$$R—OH + HX \longrightarrow R—X + H_2O$$

对于相同的醇，不同的氢卤酸的反应活性次序：HI＞HBr＞HCl＞HF；而对于相同的氢卤酸，不同的醇的反应活性次序则是：叔醇＞仲醇＞伯醇。

对于不多于六个碳的醇，可以用卢卡斯（Lucas）试剂来鉴别伯、仲、叔醇。卢卡斯试剂是浓盐酸与无水氯化锌的混合物，当被检验的醇与之作用时，由于生成的氯代烷不溶于卢卡斯试剂，反应体系出现浑浊和分层的现象。在室温下，叔醇或烯丙醇与卢卡斯试剂立即反应并出现浑浊现象，仲醇与卢卡斯试剂作用数分钟之后也可出现浑浊现象，而一般的伯醇在室温下与卢卡斯试剂的反应十分缓慢，在加热下才渐渐有浑浊现象出现。

醇与氢卤酸反应的机制与卤代烃的亲核取代反应机制相类似，甲醇和多数的伯醇按 S_N2 机制进行，其他的醇按 S_N1 机制进行。醇与氢卤酸按 S_N1 机制进行卤代反应时，常有重排现象，即卤代烷中的烷基和原来醇中烷基的结构不一定相同。例如：

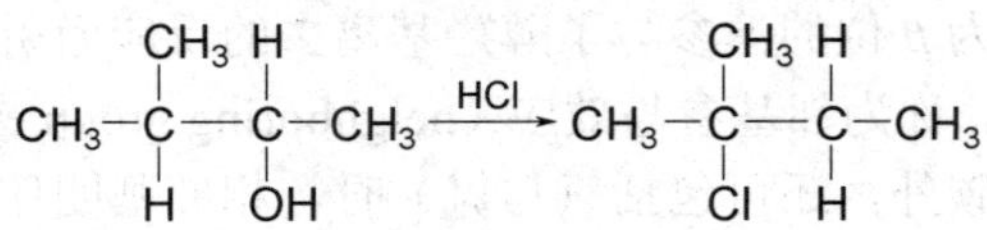

这是由于反应过程中，碳正离子不稳定而发生了重排反应。

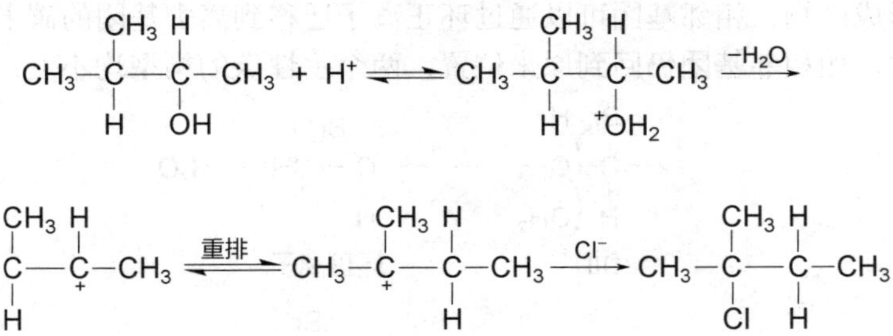

又如：

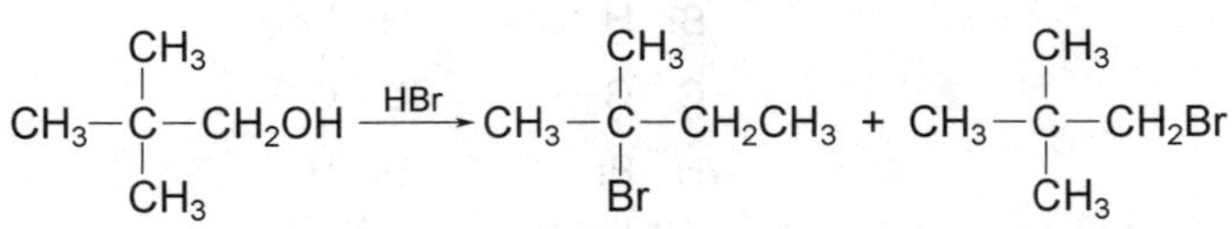

主要产物　　　　次要产物

这是因为新戊醇 α-碳上叔丁基位阻较大，阻碍了亲核试剂的进攻而不利于 S_N2 历程的进行，所以，反应按 S_N1 历程进行。反应过程中的伯碳正离子重排为较稳定的叔碳正离子，而后与 Br^- 结合，所以，2-甲基-2-溴丁烷为主要产物。

大多数伯醇的卤代反应之所以不发生重排，是由于它们与氢卤酸的反应是按 S_N2 历程进行的。

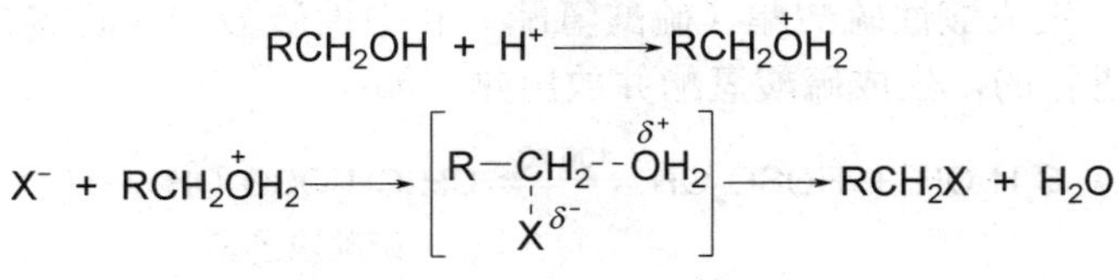

光活性的赤型的 α-溴代醇（ⅰ）用浓氢溴酸处理，得内消旋的二溴化物（ⅱ），如光活性的苏型 α-溴代醇（ⅲ）用浓氢溴酸处理，得外消旋体二溴化物（ⅳ）、（ⅴ）：

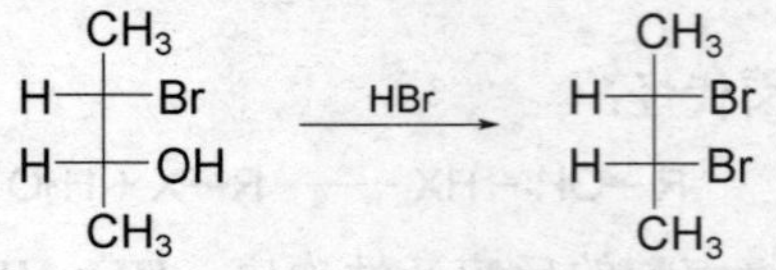

（ⅰ）赤型　　（ⅱ）内消旋

(2*R*,3*S*)-3-溴-2-丁醇

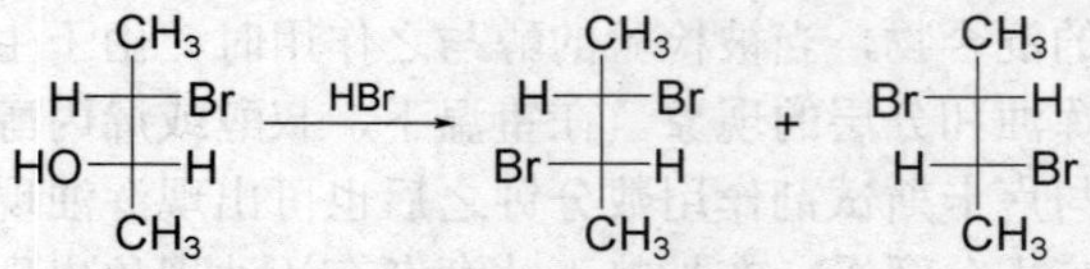

(ⅲ) 苏型　　(ⅳ)　　(ⅴ)

外消旋

当（ⅲ）形成（ⅳ）时，两个手性碳构型均不变，而（ⅲ）变成（ⅴ）时，两个手性碳构型均发生转化。这是因为 β 位的溴参与了醇羟基离去的反应而引起的，这种相邻基团在离去基团离去时所作的帮助，称为邻基参与效应（neighboring group effect）。当分子内要形成一个缺电子的碳正离子（除碳外，还可包括氧与氮）时，相邻基团作为一个内部的亲核试剂向这个反应中心的碳进攻，帮助离去基团离去，这样形成了中间体环正离子，然后外部的亲核试剂进攻，形成产物，相邻基团可以通过环正离子迁移到离去基团的碳上，这时两个手性碳的构型均转化，如相邻基团仍回到原来位置，两个手性碳的构型均不变：

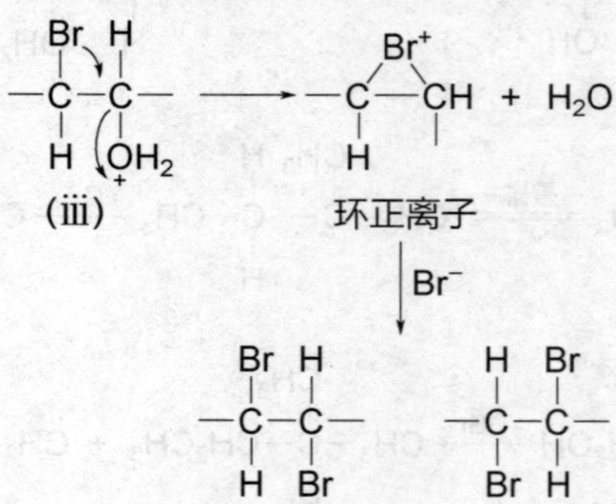

(ⅲ)　　环正离子

(ⅳ)　　(ⅴ)

邻基参与效应，不仅可以在上述立体化学中表现出来，也可以通过反应速率（特别快）表现出来，因为相邻基团的空间位置合适，而且 S_N2 历程是分子内的反应（intramolecular reaction），因此比分子间的反应速率快。

10.1.3.3　与无机含氧酸的反应

（1）与硫酸的反应

醇与硫酸反应，生成酸性硫酸酯（硫酸氢酯）和中性硫酸酯（硫酸二酯）。伯醇与浓硫酸的反应是很容易进行的，生成硫酸氢酯并放出热。如：

$$C_2H_5OH + HOSO_2OH \xrightleftharpoons{100\ ^\circ C} \underset{\text{硫酸氢乙酯}}{CH_3CH_2OSO_2OH} + H_2O$$

$$CH_3CH_2OSO_2OH + HOSO_2OCH_2CH_3 \xrightarrow{\text{蒸馏}} \underset{\text{硫酸二乙酯}}{CH_3CH_2OSO_2OCH_2CH_3} + HOSO_2OH$$

反应温度的控制很重要，温度过高将会有醚或烯烃生成，而且也会容易发生炭化作用。叔醇与浓硫酸作用在加热的条件下，得到的主要产物是烯烃。

（2）与硝酸的反应

丙三醇与硝酸反应生成甘油三硝酸酯：

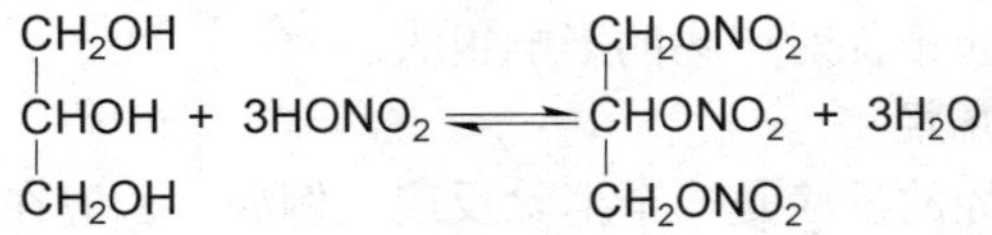

伯醇与硝酸反应可以顺利地生成硝酸酯，硝酸酯是极不稳定的物质，它受热后会发生快速分解甚至引起爆炸。多元醇的硝酸酯是烈性炸药。

（3）与磷酸的反应

磷酸是一个三元酸，它与醇作用可以得到磷酸二氢酯和磷酸一氢酯，但不能通过磷酸与醇直接作用来制备磷酸三酯，因为磷酸三酯的水解是很容易发生的。

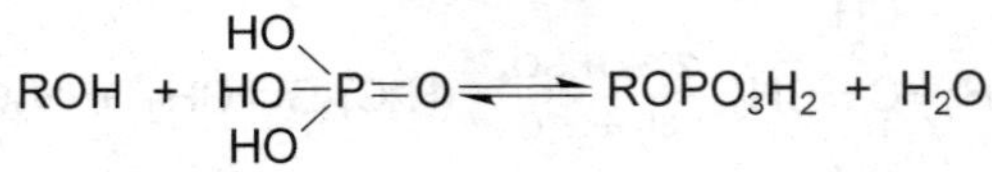

$$ROH + ROPO_3H_2 \rightleftharpoons (RO)_2PO_2H + H_2O$$

磷酸三酯是由醇和三氯氧磷作用制得的，它是一类很有用的化合物，常用于制取农药和用于增塑剂及萃取剂等。

$$3n\text{-}C_4H_9OH + POCl_3 \longrightarrow (n\text{-}C_4H_9O)_3PO + 3HCl$$

（4）与亚硫酰氯的反应

若用亚硫酰氯和醇反应，可直接得到氯代烷，同时生成二氧化硫和氯化氢两种气体，在反应过程中这些气体都离开了反应体系，这有利于反应向生成产物的方向进行，该反应不仅速率快、反应条件温和、产率高，而且不生成其他副产物。一般加入过量的亚硫酰氯并保持微沸，是一个好的制氯代烷的方法：

$$ROH + \underset{\text{亚硫酰氯}}{SOCl_2} \xrightarrow[\text{pd 79 °C}]{\triangle} RCl + SO_2\uparrow + HCl\uparrow$$

反应机理如下：

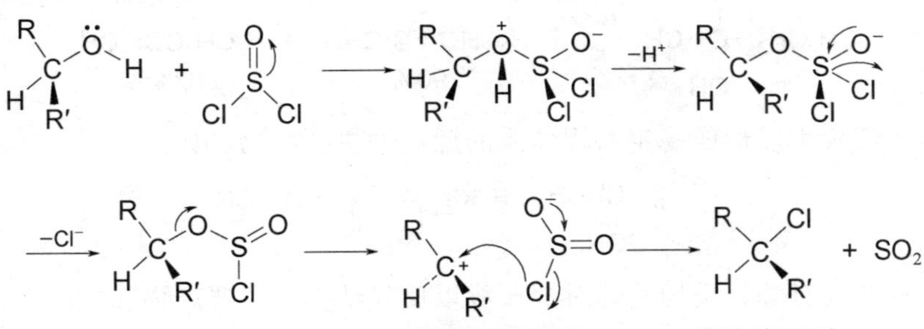

氯代亚硫酸酯　　　　紧密离子对

从上式可以看出反应过程中先生成氯代亚硫酸酯，然后分解为紧密离子对，Cl^-作为离去基团（^-OSOCl）中的一部分，向碳正离子正面进攻，即“内返”，得到构型保持的产物氯代烷。在低温时，可以分离出该中间产物氯代亚硫酸酯，经加热分解成氯代烷和二氧化硫。这说明上述反应机制与实际相符，而且取代犹如在分子内进行，所以叫它分子内亲核取代反应，以 S_Ni 表示（intramolecular nucleophilic substitution），不过这种取代反应较少。经过反应，原羟基所连的碳原子仍然保持着原来的构型，只是氯原子占据了羟基所在的位置。

10.1.3.4 脱水反应

醇与无机含氧强酸的反应不仅可以生成酯，由于反应温度的不同以及所用酸的浓度和强度的不同，还可以发生以醚或烯烃为主要产物的脱水反应。醇的脱水反应分为分子间脱水和分子内脱水两种方式，反应条件对产物的影响很大。

（1）分子内脱水生成烯烃

醇分子内脱水生成烯烃的反应是一个消除反应，例如，乙醇在硫酸存在下加热到 170 ℃可发生脱水反应生成乙烯：

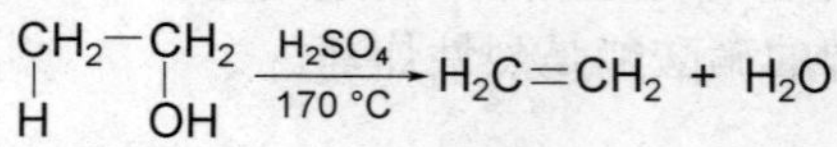

不同结构的醇，发生分子内脱水反应的难易程度是不同的，叔醇最容易，仲醇次之，伯醇最难，例如：

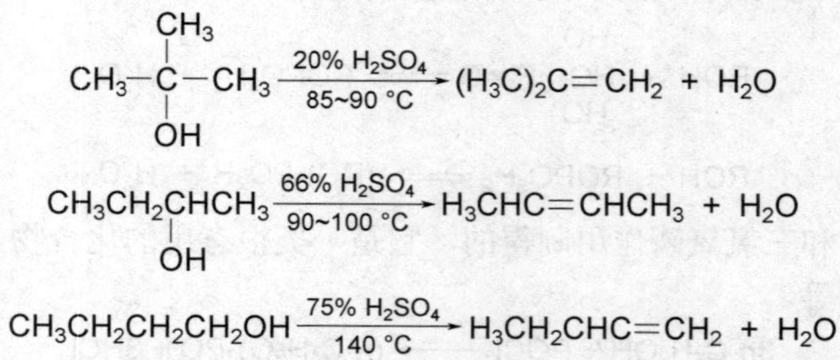

醇的酸催化脱水生成烯烃的反应历程，是羟基先质子化，形成碳正离子，再从 β-碳原子上消去质子氢而生成烯烃：

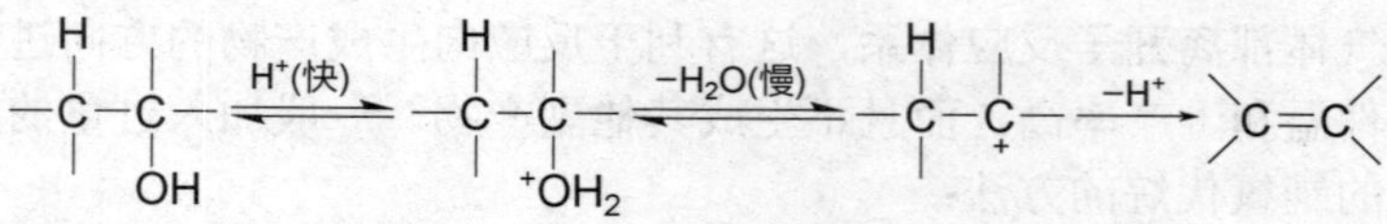

分子内脱水方向，遵守查依采夫（Saytzeff）规则，即生成以双键碳原子上连有较多烃基的烯烃为主的产物。如：

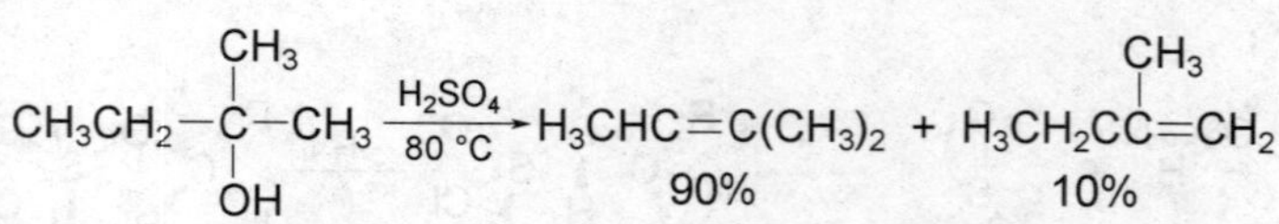

烯丙醇、苄醇脱水以形成稳定共轭体系的烯烃为主要产物。如：

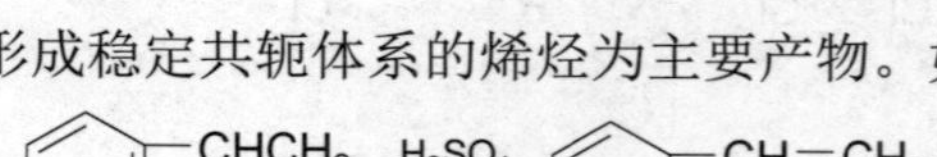

当脱水后的产物有顺、反异构体时，一般以反式结构为主要产物。如：

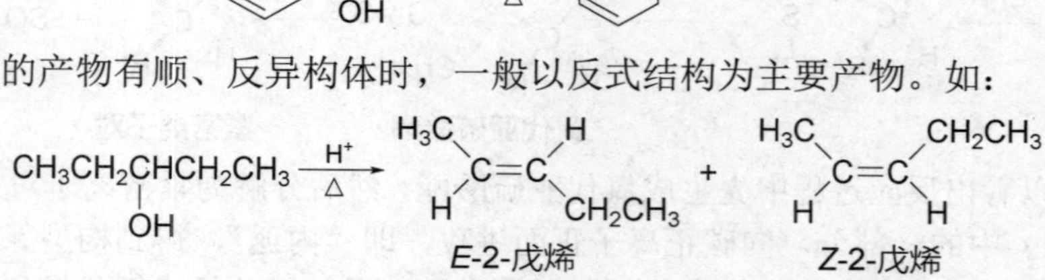

醇的酸催化脱水可能发生分子重排现象，如 3,3-二甲基-2-丁醇的脱水就是以重排产物为主：

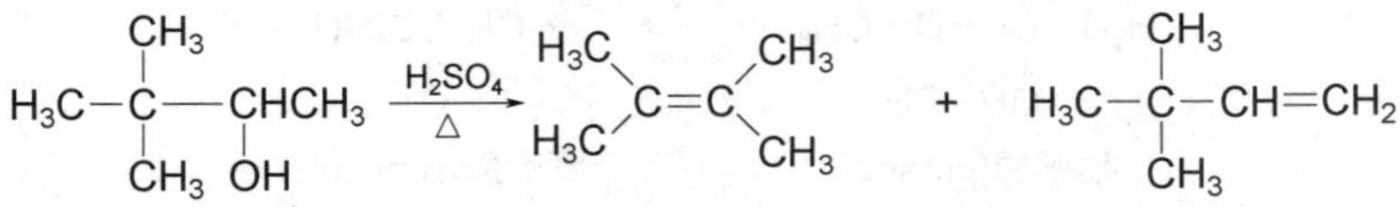

主要产物　　　　次要产物

（2）分子间脱水生成醚

如乙醇在硫酸存在下加热到 140 ℃生成乙醚：

$$CH_3CH_2OH + HOCH_2CH_3 \xrightarrow[140\ ^\circ C]{H_2SO_4} CH_3CH_2OCH_2CH_3 + H_2O$$

10.1.3.5 氧化和脱氢反应

伯醇和仲醇分子中，与羟基直接相连接的碳原子上都连有氢原子，这些氢原子由于受相邻羟基的影响，比较活泼，易被氧化。常用的氧化剂为高锰酸钾或铬酸。叔醇分子中，和羟基相连的碳原子上没有氢原子，在上述氧化条件下不被氧化。但在剧烈条件下（例如在硝酸作用下），则碳链断裂，生成含碳原子数较少的产物。

（1）伯醇的氧化

伯醇最初被氧化成醛，但因醛也很易被氧化成羧酸，所以，在由伯醇氧化制备醛时，应把生成的醛尽快地从反应体系中移出，以避免进一步氧化。否则，产率很低。

$$R-CH_2OH \xrightarrow[\triangle]{[O]} R-CHO \xrightarrow{[O]} RCO_2H$$

重铬酸钾、高锰酸钾虽然是常用的氧化剂，但用于氧化醇时，却得不到高收率的醛，因为它可使醛迅速氧化为羧酸。但用 PPC 作氧化剂（PPC 氧化剂又称为沙瑞特试剂，是吡啶和三氧化铬在盐酸溶液中的配合盐），氧化伯醇可得到高收率的醛。

$$n\text{-}C_8H_{17}OH \xrightarrow[CH_2Cl_2]{PPC} n\text{-}C_7H_{15}CHO$$

（2）仲醇的氧化

仲醇由于其 α-C 上只连有一个氢原子，所以，它被氧化的产物为酮。

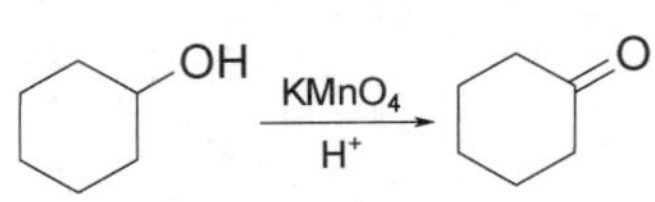

（3）邻位二元醇的氧化

高碘酸是一个对邻位二元醇有专属性的氧化剂，当它与邻二醇作用时，相邻两个羟基所连碳原子之间的碳碳键断裂并生成两个相应的羰基化合物，而且反应是定量进行的。这个反应可用于邻位二元醇的结构鉴定和定量分析。

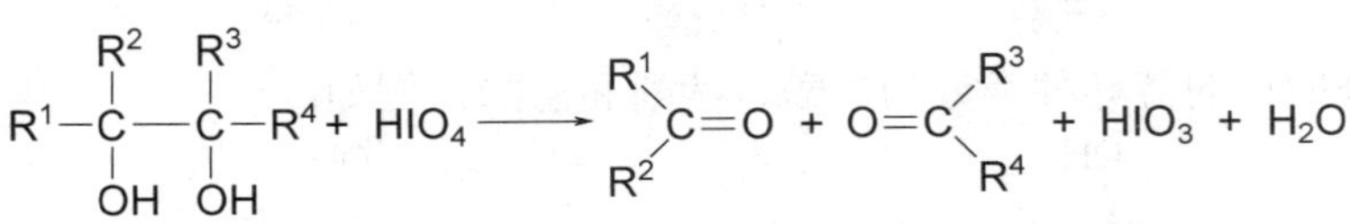

反应过程中，HIO_4 被还原成 HIO_3，后者可以与硝酸银作用生成 $AgIO_3$ 沉淀，而有助于判断氧化反应的发生。

（4）邻二醇的重排反应——频哪醇重排

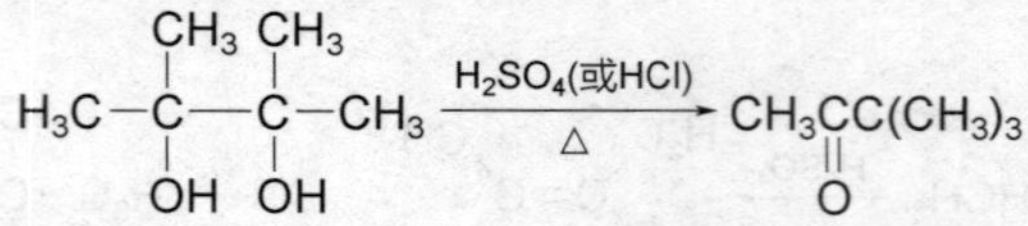

频哪醇(pinacol)　　　　频哪酮(pinacolone)

2,3-二甲基-2,3-丁二醇　　　　甲基三级丁基酮

这类反应最初是从频哪醇重排为频哪酮发现的，因此这类邻二醇的重排反应，被称为频哪醇重排反应（Pinacol rearrangement）。α-双二级醇、α-二级醇三级醇、α-双三级醇均能发生此反应。此重排反应与 Wagner Meerwein 重排类似，首先羟基质子化形成（ⅰ），（ⅰ）失水成碳正离子（ⅱ），相继发生基团的迁移，缺电子中心转移到羟基的氧原子上（ⅲ），（ⅱ）中带正电荷的碳为 6 电子，（ⅲ）中鎓盐的氧为 8 电子，（ⅲ）比（ⅱ）稳定，这是发生重排反应的原因，（ⅲ）失去质子生成频哪酮：

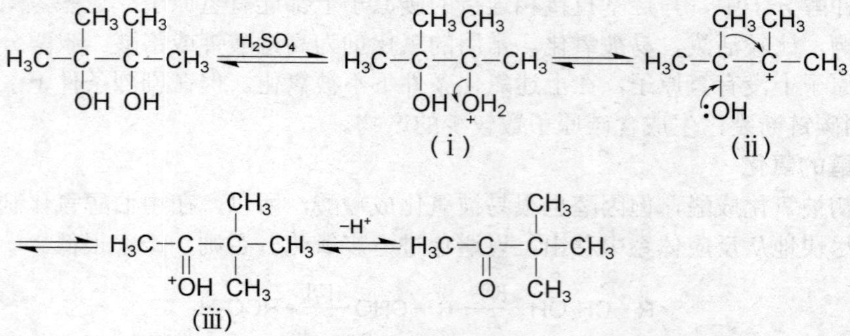

Wagner Meerwein 重排是一个碳正离子重排为另一个更稳定的碳正离子，而频哪醇重排是一个碳正离子重排为另一个更加稳定的鎓盐离子。

10.2 酚

羟基与芳环碳原子直接相连的化合物称为酚，酚羟基（—OH）是酚的官能团。酚是重要的化工原料，在有机合成中有很广泛的用途。

10.2.1 酚的分类和命名

10.2.1.1 酚的分类

根据分子中所含羟基数目的多少分为一元酚、二元酚和多元酚，例如：

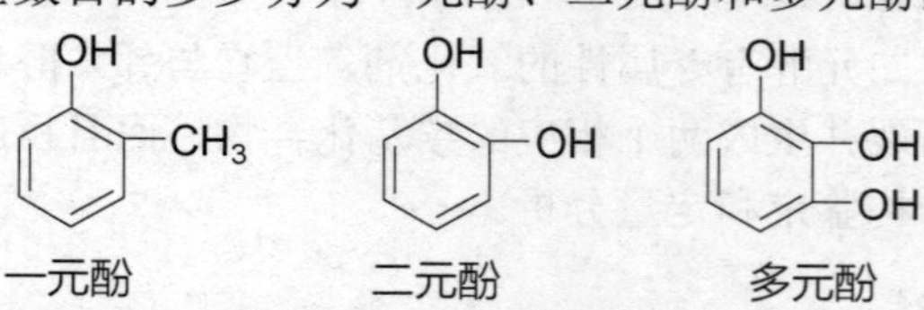

一元酚　　　　二元酚　　　　多元酚

根据酚羟基所连的芳环种类分为苯酚、萘酚和蒽酚，例如：

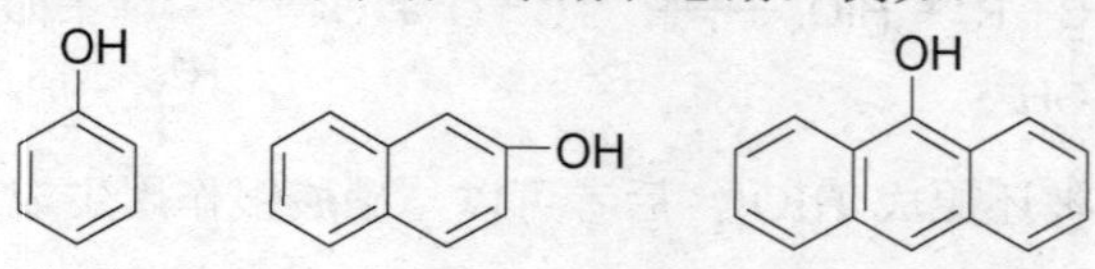

苯酚　　　　萘酚　　　　蒽酚

10.2.1.2 酚的命名

酚可以看作芳环上的氢被羟基取代生成的化合物。酚的命名常以苯酚、萘酚或蒽酚为母体，多元酚的命名需对环上羟基位置进行编号。如：

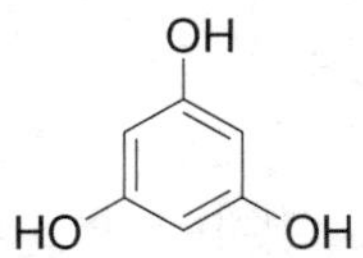

1,3,5-苯三酚
1,3,5-trihydroxybenzene

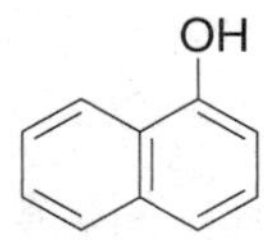

1-萘酚
1-naphthol

结构复杂的酚，也可以将酚羟基作为取代基命名。如：

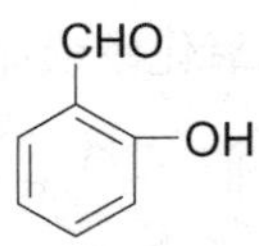

邻羟基苯甲醛
o-hydroxybenzaldehyde

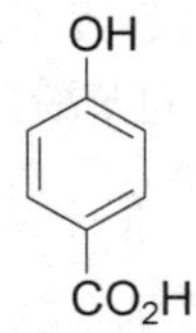

对羟基苯甲酸
p-hydroxybenzoic acid

10.2.2 酚的物理性质

由于酚可以形成分子间氢键，因此，酚类化合物的熔点和沸点比分子量相近的芳烃高，酚的相对密度都大于 1。酚类化合物大多数为高熔点、高沸点的固体，少数烷基酚为高沸点液体。长期放置的酚类由于被空气氧化，往往带有暗红色或更深的色泽。

由于酚分子与水分子之间可以形成分子间氢键，故酚在水中有一定的溶解度。苯酚在水中的溶解度为 93 g・L^{-1}，随着分子中酚羟基数目的增多，酚在水中的溶解度也相应增大。

常见的酚类化合物在乙醇、乙醚、苯及卤代烃等有机溶剂中都有良好的溶解性。

低级酚都有特殊的刺激性气味，有一定的挥发性，尤其对眼睛、呼吸道黏膜、皮肤等具有强烈的刺激和腐蚀作用，在使用时，应采取安全保护措施。一些常见酚类化合物的物理常数见表 10-2。

表 10-2 一些常见酚类化合物的物理常数

名称	熔点/℃	沸点/℃	溶解度（25℃）/(g/100 g 水)	pK_a（25℃）
苯酚	41	182	9.3	9.96
邻甲苯酚	31	31	191	2.5
间甲苯酚	11	201	2.6	10.08
对甲苯酚	35	202	2.3	10.26
邻氯苯酚	9	173	2.8	8.48
间氯苯酚	33	214	2.6	9.02
对氯苯酚	43	217	2.7	9.38
邻硝基苯酚	45	214	0.2	7.22
2,4-二硝基苯酚	113	分解	0.6	4.93
2,4,6-三硝基苯酚	122	分解（300℃爆炸）	1.4	0.25
α-萘酚	94	279	难溶	9.31
β-萘酚	123	286	0.1	9.55

10.2.3 酚的化学性质

10.2.3.1 弱酸性

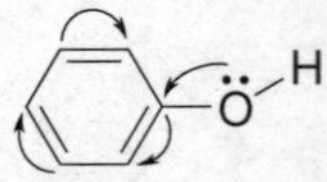

在酚分子中，酚羟基中的氧原子采用 sp^2 杂化，其中一个 p 轨道未参与杂化，且含有 1 对未成键电子，它与苯环上 π 电子云形成 p-π 共轭体系，氧原子上的电子云向苯环转移，这样，O—H 键电子密度有所下降，强度削弱，极性增大，使酚羟基中氢原子的解离倾向增大，所以，酚的酸性比醇强。

苯酚是很弱的酸，其水溶液不能使石蕊试纸变色。由于苯酚的酸性小于醋酸（pK_a=4.76）和碳酸（pK_a=6.35），所以，向苯酚盐的水溶液中通入二氧化碳或加入醋酸，可将苯酚游离出来：

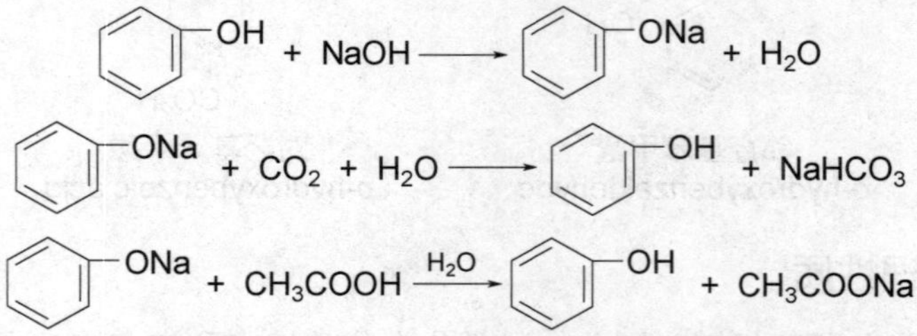

当苯酚的苯环上有其他取代基存在时，由于取代基的电子效应，取代酚的酸性有所不同，吸电性基团使取代酚的酸性增强，供电基使其酸性减弱。

10.2.3.2 卤代反应

在苯酚分子中，由于 p-π 共轭作用，氧原子上的电子云向苯环转移，使苯环上的电子云密度增加，特别是邻、对位增加的更多。因此，苯环容易发生亲电取代反应，取代反应主要发生在酚羟基的邻、对位上，并且不需要催化剂便可顺利进行。例如：溴与苯酚的反应，在室温下于水溶液中生成 2,4,6-三溴苯酚白色沉淀，这个反应是定量进行的，而且反应迅速，现象明显，即使水溶液中含有万分之几的苯酚，也可鉴别其存在和测定其含量。

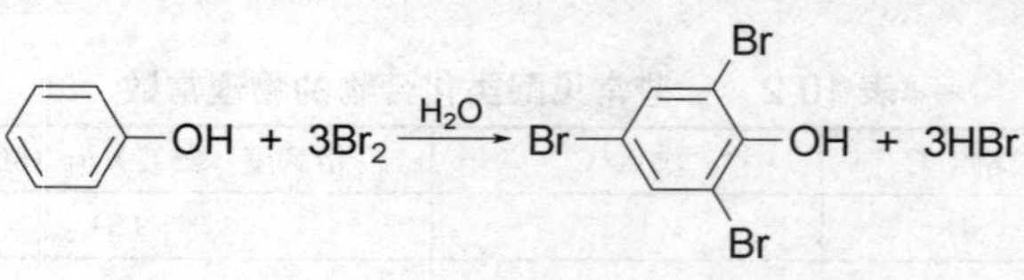

10.2.3.3 磺化反应

在室温下苯酚与浓硫酸作用，得到邻位和对位产物，且邻、对位产物的产量很接近。若在 100 ℃下用稀硫酸对苯酚磺化，则主要得到对位产物：

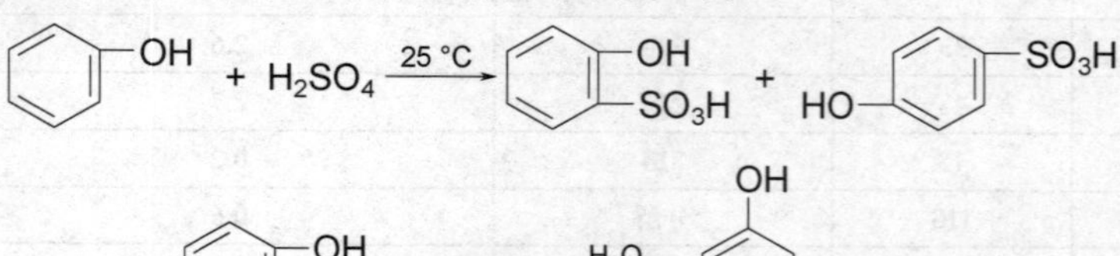

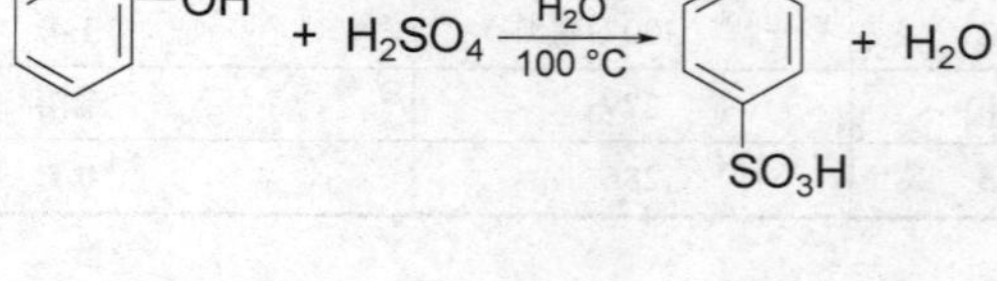

10.2.3.4 硝化反应

苯酚和稀硝酸在 80 ℃作用生成邻硝基苯酚和对硝基苯酚的混合物：

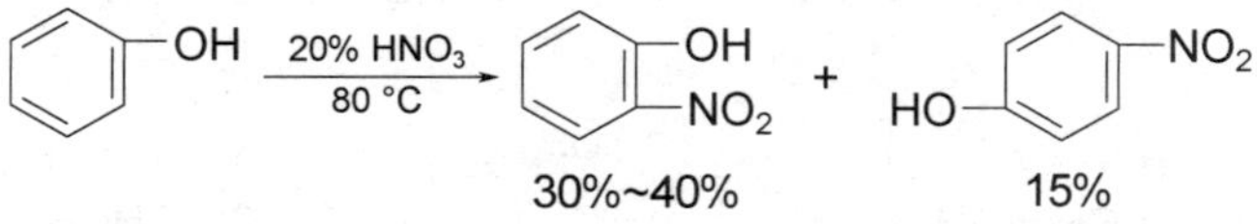

因为苯酚易于被氧化，上述反应产率较低。邻位和对位产品可以用水蒸气蒸馏分开，因为邻硝基苯酚通过分子内氢键形成螯形环，较易挥发，随水蒸气蒸馏出来，而对硝基苯酚形成分子间氢键，不易挥发而留下。

10.2.3.5 与三氯化铁反应

酚中的羟基与芳环连接在一起，因此酚是一类烯醇型化合物，具有烯醇型结构的酚与三氯化铁溶液能够发生颜色反应，生成的有色物质为酚氧离子和高价铁离子形成的络合物。

$$6C_6H_5OH + FeCl_3 \rightleftharpoons [Fe(OC_6H_5)_6]^{3-} + 6H^+ + 3Cl^-$$

所以，可以用三氯化铁鉴别酚的存在，不同的酚与三氯化铁溶液作用呈现出不同的颜色，如：苯酚呈蓝紫色，邻苯二酚呈深绿色，对苯二酚呈暗绿色。

10.2.3.6 缩合反应

甲醛中的羰基碳原子是缺电子反应中心，芳环高度活泼的苯酚在催化剂存在下可与它们发生缩合反应。例如，酚与甲醛在酸或碱的催化下反应，先生成邻或对位羟基苯甲醇，继续反应生成二元取代物。二元取代物通过脱水，连续不断地反应，最后得到酚醛树脂。酚醛树脂具有优良的绝缘性能，常用来制作绝缘材料。如果使用的甲醛的量与苯酚相当，产物是热塑性酚醛树脂（线型大分子）；如果甲醛过量，则生成热固性酚醛树脂（体型大分子）。

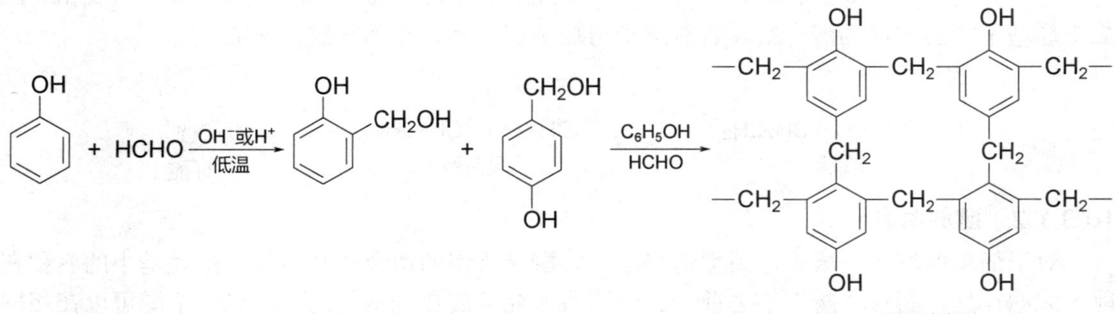

酚醛树脂

丙酮与甲醛类似，羰基是缺电子中心，所以，苯酚与丙酮在酸的催化下也能发生缩合反应，生成双酚 A：

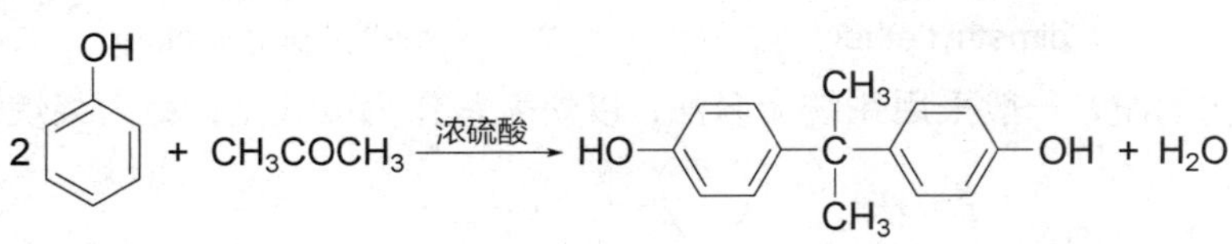

双酚A

双酚 A 的主要用途是与环氧氯丙烷反应得到不同聚合度的环氧树脂。

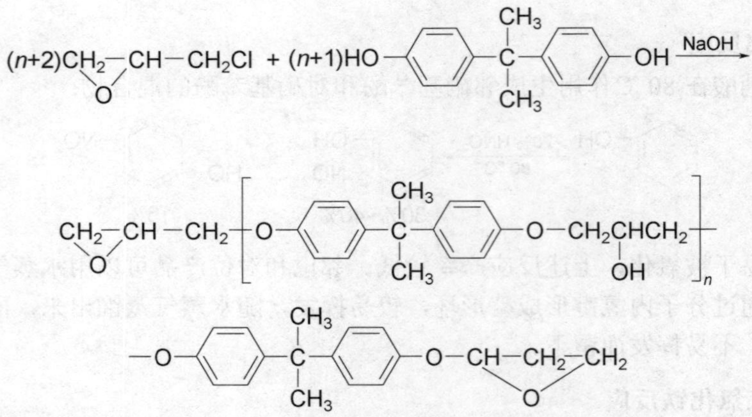

这种环氧树脂与固化剂（多元胺或多元酸酐，用量为树脂的5%～30%）作用，便形成交联结构的高分子树脂，这种树脂具有极强的黏结力，可以牢固地黏合多种材料，俗称“万能胶”。这种黏结剂还具有良好的热稳定性，并且吸湿性很小，在潮湿的环境中可保持粘接面，具有较高的机械强度和绝缘性。

10.3 醚

醚可看作是醇或酚分子中羟基的氢原子被烃基取代的产物，其通式为 R—O—R′。醚键“—O—”是醚的官能团。

10.3.1 醚的分类和命名

10.3.1.1 醚的分类

醚可分为单醚、混醚和环醚。与氧原子相连的二个烃基相同的醚称为单醚，与氧相连的二个烃基不同的醚称为混合醚，若氧原子与烃基连成环则称为环醚。例如：

$CH_3CH_2—O—CH_2CH_3$　单醚

$CH_3—O—CH_2CH_3$　混合醚

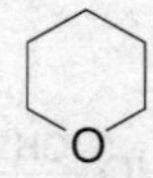

环醚

10.3.1.2 醚的命名

对于简单的醚，一般采用习惯命名法：将醚键所连的两个烃基名称，按烃基小的名称在前，大的在后，写在“醚”字之前。芳醚则将芳烃基放在烷基之前来命名。单醚可以在相同的烃基名称之前加“二”字（“二”字可以省略）。例如：

$CH_3—O—CH_3$　二甲醚　dimethyl ether

$CH_3—O—CH_2CH_2CH_3$　甲丙醚　methyl propyl ether

对复杂结构的醚，一般采用系统命名法：以烷氧基作为取代基，称为某烷氧基某烷。如：

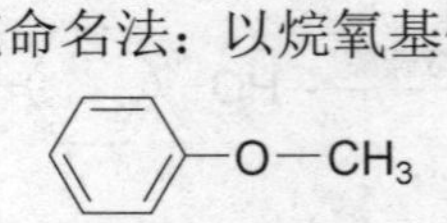

甲氧基苯
methoxybenzene

环氧化合物命名，是将词头“环氧”写在母体名称前面，如：

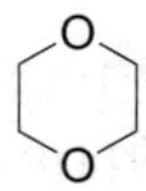

1,4-二氧六环
1,4-dioxane

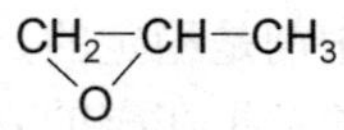

环氧丙烷
propylene oxide

10.3.2 醚的物理性质

醚不能形成分子间氢键，其沸点比分子量相近的醇低得多，如正丁醇的沸点为 117 ℃，而乙醚的沸点为 34.6 ℃。但是，醚可与水分子形成氢键，所以，在水中溶解度与同碳原子数的醇相近，环醚在水中溶解度要大些。常见醚的物理常数见表 10-3。

表 10-3 常见醚的物理常数

化合物	熔点/℃	沸点/℃	相对密度（20 ℃）
甲醚	−138.5	24.9	0.661
甲乙醚	—	7.9	0.697
乙醚	−116.2	34.6	0.714
异丙醚	−85.89	90.5	0.736
正丁醚	−95.3	69	0.769
乙二醇二甲醚	—	14.3	0.863
乙烯醚	−101	83	—
四氢呋喃	−65	65.4	0.888

10.3.3 醚的化学性质

10.3.3.1 锌盐的生成

醚可以接受强酸提供的质子生成锌盐，并溶于强酸中。锌盐是不稳定的强酸弱碱盐，置于冰水中，便分解释放出醚。

$$R-O-R' + H_2SO_4 \rightleftharpoons R-\overset{+}{\underset{\displaystyle H}{\underset{|}{O}}}-R' + HSO_4^-$$

10.3.3.2 醚键的断裂反应

醚与浓强酸（如：氢碘酸）共热，醚键发生断裂生成卤烷和醇，如有过量酸存在，醇将继续转变为卤代烷。如：

$$R-O-R' + HI \rightleftharpoons RI + R'-OH$$

$$R'-OH + HI \rightleftharpoons R'I + H_2O$$

生成的碘代烷在水中不溶。由于氢碘酸使醚键断裂的能力最强，故比较常用。生成的碘代烷如是 4 个碳原子以下的化合物，在加热至 130 ℃左右时便汽化，蒸气遇到润湿的硝酸汞试纸会出现橙红或鲜红的碘化汞以表明醚键发生断裂。

10.3.3.3 氧化反应

饱和的烷基醚虽然对氧化剂是稳定的，但是将醚置于空气中，会发生缓慢的氧化反应，生成醚的过氧化物，这是一种发生在醚的 α-碳氢键上的自由基反应。常用的乙醚、异丙醚、四氢呋喃等都可以发生这种反应。例如：

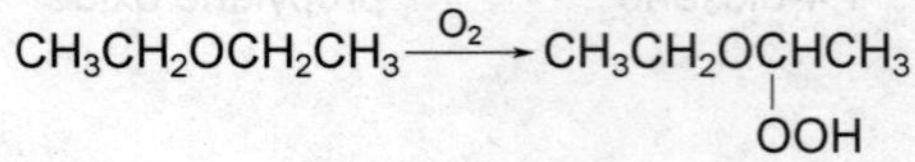

醚的过氧化物具有爆炸危险性，所以在使用醚时，一定要检查试剂是否含有醚的过氧化物，以保障安全。

10.3.3.4 1,2-环氧化合物的开环反应

一般的醚是较稳定的化合物，故常用作溶剂。醚对碱很稳定，例如，醚与氢氧化钠水溶液、醇钠的醇溶液以及氨基钠的液氨溶液都不反应。但环氧乙烷这类化合物和一般醚完全不同，它不仅可与酸反应，反应条件温和，速率快，还能与不同的碱反应。原因是它的三元环结构使各原子的轨道不能正面充分重叠，而是以弯曲键相互连接。因此分子中存在一种张力，它极易与多种试剂反应，把环打开，这在有机合成中非常有用，通过它可以合成多种化合物。

（1）酸催化的开环反应

例如：

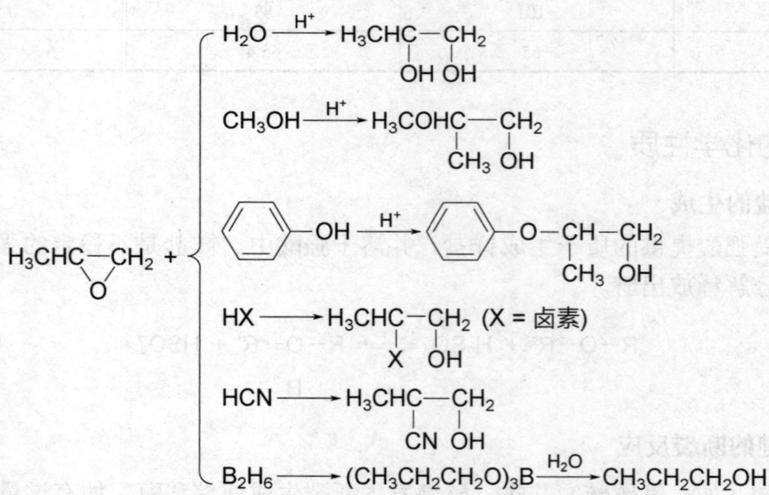

此外羧酸等也能进行这种反应。

当所用的试剂亲核能力较弱时，需要用酸性催化剂来帮助开环，酸的作用是使环氧化物的氧原子质子化，氧上带有正电荷，吸引相邻的环碳原子上的电子，这样削弱了 C—O 键，并使环碳原子带有部分正电荷，增加了与亲核试剂结合的能力，亲核试剂就向 C—O 键的碳原子的背后进攻，发生了 S_N2 反应。那么亲核试剂进攻哪一个环碳原子？哪一个 C—O 键容易断裂？在酸性条件下，亲核试剂进攻取代基较多的环碳原子，这个环碳原子的 C—O 键易断裂，因为这个环碳原子由于取代基（一般为烷基）的给电子效应其正电荷分散而稳定，例如环氧丙烷与亲核试剂反应：

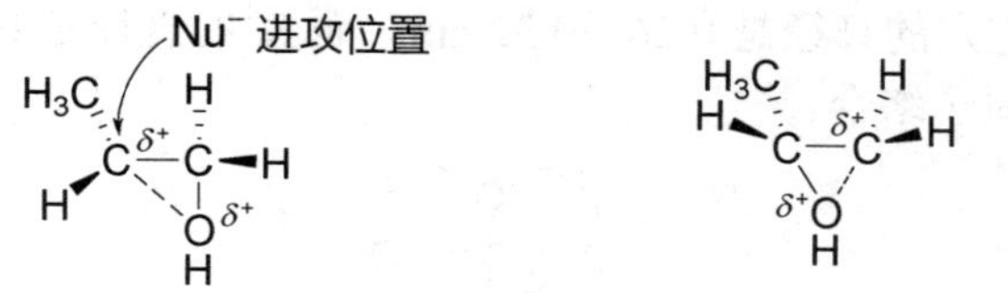

（ⅰ）
二级碳原子带部分正电荷
CH_3能分散正电荷而稳定

（ⅱ）
一级碳原子带部分
正电荷较不稳定

（ⅰ）比（ⅱ）稳定，（ⅰ）易形成，亲核试剂进攻（ⅰ）的二级碳原子。在这个反应中，C—O 键的断裂优先于亲核试剂与环碳原子之间的键的形成，这是一个 S_N2 反应，但具有 S_N1 的性质，电子效应控制了产物，空间因素不重要。

（2）碱性开环反应

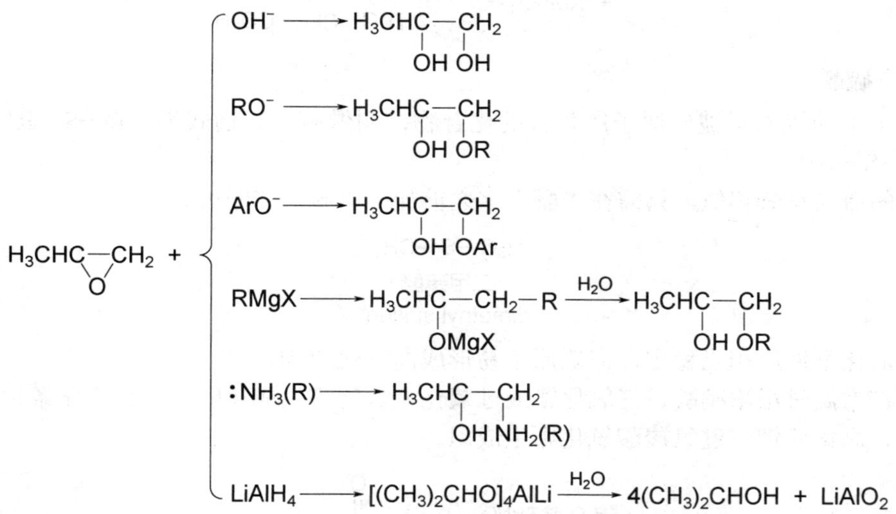

碱性开环时，所用试剂活泼，亲核能力强，环氧化合物上没有带正电荷或负电荷，这是一个 S_N2 反应，C—O 键的断裂与亲核试剂和环碳原子之间键的形成几乎同时进行，这时试剂选择进攻取代基较少的环碳原子，因为这个碳的空间位阻较小。

10.3.4 冠醚和硫醚

10.3.4.1 冠醚

冠醚是大环多醚类化合物，它们的结构特征是分子中含有多个“—OCH_2CH_2—”重复单元。冠醚的名称记为 *m*-冠-*n*，*m* 表示冠醚环的总原子数目，*n* 则表示冠醚环中的氧原子数目。

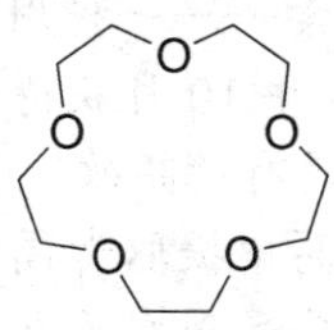

15-冠-5
15-crown-5

由于冠醚分子的中心是一个空穴，所以，冠醚可以与某些金属离子络合。在分析化学中，经常用冠醚分离一些干扰离子。冠醚一般能络合直径和它中心空穴直径大小差不多的金属离子。如：18-冠-6 中，空穴的直径是 0.26～0.32 nm，而 K^+的直径是 0.266 nm，所以，K^+能与 18-冠-6 的内层多个氧原子络合。

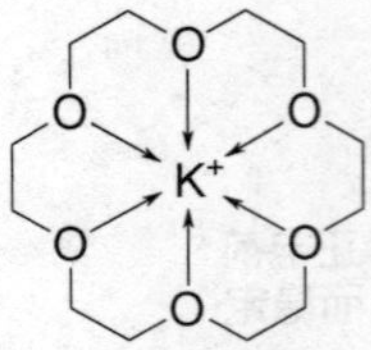

因为冠醚的内层是亲水性的氧原子，外层是亲油性的碳原子，因此，冠醚经常用作相转移催化剂而用于水-油两相体系的化学反应。例如，用高锰酸钾氧化烯烃，反应缓慢，但在 18-冠-6 的存在下，反应则进行得非常迅速。

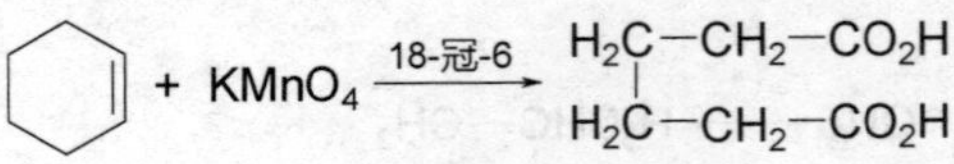

10.3.4.2 硫醚

醚分子中的氧原子被硫原子所替代的化合物，叫做硫醚。通式为：R—S—R′、R—S—Ar 或 Ar—S—Ar′。

硫醚的命名与醚相似，只需在“醚”字之前加一“硫”字即可。如：

$$H_3C—S—CH_3$$

二甲硫醚

dimethyl sulfide

硫醚的化学性质相当稳定，但硫原子易形成高价化合物。

硫醚在常温时用浓硝酸、三氧化铬或过氧化氢氧化可生成亚砜。在强氧化条件下，如用发烟硝酸、高锰酸钾、过氧羧酸氧化则生成砜。

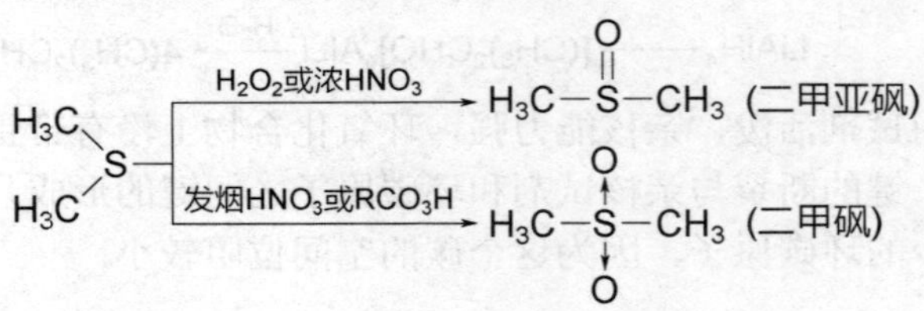

拓展阅读

屠呦呦，2011 年 9 月，因发现青蒿素——一种用于治疗疟疾的药物，挽救了全球特别是发展中国家的数百万人的生命，于 2015 年 10 月获得诺贝尔生理学或医学奖，成为首位获得科学类诺贝尔奖的中国人。青蒿素为一具有“高效、速效、低毒”优点的新结构类型抗疟药，对各型疟疾特别是抗性疟有特效。从青蒿中提取青蒿素的方法以萃取原理为基础，主要有乙醚浸提法和溶剂汽油浸提法。挥发油主要采用水蒸气蒸馏提取，减压蒸馏分离，其工艺为：投料—加水—蒸馏—冷却—油水分离—精油；非挥发性成分主要采用有机溶剂提取，柱色谱及重结晶分离，基本工艺为：干燥—破碎—浸泡、萃取（反复进行）—浓缩提取液—粗品—精制。

习 题

1. 命名下列化合物。

（1）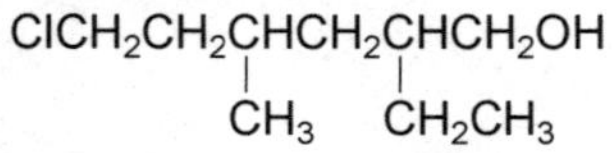

（2）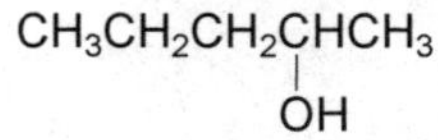

（3）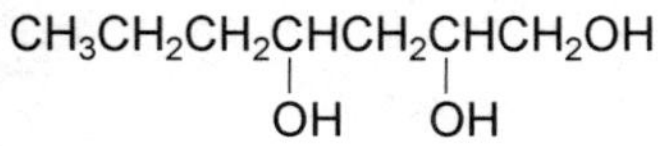

（4）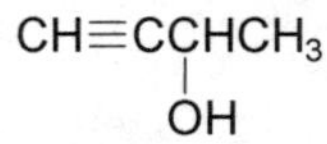

（5）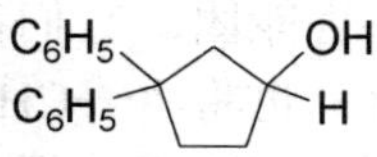

（6）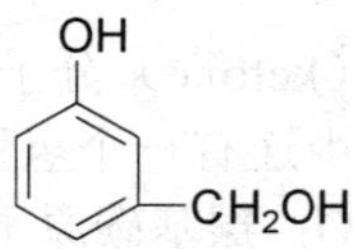

（7）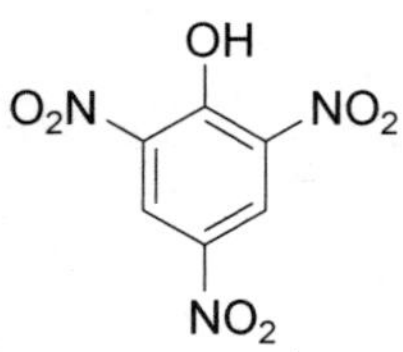

（8）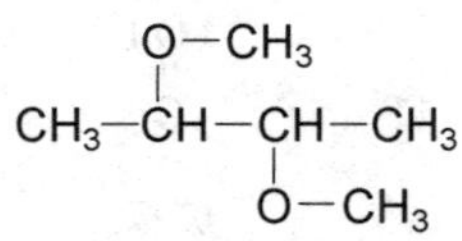

2. 写出下列各化合物的构造式。

（1）对氨基苯酚

（2）4-甲基-2,6-二叔丁基苯酚

（3）4-辛基-1,3-苯二酚

（4）2,3-二巯基丙醇

3. 写出分子式为 $C_6H_{10}O$ 的所有醇的同分异构体的构造式。

4. 用化学方法鉴别正丙醇和异丙醇。

5. 以 2-甲基环己醇为起始原料，合成 1-甲基-1-溴环己烷。

6. 为什么苯酚的酸性比醇的酸性强？

7. 怎样检查醚中过氧化物的存在？

8. 如何从甲基异丙基醚出发制备异丙基醚？

9. 某化合物 A，其分子式为 $C_5H_{12}O$，A 脱水可得 B，B 可与溴水加成得到 C（$C_5H_{10}Br$），C 与氢氧化钠的水溶液共热转变为 D（$C_5H_{10}O$），D 在高碘酸的作用下最终生成乙醛和丙酮。试推测 A 的结构，并写出有关化学反应方程式。

第 11 章

醛和酮

醛（aldehyde）和酮（ketone）分子中都含有羰基（>C═O）官能团。它们都是羰基化合物。羰基碳原子上至少连有一个氢原子的化合物叫做醛，因此，也将“—CHO”叫做醛基，醛的通式为 R—CHO；羰基碳原子上同时连有两个烃基的化合物叫做酮，酮的通式为 R—CO—R 或 R—CO—R′。

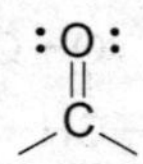

羰基
carbonyl group

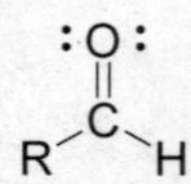

醛
aldehyde

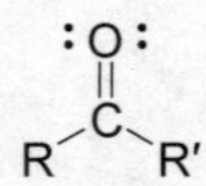

酮
ketone

醛和酮是非常重要的有机化合物，在自然界中，肉桂醛、麝香酮、香草醛等，是常见的天然香料；*β*-紫罗兰酮常用作合成维生素 A 的原料，柠檬醛具有止腹痛和驱蚊的功效；醛酮类合成树脂在建材、油墨、合成纤维等行业也具有十分广泛的应用。

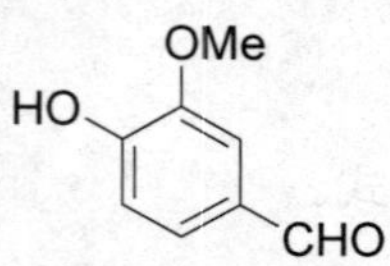

香草醛(香兰素)
vanillin

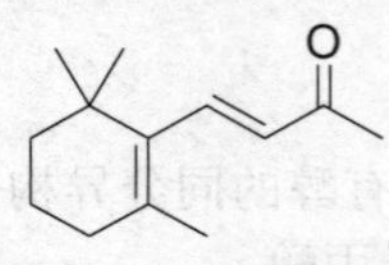

β-紫罗兰酮(香堇酮)
β-ionone

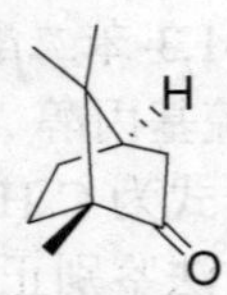

樟脑
camphor

11.1 醛、酮的分类和命名

11.1.1 醛和酮的分类

根据与羰基相连的烃基结构，将羰基相连的烃基为脂肪烃基的醛（酮）称为脂肪醛（酮），将羰基直接与芳环相连的醛（酮）称为芳香醛（酮）。如：

$CH_3CH_2CH_2CHO$
脂肪醛

CH_3COCH_3
脂肪酮

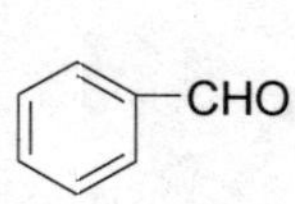

芳香醛

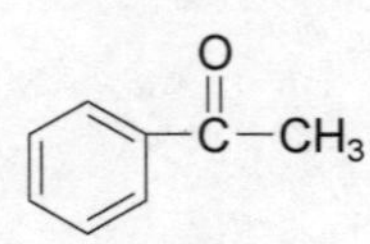

芳香酮

根据醛（酮）分子中烃基是否含有不饱和键，可将脂肪醛（酮）分为饱和脂肪醛（酮）和不饱和脂肪醛（酮）。例如：

H_3C-CH_2CHO 饱和醛　　$H_3C-CH_2CH_2-\overset{O}{\overset{\|}{C}}-CH_3$ 饱和酮

$CH_3-CH=CH-CHO$ 不饱和醛　　$CH_3-CH=CH-\overset{O}{\overset{\|}{C}}-CH_3$ 不饱和酮

根据醛、酮分子中的羰基数目可将醛、酮分为一元醛、酮，二元醛、酮等。例如：

一元醛　$CH_3CH_2\overset{O}{\overset{\|}{C}}-H$　　$H_2C=CH\overset{O}{\overset{\|}{C}}-H$

一元酮　$H_2C=CH-\overset{O}{\overset{\|}{C}}-CH_3$　　$CH_3CH_2\overset{O}{\overset{\|}{C}}-CH_2CH_3$

二元醛　$H-\overset{O}{\overset{\|}{C}}-\overset{O}{\overset{\|}{C}}-H$　　$H-\overset{O}{\overset{\|}{C}}-CH_2CH_2-\overset{O}{\overset{\|}{C}}-H$

二元酮　$H_3C-\overset{O}{\overset{\|}{C}}-\overset{O}{\overset{\|}{C}}-CH_2CH_3$　　$CH_3-\overset{O}{\overset{\|}{C}}-CH_2CH_2-\overset{O}{\overset{\|}{C}}-CH_2CH_3$

11.1.2 醛和酮的命名

醛和酮的命名与醇相似。脂肪醛、酮命名时，以含有羰基的最长碳链为主链，支链作为取代基，主链中碳原子的编号从靠近羰基的一端开始。在醛分子中醛基总是在链的一端，故命名时不需标明它的位次。而酮的羰基是位于碳链中间的，除丙酮、丁酮外，其他的酮则因羰基位置的不同而形成异构体，故命名时，羰基的位次必须标明。例如：

$CH_3CH_2\underset{CH_3}{\underset{|}{C}}HCH_2CHO$
3-甲基戊醛
3-methylpentaldehyde

$H_3C-\underset{CH_3}{\underset{|}{C}}H-CHO$
2-甲基丙醛
2-methylpropionaldehyde

$H_3C-HC=CH\overset{O}{\overset{\|}{C}}CH_2CH_3$
4-己烯-3-酮
4-hexen-3-one

$H_3C-\overset{O}{\overset{\|}{C}}-\overset{O}{\overset{\|}{C}}-\overset{CH_3}{\overset{|}{C}}HCH_3$
4-甲基-2,3-戊二酮
4-methyl-2,3-pentanedione

芳香醛、酮命名时，常把碳链作为主链，芳环作为取代基。例如：

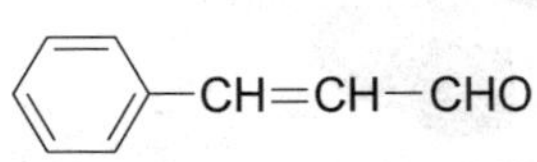

3-苯基丙烯醛(肉桂醛、桂皮醛)
3-phenylacrolein

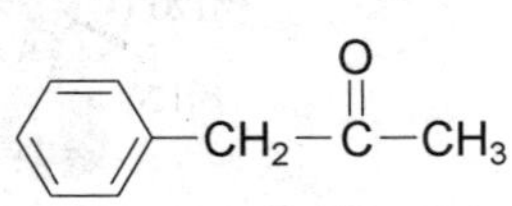

3-苯基丙酮
3-phenyl acetone

11.2 醛、酮的物理性质

在常温下，除甲醛是气态外，C_{12} 以下的醛、酮是液态，更高碳数的醛、酮为固态，低级的醛有刺鼻气味；C_7～C_{14}的醛类，尤其是芳香醛具有花果香型的气味，可用于香精的配制；C_7～C_{13}的酮类多数具有特定的清香味道，可用于各种高级香精的配制；C_{14}～C_{19}的脂环酮类（如麝香酮、灵猫酮）则是麝香香料的香气成分。

由于醛、酮是极性较强的分子，极性分子之间存在着偶极与偶极之间的相互作用，所以，它们的沸点比分子量相近的烃类要高出许多。但因为醛、酮的分子之间无氢键形成，故其沸点又比相同碳原子数的醇要低。

常见醛、酮的物理常数见表 11-1。

表 11-1 常见醛、酮的物理常数

名称	熔点/℃	沸点/℃	相对密度	溶解度/(g/100 g 水)或溶解性
甲醛	−92	−21	0.8150（−20℃）	55
乙醛	−121	20	0.7951（10℃）	互溶
丙醛	−81	49	0.7966（25℃）	16
丙烯醛	−87	52	0.8410	互溶
丁醛	−99	76	0.8170	7
异丁醛	−66	64	0.7938	互溶
苯甲醛	−26	178	1.0415（15℃）	0.3
苯乙醛	33～34	194	1.0272	微溶
丙酮	−94	56	0.7899	互溶
2-戊酮	−78	102	0.8089	6.3
3-戊酮	−41	101	0.8138	5
环己酮	−16	156	0.9478	微溶
苯乙酮	21	202	1.0260	微溶

11.3 醛、酮的化学性质

在醛、酮分子中，羰基碳和氧原子都采用 sp^2 杂化。碳原子的三个 sp^2 杂化轨道分别与氧及其他两个原子形成三个 σ 键，这三个 σ 键处于同一平面内，键角约为 120°。羰基碳原子的 p 轨道与氧原子的 p 轨道相互平行，侧面重叠形成 π 键，并与三个 σ 键所处的平面垂直。

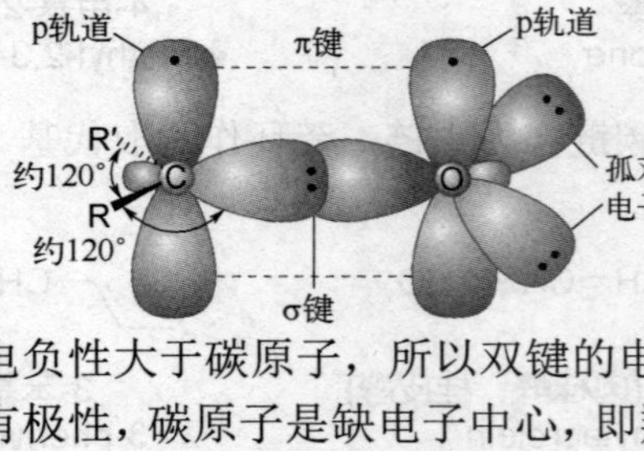

在羰基中由于氧原子的电负性大于碳原子，所以双键的电子云是偏向氧原子一方的，这种电子云偏移造成了羰基具有极性，碳原子是缺电子中心，即羰基的碳原子有一定的亲电性，而氧原子上带有部分负电荷，有一定的亲核性和碱性。

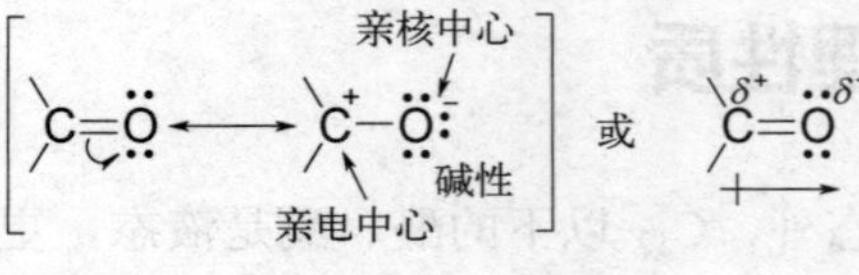

在羰基化合物中，羰基具有强吸电子作用（−C，−I 效应），连接在羰基上的烷基显示出明显的供电子效应（+C，+I 效应），烷基的这种给电子作用使羰基碳原子上缺电子性质有所减弱，也使羰基化合物的稳定性有所增加。在羰基直接与芳环相连的芳香醛、酮中，芳环的大 π 键与羰基的 π 键之间相互作用（即 π-π 共轭），在化学性质上，表现出羰基的化学活性下降，而且芳环上的亲电取代反应活性也减弱。由于羰基是醛和酮的官能团，所以，在化学性质上，醛和酮有许多共同之处。但由于醛的羰基上连有一个氢原子，醛和酮在化学性质上又有所不同。

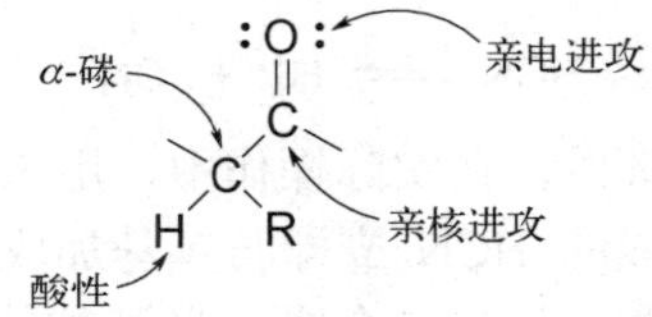

11.3.1　醛、酮的亲核加成反应

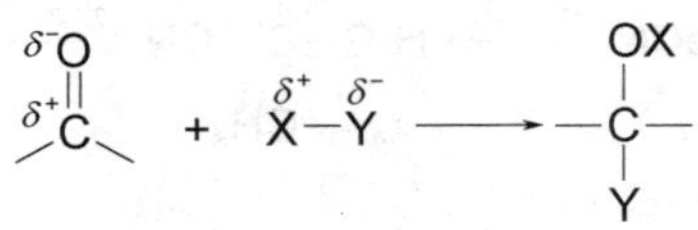

在醛、酮分子中，由于碳氧双键具有一定的偶极矩，羰基的碳原子是高度缺电子的，当亲核试剂与羰基作用时，羰基的 π 电子逐渐被氧原子所得，同时，羰基碳原子和亲核试剂之间的 σ 键逐步形成。在反应前后，羰基的碳原子由 sp^2 杂化状态转变为 sp^3 杂化状态。

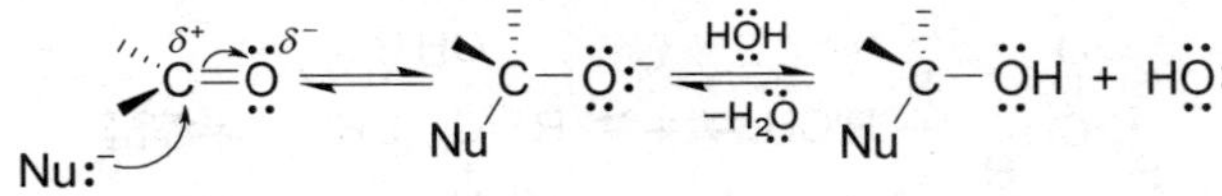

醛、酮分子中的电子效应和空间效应对反应过程有直接影响。如果羰基碳原子上所连接的烷基多，则由于烷基对羰基的+I 和+C 作用，羰基碳原子的缺电子性下降，不利于亲核试剂的进攻，尤其是烷基的体积增大，会产生明显的空间位阻，使亲核试剂的进攻受阻，在过渡态时，相对的活化能也高。

由于醛、酮中氧原子是富电子端，所以，酸催化对亲核加成反应的进行应是有利的。因为质子化的羰基中，π 键电子会更加偏向氧原子，这应使羰基的碳原子更为缺电子，有利于亲核试剂对它的攻击。

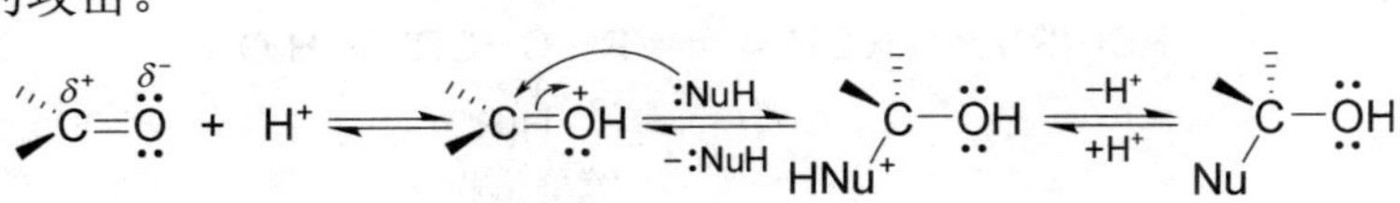

从电子效应和空间效应两方面因素综合考虑，羰基化合物发生亲核加成反应的活性次序：

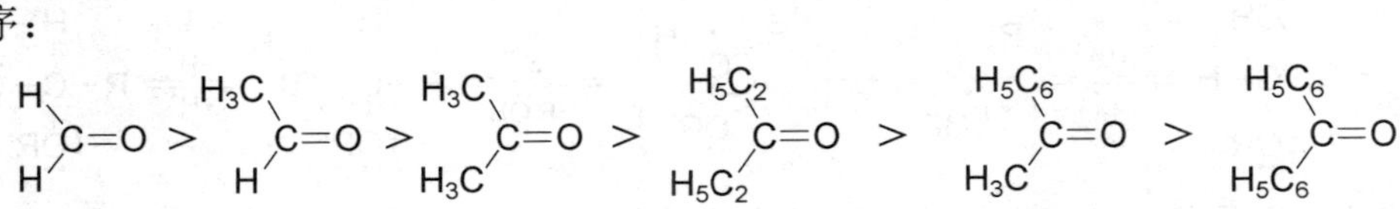

11.3.1.1　与氢氰酸的加成

氢氰酸（HCN）能与醛、脂肪族甲基酮及少于 8 个碳的环酮发生加成反应，生成 α-羟基腈（即氰醇）。在有机合成中，利用此反应来增长碳链。

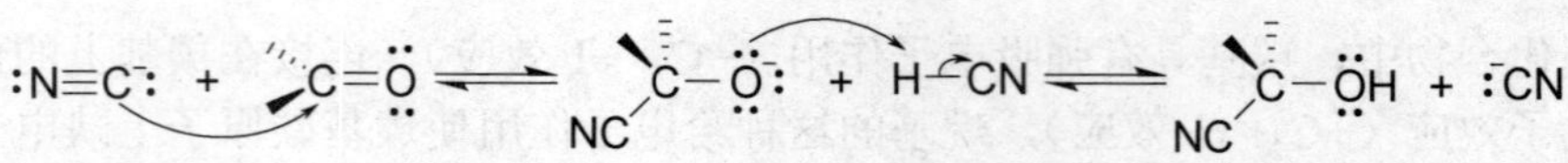

酮与氢氰酸的加成反应进行得很慢。但如果在反应物中加入氢氧化钠溶液，则反应可以加速。反之，如果加入酸，则反应更慢。

氢氰酸是一个很弱的酸，它不易离解成 H^+和 CN^-，加碱可使得 CN^-的浓度增加，而加酸使得 CN^-的浓度减少。在醛、酮与氢氰酸的加成反应中，起决定作用的是 CN^-，所以，如能增加 CN^-的浓度，就能提高反应的速率。

$$HCN \rightleftharpoons H^+ + CN^-$$

由于氢氰酸有剧毒，且易于挥发，在实际操作中，用 KCN 或 NaCN 的溶液与醛或酮混合，然后逐步加入无机强酸，生成的 HCN 立即与羰基加成，得到产物，此产物在浓酸或者浓碱作用下，氰基会水解得到羧酸，这也是合成 α-羟基酸的一个经典方法。

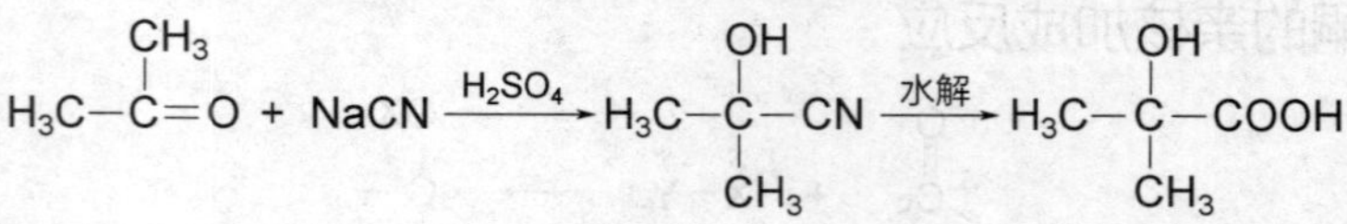

11.3.1.2 与醇加成

醇是一种亲核试剂，可以对醛、酮进行亲核加成。但因为醇分子的亲核性较弱，反应是可逆的，只有在催化条件下，亲核加成反应才能进行。羰基与一分子醇的亲核加成产物是半缩醛或半缩酮。例如：

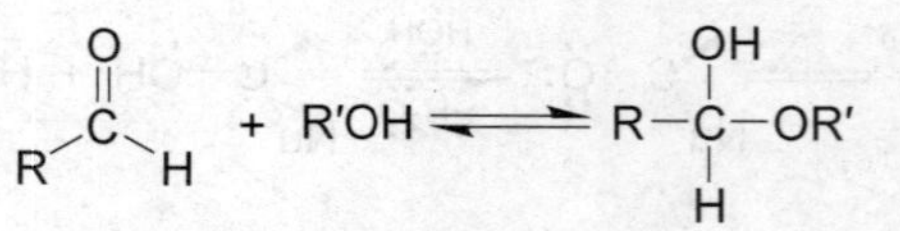

半缩醛

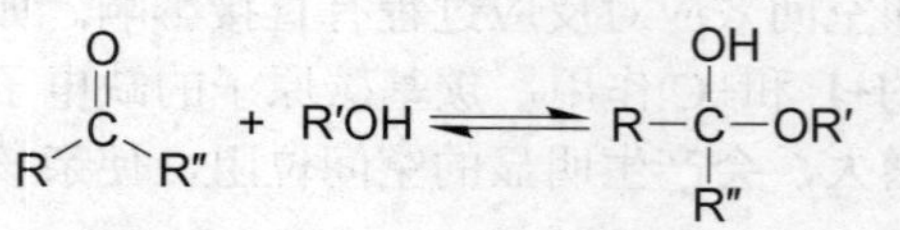

半缩酮

半缩醛是不稳定的化合物，在酸性条件下，它与另一分子的醇发生分子间脱水，生成稳定的缩醛：

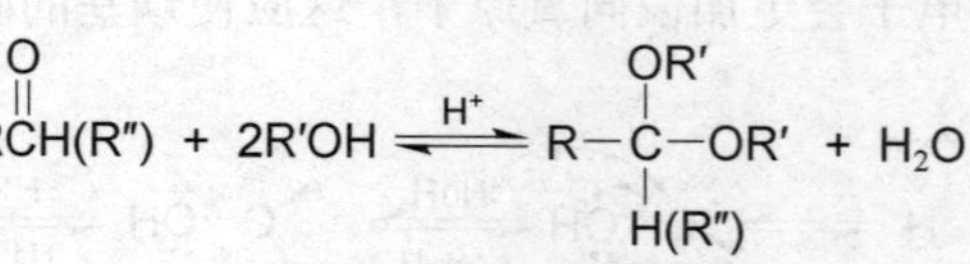

缩醛(酮)

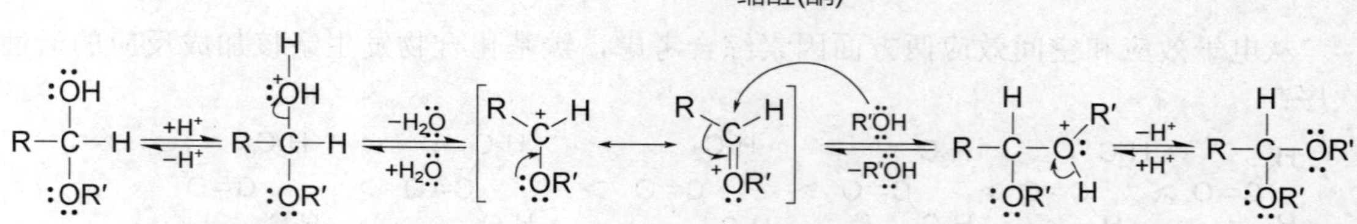

由于缩醛或缩酮是稳定的双醚结构，它的生成又是可逆的，所以，在有机合成中可用于保护羰基。例如：

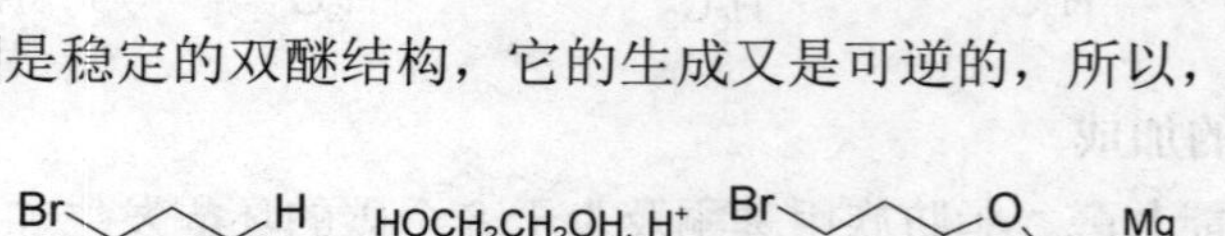

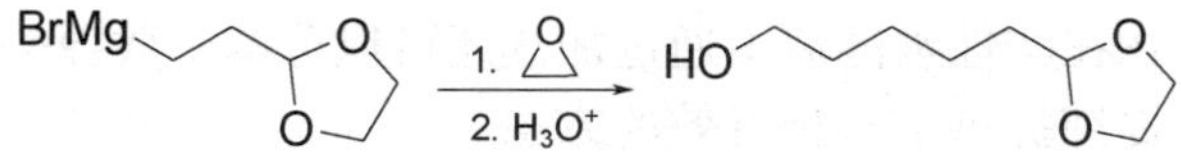

11.3.1.3　与亚硫酸氢钠加成

醛、脂肪族甲基酮以及少于 8 个碳的环酮与亚硫酸氢钠的饱和水溶液发生加成反应，生成的产物是 α-羟基磺酸钠：

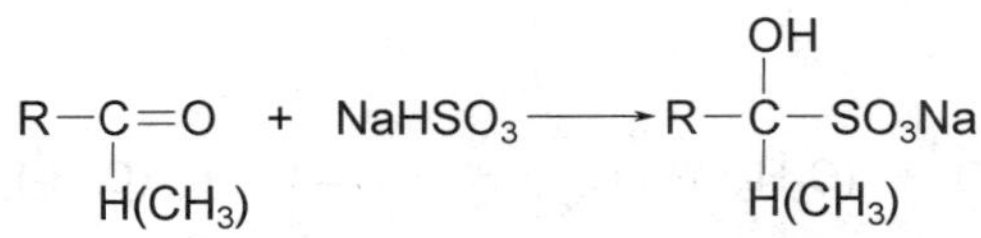

α-羟基磺酸钠

α-羟基磺酸钠易溶于水，但不溶于饱和的亚硫酸氢钠溶液。将醛、酮与过量的饱和亚硫酸氢钠水溶液（40%）混合在一起，醛和甲基酮很快会有结晶析出。所以，上面这个反应可以鉴别醛、酮。

亚硫酸氢钠是一个较弱的酸性化合物，当向产物的水溶液中加入较强的酸或碱时，加成产物都会分解而游离出羰基化合物，因而可用于醛和酮的分离与纯化。

11.3.1.4　与格氏（Grignard）试剂加成

Grignard 试剂的亲核性非常强，它与醛、酮的亲核加成反应是不可逆的。加成产物用稀酸处理，可水解成醇。

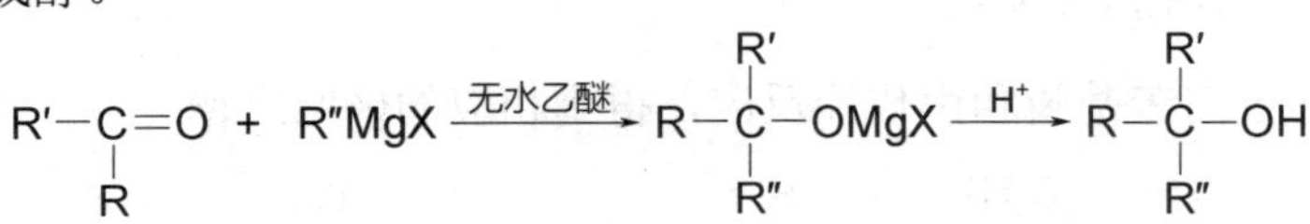

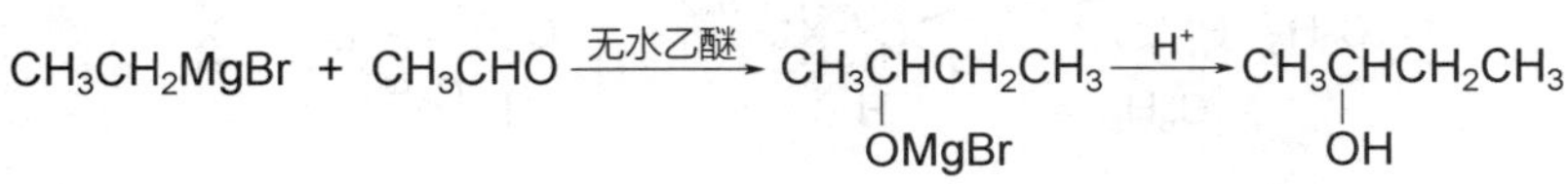

11.3.1.5　与氨衍生物的加成

氨及其衍生物（如：羟胺、苯肼、氨基脲）可与醛、酮发生加成反应，但产物很不稳定，随即发生脱水消除反应，因此，这类反应被称为加成-消除反应。例如：

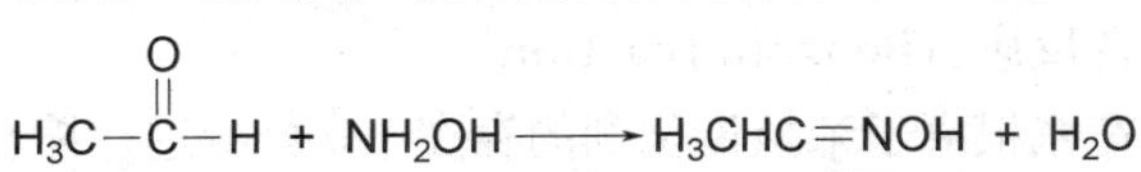

乙醛肟

$$(CH_3)_2C{=}O + NH_2-NHC_6H_5 \longrightarrow (CH_3)_2C{=}N-NHC_6H_5 + H_2O$$

丙酮苯腙

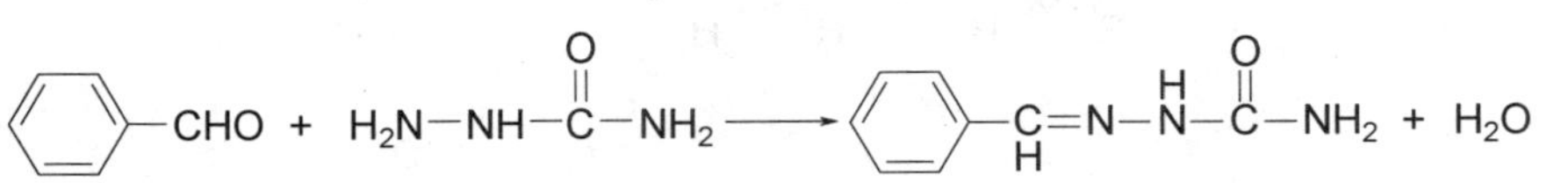

苯甲醛缩氨脲

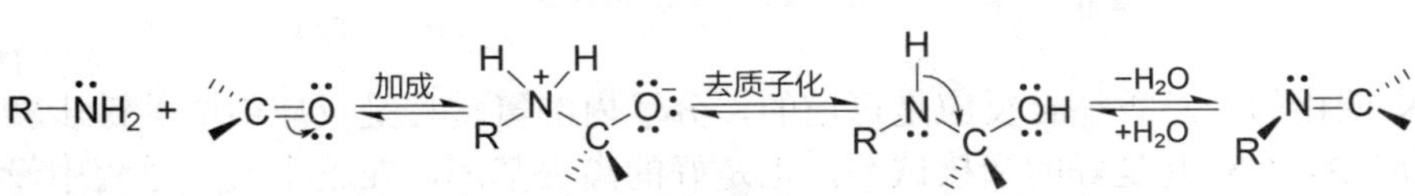

羟胺、肼、氨基脲与羰基化合物形成的产物分别叫肟、腙、缩氨脲。这些产物大多数是有固定的熔点和一定晶型的固体，不但易于从反应体系分离出来，而且还容易进行重结晶提

纯，更重要的是这些产物在酸性水溶液中通过加热还可以分解生成原来的醛或酮。这为羰基化合物的鉴别和分离、提纯提供了一种有效的方法。

11.3.1.6　与磷叶立德的反应（Wittig reaction）

20 世纪 50 年代，Wittig 发现磷叶立德可以和醛、酮发生偶联，生成相应的烯烃和三苯基氧膦，因此这一反应也被称为 Wittig 反应。这是一个非常重要的合成方法，可用于从醛、酮直接合成烯烃。

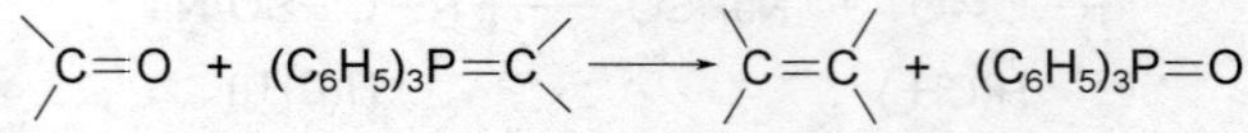

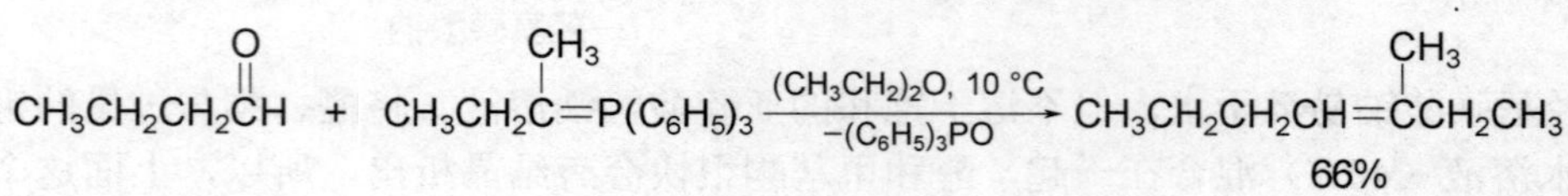

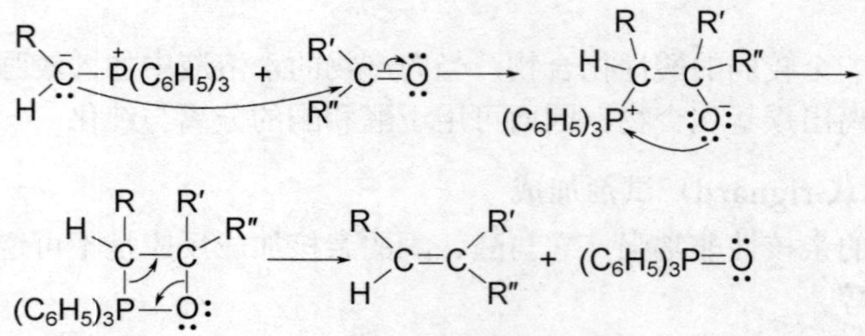

其中，可以通过三苯基膦和卤代烃反应，得到相应的磷叶立德。

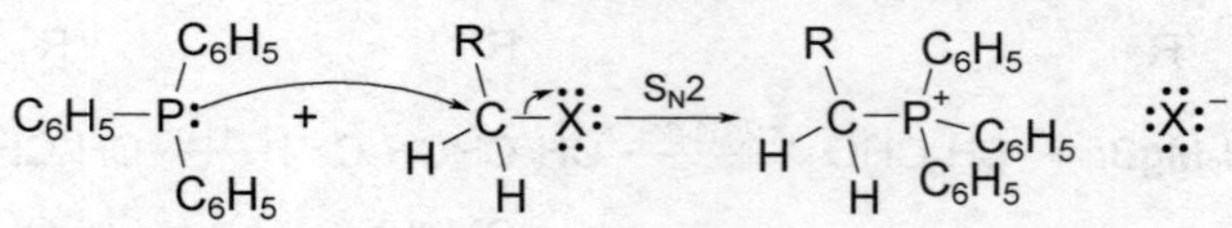

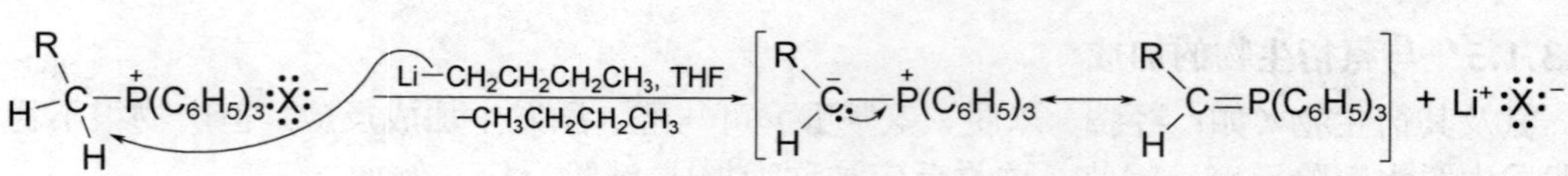

11.3.1.7　安息香缩合反应（Benzoin reaction）

二当量的芳醛，在氰根离子亲核催化剂的存在下，自身进行缩合反应，形成安息香产物。安息香化合物是合成脱氧安息香、氨基醇、异喹啉的重要的中间体化合物。

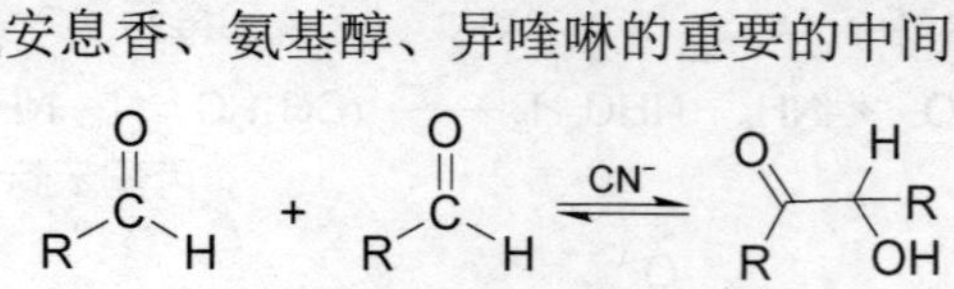

CN^-催化的安息香缩合反应是可逆的，分子内的氢转移是反应中的关键步骤。在安息香缩合反应中，CN^-既是好的亲核试剂，也是好的离去基团，在整个反应过程中没有被消耗，起到催化剂的作用。由于CN^-的毒性很大，在实际应用中，往往用噻唑盐代替氰化物作为催化剂。

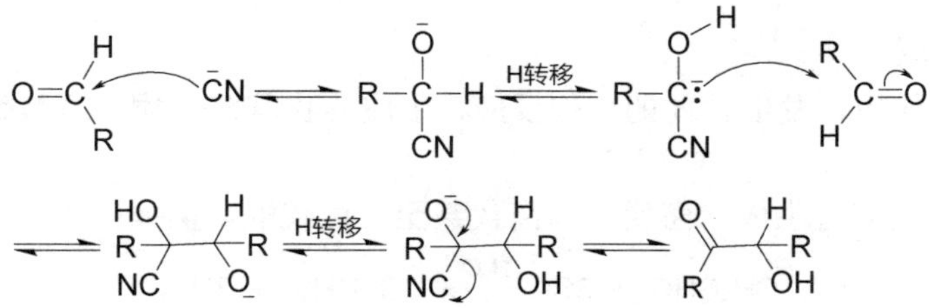

11.3.2 醛、酮 α−氢的反应

11.3.2.1 酮式-烯醇式的互变异构

醛、酮 α-碳上的氢原子因受羰基−I 效应和 σ-π 超共轭效应的影响，C—H 键极性增大，电子对偏向于碳原子，使得 α-氢具有一定的活泼性，在碱催化下，离解成质子而离去，故醛、酮的 α-H 表现出一定的弱酸性。一般简单醛、酮的 pK_a 值约为 16～20。

醛、酮失去一个 α-氢原子后形成一个负离子，其负电荷不完全在 α-碳上，而是氧上和碳上都带有部分负电荷，所以，当它接受一个质子时，就有两种可能：若碳上接受质子，就形成醛或酮；若氧上接受质子，就形成烯醇。负离子接受质子变成醛、酮或烯醇的转化都是可逆的。

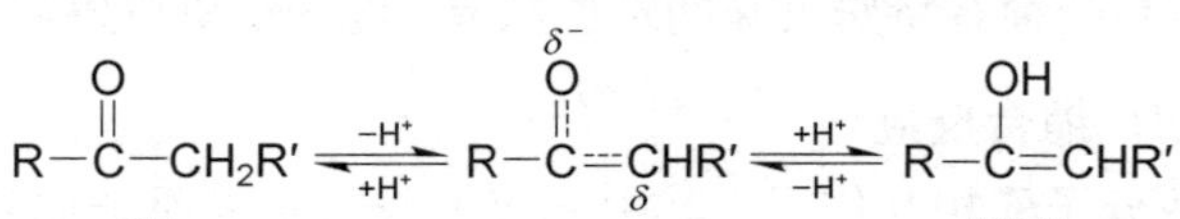

酮　　　　　　　　　　烯醇

酮失去 α-氢原子所形成的负离子与烯醇失去羟基氢所形成的负离子是一样的。

酮与相应的烯醇是构造异构体，通常它们可以互相转变。在微量酸或碱的存在下，酮和烯醇互相转变很快达到动态平衡，这种能够互相转变而同时存在的异构体叫做互变异构体。酮和烯醇的这种异构现象叫做酮式-烯醇式互变异构。

含有一个羰基且结构比较简单的醛、酮的烯醇式在互变平衡混合物中的含量是很少的。例如：

酮式　　　　烯醇式

$$CH_3CHO \rightleftharpoons H_2C{=}CHOH$$

乙醛　　　　极少

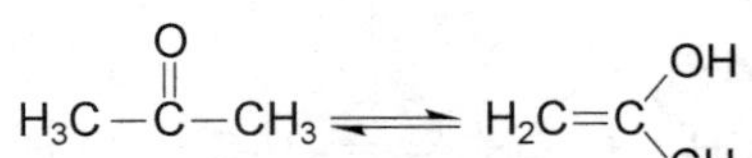

丙酮　　　　0.015%

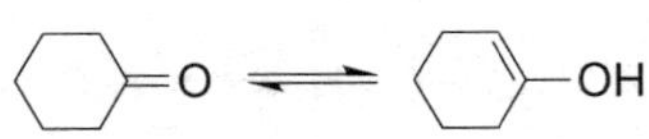

环己酮　　　　1.2%

对于两个羰基之间只隔有一个饱和碳原子的 β-二羰基类化合物，由于诱导效应，α-H 活性增大，当形成烯醇式后，分子形成了共轭体系，并且能形成分子内氢键，所以，烯醇式的能量降低，稳定性增加，在平衡混合物中，它的含量要高得多。例如：

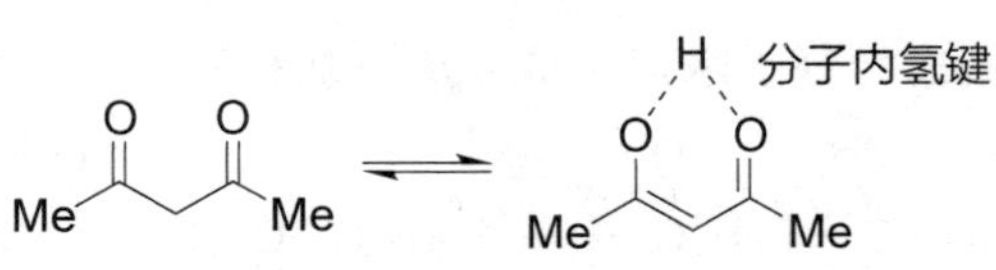

酮式(24%)　　　　烯醇式(76%)

11.3.2.2 卤代反应

醛、酮与卤素作用，发生 α-H 的卤代反应，生成 α-卤代醛、酮，这是制备 α-卤代羰基化合物的重要方法。

脂肪醛与卤素反应可生成一卤代、二卤代甚至三卤代醛。例如：

$$CH_3CHO + 3Cl_2 \xrightarrow{H_2O} CCl_3CHO + 3HCl$$

酮分子中的 α-H 也可被卤素直接取代，生成一卤代、二卤代及多卤代酮。在生成的 α-三卤代酮中，三卤甲基强烈的−I 效应，使羰基碳原子更为活泼，在碱的作用下，迅速发生亲核加成反应，生成卤仿和少一个碳原子的羧酸：

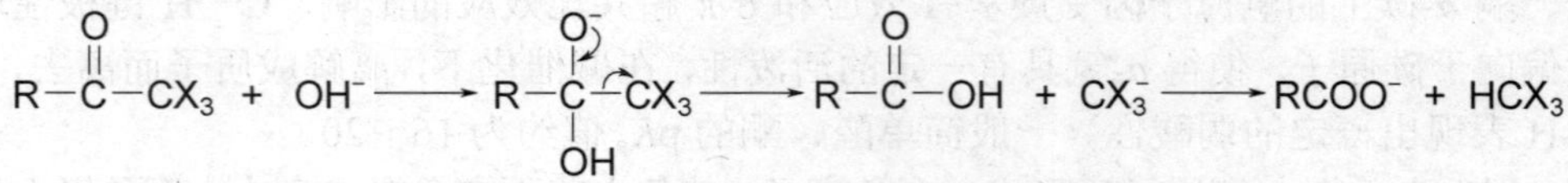

由于反应过程中有卤仿生成，所以，常把乙醛或甲基酮这类具有 3 个 α-H 结构的化合物与次卤酸钠的碱溶液作用生成三卤甲烷的反应称为卤仿反应。用碘的氢氧化钠溶液作为反应试剂，生成的碘仿是一种有特殊气味的黄色结晶，这一现象可以用来鉴定乙醛或甲基酮。

11.3.2.3 羟醛（aldol）缩合反应

在稀碱存在下，两分子醛相互作用，其中一分子醛的 α-氢原子加到另一分子醛的羰基氧原子上，而其余部分则加到羰基的碳原子上，生成的产物是 β-羟基醛，β-羟基醛不稳定，受热脱水生成 α,β-不饱和醛。这个反应叫做羟醛缩合反应。通过羟醛缩合，在分子中形成了新的碳-碳键，增长了碳链。例如：

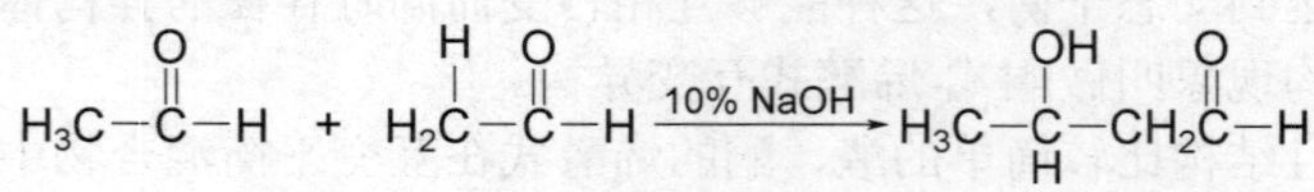

上述反应的历程是分两步进行的，第一步是碱夺取一分子乙醛中 α-碳原子的一个质子，生成烯醇负离子，第二步是这个负离子作为亲核试剂与另一分子乙醛发生亲核加成反应，生成一个烷氧负离子，烷氧负离子是比 OH^- 更强的碱，它能从水分子中夺取一个质子而生成 β-羟基醛：

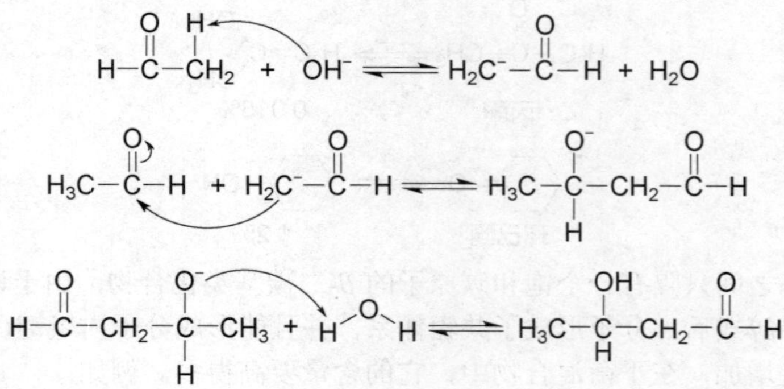

β-羟基醛受热时容易失去一分子水，生成 α,β-不饱和醛：

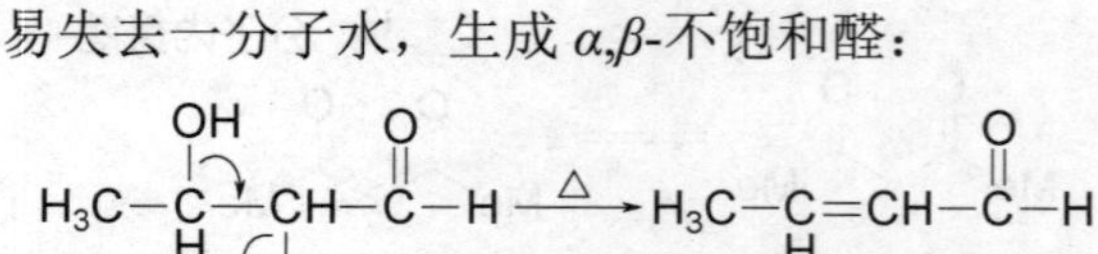

含有 α-氢原子的酮也能起类似的缩合反应，最后生成 α,β-不饱和酮。

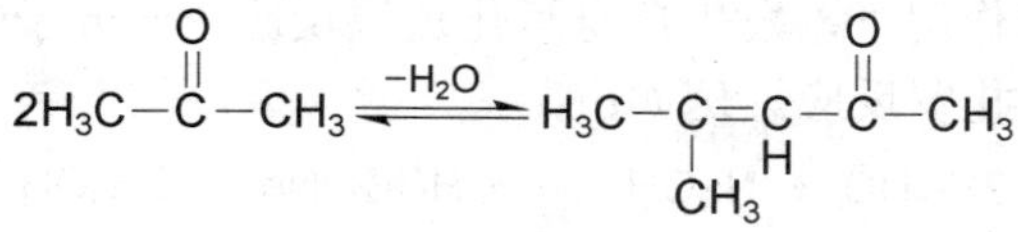

两种不同的含有 α-氢原子的羰基化合物之间也能进行羟醛缩合反应。由于反应得到的总是复杂的混合物，这种羟醛缩合反应没有应用意义，因而这里不再讨论。

11.3.2.4　氧化和还原反应

（1）氧化反应

醛和酮的化学性质在上述许多反应中基本相同，但在氧化反应中却有较大的差别。这与醛和酮在结构上的不同有关。醛的羰基碳原子连有一个氢原子，而酮则没有这个氢原子，所以，醛比酮容易被氧化。

使用弱的氧化剂，如硝酸银的氨溶液——托伦（Tollens）试剂可将醛氧化成相应的羧酸，析出的还原银可附在清洁的器壁上呈现光亮的银镜，常称为“银镜反应”，可用这个反应来鉴别醛。

$$RCHO + 2Ag(NH_3)_2OH \longrightarrow RCOONH_4 + 2Ag\downarrow + H_2O + 3NH_3$$

斐林（Fehling）试剂是硫酸铜与酒石酸钾钠混合液，二价的铜离子具有较弱的氧化性，它可氧化脂肪醛为脂肪酸，而芳醛一般不被氧化。在反应中析出砖红色的氧化亚铜沉淀，现象明显，可用于脂肪醛的鉴别：

$$RCHO + 2Cu^{2+} + NaOH + H_2O \xrightarrow{\triangle} RCOONa + Cu_2O\downarrow + 4H^+$$

托伦试剂和斐林试剂对烯键不发生氧化作用，可用于对 α,β-不饱和醛的选择性氧化，生成产物是 α,β-不饱和羧酸。

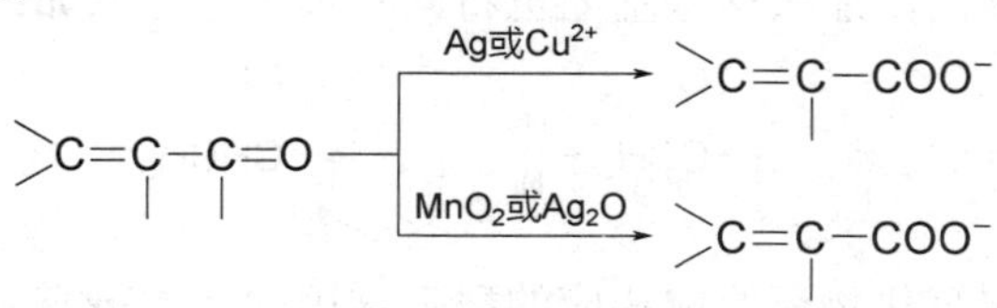

与醛相比，酮不易被氧化，只有在强烈的氧化条件下，酮才被氧化分解成小分子的羧酸。

环酮被氧化可生成二元酸，有应用价值。例如，环己酮被氧化得到己二酸，后者是合成纤维尼龙 66 的原料：

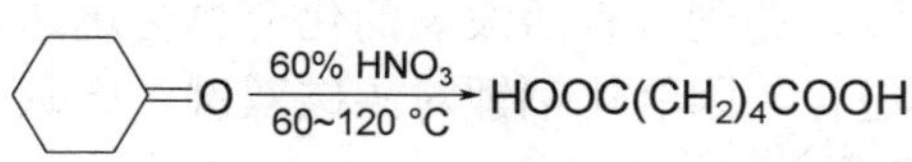

醛、酮在过氧化物（如过氧化氢、过氧化羧酸等）氧化下，在羰基和一个邻近烃基之间引入一个氧原子，得到相应的羧酸和酯，这一反应被称为拜耳-维立格（Baeyer-Villiger）氧化反应。

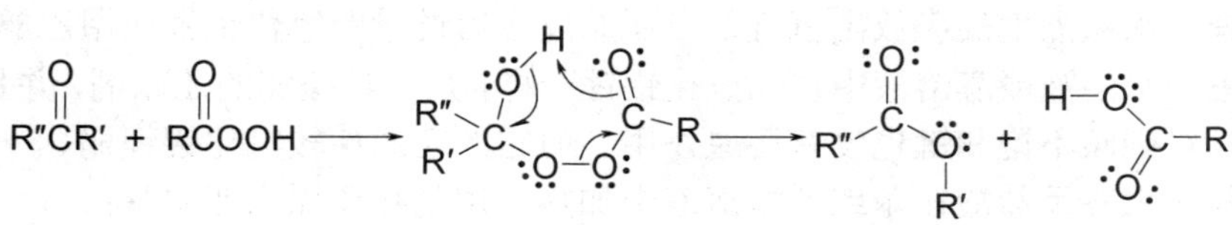

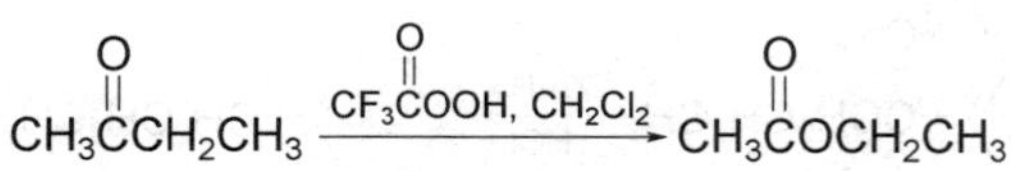

（2）坎尼扎罗（Cannizzaro）反应——自身氧化还原反应

无 α-H 的醛在浓碱的作用下，发生自身氧化还原反应，一分子醛被氧化为酸，另一分子醛被还原成醇，此为坎尼扎罗反应。例如：

$$2HCHO + NaOH \longrightarrow HCOONa + CH_3OH$$

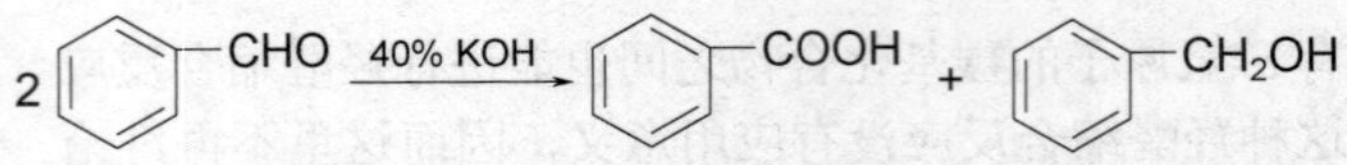

两种不同的无 α-H 的醛在浓碱的作用下，可发生交叉的坎尼扎罗反应。在交叉的坎尼扎罗反应中，通常活泼的醛被氧化。例如，芳醛和甲醛在浓碱的作用下，甲醛易被氧化成甲酸钠，而芳醛则被还原成芳醇。

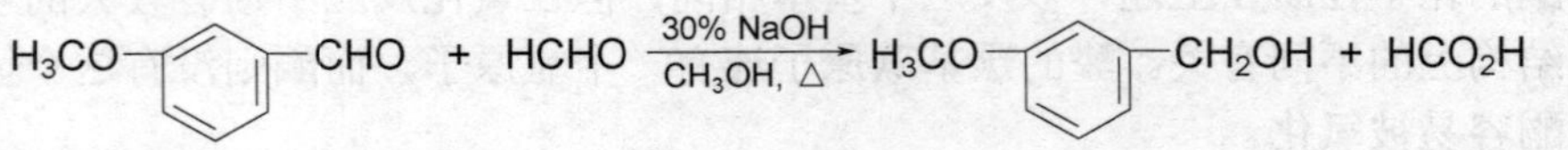

（3）还原反应

醛、酮的羰基都能被还原成醇羟基。不同的醛、酮被还原时，反应条件不同，还原产物也不同。

醛、酮在金属催化剂镍、铜、铂、钯等存在下与氢气作用，可以在羰基上加上一分子氢，生成醇。醛加氢生成伯醇，酮加氢得到仲醇。例如：

$$CH_3(CH_2)_4CHO \xrightarrow[Ni]{H_2} CH_3(CH_2)_4CH_2OH$$

$$(CH_3)_2CHCH_2\underset{\underset{O}{\|}}{C}CH_3 \xrightarrow[Ni]{H_2} (CH_3)_2CHCH_2\underset{\underset{OH}{|}}{C}HCH_3$$

醛、酮催化加氢产率较高，后处理简单，但是，催化剂较贵，并且是强还原条件，如果分子中还有其他不饱和基团，那么这些基团也将同时被还原。例如：

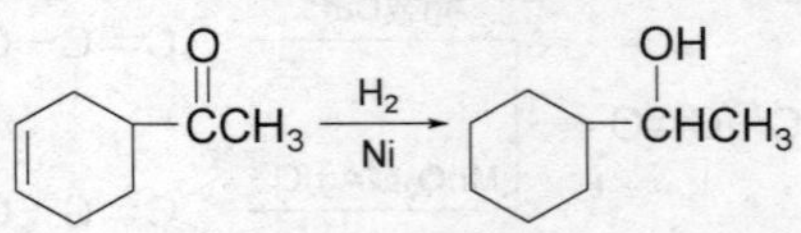

醛和酮也可以被金属氢化物还原成相应的醇。常用的还原剂有氢化铝锂（$LiAlH_4$）和硼氢化钠（$NaBH_4$）。

氢化铝锂是很强的化学还原剂，对于羰基、硝基、氰基、羧基、酯、酰胺、卤代烃等它都能还原。氢化铝锂非常活泼，遇到含有活泼氢的化合物会迅速分解，所以，使用氢化铝锂还原时，反应常在醚溶液中进行。因氢化铝锂对碳碳双键、碳碳三键不起作用，故可用于对 α,β-不饱和醛、酮的选择性还原。

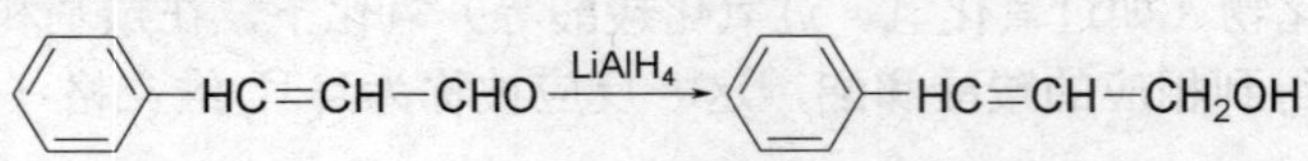

氢化铝锂与水激烈地反应放出氢气，在还原反应后过量的氢化铝锂应用乙醇消除。

硼氢化钠在水溶液或醇溶液中也和氢化铝锂一样，是一种缓和的还原剂，并且选择性高，还原效果好。对碳碳不饱和键也没有还原作用。但它的还原性较氢化铝锂弱。

酮或醛与锌汞齐及盐酸在苯或乙醇溶液中加热，羰基被还原为亚甲基：

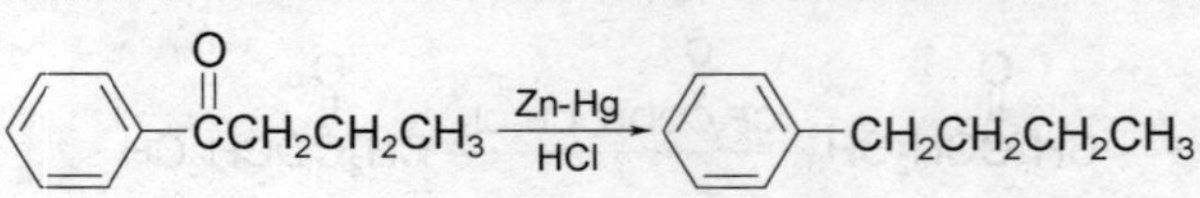

这一反应首先由英国化学家克莱门森（E. Clemmensen）于 1913 年发现并用于制备烷烃、烷基芳烃和烷基酚类化合物。

将醛或酮与肼在高沸点溶剂，如一缩乙二醇中和碱一起加热，羰基先与肼生成腙，腙在碱性加热条件下失去氮，结果羰基变成亚甲基，此反应叫做沃尔夫-吉斯尼尔-黄鸣龙（Wolff-Kishner-Huang）反应。例如：

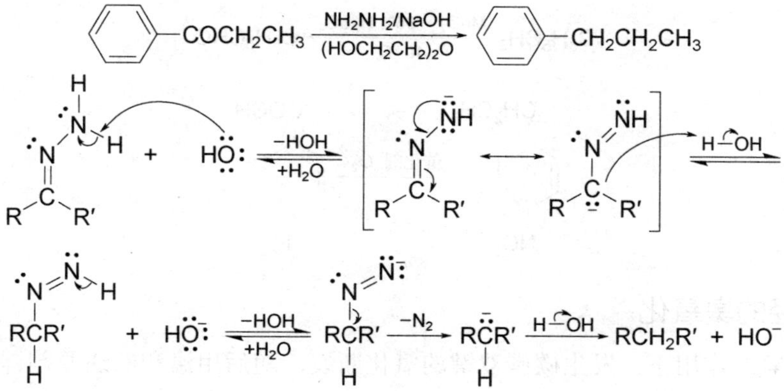

11.4　一元醛、酮的制备

11.4.1　醇的氧化与脱氢

伯醇和仲醇用三氧化铬等氧化剂氧化生成醛或酮。PCC（氯铬酸吡啶）作为温和的氧化剂，可以控制伯醇被氧化成醛，防止其被过度氧化成酸。

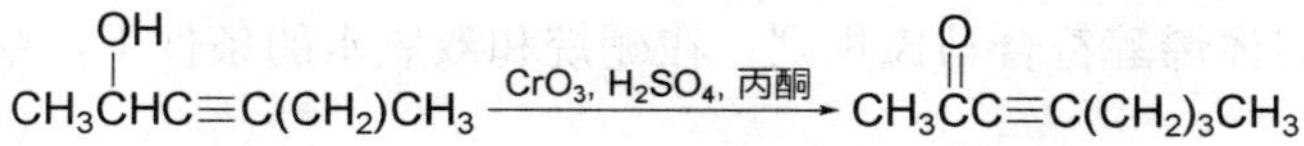

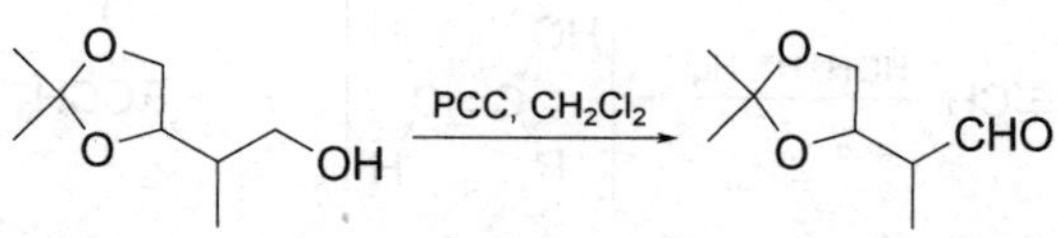

将醇的蒸气通过加热的催化剂（铜粉、银粉、亚铬酸铜等），可以脱氢生成醛或酮。将醇的蒸气和空气混合后通过加热的催化剂（铜、银等），醇被氧化生成醛或酮。反应可能是先脱氢，生成的氢与氧化合而放出大量热，足以使反应继续进行。

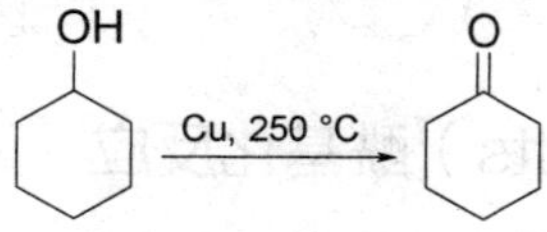

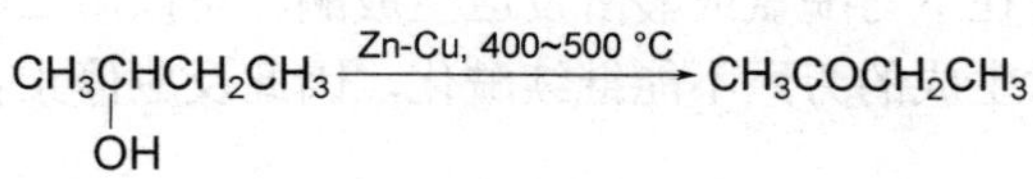

$$CH_3OH + \frac{1}{2}O_2 \xrightarrow{Ag,\ 250\ ^\circ C} CH_2O + H_2O$$

11.4.2　芳烃的氧化

工业上虽然常用催化脱氢和氧化的方法来制备低级醛、酮。但是芳醇不容易得到，芳醇和相应的芳醛、芳酮的挥发性都比较小。因此，氧化和脱氢制备不适用于芳香醛、酮。

与芳环直接相连的甲基上的氢原子受芳环的影响，容易被氧化，控制实验条件可以使反应停留在生成芳醛。

$$ArCH_3 \xrightarrow{[O]} ArCHO$$

$$C_6H_5CH_3 \xrightarrow[40\ ^\circ C]{MnO_2 + 65\%\ H_2SO_4} C_6H_5CHO$$

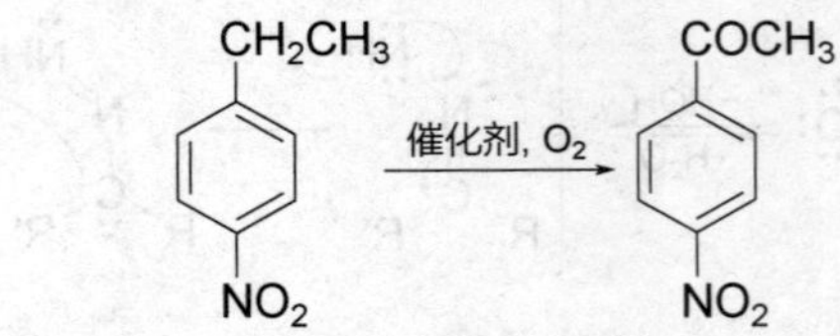

11.4.3 烯烃的臭氧化

烯烃在臭氧的作用下，发生碳碳双键的氧化断裂，随后用温和的还原剂锌粉处理，生成相对应的醛和酮。

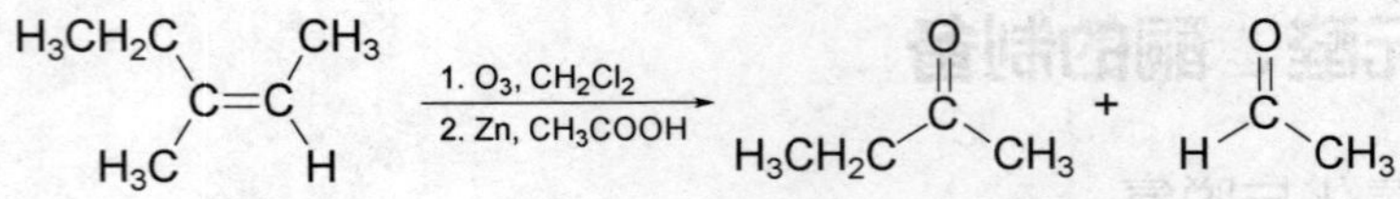

11.4.4 炔烃的水合反应

炔烃发生水合反应，生成加成中间体烯醇，随后发生异构化，可以得到相应的醛或者酮。在汞盐存在下，中间体烯醇符合马氏规则；在硼烷和双氧水的条件下，中间体烯醇符合反马氏规则。

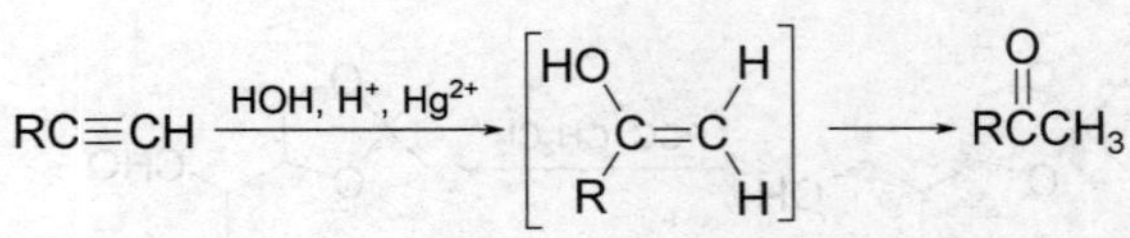

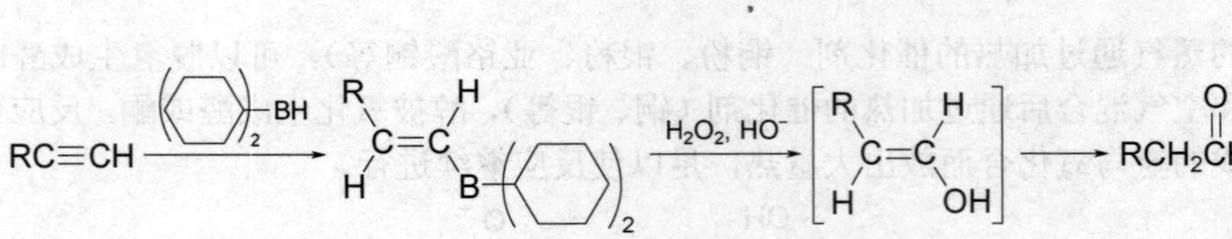

11.4.5 傅-克（Friedel-Crafts）酰基化反应

芳烃在无水氯化铝存在下与酰氯或酸酐反应生成酮，可以用二硫化碳、硝基苯、对称四氯乙烷等作溶剂。反应时生成的芳酮不能继续酰化，因此反应停止在一酰化物的阶段，也不发生重排。

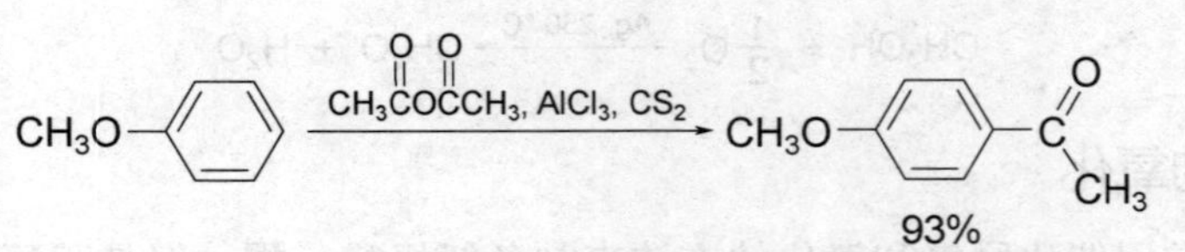

11.4.6 维斯迈尔（Vilsmeier）反应

芳香化合物与二取代甲酰胺在三氯氧磷作用下，反应生成芳环上甲酰化产物。这是目前在芳环上引入甲酰基的常用方法。但是该反应只适合苯酚、苯胺等活泼底物。

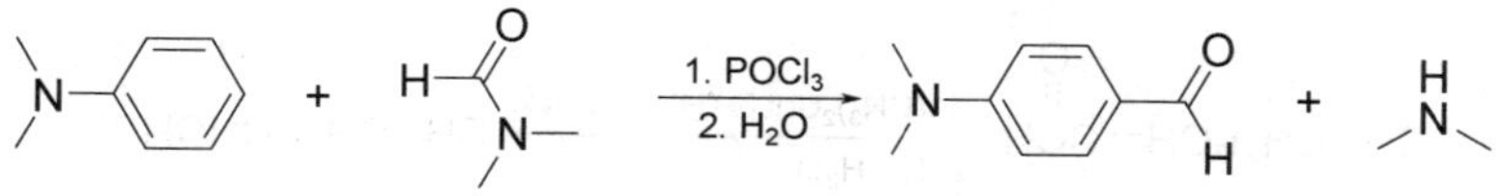

11.5 α,β-不饱和醛、酮和醌

11.5.1 α,β-不饱和醛、酮

不饱和醛、酮分子中，碳碳双键位于 α-和 β-碳原子之间的称为 α,β-不饱和醛、酮。碳碳双键与羰基组成共轭体系，使得 α,β-不饱和醛、酮比其他的不饱和醛、酮更加稳定。共轭体系的共振使得羰基碳原子上的部分正电荷发生离域，平摊到碳碳双键上，使得碳碳双键的电子云密度降低，更加亲电，容易发生亲核加成反应。

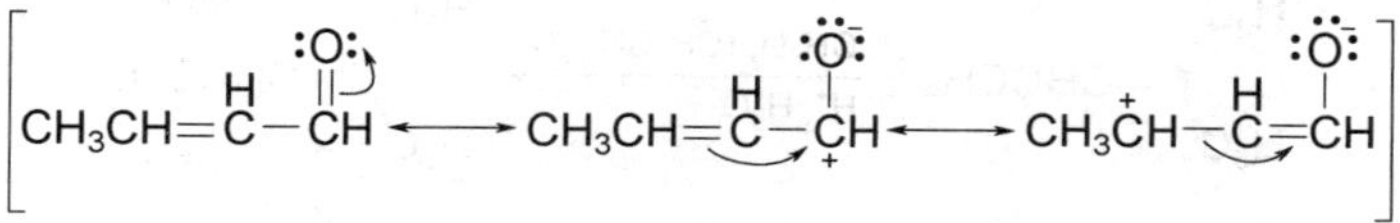

11.5.1.1 与氢氰酸反应

α,β-不饱和醛、酮与氢氰酸一般只生成 1,4-加成产物。在反应中氰根离子进攻碳原子，生成的碳负离子由于羰基的影响，稳定性提高，使加成反应得以进行。

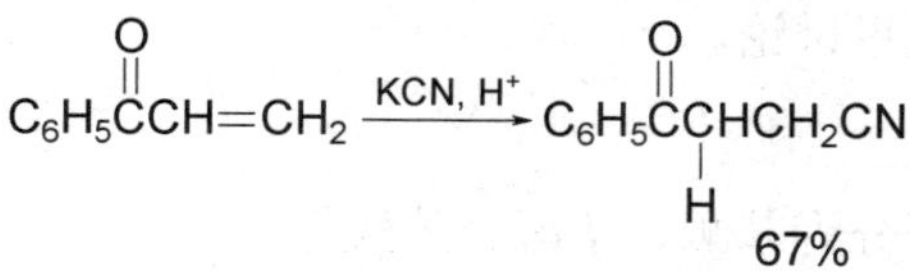

11.5.1.2 迈克尔（Michael）加成反应

烯醇负离子与 α,β-不饱和醛、酮的 1,4-加成称为 Michael 加成反应。该反应是一类十分重要的有机反应。在有机合成上用以增长碳链，合成带有各种官能团的有机化合物。它为最有价值的有机合成反应之一，也是构筑碳碳键的最常用方法之一。

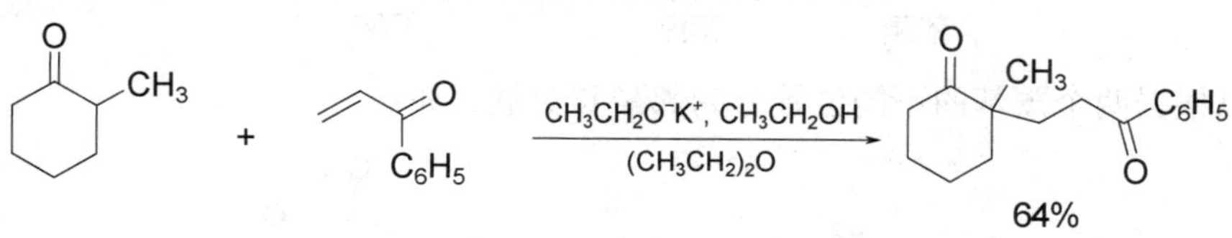

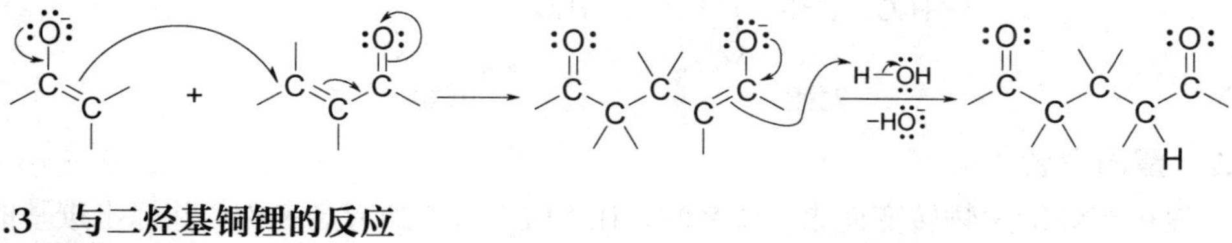

11.5.1.3 与二烃基铜锂的反应

二烃基铜锂与 α,β-不饱和醛、酮的反应为 1,4-加成，这是这类试剂的一个突出的特点。

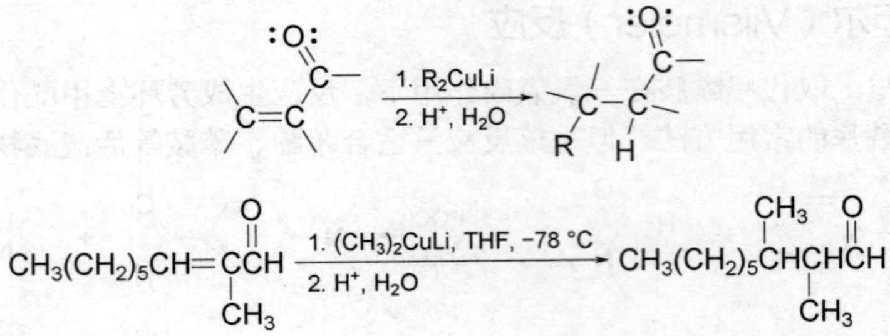

40%

11.5.1.4 与烃基锂的反应

与二烃基铜锂不同，烃基锂与 *α,β*-不饱和醛、酮的反应为1,2-加成。

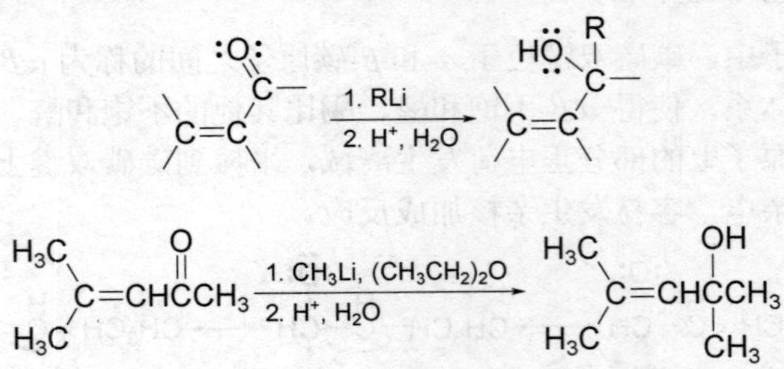

81%

11.5.2 醌

醌是一类特殊的 *α,β*-不饱和环状共轭二酮。在醌分子中，存在着环己二烯二酮的结构特征，故醌作为重要的酮在这里讨论。

11.5.2.1 醌的分类

根据芳环的不同，醌可分为苯醌、萘醌、蒽醌等。如：

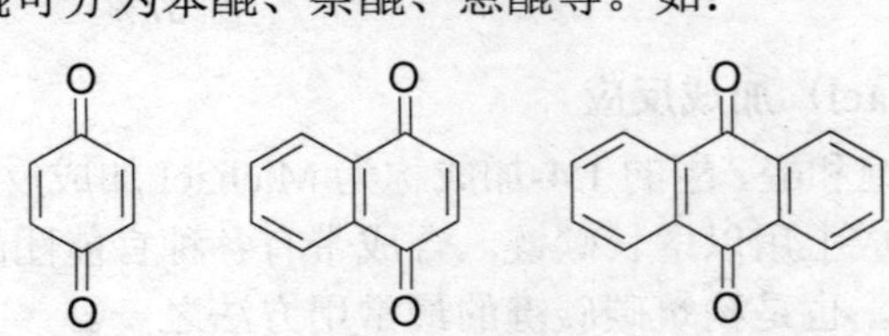

苯醌　　萘醌　　蒽醌

也可以根据两个羰基的不同位置分为邻醌和对醌。如：

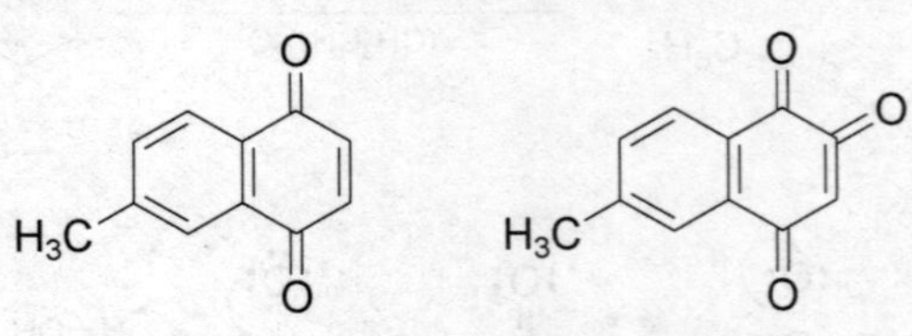

对醌　　邻醌

11.5.2.2 醌的命名

醌一般由芳烃衍生物转变而来，命名时，在“醌”字前加芳烃名称，并标出羰基的位置。例如：

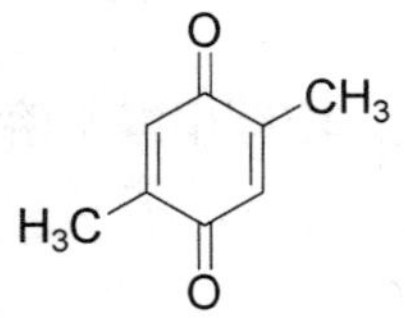

2,5-二甲基-1,4-苯醌
2,5-dimethyl-1,4-benzoquinone

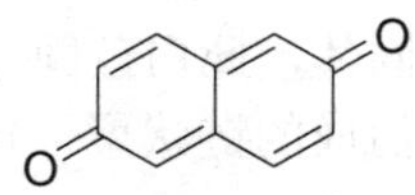

2,6-萘醌
2,6-naphthaquinone

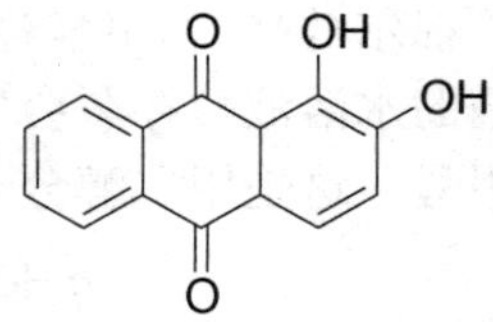

1,2-二羟基-9,10-蒽醌
1,2-dihydroxy-9,10-anthraquinone

11.5.2.3　醌的化学性质

醌环不是芳环，没有芳香性，在醌分子中，由于两个羰基共同存在于一个不饱和的共轭环上，醌类化合物的热稳定性很差，醌环化学性质与 α,β-不饱和酮相似。这里主要介绍苯醌的化学性质。

苯醌分子中具有两个羰基、两个碳碳双键。它既可以发生羰基反应，也可发生碳碳双键反应。

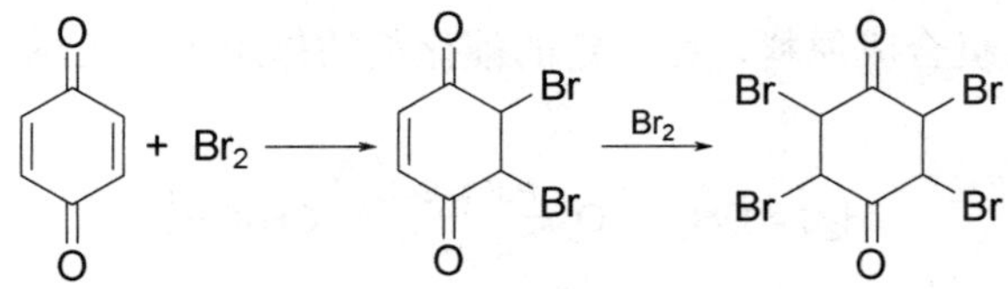

对苯醌能与一分子羟胺或二分子羟胺生成单肟或双肟。

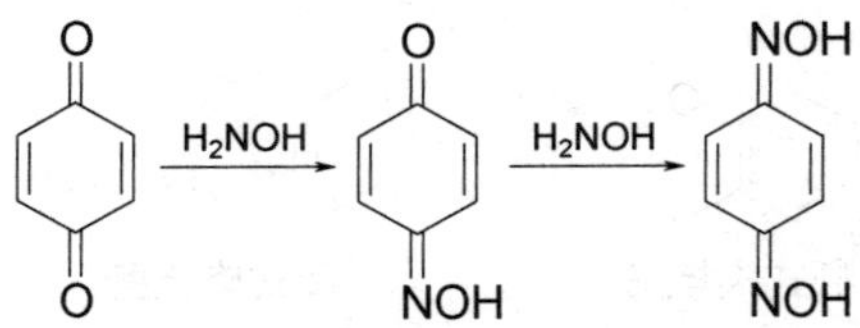

对苯醌单肟　对苯醌双肟

对苯醌单肟与对亚硝基苯酚是互变异构体。

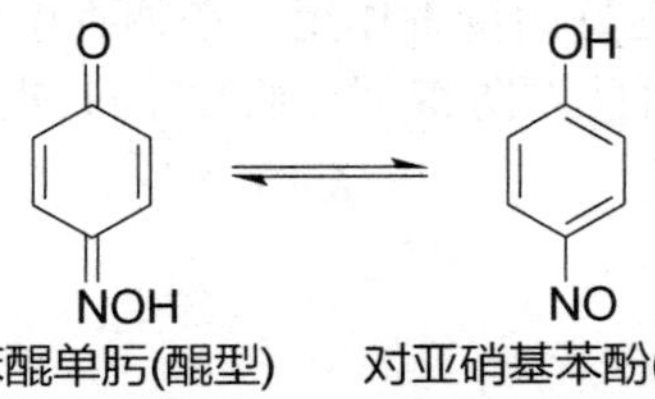

对苯醌单肟(醌型)　对亚硝基苯酚(苯型)

对苯醌与对苯二酚可以通过还原与氧化反应而互相转变。

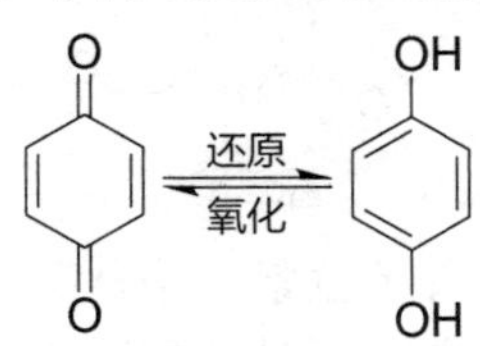

11.6　重要的醛

11.6.1　甲醛

甲醛在常温下是无色有特殊气味的气体，沸点为−21 ℃，易溶于水。含甲醛 40%的水溶液叫做“福尔马林”。甲醛容易被氧化，极易聚合。

甲醛的水溶液贮存久会生成白色固体，此白色固体是多聚甲醛，浓缩甲醛水溶液也可得到多聚甲醛，这是甲二醇分子间脱水而成的链状聚合物。

$$n\,HOCH_2OH \longrightarrow \underset{\text{多聚甲醛}}{HO\text{-}\!\left(CH_2O\right)_n\!\text{-}H} + (n-1)H_2O$$

甲醛是重要的有机合成原料，目前，它主要由甲醇氧化脱氢来生产，将甲醇蒸气和部分空气通过 600～700 ℃银催化剂层，即生成甲醛。

11.6.2 乙醛

乙醛是无色的有刺激性气味的低沸点液体，可溶于水、乙醇及乙醚中，易被氧化，易聚合，在少量硫酸存在下，室温时就能聚合成环状三聚乙醛。所以，乙醛多以三聚乙醛形式保存。

乙醛也是重要的有机合成原料，在一定的催化剂的作用下，乙烯可以用空气直接氧化成乙醛。

$$H_2C{=}CH_2 + O_2 \xrightarrow{PdCl_2\text{-}CuCl_2} CH_3CHO$$

11.6.3 肉桂醛

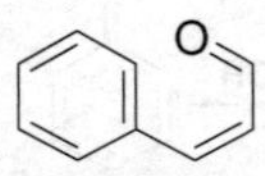

顺式肉桂醛

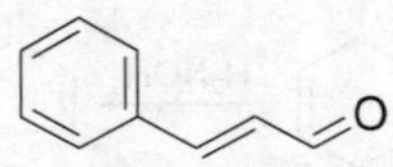

反式肉桂醛

肉桂醛通常称为桂醛，天然存在于斯里兰卡肉桂油、桂皮油、藿香油、风信子油和玫瑰油等精油中。肉桂醛有顺式和反式两种异构体，目前大多数商用的肉桂醛，都是反式异构体。

肉桂醛作为含香化合物，有良好的持香作用，在调香中作配香原料使用，使主香料香气更清香；也常用于食用香料、保鲜防腐防霉剂（纸），同时也是很好的调味（料）油，用来改善口感风味。

11.6.4 香草醛

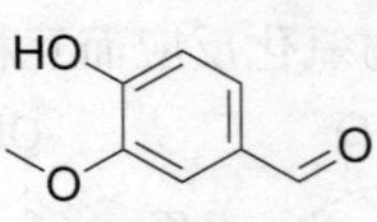

香草醛

香草醛，又称香兰素、香草精、香荚兰素，是从芸香科植物香荚兰豆中提取的一种重要香料，是合成香料中产量最大的品种之一，是调配巧克力、冰淇淋、口香糖、糕点及烟草香精的重要原料。天然存在于香荚兰豆荚，以及丁香油、橡苔油、秘鲁香脂、吐鲁香脂和安息香脂中。

香草醛具有强烈而又独特的香荚兰豆香气，香气稳定，它在较高温度下不易挥发，易受光的影响，在空气中逐渐氧化，遇碱或碱性物质易变色。它的水溶液与三氯化铁反应生成蓝紫色溶液。它可用于许多日化香精配方中，但主要用于食用香精中。香草醛几乎用于所有香型，大量用于食品工业，作为食品香精广泛用于面包、奶油、冰淇淋、白兰地酒等，在糕点、饼干中的添加量为 0.01%～0.04%，糖果中为 0.02%～0.08%。它是烘焙食品使用最多的香料之一，可用于巧克力、饼干、蛋糕、布丁中。

拓展阅读

中国人所熟知的“黄鸣龙反应”是在 1946 年发现的第一个以华人名字命名的有机反应。这是一个将醛、酮在碱性条件下与肼作用，羰基被还原为亚甲基的反应。该反应经黄鸣龙改进在常压下即可完成，反应时先将反应物与氢氧化钠、肼和高沸点醇类的水溶液混合加热生成腙后，将水和过量的肼蒸出，升温回流数小时后完成。

关于该反应的发现还有这样一个故事。黄鸣龙先生当时在美国跟随 Louise Fieser 作访问学者。黄先生正在做一个 Wolff-Kishner 反应，却因临时有事要去纽约，只得让隔壁一个同学帮忙照看反应。黄先生走了数日，处在回流中的烧瓶塞子逐渐松动，开了口子。等黄先生回来时，发现反应物中的肼和生成的水全跑光了，只剩下残渣。但他没有把残渣扔掉，而是继续观察分析，结果发现了 Wolff-Kishner 反应的产物，并且产率比常规的方法更高。他顺藤摸瓜，通过改变一系列条件，改良了该反应。

虽然这只是黄鸣龙先生对“Wolff-Kishner 反应”的改进，但改进前的反应需要用封管和金属钠以及难以制备和价值昂贵的无水肼，反应条件苛刻且极易引起副反应。黄先生的改进使这一还原反应变得操作简单、原料价格降低、产率提高，能在工业上进行大规模应用，在国际上被广泛应用。

习 题

参考答案

1. 命名下列化合物。

（1）$CH_3\underset{\displaystyle CH_2CH_3}{\underset{|}{CH}}CH_2CHO$

（2）$(CH_3)_2CH-\underset{\displaystyle O}{\underset{\|}{C}}-CH_2CH_3$

（3）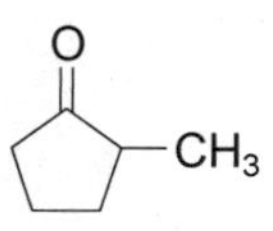

（4）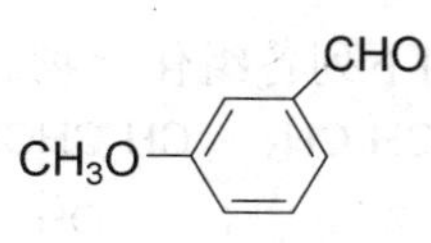

（5）$CH_2CH{=}CHCHO$

（6）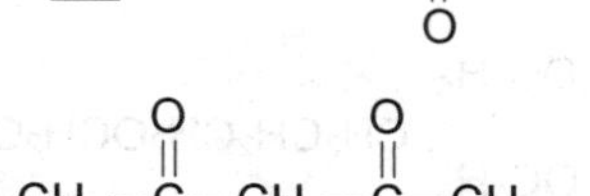

（7）$CH_2{=}CH-\overset{\displaystyle O}{\overset{\|}{C}}-C_3H_7$

（8）$CH_3-\overset{\displaystyle O}{\overset{\|}{C}}-CH_2-\overset{\displaystyle O}{\overset{\|}{C}}-CH_3$

（9）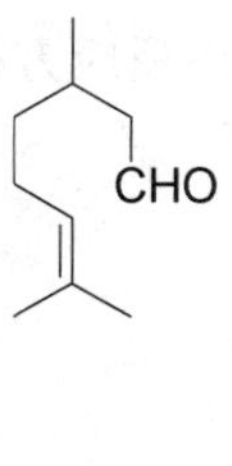

（10）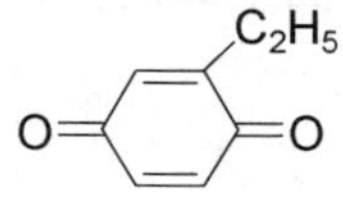

2. 完成下列反应式。

（1）$CH_3COCH_2CH_3 \xrightarrow[HAc]{Br_2}$

（2）$CH_3COCH_2CH_3 \xrightarrow[NaOH]{Br_2}$

（3）$CH_3(CH_2)_6CHO \xrightarrow[HOCH_2CH_2OH,\ \triangle]{NaOH}$

（4）$CH_3CH_2CH_2CHO \xrightarrow[EtOH]{EtONa}$

（5）$CH_3CH{=}CHCHO \xrightarrow{Br_2}$

（6）$CH_2{=}CHCOCH_3 \xrightarrow[NaOH]{Cl_2}$

（7）$CH_3C{\equiv}C\overset{O}{\overset{\|}{C}}CH{=}CH_2 \xrightarrow[H_2O]{LiAlH_4} \quad \xrightarrow[\triangle]{H_3O^+}$

（8）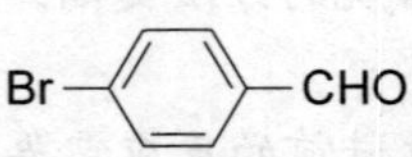 $+\ CH_2O \xrightarrow{NaOH}$

3. 写出 2-甲基环己酮与下列试剂反应的主要产物。

（1）$LiAlH_4$（在乙醚中）　　（2）HCN/OH^-

（3）乙二醇（干燥 HCl）　　（4）2,4-二硝基苯肼

（5）$NH_2—NH_2$，NaOH，$(HOCH_2CH_2)_2O$　　（6）Zn-Hg，HCl

4. 下列化合物中哪些能发生碘仿反应？哪些能和饱和亚硫酸氢钠反应？

（1）$CH_3COCH_2CH_3$　　（2）$CH_3CH_2CH_2CHO$

（3）CH_3CH_2OH　　（4）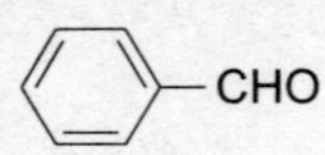

（5）$CH_3CH_2COCH_2CH_3$　　（6）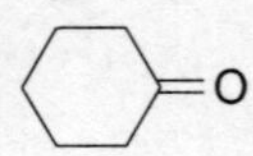

5. 用化学方法区别下列各组化合物。

（1）$CH_3CH_2\underset{OH}{\underset{|}{C}}HCH_2CH_2CH_3$，$CH_3\underset{OH}{\underset{|}{C}}HCH_3$

（2）$CH_3CH_2CH_2\underset{O}{\underset{\|}{C}}CH_3$，$C_6H_5CH_2\underset{OH}{\underset{|}{C}}HCH_3$

（3）$CH_3CH(OC_2H_5)_2$, $CH_3CH_2CH_2OCH_2CH_3$, $CH_3CH_2CH_2CH_2CH_3$

6. 使用四个碳或少于四个碳的卤代烃和醇，分别合成下列化合物，写出反应方程式并注明反应条件。

（1）$CH_3CH_2\underset{CH_3}{\underset{|}{C}}HCHO$　　（2）$(CH_3)_2CHCH_2CH_2CH(CH_3)_2$

（3） 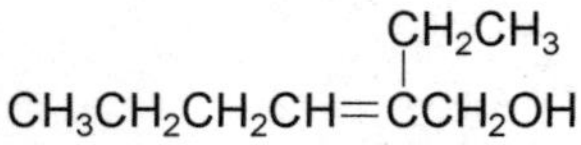　　（4） 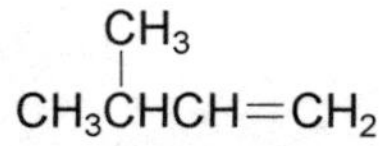

7. 以苯、甲苯及四碳以下有机化合物等简单原料合成下列化合物。

（1） 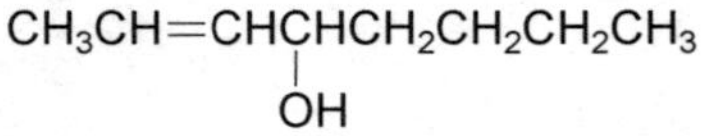

（2） $C_6H_5CH{=}CHCH{=}CHCH_2OH$

（3） 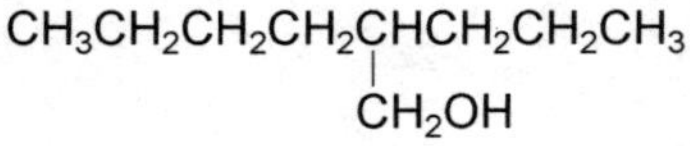

（4） 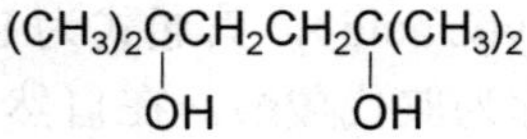

（5） 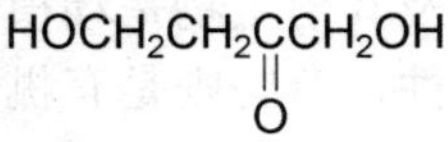

（6） 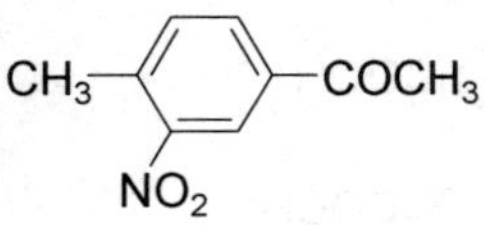

（7） 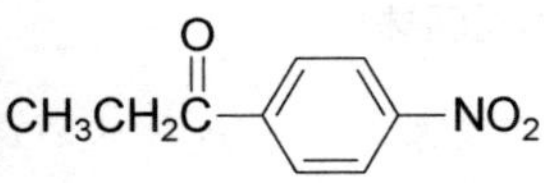

（8） 

（9） 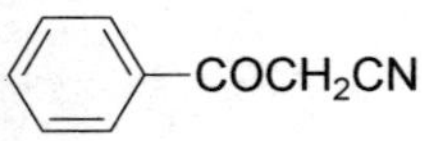

（10） 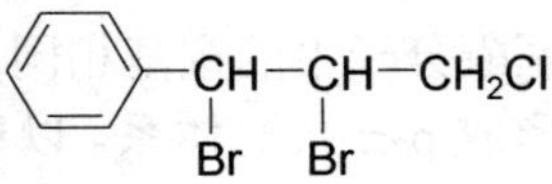

第 12 章

羧酸及其衍生物

分子中具有羧基（—COOH）的化合物称为羧酸（carboxylic acid），其通式为 RCOOH。羧酸分子中烃基上的氢原子被其他原子或原子团取代的产物称为取代羧酸。在自然界中，羧酸、羧酸衍生物和取代羧酸广泛存在于动、植物体中。许多羧酸及其衍生物是动植物代谢的中间产物，有些参与动植物的生命过程，有些具有很强的生物活性，有些则是有机合成和医药工业的重要原料。例如：

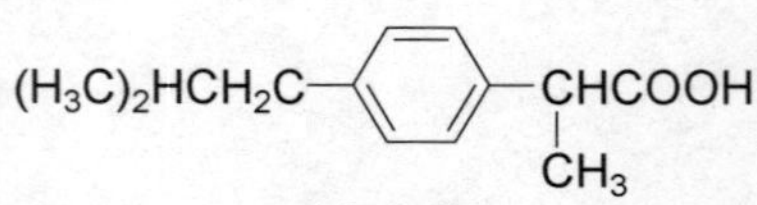

布洛芬

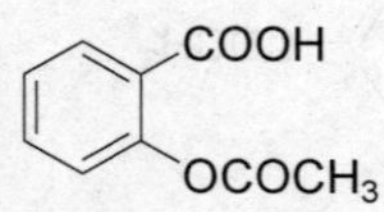

阿司匹林

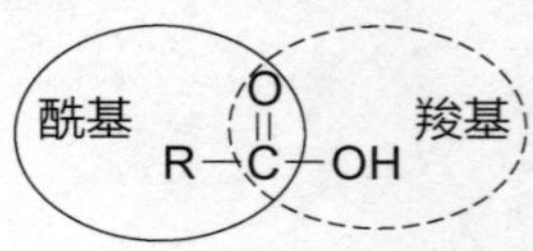

12.1 羧酸

羧基中的碳原子呈 sp^2 杂化态，碳氧双键的成键方式与醛酮分子中的羰基相同，即一个σ键和一个π键。除此以外，π键还与羟基氧原子的孤对电子形成 p-π 共轭体系。以甲酸为例：

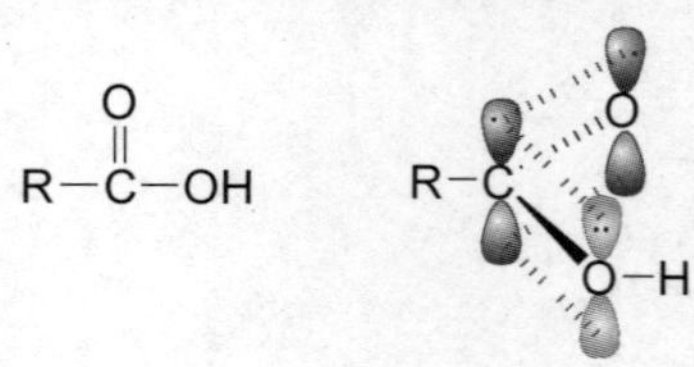

12.1.1 羧酸的分类和命名

12.1.1.1 分类

羧酸由烃基（甲酸除外）和羧基两部分构成。根据分子中与羧基相连的烃基种类的不同，可分为脂肪族羧酸（如戊酸）、脂环族羧酸（如环丁烷甲酸）和芳香族羧酸（如苯甲酸）：

$CH_3(CH_2)_3COOH$

戊酸

valeric acid

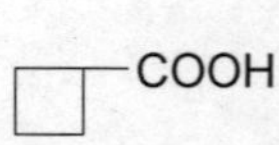

环丁烷甲酸

cyclobutane formic acid

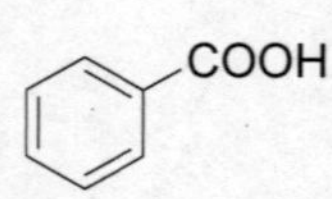

苯甲酸

benzoic acid

依据羧酸分子中羧基数目不同，羧酸可分为一元羧酸（如丙酸）、二元羧酸（如丙二酸）和三元羧酸（如柠檬酸）等，其中二元及以上羧酸统称为多元羧酸：

CH_3CH_2COOH
丙酸
propionic acid

$HOOC—CH_2—COOH$
丙二酸
malonic acid

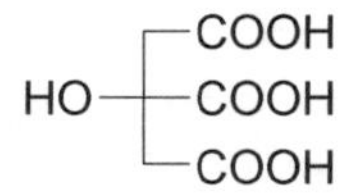

柠檬酸
citric acid

按照羧酸分子中烃基饱和程度不同，也可以分为饱和羧酸（如硬脂酸）、不饱和羧酸（如丙烯酸）等：

$CH_3(CH_2)_{10}COOH$
硬脂酸
stearic acid

$H_2C=CH—COOH$
丙烯酸
acrylic acid

12.1.1.2 命名

（1）俗名命名法

许多羧酸的名称常为俗名，而一些俗名往往与其来源有关，如甲酸又称蚁酸，是从蒸馏蚂蚁中得到的；乙酸又称醋酸，是食醋中的主要成分。苹果酸、柠檬酸和酒石酸则分别来自苹果、柠檬和酿造葡萄酒时所形成的酒石。许多羧酸的俗名在实际生活和工作中使用得较为普遍。

CH_3COOH
醋酸
acetic acid

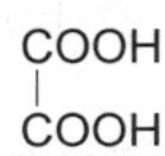

草酸
oxalic acid

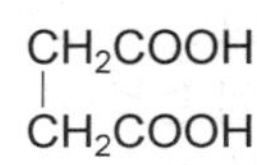

琥珀酸
succinic acid

（2）系统命名法

羧酸的系统命名原则与醛的命名类似。选取含有羧基的最长碳链为主链，根据主链碳原子数目称为某酸。编号自羧基开始，用阿拉伯数字 1、2、3…来表示链上取代基的位置。取代基及位次写在某酸之前。简单的羧酸，也常用希腊字母标明取代基的位置，即羧基相邻的碳原子编号为 α，依次为 β、γ 等，例如：

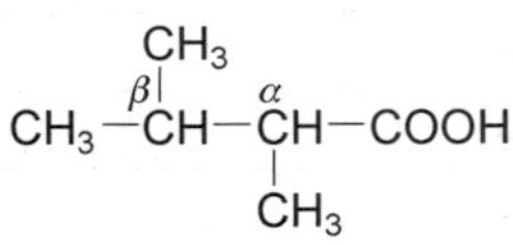

α,β-二甲基丁酸
α,β-dimethyl-butanoic acid

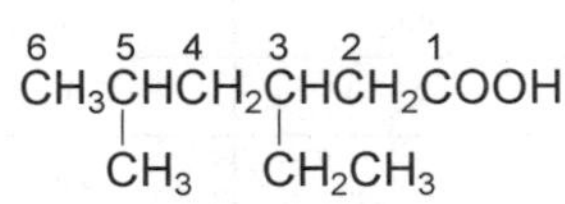

3-乙基-5-甲基己酸
3-ethyl-5-methylhexanoic acid

命名含脂环和芳环的羧酸时，以脂环和芳环作为取代基，脂肪酸为母体。例如：

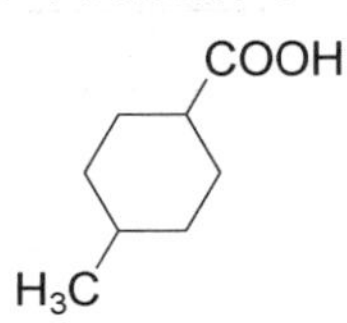

4-甲基环己烷-1-羧酸
4-methylcyclohexane-1-carboxylic acid

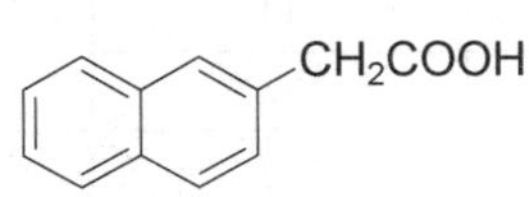

2-(萘-2-基)乙酸
2-(naphthalen-2-yl)acetic acid

含十个碳以上的直链酸命名时要加一个碳字：

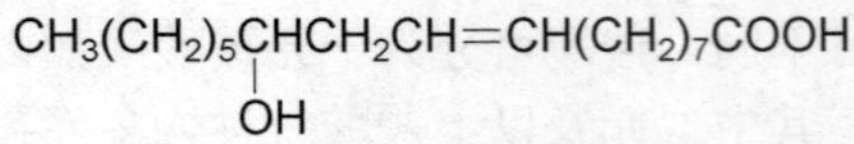

12-羟基十八碳-9-烯酸
12-Hydroxyoctadecan-9-enoic acid

12.1.2 羧酸的物理性质

常温下，脂肪族一元羧酸如甲酸、乙酸、丙酸都是具有刺激性臭味的液体，正丁酸至正壬酸则为油状液体，癸酸以上为蜡状固体。而脂肪族二元羧酸和芳香族羧酸都是结晶状固体。

从羧基结构中可以看出，羧酸分子具有极性，能够形成氢键。羧酸分子可以通过氢键形成二聚体或多聚体。因此，羧酸的沸点比与其分子量相当的烷烃、卤代烃高，也比相应的醇高。饱和一元羧酸的沸点随分子量增加而升高。羧酸沸点比分子量相同或相近的醇的沸点高。例如乙酸和丙醇的分子量均为 60，乙酸的沸点为 118 ℃，丙醇的沸点为 98 ℃。主要原因在于羧酸分子之间生成了氢键，并以二聚体形式存在。

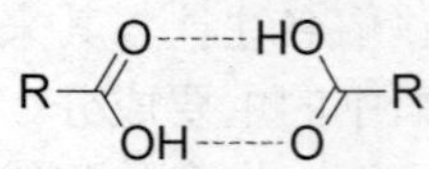

羧酸的熔点随着碳原子数的增加而呈锯齿状上升，含偶数碳原子的羧酸的熔点比相邻两个奇数碳原子同系物的熔点高一点，原因可能在于含偶数碳原子的羧酸对称性更好，分子在晶格中排列更紧密。

羧酸的水溶性比相应醇大，1～4 个碳原子的羧酸与水可以混溶，但随着羧酸分子量增加，在水溶液中的溶解度迅速降低。癸酸以上的羧酸基本不溶于水，但脂肪族一元羧酸都能够溶解在乙醇、乙醚、氯仿等有机溶剂中。芳香族羧酸溶解在水中的极其微量。

芳香族羧酸一般具有升华性，有些能随水蒸气挥发。一些羧酸的物理常数见表 12-1。

表 12-1 一些常见羧酸的物理常数

化合物	熔点/℃	沸点/℃	pK_{a1}	pK_{a2}	溶解度/g
甲酸	8.4	100.5	3.77		∞
乙酸	16.6	118.0	4.76		∞
丙酸	−22	141	4.88		∞
丁酸	−4.7	162.5	4.82		∞
戊酸	−34.5	187	4.81		4.97
己酸	−1.5	205	4.85		0.968
庚酸	−1.1	223.5	4.89		0.244
辛酸	16.5	237	4.85		0.068
丙烯酸	13	141	4.17		
苯甲酸	129.7	249	4.17		0.34
苯乙酸	78	265	4.31		
乙二酸	189		1.46	4.4	
丙二酸	135		2.80	5.85	
丁二酸	185		4.17	5.64	

12.1.3　羧酸的化学性质

羧酸的羧基（—COOH）中碳原子是 sp^2 杂化的，它用三个 sp^2 杂化轨道分别与羟基中的氧原子、羰基中的氧原子和一个烃基的碳原子（或氢原子）以 σ 键相结合，且这三个 σ 键在同一个平面上。该碳原子余下的一个 p 轨道与羰基中氧原子的 p 轨道形成一个 π 键。所以说，羧基虽然是由羟基和羰基直接相连而成的，但由于两者在分子中的相互影响，羧基的性质并不是这两者性质的简单加和，而是具有它自己的特点。

因此，羧酸根据其分子结构中键的断裂方式不同而发生不同的反应，可表示如下：

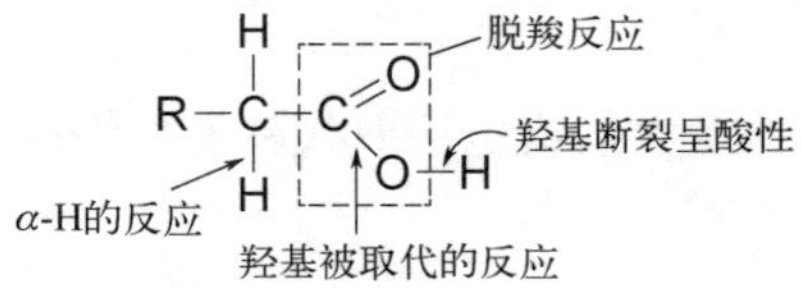

12.1.3.1　羧酸的酸性

由于羧基中 p-π 共轭作用的存在，氢氧键中的电子云比一般的醇羟基中的电子云更靠近氧原子，从而羟基中 O—H 键有较大的极性，氢原子更易电离，因此羧酸的酸性大于醇。但由于其 pK_a 值较小，虽有一定酸性，但仍属于弱酸。

$$RCOOH + H_2O \rightleftharpoons RCOO^- + H_3O^+$$

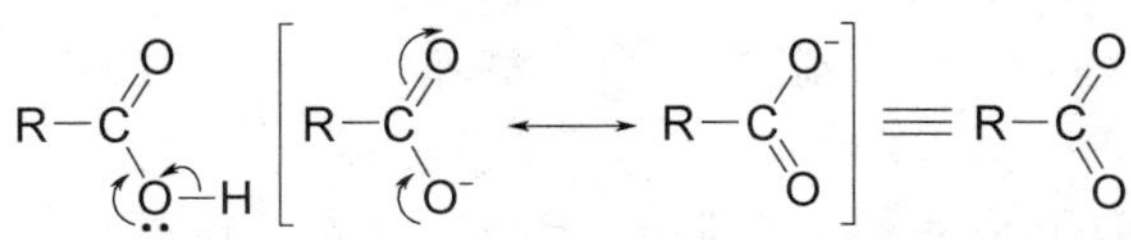

一般羧酸的 pK_a 值在 3～5 之间，比碳酸（$pK_a = 6$）、苯酚（$pK_a = 10.00$）和甲醇（$pK_a = 15.9$）的要小一些，羧酸可以分解碳酸盐，而苯酚不能，因此，这个性质可用来区别或分离酚和羧酸。羧酸与碳酸氢钠（或碳酸钠、氢氧化钠）的成盐反应如下：

$$RCOOH + NaHCO_3 = RCOONa + CO_2\uparrow + H_2O$$

羧酸的钠盐具有盐的一般性质，不能挥发，在水中能完全溶解为离子，加入无机酸（强酸）又可以使盐重新变为羧酸游离出来。

$$RCOONa + HCl = RCOOH + NaCl$$

影响酸性的因素有以下几个：

（1）诱导效应

诱导效应是一种通过原子链传递的静电作用，一般以氢为比较标准，如果电子偏向取代基，这个取代基是吸电子的，具有吸电子的诱导效应，用−I 表示：

$X\leftarrow CR_3$	$H—CR_3$	$Y\rightarrow CR_3$
−I 效应	标准	+I 效应

−I 效应：—F > —Cl > —Br > —I

—OR > —SR

—F > —OR > $—NR_2$ > $—CR_3$

带正电荷的基团具有−I 效应，带负电荷的基团具有+I 效应。

（2）共轭效应

共轭体系上的取代基若能降低共轭体系的电子密度，则这些基团有吸电子的共轭效应（—C）。如：$—NO_2$、—CN、—COOH、—CHO、—COR 这些基团均有吸电子的共轭效应。共轭体系上的取代基若能增大共轭体系的电子密度，则这些基团有给电子的共轭效应(+C)。如$—NH_2$、—OH、—OR、—OCOR 这些基团均有给电子的共轭效应。

(3) 场效应

场效应是一种空间的静电作用。羧基负离子对羧基有诱导效应还有场效应，结果使羧基上的氢不易离去。场效应与诱导效应通常方向一致。

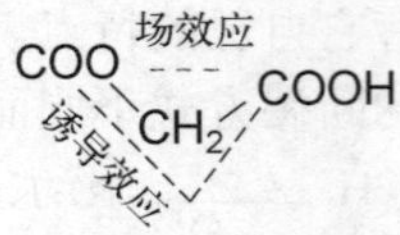

总结：吸电子取代基使酸性增大，给电子取代基使酸性减小。分子内的氢键使羧酸的酸性增强。

12.1.3.2 羟基的取代反应

羧基上的 OH 原子团可被一系列原子或原子团取代生成羧酸的衍生物。羧酸与 $SOCl_2$、PX_3、PX_5 等作用，可使羧基中的羟基被卤素（—X）取代，它还能被羧酸根离子、烷氧基（—OR）及氨基（$—NH_2$）取代，生成酸酐、酯及酰胺等羧酸衍生物。

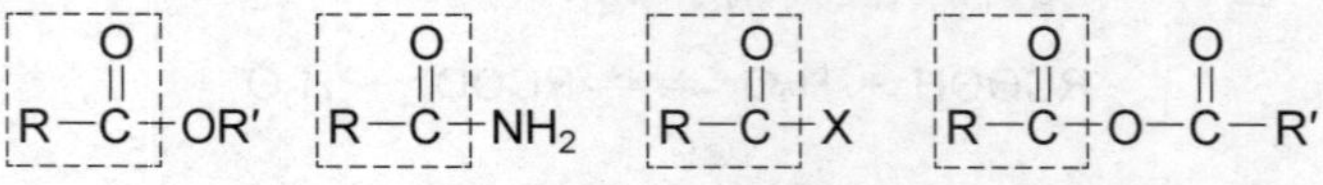

酯　酰胺　酰卤　酸酐

羧酸分子中消去 OH 基后的剩下的部分（$R-\overset{\overset{O}{\|}}{C}-$）称为酰基。

① 羧酸与 $SOCl_2$、PX_3、PX_5 等作用，使得羧基中的羟基被卤素取代，从而生成酰卤。酰卤是一类具有高度反应活性的化合物，广泛应用于药物和有机合成中。

$$3RCOOH + PX_3 \xlongequal{} 3RCOX + H_3PO_3$$

$$RCOOH + PX_5 \xlongequal{} PCOX + POX_3 + HX$$

$$RCOOH + SOCl_2 \xlongequal{} RCOCl + SO_2 + HCl$$

最后一个反应最常用，因为产物除酰卤外都是气体，很容易从反应体系中逸出，过量的低沸点 $SOCl_2$ 易通过蒸馏除去，得到的酰卤纯净。卤化剂选用 PX_3 或 PX_5，取决于产物和反应物、副产物是否便于分离。如制备苯甲酰氯时不能用 PCl_3，因为苯甲酰氯的沸点与亚磷酸的沸点相近。

② 羧酸在脱水剂存在下脱水生成酸酐。

$$2RCOOH + (CH_3CO)_2O \longrightarrow (RCO)_2O + 2CH_3COOH$$

二元酸通过直接加热脱水生成五元或六元环状酸酐：

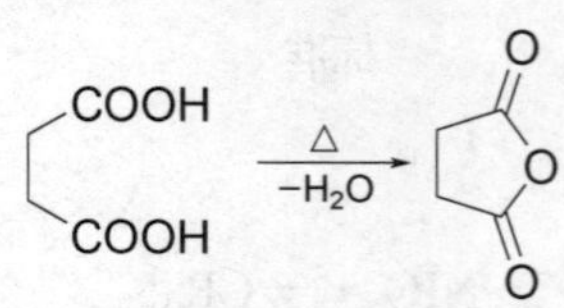

③ 在无机酸催化下，羧酸与醇反应可以生成酯，这种反应称为酯化反应。酯化反应通常都是可逆的，如需较好地完成反应则要采用过量的反应原料（羧酸或醇），或加入能与水共沸的溶剂（如苯或甲苯），把水不断地从反应体系中带出，从而使反应向右进行。

$$RCOOH + R'OH \xrightleftharpoons{H^+} RCOOR' + H_2O$$

酯化反应可以按两种不同的机理来进行。

a. 加成-消除机理　当羧酸酯化时，羧酸是提供氢还是提供羟基？各种实验表明：在大多数情况下，由羧酸提供羟基，醇提供氢。如用含有 ^{18}O 的醇和羧酸酯化，形成含有 ^{18}O 的酯：

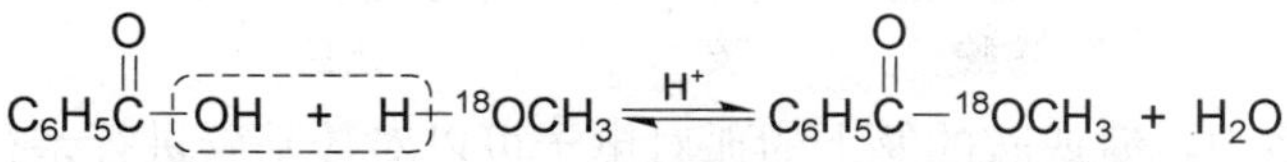

当羧酸和有光活性的醇反应时，形成仍有光活性的酯，这也证明反应时羧酸提供的是羟基，因为，如果羧酸提供氢，醇提供羟基，当羧酸的氧与醇的不对称碳结合时，会引起消旋，即所得的酯为消旋体。

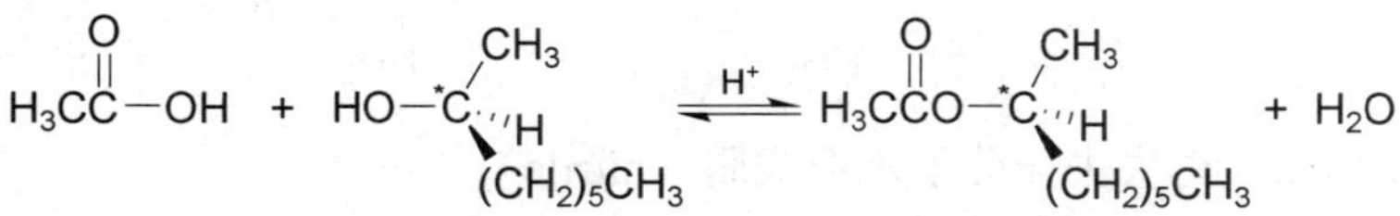

根据以上证据，可以认为酯化是由羧酸提供羟基的，反应是经过形成四面体中间物（tetrahedral intermediate）的过程完成的。

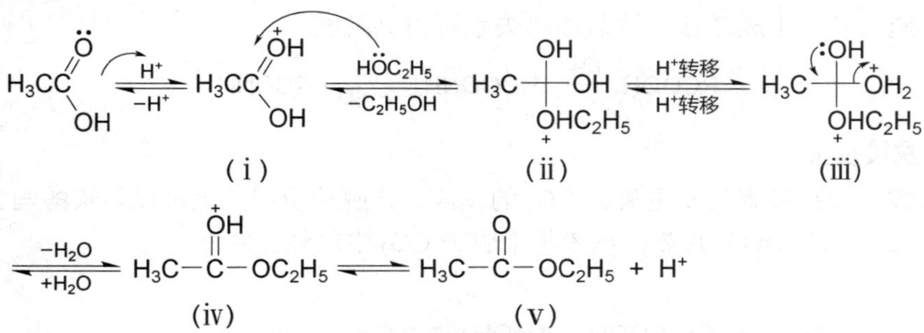

首先把羧酸的羰基氧质子化（ⅰ），使羰基碳带有更多的正电性，醇就容易发生亲核进攻，碳氧之间的 π 键打开形成一个四面体中间物（ⅱ），然后质子转移形成（ⅲ），消除水得到（ⅳ），再消除质子，形成酯（ⅴ）。这个反应过程是羰基发生亲核加成，再消除，所以称为加成-消除机理（addition-elimination mechanism），总的结果是一个亲核试剂置换了羰基碳上的羟基。

b. 碳正离子机理　羧酸与 3°醇发生酯化反应时，由于三级醇的体积较大，不易形成四面体中间物，而三级碳正离子又较易形成，可以认为这类酯化反应是经碳正离子中间体机理（carbocation intermediate mechanism）完成的。具体过程如下：

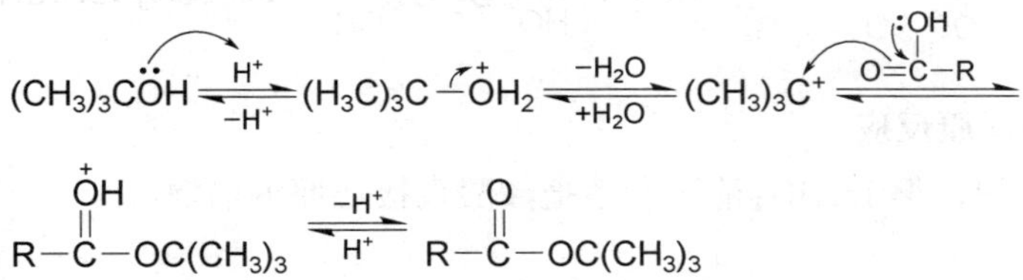

这一反应机理已被同位素跟踪（isotope tracer）实验所证明。

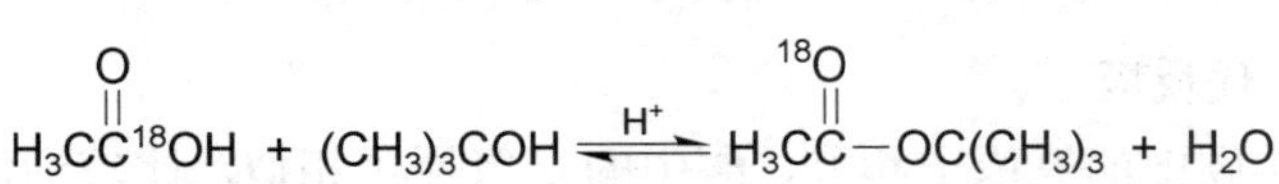

酯化反应是一个可逆反应。由于中间体三级碳正离子$(CH_3)_3C^+$在反应过程中易与碱性较强的水结合，不易与羧羰基氧结合，因此三级醇酯化反应的产率是很低的。

④ 羧酸与氨或胺可以形成铵盐。这是一个平衡反应，低温利于铵盐的形成,加热铵盐分解成羧酸和氨或胺。

$$\underset{\text{羧酸}}{R-\overset{O}{\overset{\|}{C}}-OH} + \underset{\text{胺}}{R'NH_2} \overset{\triangle}{\rightleftharpoons} \underset{\text{铵盐}}{RCHOO^-\overset{+}{N}H_2R'}$$

在这个平衡体系中，氨或胺的氮上的孤对电子可以对羧基碳进行亲核进攻，通过与酯化反应的加成-消除机理相类似的过程，羧酸脱去一分子水形成酰胺（amide）。

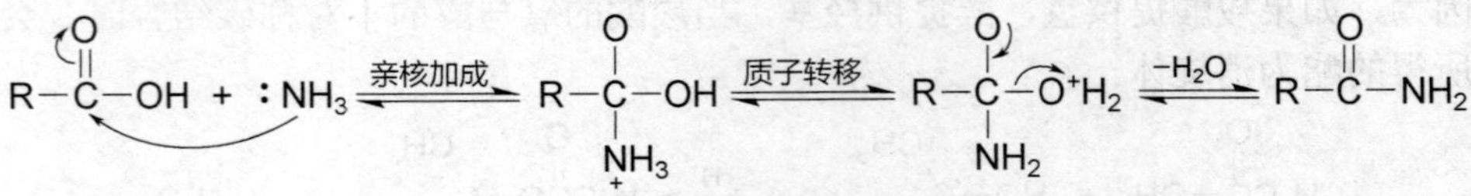

酰胺进一步加热，再失去一分子水形成腈（nitrile）。

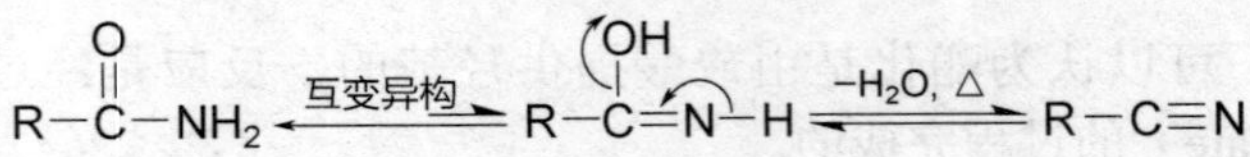

羧酸中通入氨气生成铵盐，铵盐加热失水可得到酰胺。

$$RCOOH \xrightarrow{NH_3} RCOONH_4^+ \xrightarrow[-H_2O]{\triangle} RCONH_2$$

12.1.3.3 脱羧反应

一些羧酸在加热时容易发生失去CO_2的反应，称脱羧反应，也可以将羧酸与无水碱金属盐与碱石灰（NaOH-CaO）共热，从羧基中脱去CO_2生成烃。

例如：

$$CH_3COOH + NaOH \xrightarrow{\triangle} CH_4 + Na_2CO_3$$

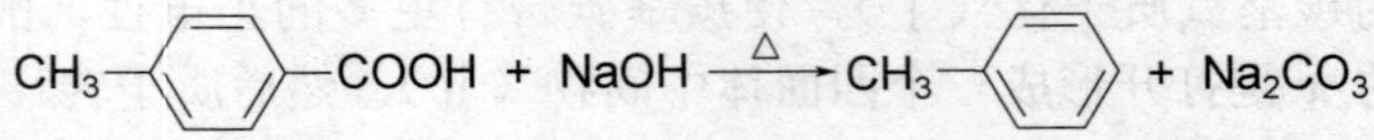

β-酮酸更容易脱羧，反应可在室温下进行。

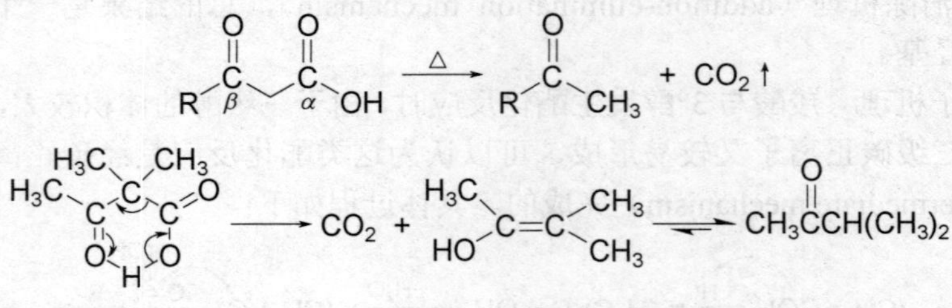

12.1.3.4 羧酸的还原反应

羧酸很难被还原，但$LiAlH_4$能顺利地把羧酸直接还原为伯醇。

$$R\overset{O}{\overset{\|}{C}}OH \xrightarrow[\text{干醚}]{LiAlH_4} \xrightarrow[H^+]{H_2O} RCH_2OH$$

12.1.3.5 *α*-H 的卤代反应

饱和一元羧酸*α*-碳上的氢原子和醛、酮中的*α*-氢原子相似，比较活泼，可被卤素（氯或溴）取代，生成 α-卤代酸。但在一般情况下作用较慢，而在少量红磷存在下，反应进行较顺利。

例如：

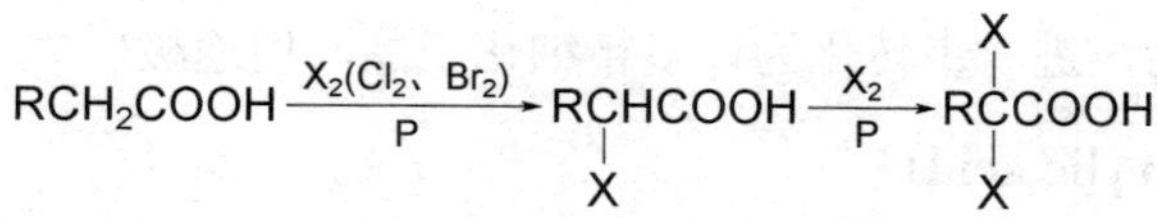

α-卤代酸的卤原子像在卤烷中一样，可发生亲核取代反应，转变为—CN、—NH_2、—OH 等，由此得到各种 α-取代酸；也可发生消除反应而得到 α,β-不饱和酸，所以在合成上很重要。

乙酸的 α-氢原子被氯代后生成的 α-氯乙酸的酸性比相应的脂肪酸的酸性强，而且取代的氯原子愈多，酸性愈强。

这种由于取代基的引入而导致酸性强弱的变化，是由于某些原子或基团的吸引电子或供给电子的能力（电子效应）不同所引起的，氯代酸中的氯原子是电负性强的原子，具有吸电子的能力，可使氯原子与碳原子间的 σ 键的电子云向氯原子方向偏移。氯原子的这种电子效应可沿着 σ 键链传递下去，使羧酸根负离子的负电荷分散而更稳定，有利于羧酸的离解，因而酸性增强。显然，α-碳上卤原子愈多，吸电子效应的影响也愈大，酸性也愈强。

氯原子与羧基的距离远近对酸性强弱的影响不同，距离越远，酸性越弱。

烷基的供电子能力比氢原子大，它与氯原子的作用正好相反。例如，乙酸的酸性因甲基的供电子效应而比甲酸的酸性弱。

二元羧酸的酸性一般比一元羧酸强，因为羧基是吸电子基团，具有诱导效应。它的诱导效应可以促进另一个羧基的离解。

羧基连接在芳环上的芳香族羧酸由于产生了 p-π 共轭，一般来说，酸性比饱和一元脂肪族羧酸的酸性强，但比甲酸的酸性弱。

对于某个具体羧酸的酸性大小，则需要综合考虑其共轭效应、空间效应、溶剂性质等影响因素。

12.1.4　重要的羧酸

12.1.4.1　甲酸（formic acid）

甲酸俗名蚁酸，为无色液体。最初从蒸馏蚂蚁中得到，具有强烈的刺激性和毒性。它的腐蚀性较小，有挥发性，常用作防腐剂、酸性还原剂、橡胶凝聚剂及基本化工原料，能替代无机酸使用。

由于甲酸分子中的羧基和氢原子相连，甲酸既有醛基结构，所以具有醛的性质，能发生银镜反应，同时也能使 $KMnO_4$ 溶液褪色，这些反应可用来检验甲酸。

甲酸还可与浓硫酸等脱水剂反应，分解生成纯度很高的 CO。甲酸易被氧化剂氧化生成 CO_2 和 H_2O。

12.1.4.2　乙酸（acetic acid）

乙酸俗称醋酸，通过发酵法制得乙酸的浓度约为 8%，许多微生物具有将有机物转变为乙酸的能力，所以它是人类使用最早的有机酸。当温度低于 16.6 ℃时，纯醋酸会凝结成冰状，故又称冰醋酸。

乙酸是一个很重要的基本有机化工原料，它用来合成乙酸酐、乙酸乙酯、乙酸乙烯酯和乙酸纤维素酯等化合物，进一步转化为许多精细化工品，用途极广。

12.1.4.3　丙烯酸（acrylic acid）

丙烯酸（$CH_2{=}CHCOOH$）是最简单的不饱和酸，有刺鼻的酸味，与水混溶。

丙烯酸具有羧酸和烯烃的性质，双键易发生聚合和氧化反应，通过聚合反应可得聚丙烯酸。用作涂料、黏合剂等。

12.1.4.4　苯甲酸（benzonic acid）

苯甲酸又称安息香酸，最初从安息香树胶中制得，它有防止食物腐败和发酵的作用，其钠盐可用作防腐剂，用于食品工业。

12.1.4.5　乙二酸（oxalic acid）

乙二酸又称草酸，常以钙盐和钾盐存在于植物细胞膜中，在所有的有机物中，草酸的含氧量是最高的。

草酸有强的还原性，可用作漂白剂和除锈剂。在受热的条件下也易分解出甲酸和二氧化碳。

$$HOOCCOOH \xrightarrow{\triangle} HCOOH + CO_2\uparrow$$

12.2　羧酸衍生物

12.2.1　羧酸衍生物的分类和命名

羧酸分子中的羟基被其他基团如—X、—OR、—OCOR、$—NH_2$、—NHR、$—NR_2$ 取代后得到的化合物统称为羧酸衍生物。羧酸分子中去掉羟基后的剩余部分称为酰基，即 R−C=O（C 下连一个单键），羧酸和羧酸衍生物都含有酰基，因此也把它们统称为酰基化合物。

它们可分为酰卤、酸酐、酯及酰胺四大类。其通式如下：

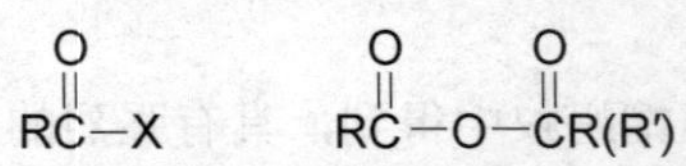

酰卤　酸酐　酯　酰胺
acyl halide　acid anhydride　ester　amide

酰卤的命名，就是在酰基后面加上卤素的名称，如丙酰溴、苯甲酰氯。

丙酰溴　苯甲酰氯
propionyl bromide　benzoyl chloride

酸酐可以根据其来源的酸来命名，以酐为母体，前面加上酸的名字，命名由相同羧酸形成的酸酐，“二”字可以省略，如乙酸酐；命名不同羧酸形成的酸酐，简单的羧酸写在前面，复杂的羧酸写在后面，如乙丙酸酐。

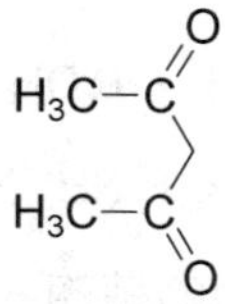

乙酸酐
acetic anhydride

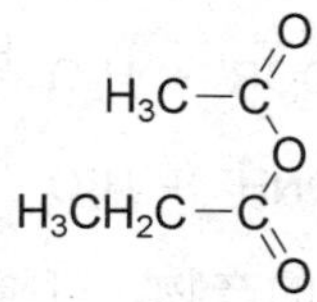

乙丙酸酐
acetic propanoic anhydride

而酰胺的命名同酰卤，也是在酰基后面加上“胺或某胺”，如 *N,N*-二甲基甲酰胺，内酰胺则用希腊字母标明氨基位置，在酰字前加“内”字，如 δ-己内酰胺。

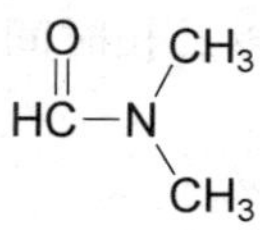

N,N-二甲基甲酰胺
dimethyl formamide

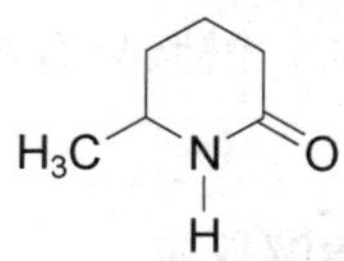

δ-己内酰胺
δ-hexanolactam

酯则根据其组成酸和醇被称为某酸某酯，如甲基丙烯酸甲酯。

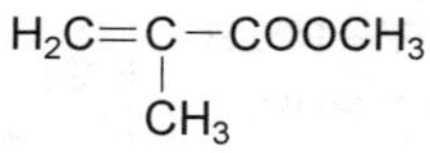

甲基丙烯酸甲酯
methyl-methylacrylate

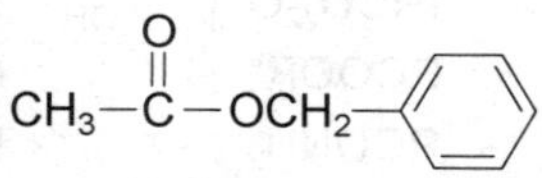

乙酸苄酯
benzyl acetate

12.2.2 羧酸衍生物的物理性质

低级的酰卤和酸酐都具有刺激性气味，而挥发性酯具有令人愉快的香味。

酰卤、酸酐和酯的分子间形成不了氢键，酰胺的氨基可以在分子间形成强的氢键。因此，酰卤和酯的沸点比相应羧酸都要低；酸酐的沸点较相同碳原子的羧酸高；酰胺的熔点、沸点均比相应的羧酸高。

所有的羧酸衍生物均溶于乙醚、氯仿、丙酮和苯等有机试剂。

12.2.3 羧酸衍生物的化学性质

羧酸衍生物的分子中都含有酰基，酰基上连有一个可被取代的基团，它能发生水解、醇解、氨解的反应，称为酰基碳上的亲核取代反应，其反应通式表示如下：

式中，Nu^-为亲核试剂，如 H_2O、ROH、NH_3 等；—L 为离去基团，如—X、—OR、—OCOR、—NH_2、—NHR 等。

12.2.3.1 羧酸衍生物的水解反应

羧基衍生物可以发生水解反应而生成羧酸。

$$RCOX + H_2O \longrightarrow RCOOH + HCl$$

$$RCOOCOR' + H_2O \longrightarrow RCOOH + R'COOH$$

$$RCOOR' + H_2O \xrightarrow{H^+或OH^-} RCOOH + R'OH$$

$$RCONH_2 + H_2O \xrightarrow{H^+或OH^-} RCOOH + NH_3$$

根据羧酸衍生物水解反应的产物，可推测羧酸衍生物的结构。发生水解反应的难易次序为：酰氯＞酸酐＞酯＞酰胺。一般来说，酰卤和酸酐稳定性差，很容易发生水解反应；酯和酰胺由于稳定性较好，水解比酰卤和酸酐困难，需要用强酸或强碱催化。在用碱为催化剂时，酯水解后得到的羧酸可以继续和碱作用，生成了羧酸盐，由于羧酸盐不能和醇发生酯化反应，因此这种情况下的反应为不可逆，也就是说在碱催化下酯的水解反应比较完全。酰胺水解反应要比其他羧酸衍生物困难，酰胺只有在强酸、强碱以及长时间回流情况下，才能水解为酸和氨（胺）。

12.2.3.2 羧基衍生物的醇解反应

酰氯、酸酐、酯和酰胺都可与醇作用，通过亲核取代反应而生成酯。

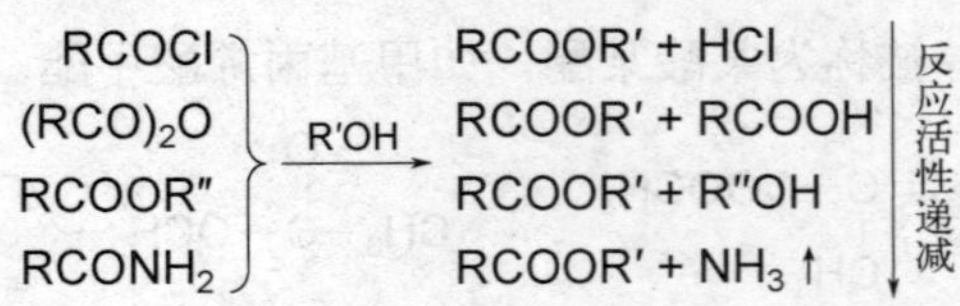

酯的醇解反应得到新的酯和新的醇，这一反应又称为酯交换反应。

12.2.3.3 羧酸衍生物的氨解反应

羧酸衍生物与氨（或胺）反应，生成相应的酰胺，反应式如下：

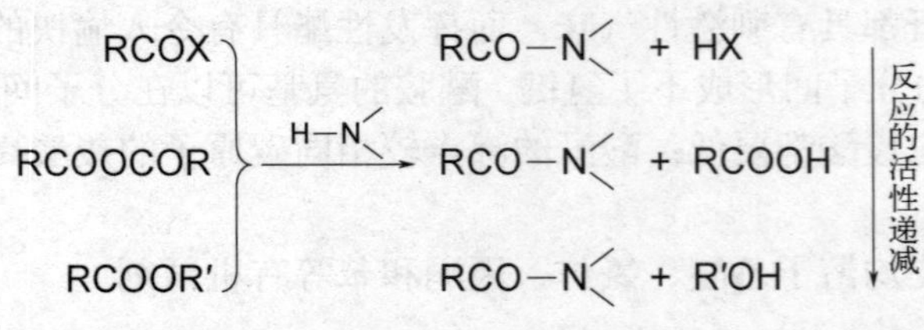

酰氯与氨（胺）作用生成酰胺的反应，可在碱性条件下进行；酸酐与胺的反应，可以在中性条件下或少量酸碱催化下进行。

12.2.3.4 羧酸衍生物与格氏试剂的反应

羧酸衍生物与格氏试剂作用生成叔醇。例如：

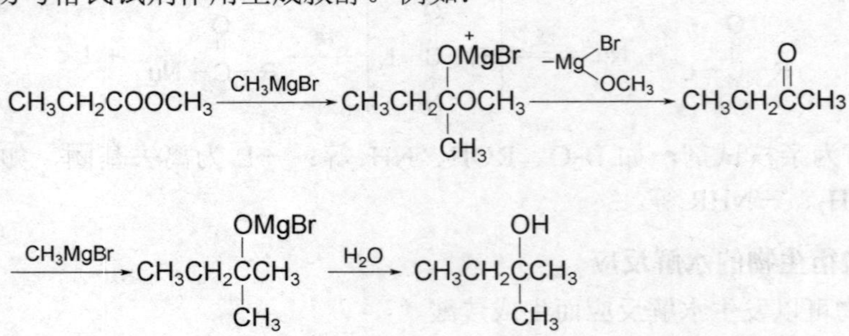

12.2.4　重要的羧酸衍生物

12.2.4.1　乳酸（lactic acid）

乳酸（即 α-羟基丙酸）因来自酸牛乳而得名。乳酸有手性碳原子，存在同分异构现象。人体肌肉活动后分解出的乳酸是右旋体。而工业上，由葡萄糖在乳酸菌作用下发酵制得的乳酸是左旋体。乳酸熔点为 18 ℃，因吸湿性强而呈黏稠状液体，易溶于水、乙醇、乙醚中。乳酸钙用于治疗佝偻病，乳酸钠用作酸中毒的解毒剂。乳酸钙不溶于水中，因此工业上采用乳酸作为脱钙剂。

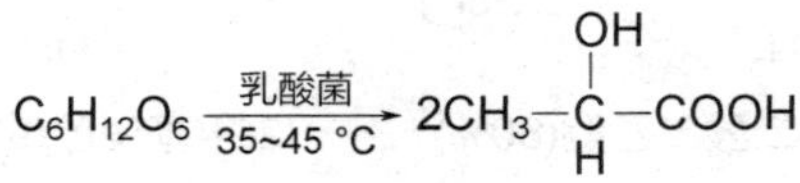

12.2.4.2　酒石酸（tartaric acid）

酒石酸（即 2,3-二羟基丁二酸）得名于葡萄酿酒时所生的酒石（酸性酒石酸钾）。它广泛存在于植物果实中，也可用合成方法制取。不同方法制得的酒石酸熔点不同，旋光性也不同。因为酒石酸的两种旋光异构体比较容易制得，所以左旋或右旋酒石酸常用于合成药物或农药的外消旋体拆分。

12.2.4.3　水杨酸（salicylic acid）

水杨酸（即邻羟基苯甲酸）。它的熔点为 159 ℃，它为无色针状结晶。在 79 ℃时升华，易溶于乙醇、乙醚和氯仿。因其具有酚羟基，能与三氯化铁溶液作用而溶液呈紫色。它是合成染料、药物等的重要原料。乙酰水杨酸俗称阿司匹林，是常用解热镇痛药。对氨基水杨酸简称 PAS，其钠盐具有抗结核病作用。

12.2.4.4　苯甲酰氯（benzyl chloride）

酰氯是羧酸衍生物中最活泼的酰化试剂。其中苯甲酰氯是一种常用的苯甲酰化试剂，是无色而有刺激性气味的液体，沸点为 197 ℃，不溶于水，与水或碱溶液作用慢。与羟基或氨基化合物反应后，能形成水溶性极小的化合物。

12.2.4.5　*N,N*-二甲基甲酰胺（*N,N*-dimethyl formamide）

N,N-二甲基甲酰胺简称 DMF，能溶解多种难溶的有机物和高聚物，是一个重要的溶剂，也用作甲酰化试剂，有刺激性、毒性。工业上的制法如下：

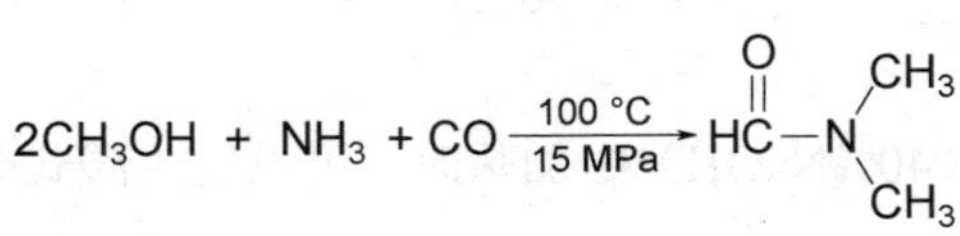

12.2.4.6　丙二酸酯（diethylmalonate）

丙二酸酯是 β-二羰基化合物的典型代表之一。该类型化合物的两个羰基之间为一个亚甲基，在两个羰基的共同影响下，该亚甲基上的氢原子非常活泼。因此 β-二羰基化合物具有自己独特的反应活性，在有机合成上有着多方面的应用。

丙二酸酯在有机合成上的用途非常广泛，而利用丙二酸酯为原料的合成方法常称为丙二酸酯合成法。例如丙二酸酯在碱性试剂的存在下发生烃基化反应，产物水解和脱羧后生成羧酸。用这种方法可以合成 $\mathrm{RCH_2\overset{O}{\overset{\|}{C}}OH}$ 和 $\mathrm{RR'CH\overset{O}{\overset{\|}{C}}OH}$ 型的羧酸：

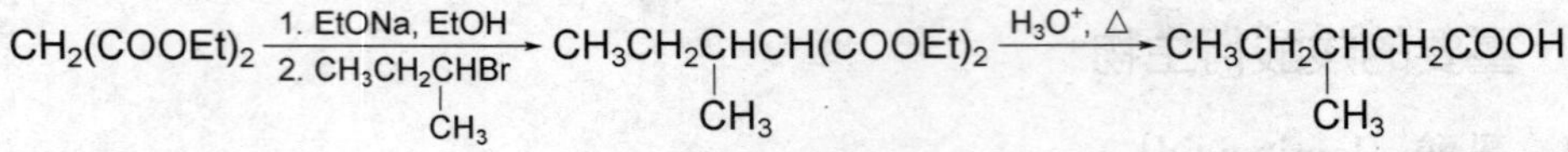

丙二酸二乙酯　　　仲丁基丙二酸二乙酯(80%~81%)　　　3-甲基戊酸(62%~65%)

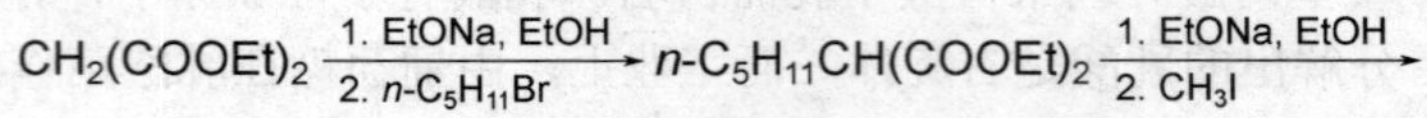

丙二酸二乙酯　　　戊基丙二酸二乙酯(80%)

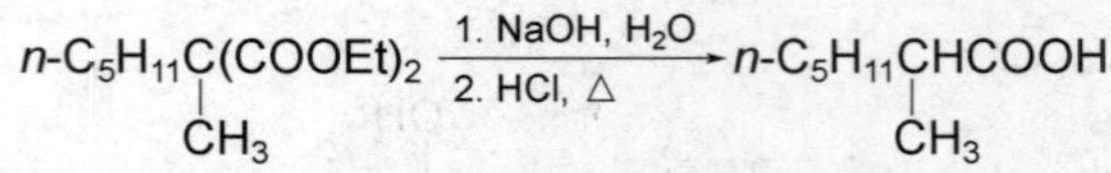

α-甲基-α-戊基丙二酸二乙酯(80%)　　　2-甲基庚酸(99%)

12.2.4.7　乙酰乙酸乙酯（ethyl acetoacetate）

乙酰乙酸乙酯也是β-二羰基化合物的典型代表之一。它是通过克莱森（酯）缩合反应得到的，即两分子乙酸乙酯在乙醇钠的作用下，发生缩合反应，脱去一分子乙醇后的产物。

乙酰乙酸乙酯是无色有水果香味的液体，沸点为 180.4 ℃。它在水中的溶解度不大，可溶于各种有机溶剂。

乙酰乙酸乙酯实际上不是一种物质，而是酮式异构体和烯醇式异构体的混合物，在不同溶剂和不同温度、浓度等条件下，酮式异构体和烯醇式异构体的含量也会不同。两种异构体互相转变，构成了一个动态平衡体系：

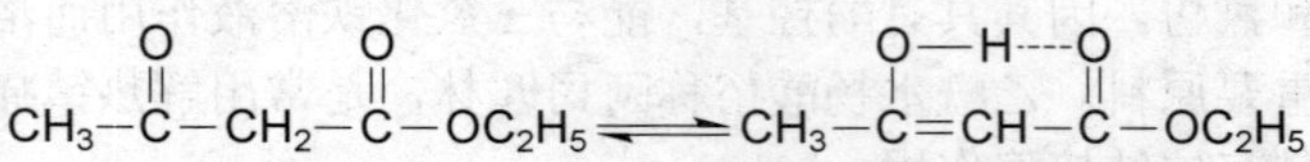

酮式结构(93%)　　　烯醇式结构(7%)

在室温下，两种异构体相互转变极快，二者不能分离。这种处于动态平衡的同分异构现象，称为互变异构现象。而在无碱、酸催化剂存在时，二者互变速度并不快，在适当条件下可以将它们分离开来。

乙酰乙酸乙酯在稀碱（5%NaOH）或稀酸中加热，可以发生酮式分解，也就是分解脱羧生成丙酮的反应：

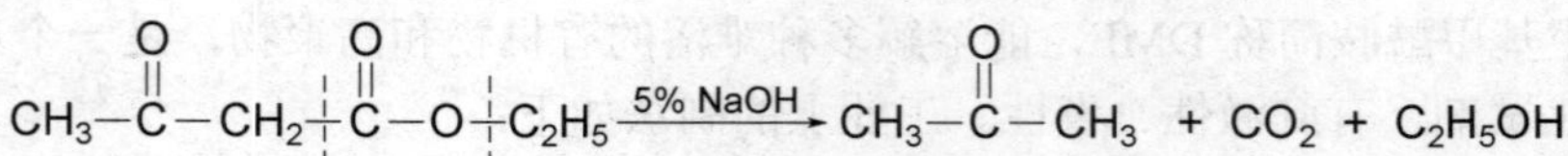

乙酰乙酸乙酯在浓碱（40%NaOH）中加热时，可以发生酸式分解，也就是$-\overset{\overset{\displaystyle O}{\|}}{C}-CH_2$键断裂生成两分子乙酸的反应：

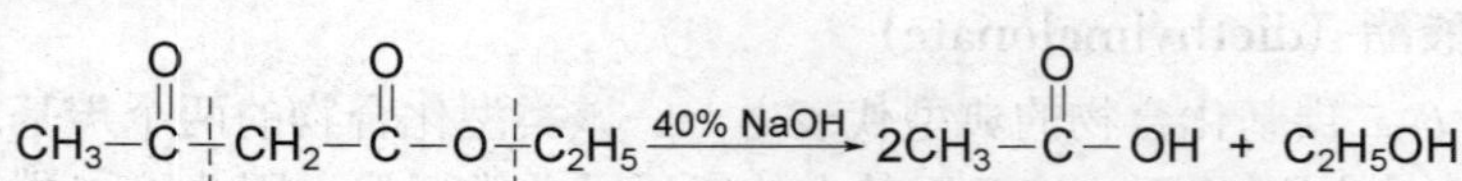

由于乙酰乙酸乙酯也是β-二羰基化合物，具有活泼的亚甲基，所以它与醇钠反应时会转变成为碳负离子，碳负离子再与卤代烃发生亲核取代，即发生α-碳原子上的烃基化反应。这一反应产物进行酮式分解或酸式分解，就可以制取甲基酮、二酮、一元或二元羧酸。此外，还可以用来合成酮酸及其他环状或杂环化合物。因此，乙酰乙酸乙酯在有机合成上的应用也非常广泛。

12.2.4.8 蜡（wax）和油脂（grease）

蜡大多是由高级的 20～28 个偶数碳原子的羧酸和 16～36 个碳原子的一元醇反应得到的酯组成的，如蜂蜡 $C_{15}H_{31}CO_2C_{31}H_{63}$、鲸蜡 $C_{15}H_{31}CO_2C_{16}H_{33}$ 等，此外还会有一些游离的羧酸、醇、酮和碳氢化合物，习惯上常把一些熔点在体温和 100 ℃之间的蜡状固体都称为蜡。蜡在生物体中常起润滑和防水等作用。

油脂是高级脂肪酸的甘油酯，油的主要成分是高级不饱和脂肪酸的甘油酯，脂肪的主要成分是高级饱和脂肪酸的甘油酯。由同种脂肪酸生成的称为甘油同酸酯，与两种或三种羧酸生成的称为甘油混酸酯。天然油脂中含多种脂肪酸，它是一个复杂的混合酸。甘油二羧酸酯或一羧酸酯主要存在于生物代谢中。油脂用途很广，为食物中的三大营养物（油脂、蛋白质、碳水化合物）之一，也是工业重要原料。

油脂在酸、碱催化下，水解可得甘油和羧酸。在碱性条件下水解，可生成肥皂，称皂化反应。工业上把一克油脂皂化时所需 KOH 的质量（单位为毫克）称为皂化值。可估计油脂的平均分子量，皂化值愈大，分子量越低。

油脂可以经过催化加氢成为固体产品，这一过程又称为“油的硬化”。油脂的不饱和程度常用“碘值”表示，碘值是指 100 克油脂与碘加成所需碘的质量（单位为克）。碘值愈大，油脂的不饱和程度就愈大。

油脂中含有不饱和酸，在空气及细菌作用下，酸败变质。含有共轭双键的油类，易发生聚合反应，如桐油干化成膜。

油脂中游离脂肪酸含量，可以通过与 KOH 中和来测定。酸值是指中和一克油脂所需的 KOH 的质量（单位为毫克），它是油脂中游离脂肪酸的量度标准。

拓展阅读

镇江香醋

镇江香醋是中国出口量最大的食醋，远销到海外 60 多个国家和地区，具有“色、香、酸、醇、浓”五大特色。其色泽清亮、酸味柔和、醋香浓郁、风味纯正、口感绵和，香而微甜、色浓而味鲜，且久存其质不变，并更加香醇。与山西醋相比，镇江香醋的最大特点在于微甜，尤其是江南的肉馅小吃蘸醋食用的时候，微甜更能体现出小吃的鲜美。醋的酿造在镇江具有悠久的历史。据《中国医药大典》记载：“醋产浙江杭绍为最佳，实则以江苏镇江为最。”

镇江香醋创始于 1840 年，迄今已有 160 多年的历史。镇江香醋的酿造是用含有多种微生物的大曲（麦曲）为糖化发酵剂进行的。在这个过程中由曲霉所分泌的淀粉酶将原料中的淀粉转化为葡萄糖，同时又由酵母菌所分泌的酒化酶将葡萄糖转化为酒精。大曲在酿制镇江香醋中起到极其重要的作用。它的主要功用是作为糖化发酵剂，同时它的分解蛋白质、产酯等功能与镇江香醋特有的风味、特色有着密切的关系。制造麦曲一般在阳历7月至8月间，此时正是荷花盛开、莲蓬结子的高温季节，所以制成的曲称为“伏曲”。大曲经不少于8个月的贮存后才投入使用。大曲（麦曲）是由小麦、大麦和豌豆为原料经过大小十几道工序制作而成的。小麦含有丰富的霉菌繁殖所需要的营养成分，并具有适当的黏着力，特别适合大曲的生产。如使用大麦，必须添加适量的豆类以补足营养成分和黏着力。镇江香醋大曲使用生料制得，在贮存期内，在镇江地区独特的温度、湿度、微生物条件下生料发生复杂的生化反应，曲块上自然形成多种微生物共存体系及复杂酶系。镇江香醋大曲酶系全，液化、糖化能力强，代谢产物多，在整个酿造过程中，产出多种有机酸，如醋酸、乳酸、苹果酸、琥珀酸、葡萄糖酸、柠檬酸等，此外还有氨基酸、还原糖、酯类等，还产出许多有益的风味和香气物质，这是形成镇江香醋独特风味的物质基础。镇江香醋之所以能够超过其他同类产品，主要是因为采用独特的“固态分层发酵”工艺。“固态分层发酵”工艺是醋酸发酵过程中一个很重要的工艺，是镇江制醋业1400多年来丰富的技术积累。通过“固体分层发酵”的方法，保证原料有足够的氧气、一定的营养比例、恰当的水分和适宜的温度，有利于醋酸菌的繁殖，以利于逐步将原料中的酒精（CH_3CH_2OH）氧化成醋酸（CH_3COOH）。

参考答案

习题

1. 用系统命名法命名下列化合物。

（1）$CH_3(CH_2)_4COOH$

（2）$CH_3CH(CH_3)C(CH_3)_2COOH$

（3）$CH_3CHClCOOH$

（4）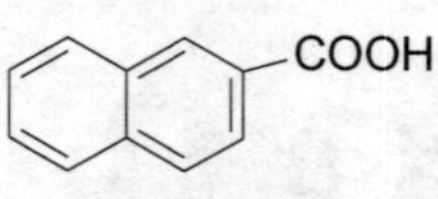

（5）$CH_2{=}CHCH_2COOH$

（6）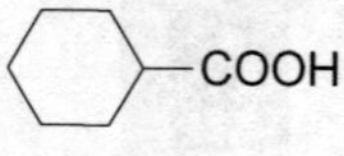

（7）$(CH_3CO)_2O$

（8）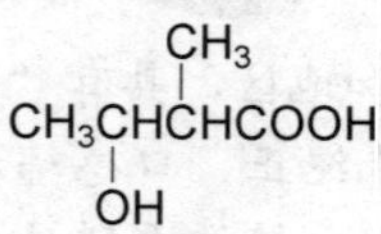

（9）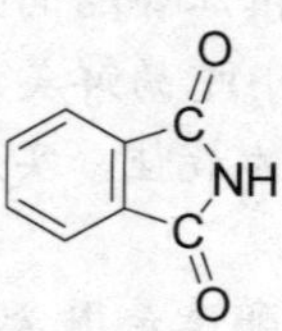

2. 写出下列化合物的构造式。

（1）草酸　（2）马来酸　（3）邻苯二甲酸酐　（4）乙酰苯胺　（5）己内酰胺

3. 比较下列各组化合物的酸性强弱。

（1）醋酸、丙二酸、草酸、苯酚和甲酸

（2）C_6H_5OH、CH_3COOH、F_3CCOOH、$ClCH_2COOH$、C_2H_5OH

（3）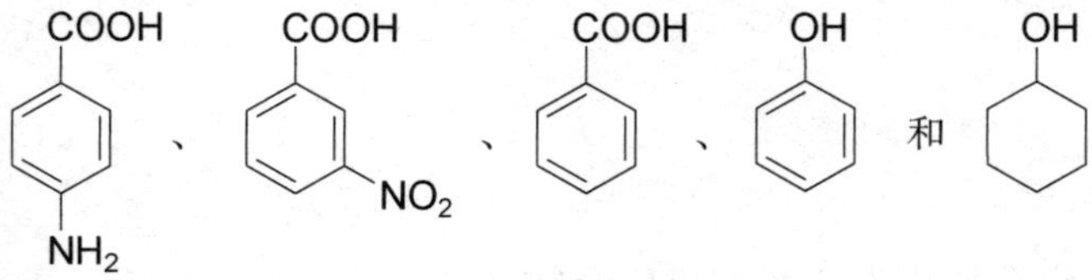

4. 写出异丁酸和下列试剂作用的重要产物。

（1）Br_2, P　　（2）$LiAlH_4$, H_2O

（3）$SOCl_2$　　（4）$(CH_3CO)_2CO$, △

（5）PBr_3　　（6）NH_3, △

5. 完成下列各反应式（写出主要产物或主要试剂）。

（1）

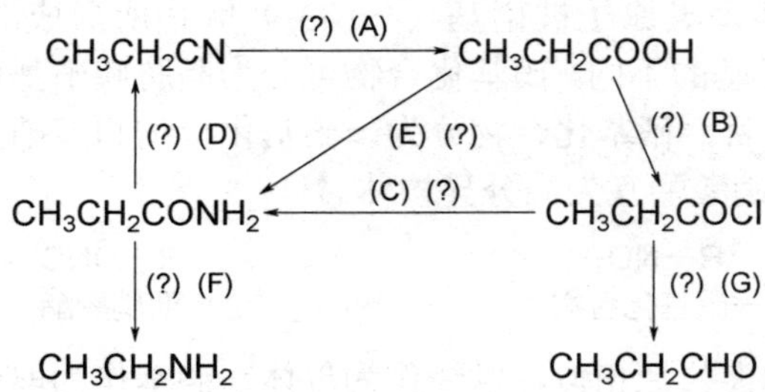

（2）$ClCOCl \xrightarrow{?} NH_2CONH_2 \xrightarrow{\triangle}$

6. 试写出下列反应的主要产物。

（1）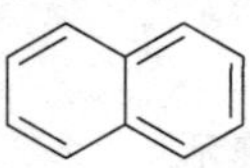 $+ KMnO_4 \xrightarrow{H^+} ?$

（2）$CH_3CH_2COONa + CH_3CH_2CH_2COCl \longrightarrow$

（3）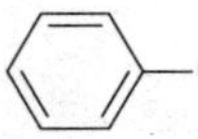 $-CONH_2 + P_2O_5 \xrightarrow{\triangle} ?$

7.由指定原料合成下列化合物（无机试剂可任选）。

（1）乙炔 ⟶ 丙烯酸甲酯

（2）甲苯 ⟶ 苯乙酸

（3）乙烯 ⟶ β-羟基丙酸

8. 给出下列各化合物的结构及反应过程。

化合物 A，分子式 C_9H_{16}，催化加氢生成 B（C_9H_{18}），A 与臭氧反应后生成 C（$C_9H_{16}O_2$），C 经 Ag_2O 氧化生成 D（$C_9H_{16}O_3$），D 与 I_2/OH^- 作用得到二羧酸 E（$C_8H_{14}O_4$），E 受热后得到 4-甲基环己酮。

第13章

含氮有机化合物

分子中含有碳氮键的有机化合物称为含氮有机化合物（nitrogenous organic compound），含氮有机化合物种类很多，主要包括硝基化合物、胺、重氮化合物和偶氮化合物等。

13.1 硝基化合物

13.1.1 硝基化合物的分类和命名

烃分子中的一个或多个氢原子被硝基（—NO_2）取代所形成的化合物称为硝基化合物（nitro compound）。根据烃基的不同，硝基化合物可分为脂肪族硝基化合物和芳香族硝基化合物，根据分子中硝基的数目，硝基化合物分为一硝基化合物和多硝基化合物，一硝基化合物的通式是 RNO_2，它与亚硝酸酯互为同分异构体。

$R-NO_2$	R—ONO
一硝基化合物	亚硝酸酯

硝基化合物的命名和卤代烃相似，以烃作为母体，硝基作为取代基。

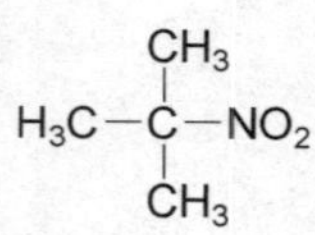

2-甲基-2-硝基丙烷
2-methyl-2-nitropropane

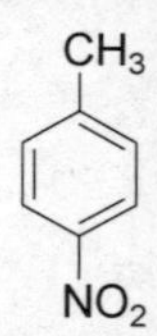

对硝基甲苯
1-methyl-4-nitrobenzene

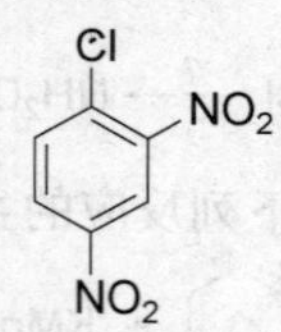

2,4-二硝基氯苯
1-chloro-2,4-dinitrobenzene

13.1.2 硝基的结构

硝基由氮氧双键（N═O）和氮氧配位键（N→O）组成，它们看上去应当具有不同的键长，但物理测试表明，两个氮氧键键长相等，这说明在硝基结构中，N 原子的 p 轨道和两个氧原子的 p 轨道平行而相互交盖形成的分子轨道中发生了 π 电子的离域(三原子四电子的 p-π 共轭)。

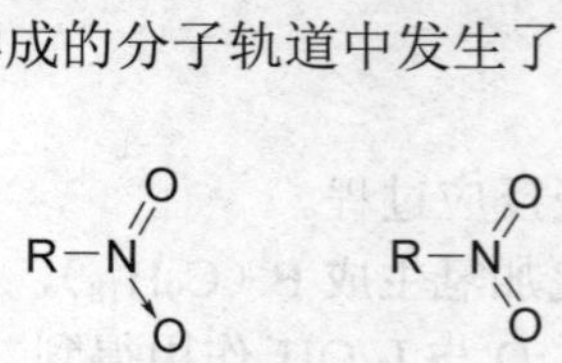

13.1.3 硝基化合物的物理性质

脂肪族硝基化合物大多数是无色而具有香味的液体，难溶于水，易溶于醇和醚，大多数芳香族硝基化合物都是淡黄色固体，有些一硝基化合物是液体，具有苦杏仁味。硝基化合物的相对密度都大于 1，不溶于水，而溶于有机溶剂。硝基是一个强电负性基团，硝基化合物的极性也较强，所以分子间的偶极作用力较大，沸点很高。

13.1.4　硝基化合物的化学性质

13.1.4.1　硝基化合物的酸性

脂肪族硝基化合物的 α-H 原子，由于硝基的吸电子诱导效应，很活泼，这和羰基化合物可以形成烯醇异构体相似，硝基化合物可以形成假酸式异构体。

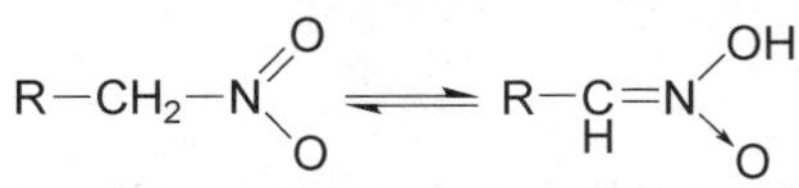

假酸式

假酸式中羟基上的氢原子相当活泼，容易生成 H^+，因此，含有 α-H 原子的硝基化合物显酸性。例如 CH_3NO_2、$CH_3CH_2NO_2$ 和 $CH_3CH_2CH_2NO_2$ 的 pK_a 分别为 10.2、8.5 和 7.8。含有 α-H 的脂肪族硝基化合物能与强碱作用而生成盐，而叔硝基化合物没有 α-H，不能异构成为假酸式，也就不能与碱作用。

$$R-CH_2NO_2 + NaOH \longrightarrow [RC-HNO_2]Na^+ + H_2O$$

13.1.4.2　还原反应

硝基化合物是氮的氧化态最高的含氮有机化合物，能被多种还原剂（如铁、锡和盐酸）还原得到胺类化合物。由于催化加氢法在产品质量和收率等诸多方面都优于化学还原法，因而工业生产已愈来愈多地采用催化加氢（如 H_2/Ni）由硝基化合物制备胺类。

$$R-NO_2 \xrightarrow[Ni]{H_2} R-NH_2$$

芳香族硝基化合物在不同介质中与不同还原剂反应可以得到不同的还原产物。用强还原剂还原的最终产物是伯胺。例如硝基苯在酸性条件下发生以铁和盐酸为还原剂的还原反应，金属铁的作用是提供电子，反应经过许多中间体，最终得到苯胺。这是工业上制备苯胺的方法。其还原过程可以表示如下：

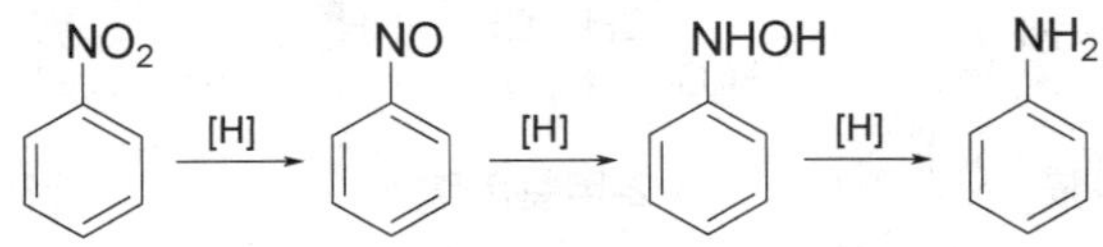

硝基苯　　亚硝基苯　　*N*-羟基苯胺　　苯胺

13.1.4.3　硝基化合物的爆炸性

含硝基的有机化合物如硝酸酯、亚硝酸酯、硝化木素，特别是芳香族多硝基化合物在常态下比较稳定，但达到一定温度时会剧烈分解以致爆炸。如 2,4,6-三硝基甲苯、2,4,6-三硝基苯酚等达到一定温度或剧烈震动时，分子内部发生激烈的氧化还原反应，放出大量热，产生二氧化碳、水蒸气、氮气，体积骤然膨胀，发生爆炸。

13.2　胺

氨的烃基衍生物称为胺。氨分子中的一个、两个或三个氢原子被烃基取代的产物分别称为伯胺（primary amine）、仲胺（secondary amine）、叔胺（teriary amine）。

NH_3	RNH_2	RR^1NH	RR^1R^2N
氨	伯胺	仲胺	叔胺

铵盐分子中四个氢原子被烃基取代时则生成季铵盐（quaternary ammonium salts）或季铵碱（quaternary ammonium hydrate）。

$NH_4^+Cl^-$	$RR^1R^2R^3N^+Cl^-$	$RR^1R^2R^3N^+OH^-$
铵盐	季铵盐	季铵碱

13.2.1 胺的结构和命名

13.2.1.1 胺的结构

胺分子中 N 原子采用 sp^3 杂化。其中 3 个 sp^3 杂化轨道与其他原子形成 σ 键，第 4 个 sp^3 杂化轨道含有一对孤对电子。胺分子具有棱锥形结构，孤对电子在棱锥形的顶点，如图 13-1 所示。

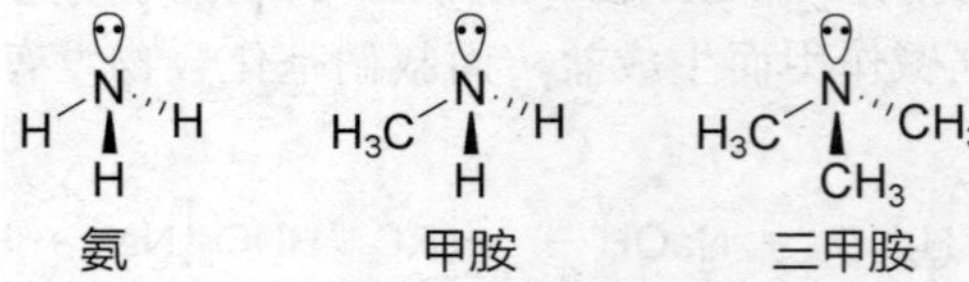

氨　　甲胺　　三甲胺

图 13-1　氨、甲胺、三甲胺的结构

若 N 原子上连有三个不同的基团，分子没有对称因素，它是手性的，应存在一对对映异构体。但是对映异构体之间的能垒相当低，可以迅速相互转化，因此胺是无旋光性的。季铵盐是四面体结构，当 N 原子上连有 4 个不同的基团时，存在着对映体，可以把它们分离出来。

13.2.1.2 胺的命名

简单的胺用习惯命名法命名，即先写出连在氮原子上的烃基的名称，再以胺作词尾。如果命名仲胺和叔胺，烃基不同时，把简单烃基的名称写在前面，复杂烃基的名称写在后面；烃基相同时，用数字二、三表示。

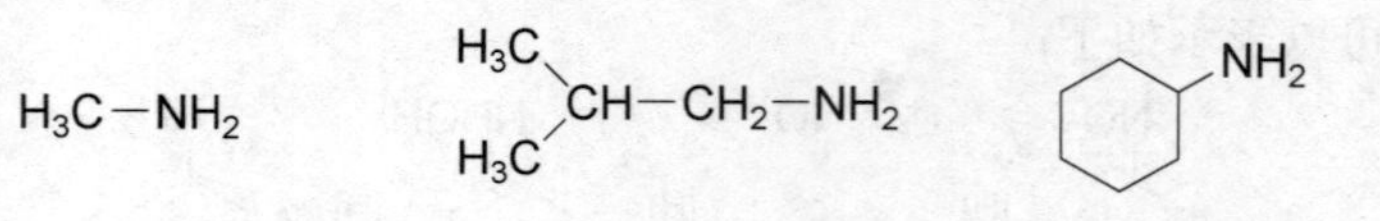

甲胺　　2-甲基丙胺　　环己胺

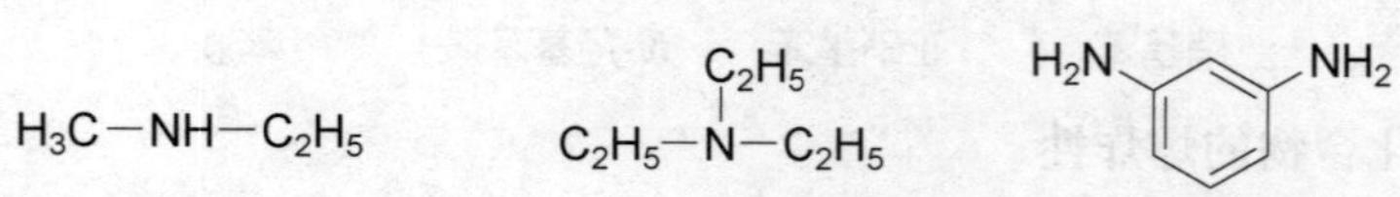

甲乙胺　　三乙胺　　1,3-苯二胺

芳香族仲胺或叔胺以芳胺为母体，脂肪烃基作为取代基写在母体前，并在取代基前冠以“*N*”字，以表示这个基团连接在氮原子上，而不是连接在芳环上。

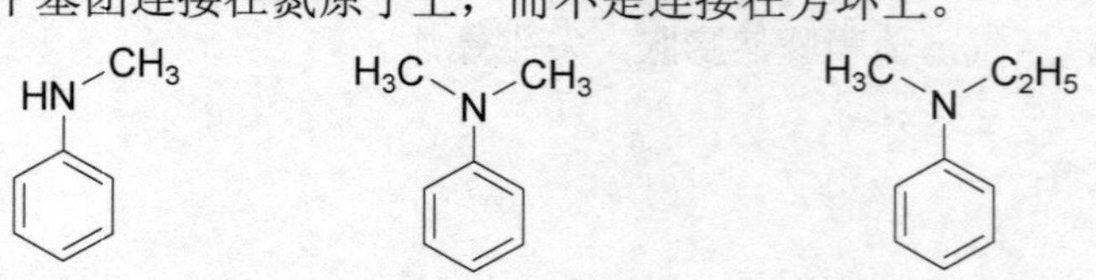

N-甲基苯胺　　*N*,*N*-二甲基苯胺　　*N*-甲基-*N*-乙基苯胺

对于结构复杂的胺，将氨基作为取代基，按系统命名法命名。

季铵盐化合物可看作是铵的衍生物，也可直接称为某胺的某酸盐。

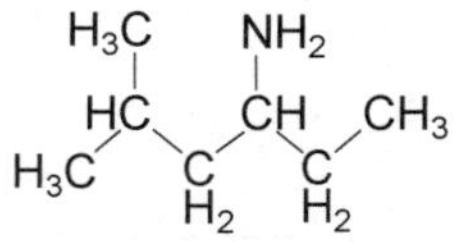

4-氨基-2-甲基己烷

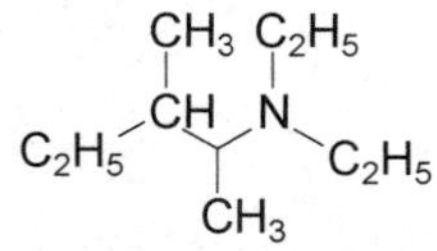

2-(*N*,*N*-二乙氨基)-3-甲基戊烷

$[CH_3NH_2]^+Cl^-$
氯化甲胺

$[(CH_3)_4N]^+Cl^-$
氯化四甲胺

$[C_2H_5NH_3]_2^+SO_4^{2-}$
乙胺硫酸盐

$[(CH_3)_3NC_2H_5]^+OH^-$
氢氧化三甲乙胺

13.2.2 胺的物理性质

通常情况，低级脂肪胺是气体或易挥发的液体，气味与氨相似，部分有鱼腥味，高级脂肪胺为固体。芳胺为高沸点的液体或低熔点的固体，有特殊气味，毒性较大，易渗入皮肤。伯胺和仲胺可以生成分子间氢键，叔胺因氮原子上没有氢原子，因此在碳原子数相同的三类胺中，伯胺沸点最高，仲胺次之，叔胺最低。常见胺的物理常数见表 13-1。

表 13-1 常见胺的物理常数

名称	熔点/℃	沸点/℃	名称	熔点/℃	沸点/℃
甲胺	–92	7.5	环己胺	−18	134
二甲胺	–96	7.5	苯甲胺	10	185
三甲胺	–117	3	苯胺	−6	184
乙胺	–80	17	*N*-甲苯胺	−57	196
二乙胺	–39	55	*N*,*N*-二甲苯胺	3	194
三乙胺	–115	89	二苯胺	53	302
正丙胺	–83	49	三苯胺	127	365
二正丙胺	–63	110	邻甲苯胺	–28	200
三正丙胺	–93	157	间甲苯胺	–30	203
异丙胺	–101	34	对甲苯胺	44	200
正丁胺	–50	78	邻硝基苯胺	71	284
异丁胺	–85	68	间硝基苯胺	114	307（分解）
仲丁胺	–104	63	对硝基苯胺	148	332
叔丁胺	–67	46	对氯苯胺	73	232

13.2.3 胺的化学性质

13.2.3.1 碱性

胺和氨相似，具有碱性，能与大多数酸作用成盐。胺溶于水时发生离解反应，碱性较弱。这是由于氮原子上的未共用电子对能与质子结合，形成带正电荷的铵离子。

$$\underset{\text{碱}}{RNH_2} + H_2O \rightleftharpoons \underset{\text{共轭酸}}{RN^+H_3} + OH^-$$

$$RNH_2 + HCl \rightleftharpoons RN^+H_3Cl^-$$

胺的碱性通常用胺的共轭酸的离解常数来表示：

$$RN^{+}H_3 + H_2O \rightleftharpoons RNH_2 + H_3^{+}O$$

$$K_a = \frac{[RNH_2][H_3^{+}O]}{[RN^{+}H_3]}$$

共轭酸的 pK_a 越大，胺的碱性越强。

脂肪胺中氮原子采用 sp^3 杂化，氮原子上一对未共用电子占据 sp^3 杂化轨道，可以接受质子而显碱性。在芳胺中氮原子介于 sp^3 和 sp^2 杂化之间，更接近于 sp^2 杂化，氮原子上一对未共用电子具有较多的 p 轨道成分，与芳环上的 π 电子轨道部分重叠，发生共轭，使得芳胺接受质子的能力减弱。因此，脂肪胺的碱性大于芳胺的碱性。

在脂肪胺中，由于烷基的供电子效应，氮原子的电负性增强，形成的铵正离子也因正电荷分散而稳定。因此脂肪胺在气态时，仅有烷基的供电子效应，烷基越多，供电子效应越大，故碱性次序为：叔胺 > 仲胺 > 伯胺 > 氨。但在水溶液中呈现碱性的强弱还与溶剂化效应和电子效应等有关。它取决于生成的铵正离子是否容易溶剂化。胺的氮上的氢原子愈多,溶剂化的程度愈大，铵正离子愈稳定，脂肪胺的碱性愈强。

13.2.3.2 酸性（烃基化反应）

胺作为亲核试剂与卤代烃发生 S_N2 反应，在一般条件下，反应难以停留在生成仲胺或叔胺这一步，而得到一个混合物。如果用过量的伯卤代烷，可以得到季铵盐。

$$RNH_2 \xrightarrow{R'X} RN^{+}H_2R'X^{-} \xrightarrow{NaOH} RNHR'$$

$$RNHR' \xrightarrow{R'X} RN^{+}HR'_2X^{-} \xrightarrow{NaOH} RNR'_2$$

$$RNR'_2 \xrightarrow{R'X} RN^{+}R'_3X^{-}$$

在位阻影响下，反应有时可以停留在某一步，得到某一种胺，例如：

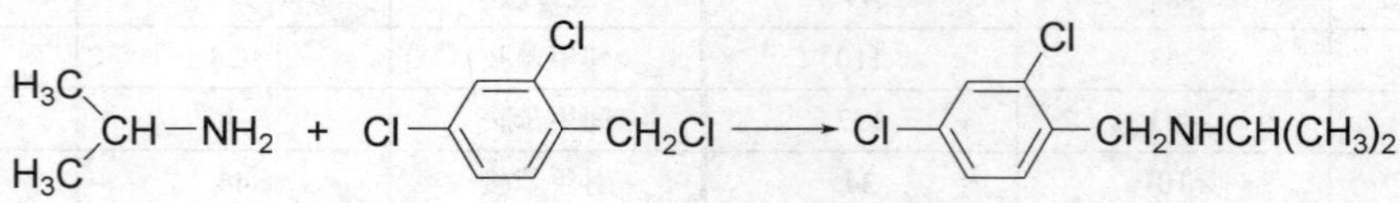

除伯卤代烷可使胺烃基化外，仲卤代烷、α-卤代酸、环氧化合物均可使胺烃基化。胺还可与活性烯键发生共轭加成。

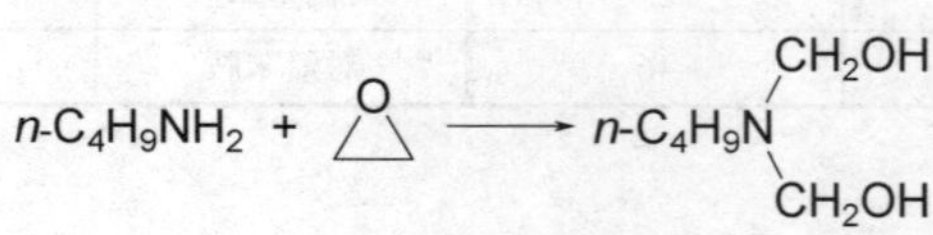

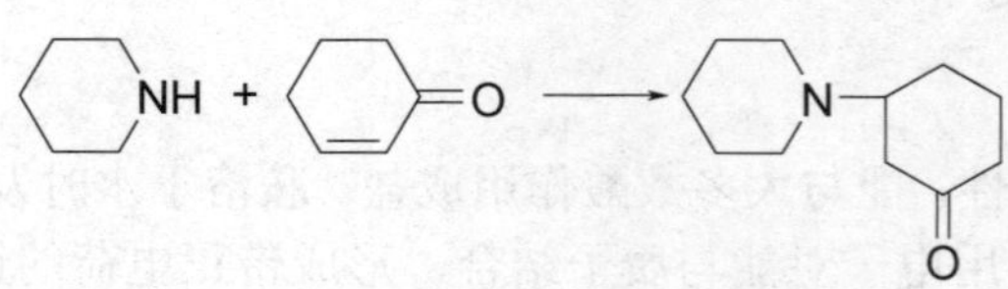

13.2.3.3 酰化和磺酰化反应

伯胺、仲胺易与酰基化试剂（如酰氯或酸酐等）发生酰基化反应，氨基上的氢原子被酰基取代而生成酰胺。叔胺的氮原子上没有氢原子，不发生酰基化反应。反应式如下：

$$RNH_2 + R'COCl \longrightarrow RNHCOR'$$

$$RNH_2 + (R'CO)_2O \longrightarrow RNHCOR'$$

伯胺、仲胺与酰氯反应，在形成酰胺的同时，还产生一分子氯化氢，氯化氢与胺形成盐，要消耗原料胺，因此在反应中常加入一种碱中和生成的氯化氢。酰胺是具有一定熔点的固体，在强酸或强碱的水溶液中加热易水解生成胺。因此，此反应在有机合成上常用来保护氨基。即先把胺酰化，把氨基保护起来，再进行其他反应，然后酰胺水解再变为胺。

伯胺或仲胺与苯磺酰氯（或对甲基苯磺酰氯）在强碱性溶液中作用生成黄色油状液体苯磺酰胺。伯胺所生成的苯磺酰胺因氨基氮原子上的氢受磺酰基的影响显弱酸性，能溶于过量的碱生成盐而溶于水；仲胺所生成的苯磺酰胺因氨基氮原子上没有氢不能与碱反应生成盐；叔胺的氮上没有氢原子，所以不能发生磺酰化反应。

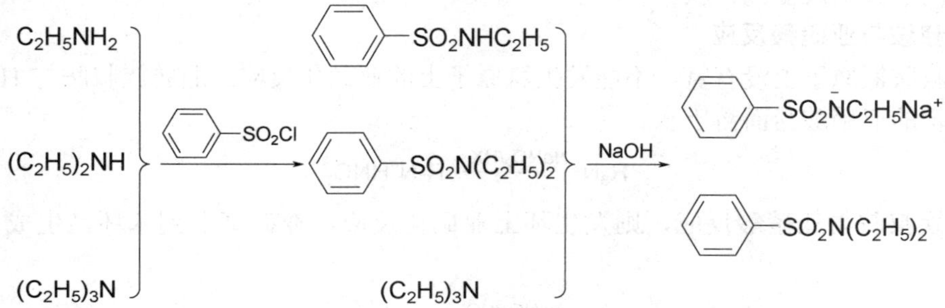

如果伯、仲、叔胺的混合物与磺酰化试剂在碱溶液中反应，析出的固体为仲胺生成的磺酰胺，而叔胺可以蒸馏分离。余液酸化后，可得到伯胺生成的磺酰胺。伯胺和仲胺生成的磺酰胺在酸的作用下可水解而分别得到原来的胺。这个方法称为兴斯堡试验法，可用于鉴别和分离伯、仲、叔胺。

13.2.3.4　与亚硝酸反应

各类胺与亚硝酸反应时可生成不同的产物。由于亚硝酸（HNO_2）不稳定，一般在反应过程中由亚硝酸钠与盐酸或硫酸作用得到。

（1）伯胺与亚硝酸反应

脂肪族伯胺与亚硝酸作用先生成不稳定的脂肪族重氮盐，它立即分解成氮气和碳正离子 R^+，然后碳正离子可发生各种反应而生成烯烃、醇和卤代烃等化合物。

$$RNH_2 \xrightarrow{NaNO_2 + HX} RN_2^+X^- \longrightarrow R^+ + X^- + N_2\uparrow$$

碳正离子的去向：

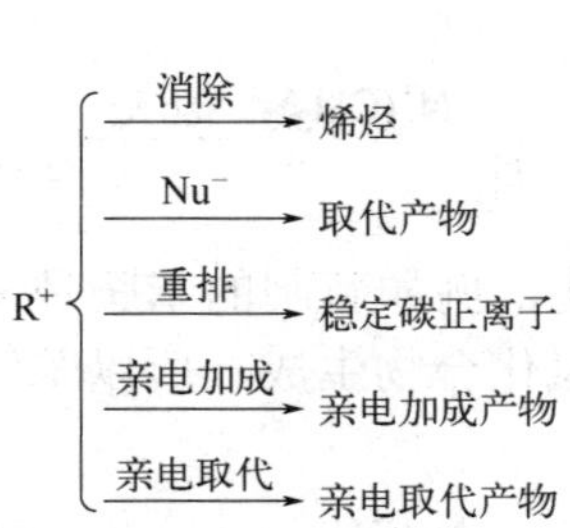

由于反应很复杂，得到的是混合物，在有机合成上用途不大。但由于放出氮气是定量的，因此可用作氨基的定量测定。芳香族伯胺与亚硝酸反应，生成芳基重氮盐，芳基重氮盐比烷基重氮盐稳定，在强酸性水溶液中，在 0～5 ℃可以保存一段时间。此反应称为重氮化反应。

例如：

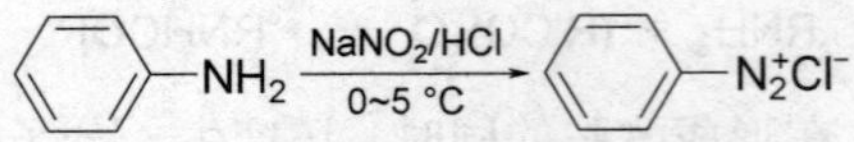

芳基重氮盐是重要的有机合成中间体，可以合成多种芳香族化合物。

（2）仲胺与亚硝酸反应

脂肪族和芳香族仲胺与 HNO_2 反应，都生成 *N*-亚硝基胺。例如：

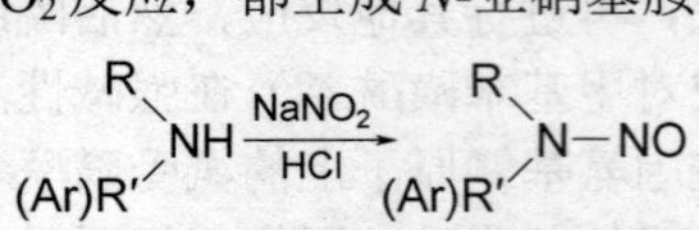

N-亚硝基胺大多是中性、不溶于水的黄色油状物或固体，与稀酸共热时则生成原来的胺。此反应常用于分离或提纯仲胺。

（3）叔胺与亚硝酸反应

由于叔胺氮原子上没有氢，不能发生氮原子上的亚硝化反应。脂肪族叔胺与 HNO_2 反应生成不稳定的亚硝酸盐而溶于水。

$$R_3N \xrightarrow{NaNO_2/HX} R_3N^+HNO_2^-$$

芳香族叔胺与亚硝酸反应，则发生环上亚硝化反应，亚硝基上到苯环，生成对亚硝基苯胺。

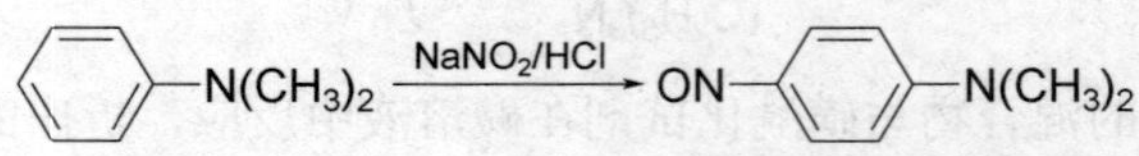

对亚硝基-*N*,*N*-二甲基苯胺

综上所述，可以利用亚硝酸与伯、仲、叔胺反应的不同来鉴别伯、仲、叔胺。

13.2.3.5 胺的氧化

胺形成的盐很稳定，但胺容易被氧化，特别是芳胺。大多数氧化剂将胺氧化成焦油状的复杂物，但过氧化氢及过氧酸能将叔胺氧化为氧化胺。例如：

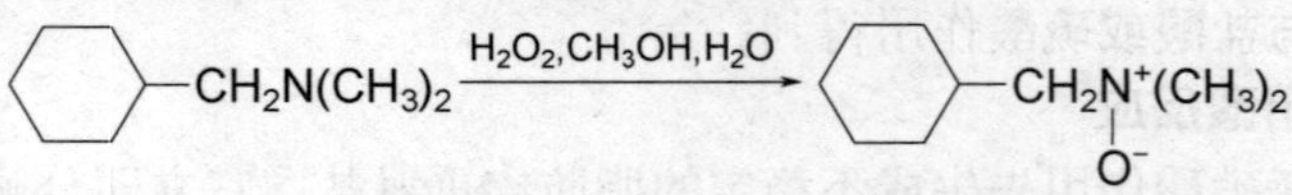

因为这类化合物偶极矩较大，所以它的极性大，熔点高，不溶于乙醚、苯，易溶于水。当氧化胺 β-碳上有氢时，加热到150～200 ℃它发生热分解，生成烯烃和 *N*,*N*-二烃基羟胺（Cope消除）。

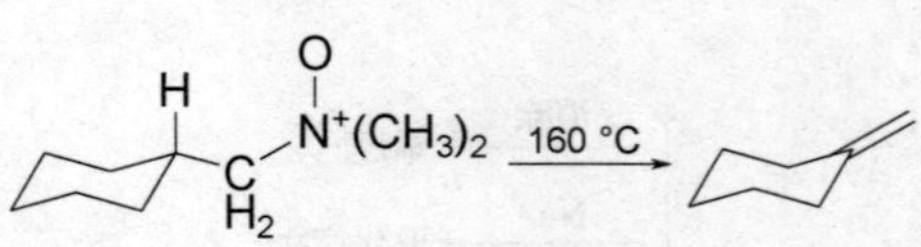

芳胺尤其是芳伯胺极易被氧化，例如新制的苯胺是无色或淡黄色的液体，放置一段时间后，成为红色，因为有醌和偶氮化合物生成。所以苯胺储存时加一些抗氧化剂或制成芳胺的盐。

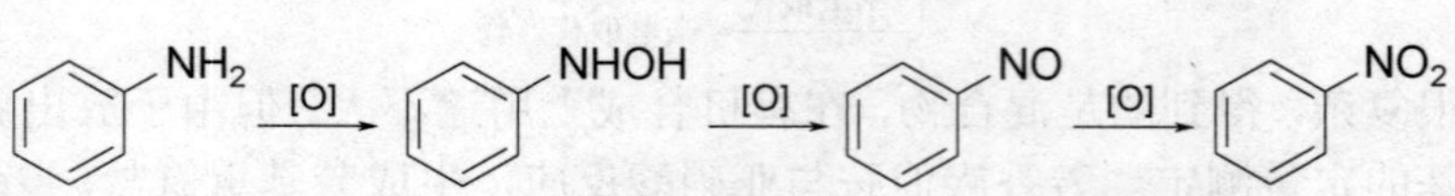

控制苯胺的氧化条件可得不同氧化产物。

13.2.3.6 芳胺的亲电取代反应

氨基是强的给电子基团，它的存在使芳胺苯环上的亲电取代反应极易进行。

（1）卤代反应

苯胺在水溶液中与卤素的反应非常快，例如与溴反应生成 2,4,6-三溴苯胺，与氯反应生成 2,4,6-三氯苯胺。2,4,6-三溴苯胺的碱性很弱，在水溶液中不能与氢溴酸成盐，而生成白色沉淀。这个反应常被用于苯胺的定性及定量分析。

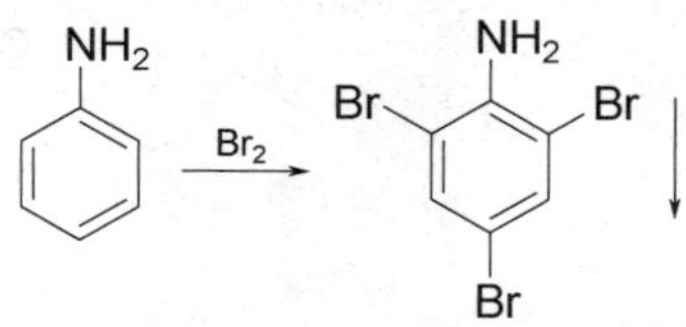

如果要制备苯胺的一元溴化物必须将苯胺先乙酰化，生成的乙酰苯胺再溴化可得主要产物对溴乙酰苯胺，然后水解即得对溴苯胺。

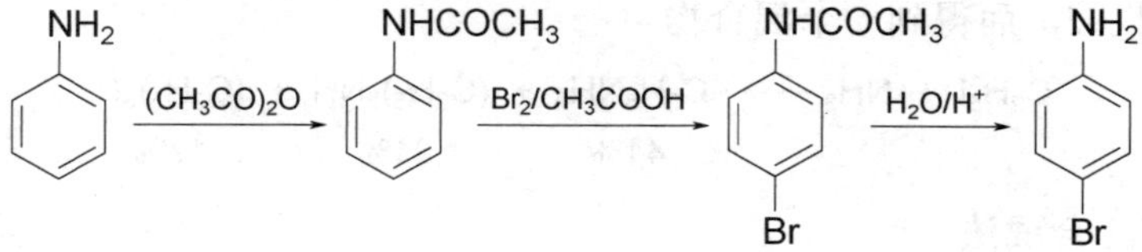

（2）磺化反应

芳香族伯胺在高温下磺化，磺酸基导入氨基的对位，若氨基的对位被占据，则生成邻位产物。

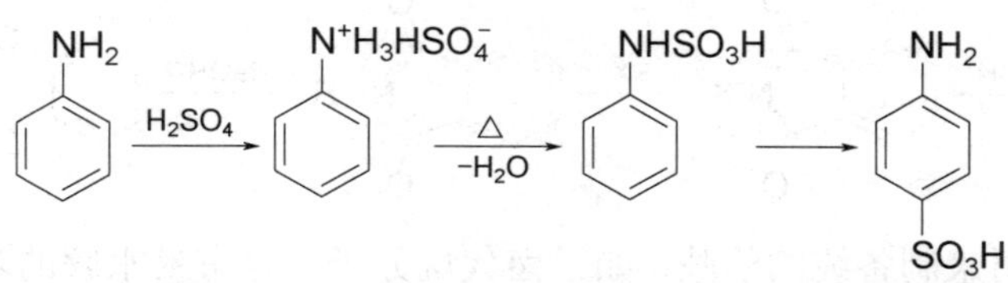

对氨基苯磺酸分子中同时具有酸性的磺酸基和碱性的氨基，它们之间可以中和成盐。这种在分子内形成的盐称为内盐。

（3）硝化反应

若将芳香族伯胺直接硝化它易被硝酸氧化，必须先把氨基保护起来（乙酰化或成盐），然后再进行硝化。若要得到邻、对位硝基苯胺，需先将氨基酰化，然后硝化，最后水解。反应式为：

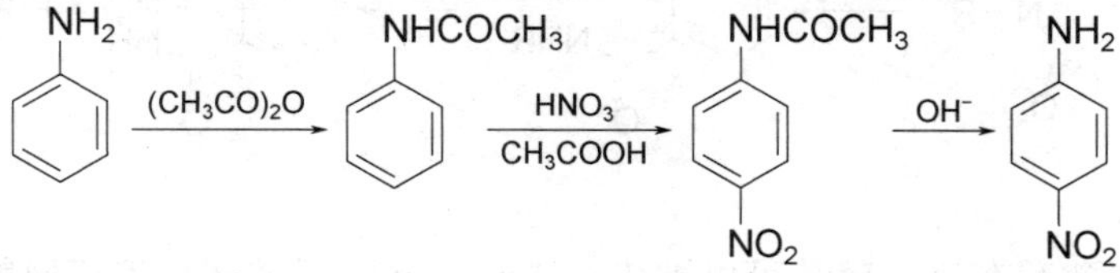

将苯胺溶解于浓硫酸使之先生成苯胺硫酸盐后再硝化，可得到间位取代物。因为—NH_3^+是间位定位基，并能使苯环稳定，不至于被硝酸氧化，故硝化的主要产物是间位取代物。取代产物最后再与碱作用则得到间硝基苯胺。

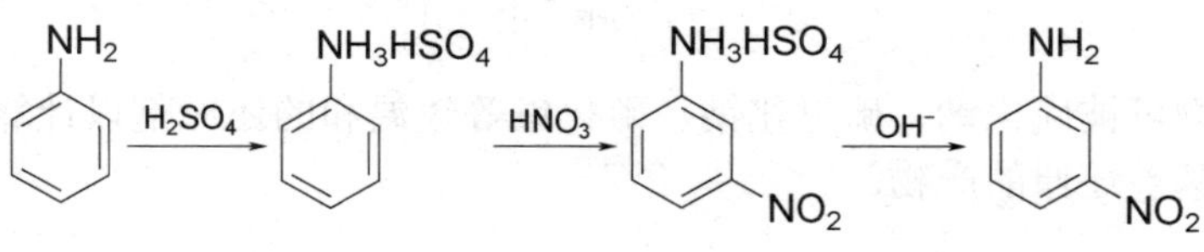

（4）Friedel-Crafts 反应

芳香族伯胺中的氨基用酰基保护后，可顺利进行 Friedel-Crafts 反应。由于空间位阻的作用，反应一般发生在氨基的对位。

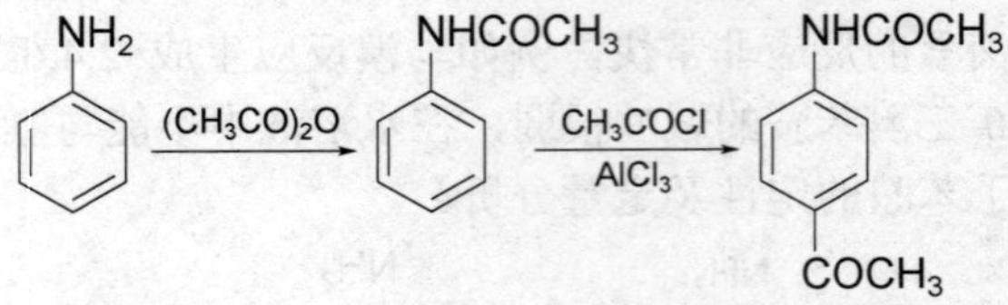

13.2.4 胺的制备方法

13.2.4.1 氨或胺的直接烃化

伯胺与伯卤代烷反应，一般条件下难以停留在生成仲胺阶段，生成的仲胺会继续与伯卤代烷反应，得到一个混合物。氨与伯卤代烷反应，反应也难以停留在生成伯胺阶段，可继续反应生成仲胺、叔胺，而得到一个混合物。

$$C_2H_5I + NH_3 \longrightarrow \underset{41\%}{C_2H_5NH_2} + \underset{31\%}{(C_2H_5)_2NH} + \underset{17\%}{(C_2H_5)_3N}$$

13.2.4.2 Gabriel 合成法

邻苯二甲酰亚胺在氢氧化钾作用下生成盐，盐与卤代烷发生 S_N2 反应，生成 *N*-取代亚胺，然后水解得到伯胺。

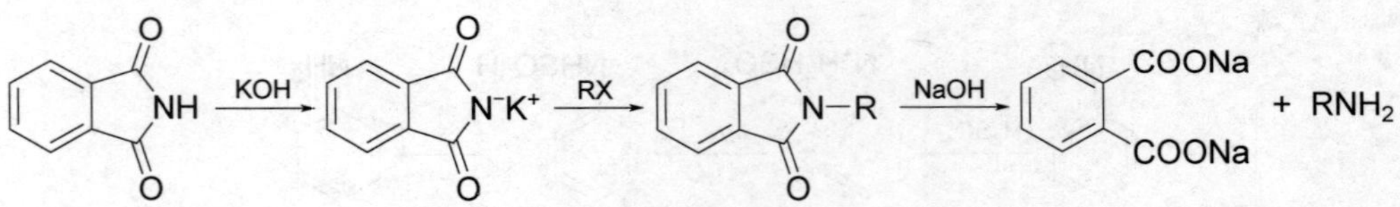

Gabriel 合成法用来制备纯的伯胺，如果卤代烷分子中含有易水解的基团，不宜用此法合成相应的伯胺。此方法适用于伯卤代烷、仲卤代烷，对于叔卤代烷发生的反应以消除反应为主。烃化反应在 DMF 溶液中更容易进行。当 *N*-取代亚胺水解困难时，可以用水合肼进行肼解。

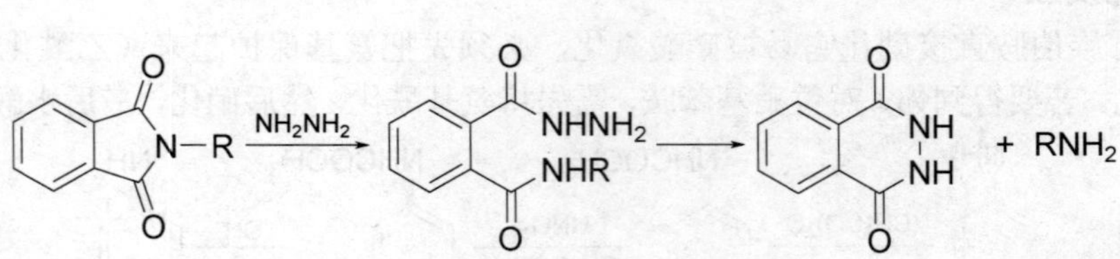

13.2.4.3 还原法

硝基化合物在酸存在时，硝基可以被 Fe、Zn、$SnCl_2$ 或 $FeCl_2$ 等还原剂还原为氨基，得到胺。工业上常用铁粉和盐酸还原硝基苯生产苯胺。

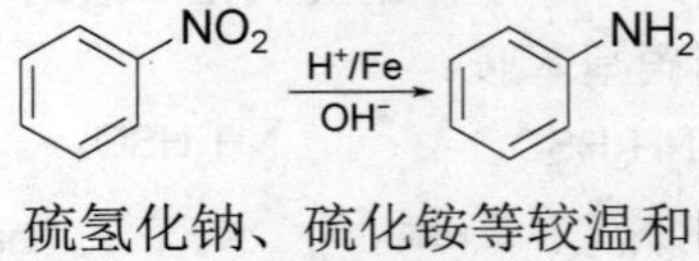

二硝基化合物可被硫化钠、硫氢化钠、硫化铵等较温和的还原剂以计算量选择性还原，得到只有一个硝基被还原的产物。

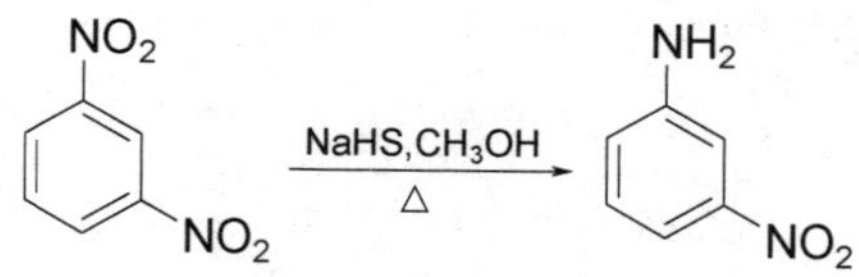

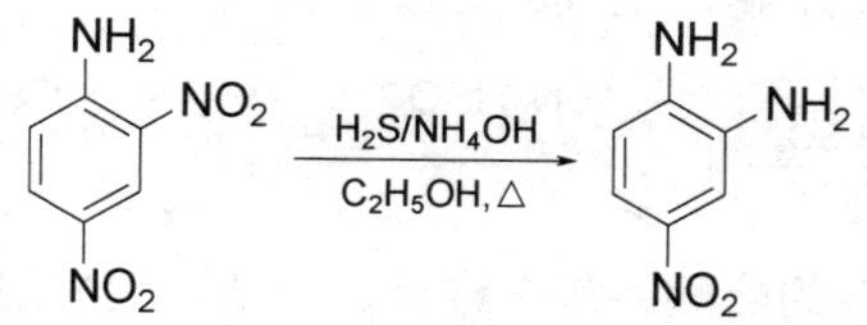

酰胺在醚中用 $LiAlH_4$ 处理可把羰基还原为亚甲基，制备伯、仲、叔胺。

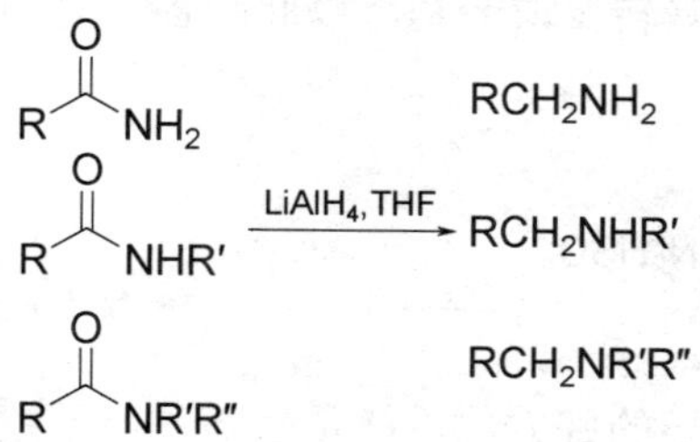

13.3 重氮和偶氮化合物

重氮和偶氮化合物分子中都含有—N_2—官能团，此官能团两端都与烃基相连的称为偶氮化合物；只有一端与烃基相连，而另一端与其他基团相连的称为重氮化合物（diazo-compound）。常见的重氮和偶氮化合物有：

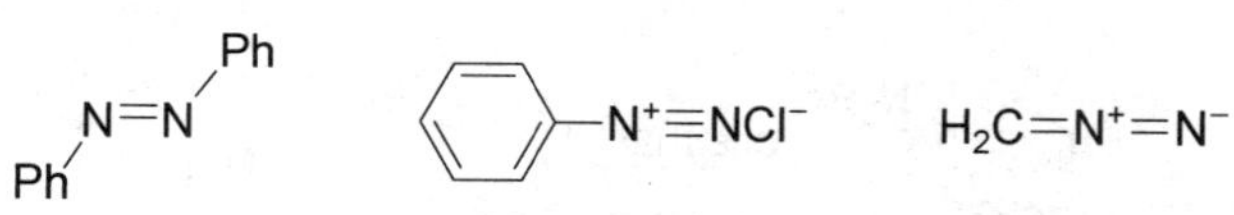

偶氮苯　　氯化重氮苯　　重氮甲烷

13.3.1 重氮盐的制备

芳香族伯胺在低温和强酸溶液中与亚硝酸钠作用，生成重氮盐的反应称为重氮化反应。

$$ArNH_2 + NaNO_2 + HCl \xrightarrow{0\sim5\ ^\circ C} ArN_2^+Cl^- + NaCl + H_2O$$

13.3.2 重氮盐的性质

重氮盐具有盐的典型性质。它易溶于水，不溶于有机溶剂。在水溶液中能离解成正离子 ArN_2^+和负离子 X^-。故其水溶液能导电。

干燥的重氮盐很不稳定，受热或震动时容易爆炸。在水溶液中或低温时，则比较稳定，温度升高时容易分解。许多重氮盐室温下即分解。重氮盐中的酸根离子对重氮盐的稳定性也有影响。一般地，芳香基重氮硫酸盐（或称芳基重氮酸式硫酸盐 ArN_2HSO_4）比芳香基重氮盐酸盐（ArN_2Cl）稳定些。

重氮盐的化学性质非常活泼，可发生许多化学反应。反应分两大类：重氮基被其他原子或基团取代，同时放出氮气的反应，称放出氮的反应；另一类反应中不放出氮，重氮基保留在反应产物中，称保留氮的反应。

13.3.2.1 放出氮的反应

（1）被羟基取代

重氮盐和硫酸共热时发生水解，生成酚并放出氮气。

此反应一般在 40%～50%的硫酸溶液中进行，否则，生成的酚与未发生反应的重氮盐发生偶合反应。重氮盐酸盐不适用于这个反应，因为有氯的衍生物等副产物生成。有机合成中常通过生成重氮盐的途径将氨基转变成羟基，以此制备一些不能由芳香族磺酸盐碱熔而制得的酚类。

（2）被卤素取代

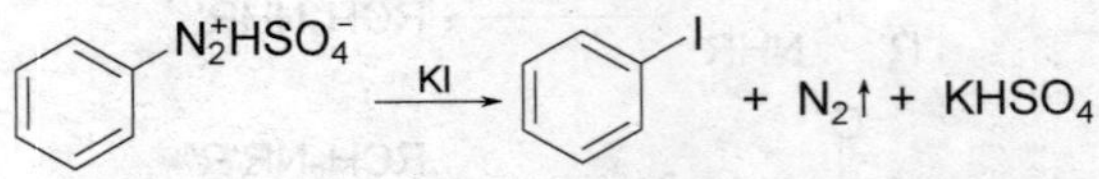

该反应是将碘原子引进苯环的好方法，产量较高。但不能用来引进氯原子或溴原子。碘代反应的研究指出，本反应属于 S_N1 历程。相对说来氯离子和溴离子亲核能力较弱，因此 KCl、KBr 就难以进行上述反应，要发生该反应常常需要有亚铜盐作为催化剂。例如在氯化亚铜的浓盐酸溶液、溴化亚铜的浓氢溴酸溶液存在下，其相应重氮盐以自由基机理受热转变成氯代和溴代芳烃，这个反应就是著名的 Sandmeyer 反应。

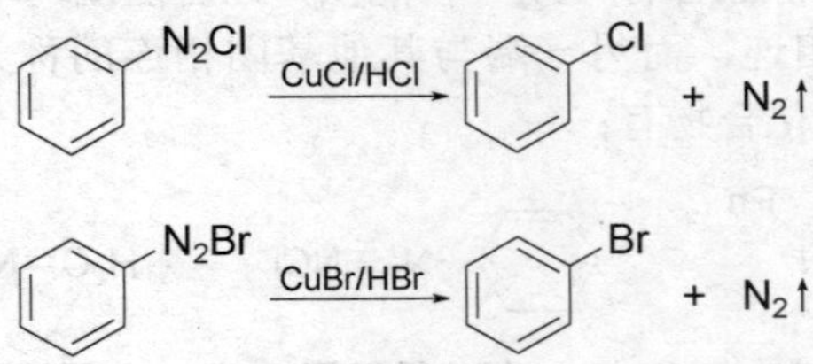

（3）被氰基取代

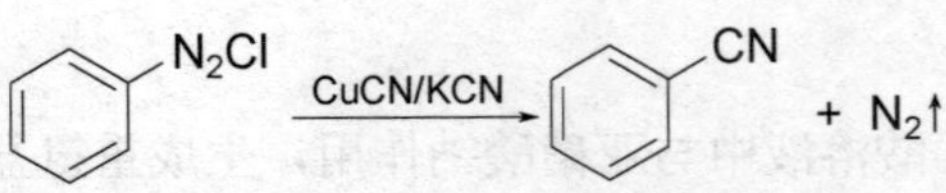

氰化亚铜的氰化钾溶液与重氮盐溶液共热，重氮基被氰基（—CN）取代，生成苯甲腈。

氰基很容易水解成羧基，因此，可用此反应由苯胺合成芳香族羧酸，也可以还原成多一个碳的苯胺。

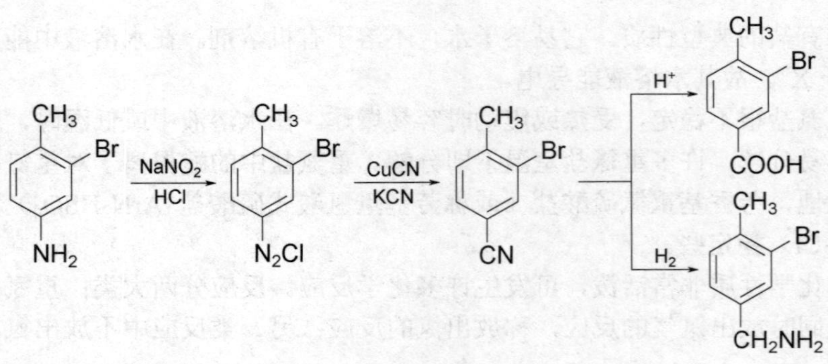

（4）被氢原子取代

用次磷酸（H_3PO_2）或乙醇等还原剂还原重氮盐，重氮盐分解放出氮气，重氮基被氢原子取代。

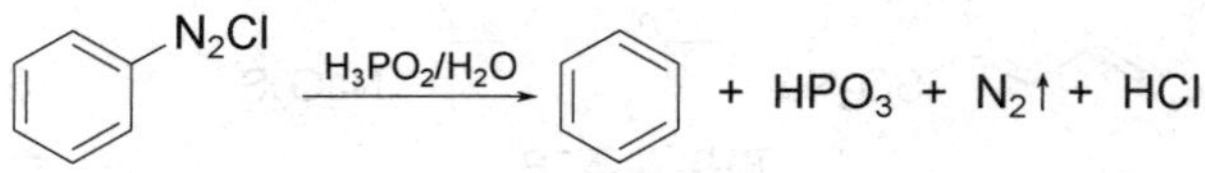

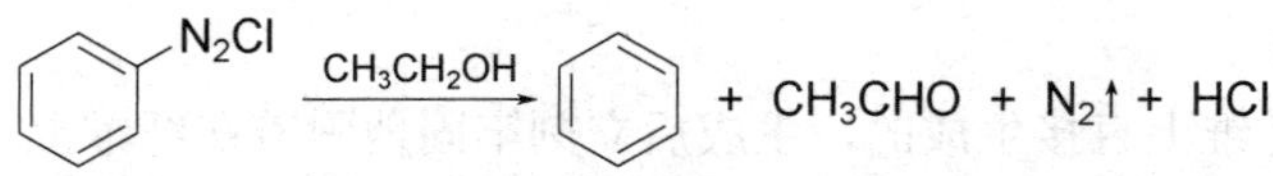

可利用该反应除去氨基或硝基，从而可合成某些不易用其他方法得到的芳香族化合物，因此，此反应又称为去氨基反应。

13.3.2.2　保留氮的反应

（1）还原反应

重氮盐可被还原成肼的衍生物。常用的还原剂为氯化亚锡的盐酸溶液和亚硫酸钠等。

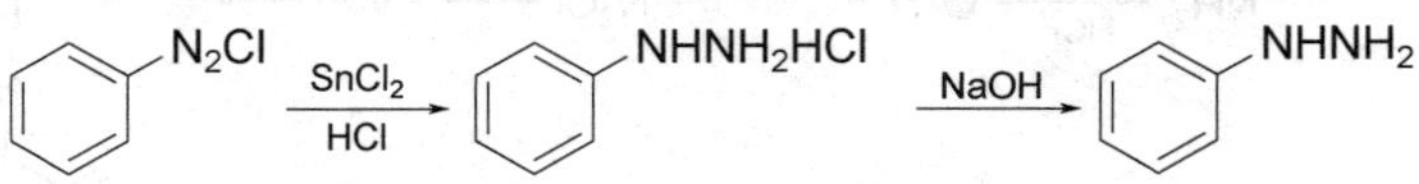

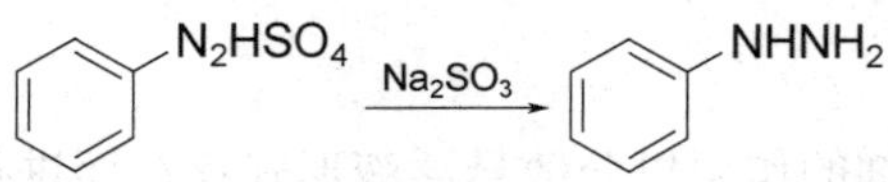

（2）偶合反应

重氮盐与芳胺或酚类化合物作用，生成颜色鲜艳的偶氮化合物的反应称为偶合反应。偶合反应是亲电取代反应，是重氮阳离子（弱的亲电试剂）进攻芳环上电子云密度较大的碳原子而发生的反应。偶合反应是制备偶氮染料的基本反应。

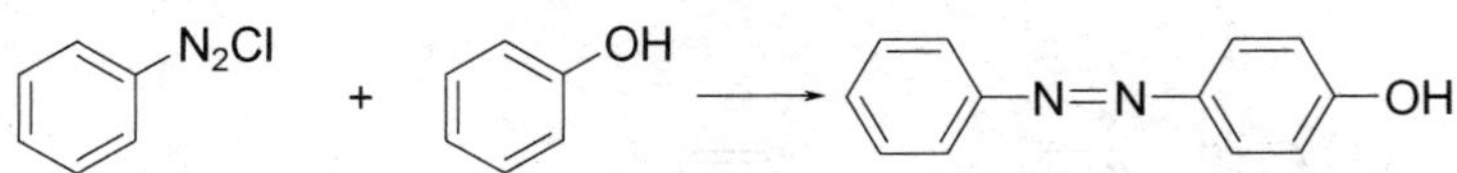

橘红色

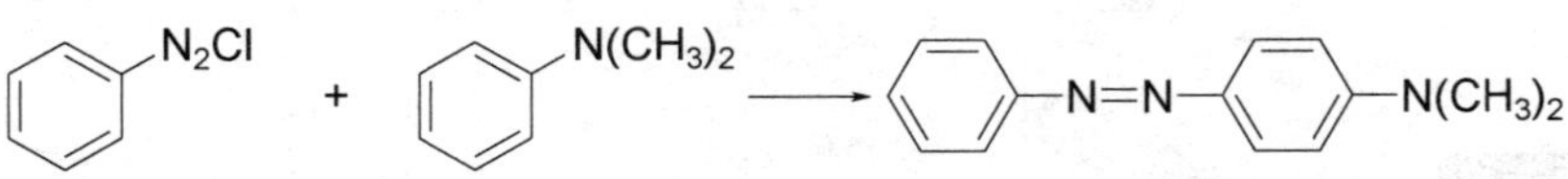

黄色

重氮盐与芳胺的偶合反应要在中性或弱酸性溶液中进行。在中性或弱酸性溶液中，重氮离子的浓度最大，且氨基是游离的，不影响芳胺的反应活性，若 pH 小于 5，胺会生成不活泼的铵盐，偶合反应就难以进行。

重氮盐与酚的偶合反应要在弱碱性条件下进行，在弱碱性条件下酚转变成酚盐负离子，活化苯环，有利于亲电试剂重氮正离子的进攻，但 pH 不能大于 10，因碱性太强，重氮盐会转变为不活泼的苯基重氮酸或重氮酸盐离子，而苯基重氮酸或重氮酸盐离子都不能发生偶合反应。

13.3.3　偶氮染料

13.3.3.1　直接染料

把纤维直接放入染料的热水溶液中进行染色，染料多为带有磺酸基或羧基等水溶性基团的偶氮染料。

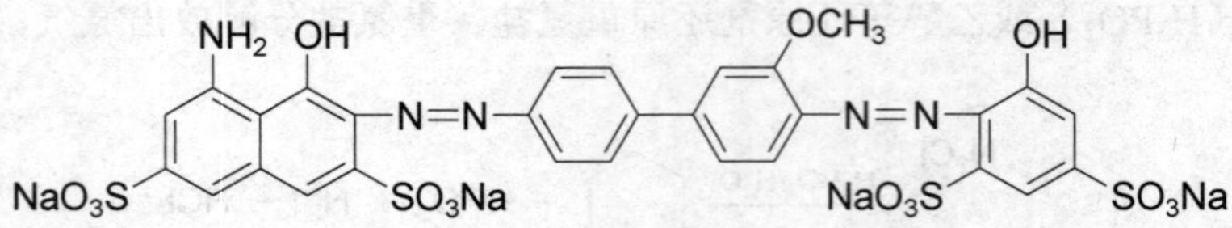

直接湖蓝5B

13.3.3.2　冰染染料

这类染料是在纤维上直接生成的，生成后立刻牢固地附着在纤维上。染色时，先将纤维浸在酚类碱性溶液中，然后取出，再放在重氮盐的溶液内，在纤维上发生偶合作用，生成的染料就附着在纤维上。

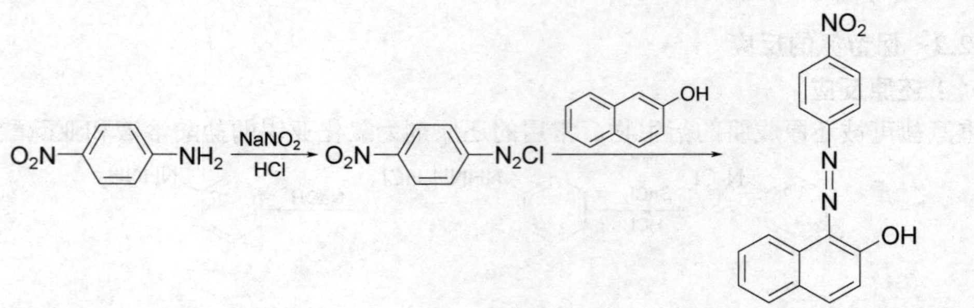

13.3.3.3　分散染料

这类染料需借助于分散剂的作用以分散悬浮液形式存在而进行染色。它的分子较小，不含水溶性基团，适用于醋酯纤维、聚酰胺纤维和聚酯纤维的染色，由于本身的不溶性而不能用于天然纤维的染色。

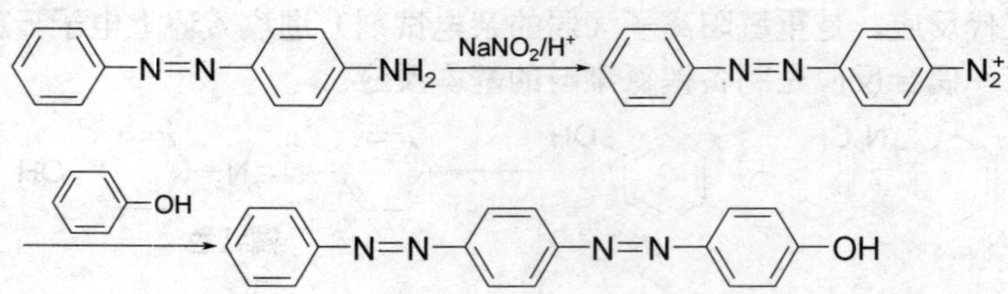

参考答案

习　题

1. 命名下列化合物。

（1）$CH_3CH_2CH(NO_2)CH(CH_3)_2$　　（2）$CH_3CH_2CH_2CH_2NH_2$　　（3）$CH_3CH_2NHCH(CH_3)_2$

（4）$(CH_3)_2CHN^+(CH_3)_3OH^-$　　（5）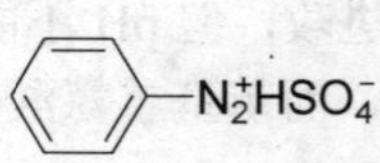　　（6）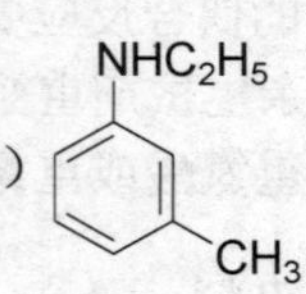

2. 写出下列化合物的构造式。

（1）丙胺　　（2）偶氮甲烷　　（3）*N*-甲基-*N*-乙基苯胺

（4）1,6-己二胺　　（5）*β*-萘胺　　（6）溴化重氮苯

3. 将下列各组化合物按碱性由强到弱排列。

（1）对甲苯胺，苄胺，2,4-二硝基苯胺，对硝基苯胺

（2）苯胺，甲胺，三苯胺，*N*-甲基苯胺

（3）氨，苯胺，环己胺，氢氧化四乙基铵

4. 写出下列反应的主要产物。

（1）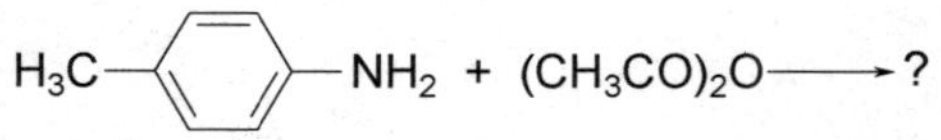

（2）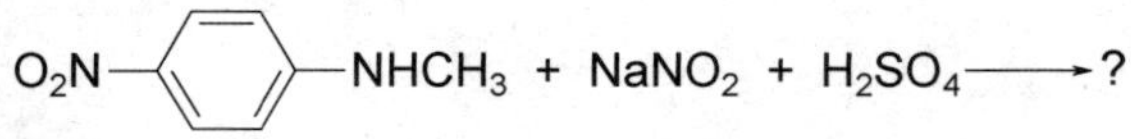

（3）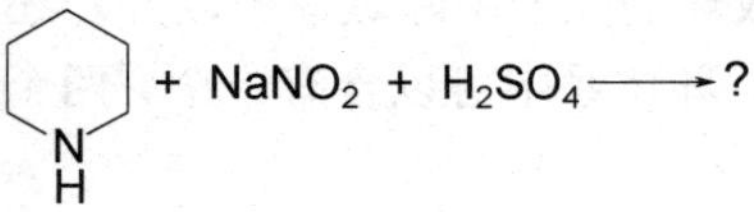

（4）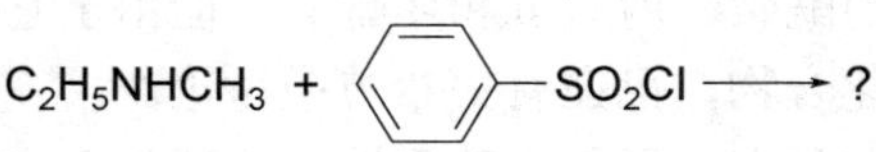

（5）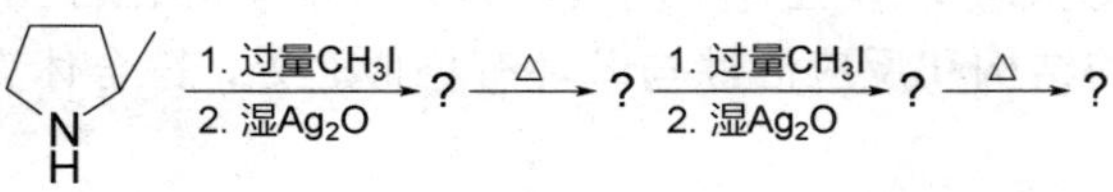

5. 用简便的化学方法区别下列各组化合物。

（1）乙醇，乙醛，乙酸，乙胺

（2）邻甲苯胺，*N*-甲基苯胺，*N*,*N*-二甲基苯胺

（3）环己酮，苯酚，苯胺

6. 如何分离下列各组混合物？

（1）苄醇，苄胺，苯甲酸

（2）苯甲醛，苯乙酮，*N*,*N*-二甲基苯胺

7. 以苯、甲苯及三个碳以下的有机化合物为原料合成下列化合物。

（1）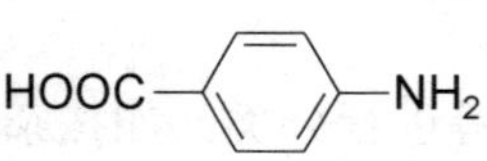

（2）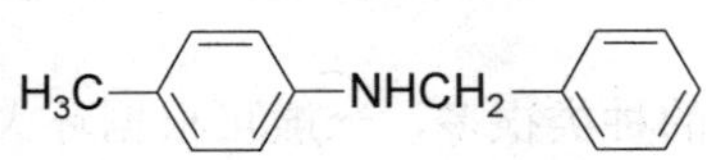

（3）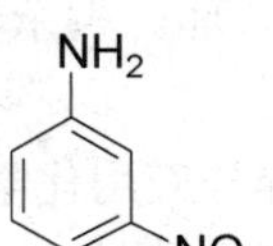

（4）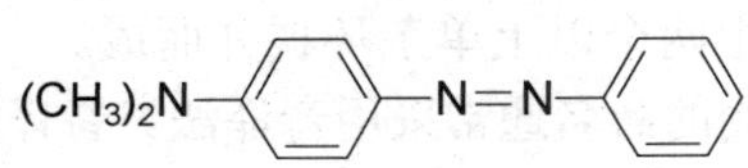

第 14 章

杂环化合物

杂环化合物（heterocyclic compound），是指组成环的原子中除碳原子以外，还含有其他杂原子的环状化合物，常见的杂原子有 N、O、S 等。环体系中可以含有一个、两个或更多的相同或不同的杂原子。

根据以上定义，杂环化合物应包括内酯、内酰胺、内酸酐和环醚等，但由于它们与相应的开链化合物性质相似，又容易开环变成开链化合物，已在有关章节中讨论。

本章主要讨论那些环体系相对比较稳定，并且有不同程度芳香性的杂环化合物。这类化合物比较稳定，不易开环，而且它们的结构和反应活性与苯环有相似之处，符合休克尔规则，所以称为芳杂环化合物。

杂环化合物在自然界分布很广、功用很多。例如，动植物体内起重要生理作用的血红素、叶绿素、核酸的碱基都是含氮杂环；部分维生素、抗生素等药物如止痛的吗啡、抗菌消炎的黄连素、抗结核的异烟肼、抗癌的喜树碱等都具有杂环结构；而中草药的有效成分生物碱大多是杂环化合物，一些植物色素、植物染料、合成染料都含有杂环结构；电子工业的化学品中与聚吡咯、聚噻吩等有关的聚合物，都因其含有杂环结构，具有良好的导电性能。

14.1 杂环化合物的分类和命名

杂环化合物的种类很多，一般可根据环大小、杂原子多少等进行分类。如按杂环的骨架区分，可分为单杂环和稠杂环两大类。常见的单杂环有五元杂环及六元杂环。稠杂环由苯环与单杂环，或由两个以上单杂环稠并而成。

杂环化合物的命名通常采用音译法。音译法是根据 IUPAC（国际纯粹与应用化学联合会）推荐的通用名称，按外文名词音译而来，用带“口”字旁的同音汉字命名。例如：

呋喃
furan

噻吩
thiophene

吡咯
pyrrole

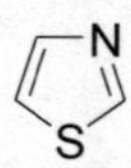

噻唑
thiazole

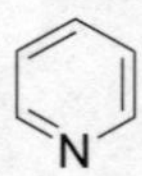

吡啶
pyridine

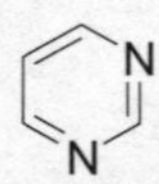

嘧啶
pyrimidine

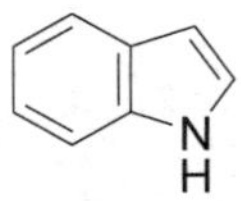
吲哚
indole

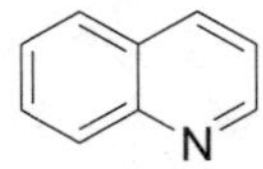
喹啉
quinoline

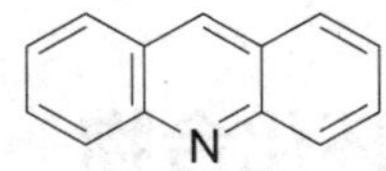
吖啶
acridine

杂环上有取代基时一般以杂环为母体。对杂环化合物的环上原子编号，一般从杂原子开始。环上只有一个杂原子时，杂原子的编号为 1。有时也以希腊字母 α、β 及 γ 编号，邻近杂原子的碳原子为 α 位，其次为 β 位，再次为 γ 位。环上有两个或两个以上相同杂原子时，应从连接有氢或取代基的杂原子开始编号，并使这些杂原子所在位次的数字之和最小。环上有不同杂原子时，则按 O、S、N 等顺序依次编号。例如：

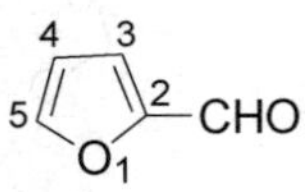
2-呋喃甲醛
2-furfural

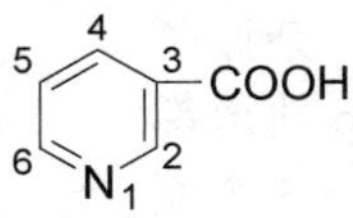
3-吡啶甲酸
3-pyridine carboxylic acid

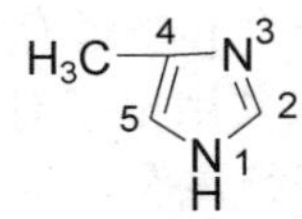
4-甲基咪唑
4-methylimidazole

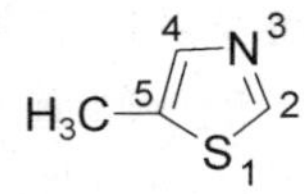
5-甲基噻唑
5-methylthiazole

另有特殊编号的，如异喹啉（isoquinoline）、嘌呤（purine）等。一些重要的杂环化合物的结构、分类和命名见表 14-1。

表 14-1　重要的杂环化合物的结构、分类和命名

杂环分类		碳环母核	重要的杂环化合物
单杂环	五元杂环	 环戊二烯	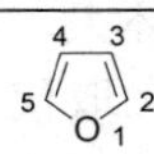 呋喃 furan 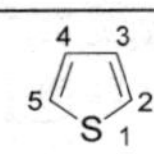 噻吩 thiophene 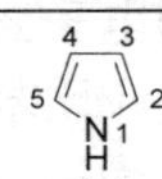 吡咯 pyrrole 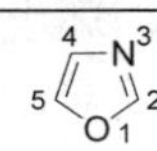 噁唑 oxazole 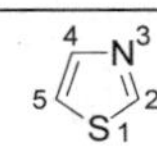 噻唑 thiazole 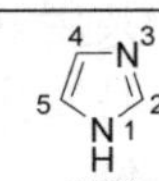 咪唑 imidazole
	六元杂环	 苯	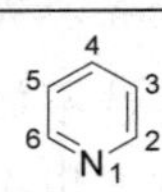 吡啶 pyridine 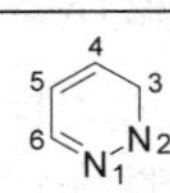 哒嗪 pyridaine 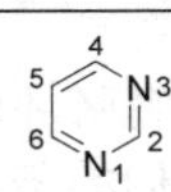 嘧啶 pyrimidine 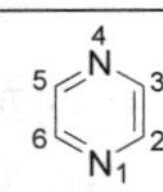 吡嗪 pyrazne 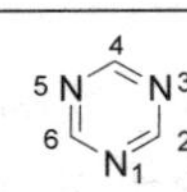 均三嗪 1,3,5-triazine
		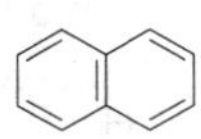 萘	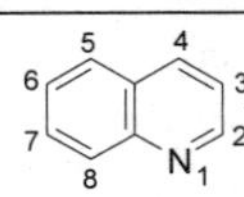 喹啉 quinoline 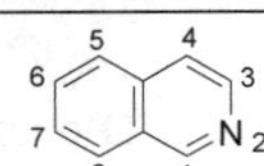 异喹啉 isoquinoline
稠杂环		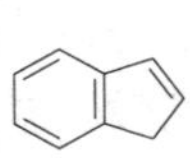 茚	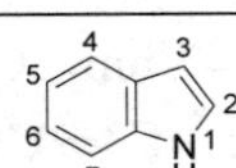 吲哚 indole 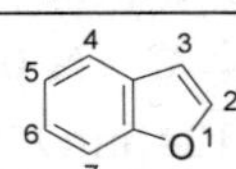 苯并呋喃 benzofuran 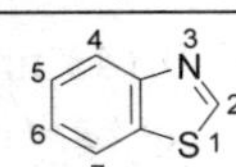 苯并噻唑 benzothiazole 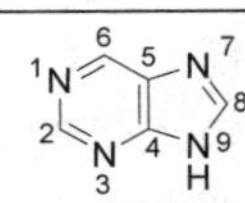 嘌呤 purine
		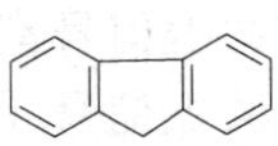 芴	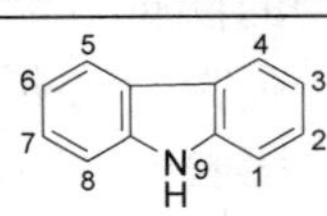 咔唑 cabazole 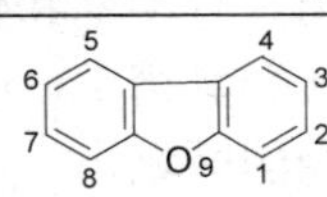 二苯并呋喃 diphenylene-oxide
		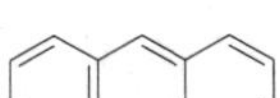 蒽	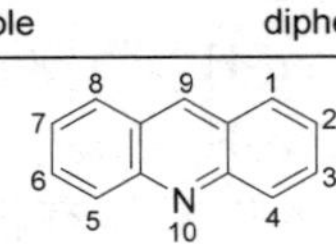 吖啶 acridine

14.2 五元杂环化合物

含一个杂原子的典型五元杂环化合物是呋喃、噻吩和吡咯。含两个杂原子的有噻唑、咪唑和吡唑等。本节重点讨论呋喃、噻吩和吡咯，简单介绍一下噻唑、吡唑及其衍生物。

14.2.1 呋喃、噻吩、吡咯杂环的结构

五元杂环化合物呋喃、噻吩、吡咯在结构上具有共同点，即构成环的四个碳原子和杂原子（N、S、O）均为 sp^2 杂化状态，它们以 σ 键相连形成一个环面。每个碳原子余下的一个 p 轨道有一个电子，杂原子（N、S、O）的 p 轨道上有一未共用电子对，这五个 p 轨道都垂直于五元环的平面，相互平行重叠，构成一个闭合 5 个原子共用 6 个 π 电子的共轭体系，即组成杂环的原子都在同一平面内，而 p 电子云则分布在环平面的上下方，如图 14-1 所示。

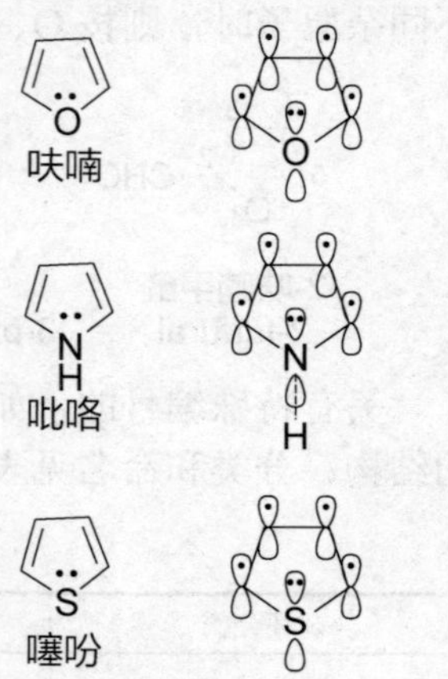

图 14-1 呋喃、噻吩和吡咯的原子轨道结构示意图

从图 14-1 可看出呋喃、噻吩、吡咯的结构和苯结构相似，都是 6 电子闭合共轭体系，它们具有芳香性，不易被氧化，不易进行加成反应，而易发生亲电取代反应。由于环上 5 个原子共用 6 个 π 电子，环上的电子云密度比苯环大，所以它们容易发生亲电取代反应，反应比苯容易进行，取代基多进入 α 位，亲电取代的活性顺序为：

吡咯＞呋喃＞噻吩＞苯

然而，呋喃、噻吩或吡咯环的芳香稳定性不如苯环，电子云密度分布也不完全平均化。由于杂原子不同，因此它们的芳香性在程度上也不完全一致，键长的平均化程度也不一样。

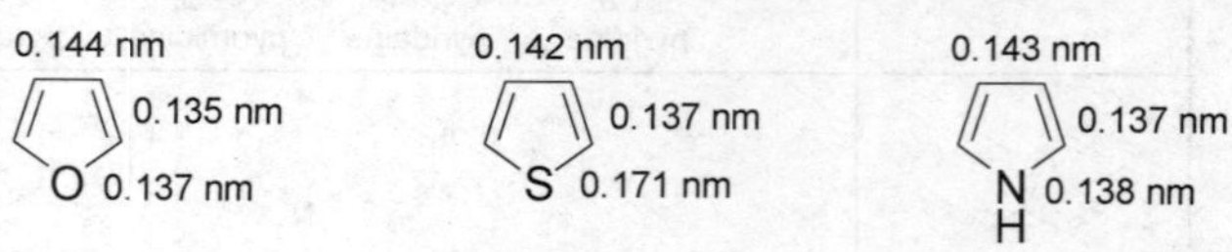

从上述键长的数据可以看出，碳原子和杂原子（O、N、S）之间的键，都比饱和化合物中相应键长（C—O 0.143 nm，C—N 0.147 nm，C—S 0.182 nm）短，而 C2—C3 或 C4—C5 的键长较乙烯的 C═C 键（0.134 nm）长，C3—C4 的键长则较乙烷的 C—C 键（0.154 nm）短。说明这些杂环化合物的键长在一定程度上发生了平均化。另外，键长数据也说明它们在一定程度上仍具有不饱和化合物的性质。

在核磁共振氢谱中，呋喃、噻吩、吡咯环上氢的核磁共振信号都出现在低场，通常位于芳香族化合物的区域内。呋喃、噻吩、吡咯环上氢的核磁共振信号［δ（ppm）］如下：

呋喃	α-H	7.42	β-H	6.37
噻吩	α-H	7.30	β-H	7.10
吡咯	α-H	6.68	β-H	6.22

呋喃、噻吩、吡咯和苯具有很高的离域能，分别为 66 kJ · mol^{-1}、117 kJ · mol^{-1}、88 kJ · mol^{-1} 和 150 kJ · mol^{-1}。由于杂原子电负性大小不同（O>N>S），电子云离域有差异，

所以它们的芳香性强弱有差异，环的稳定性也不同。从离域能数值的大小可以看出，芳香性或稳定性顺序为：

苯＞噻吩＞吡咯＞呋喃

由于吡咯环上 N 原子的一对未共用电子已参与环状共轭体系，减弱了与 H^+的结合能力。吡咯是一个仲胺，故碱性很弱，其碱性比苯胺小。吡咯有极性 N—H 键，具有弱酸性，其酸性介于乙醇和苯酚之间，与 NH_3 相当。

其他五元杂环化合物，如咪唑、吡唑、噻唑和噁唑等，都含有两个杂原子（其中至少有一个氮原子），这种五元杂环称为唑。它们的电子结构与上述几个五元环类似，同样具有闭合的 6 个电子共轭体系，所以这些杂环也都具有一定的芳香性。

咪唑　　吡唑　　噻唑　　噁唑

例如咪唑可以看作是吡咯环上氮原子的间位“—CH═”被“—N═”取代的衍生物。这个“—N═”的氮原子上未共用电子对不参与环的共轭体系，可与质子结合并保持闭合的 6 电子共轭体系，所以咪唑也有芳香性，并且呈弱碱性。

14.2.2　呋喃、噻吩、吡咯的性质

14.2.2.1　物理性质

呋喃为无色液体，沸点为 31.36 ℃，具有氯仿的气味，难溶于水而易溶于有机溶剂。它的蒸气遇被盐酸浸湿过的松木片时，即呈现绿色，叫做呋喃的松木反应，可用来鉴定呋喃的存在。

噻吩是无色而有特殊气味的液体，沸点为 84.16 ℃。由于噻吩及其同系物的沸点与苯及其同系物的沸点非常接近，故难以用一般的分馏法将它们分开。如果将煤焦油中取得的粗苯在室温下反复用浓硫酸提取，噻吩即被磺化而溶于浓硫酸中。将噻吩磺酸去磺化即可得到噻吩。噻吩和吲哚醌在硫酸的作用下，发生蓝色反应，可用来鉴定噻吩的存在。

吡咯是无色液体，沸点为 131 ℃。吡咯的蒸气遇被盐酸浸湿过的松木片时，即呈现红色，叫做噻吩的松木反应，可用来鉴定吡咯的存在。

14.2.2.2　化学性质

（1）亲电取代反应

对于吡咯、呋喃、噻吩的亲电取代反应，由于杂环的稳定性不如苯环（如在 H^+作用下开环、聚合、氧化等），因此对试剂及反应条件必须有所选择和控制。

呋喃、噻吩在室温下与氯或溴反应十分强烈，得到多卤代物，若将反应物用溶剂稀释并在低温下反应，可得到一元取代物。碘代反应则需要在催化剂作用下进行。

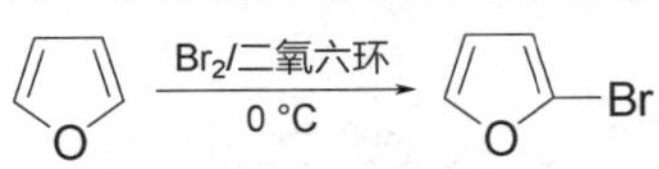

吡咯反应活性最大，卤代常得到多卤代物。

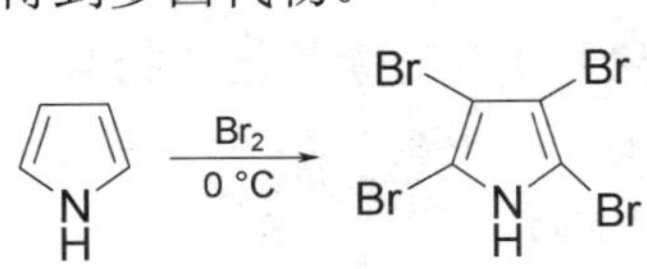

为了避免硝酸的氧化和发生质子化，吡咯、呋喃、噻吩进行硝化反应应采用较为温和的非质子硝化剂，一般采用硝酸乙酰酯，它是由乙酸酐与硝酸反应制得的。

$$(CH_3CO)_2O + HNO_3 \longrightarrow CH_3\overset{\overset{O}{\|}}{C}ONO_2 + CH_3COOH$$

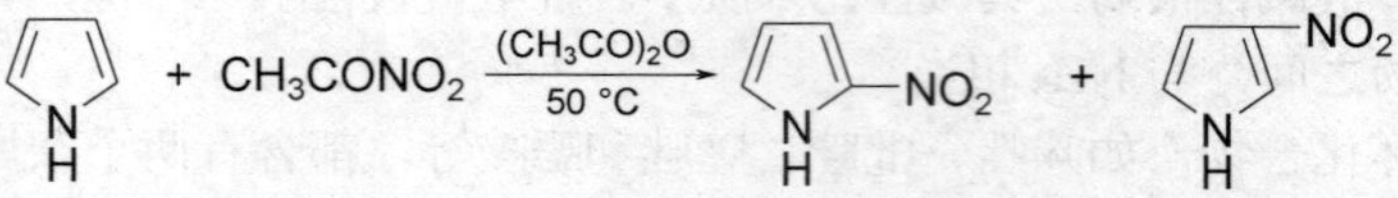

呋喃、吡咯不能用浓硫酸磺化，要用特殊的磺化试剂——吡啶三氧化硫的配合物，噻吩可直接用浓硫酸磺化。

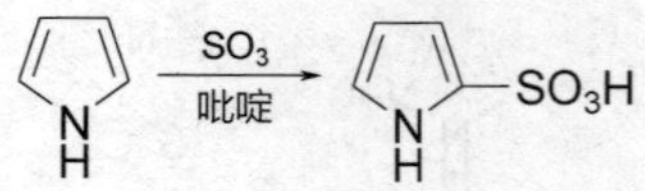

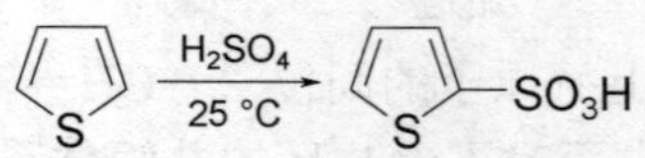

（2）加氢反应

吡咯、呋喃、噻吩都能发生催化加氢反应。

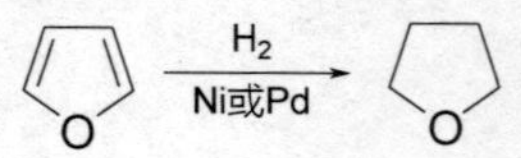 四氢呋喃(THF)

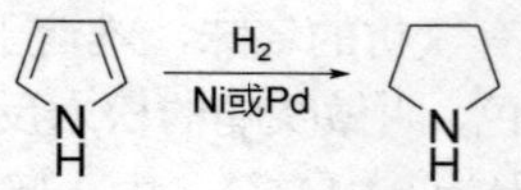 四氢吡咯

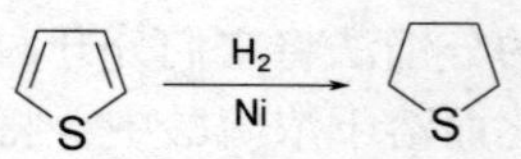 四氢噻吩

呋喃加氢最容易，噻吩加氢易脱 S 变成丁烷。因噻吩能使 Pd 中毒，不能用 Pd 作催化剂进行催化加氢反应。

14.2.3 呋喃、噻吩、吡咯的制备方法

工业上将 α-呋喃甲醛（俗称糠醛）和水蒸气，在气相下通过 400～415 ℃的催化剂（$ZnO\text{-}Cr_2O_3\text{-}MnO_2$），糠醛即脱去羰基而生成呋喃。

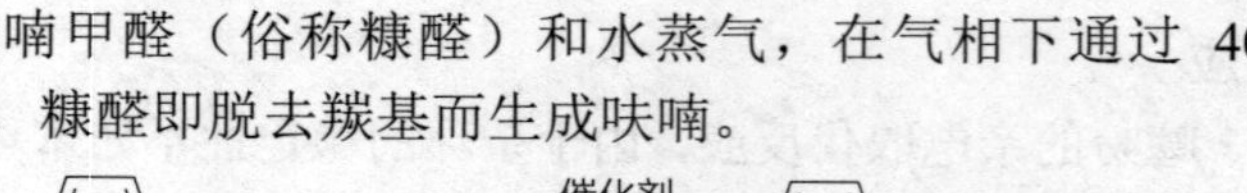

工业上噻吩可以由丁烷、丁烯或丁二烯，与硫蒸气一起，快速通过 600～650 ℃的反应器，然后迅速冷却而制得。

实验室中亦常采用丁二酸钠盐或 1,4-二羰基化合物与三硫化二磷作用制得噻吩。

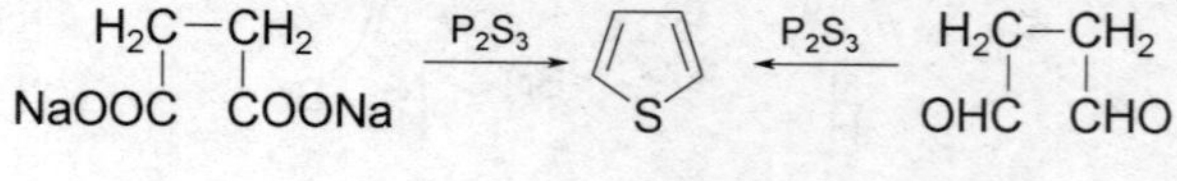

工业上吡咯以氧化铝为催化剂，由呋喃和氨在气相中反应制得，也可以用乙炔与氨通过红热的管子来合成。

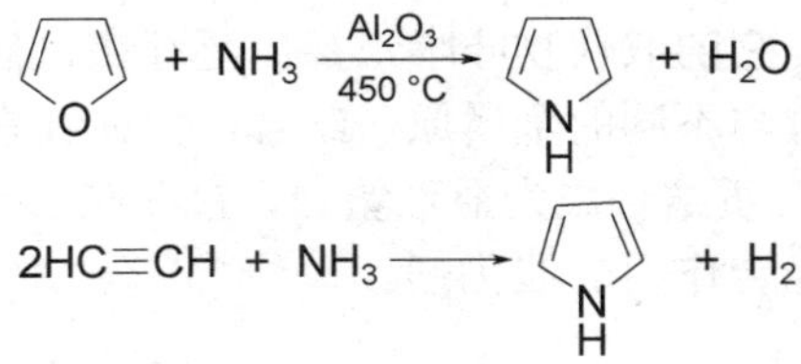

14.2.4 重要的五元杂环衍生物

14.2.4.1 糠醛（furfural）

糠醛，即 α-呋喃甲醛，是一种无色透明液体，最初由米糠与稀酸共热制得。其沸点为 161.7 ℃，在空气中被逐步氧化，颜色由黄色变为棕色，能溶于醇、醚等有机溶剂，在水中的溶解度为 9%。

由于糠醛在结构上的特殊性，它兼具芳杂环及含 α-H 醛的一些化学性质。

（1）氧化还原反应

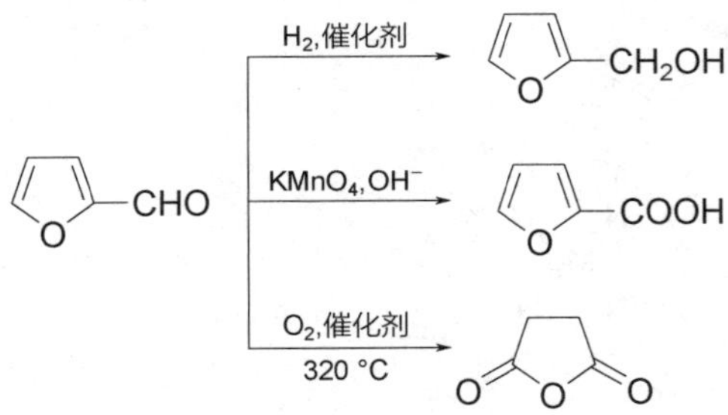

（2）自身氧化还原反应

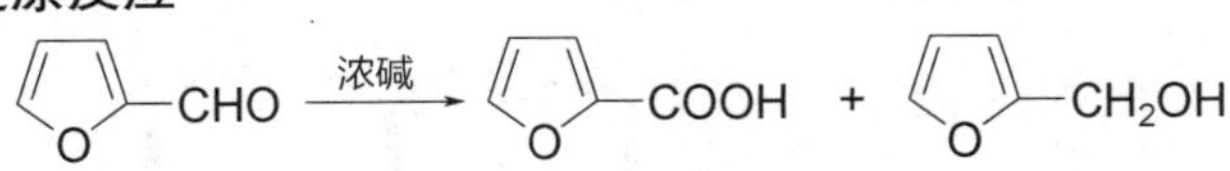

（3）羟醛缩合反应

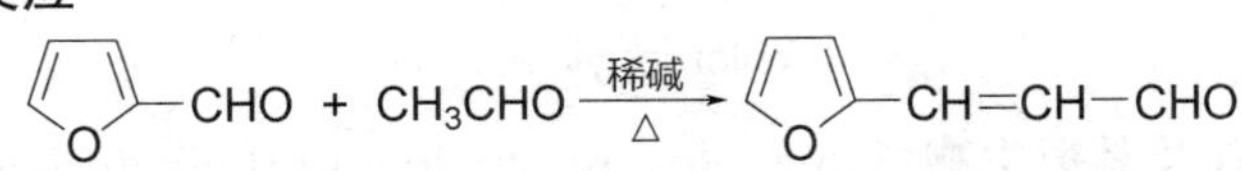

糠醛是良好的溶剂，常用作精炼石油的溶剂，以溶解含硫物质及环烷烃等。可用于精制松香、脱除色素、溶解硝酸纤维素等。糠醛广泛用于油漆及树脂工业。此外，糠醛还用于制备呋喃。工业上将糠醛和水蒸气在气相下通过加热至 400～415 ℃的催化剂（$ZnO-Cr_2O_3-MnO_2$），糠醛即脱去羰基而成呋喃。实验室中则采用糠酸在铜催化剂和喹啉介质中加热脱羧而制备呋喃。

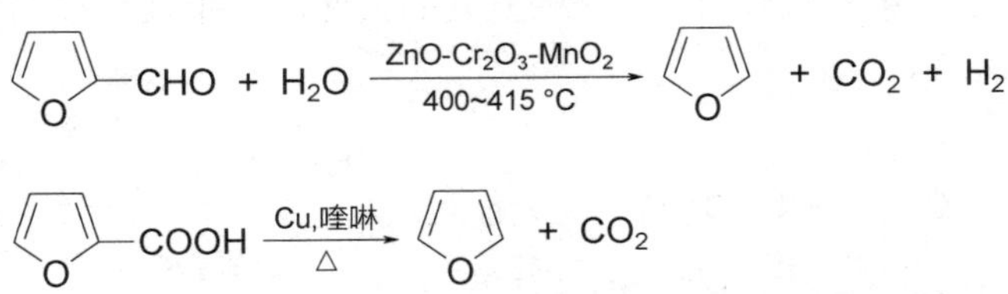

14.2.4.2 卟啉（porphyrine）

吡咯的衍生物广泛分布于自然界，叶绿素、血红素、维生素 B_{12} 及许多生物碱中都含有吡咯环。

四个吡咯环的 α-碳原子通过四个亚甲基（—CH═）交替连接构成的大环叫卟吩环（porphine ring）。卟吩（porphine）的成环原子都在同一平面上，它是一个复杂的共轭体系。卟吩本身在自然界中不存在，它的取代物卟啉，却广泛存在自然界中，是重要的生理活性物质。卟吩能以共价键和配位键与不同的金属原子结合，如血红素环螯合的是 Fe^{2+}，叶绿素环螯合的是 Mg^{2+}。血红素与蛋白质结合成为血红蛋白，它存在于哺乳动物的红细胞中，是运输氧气的物质；叶绿素是植物光合作用的催化剂。

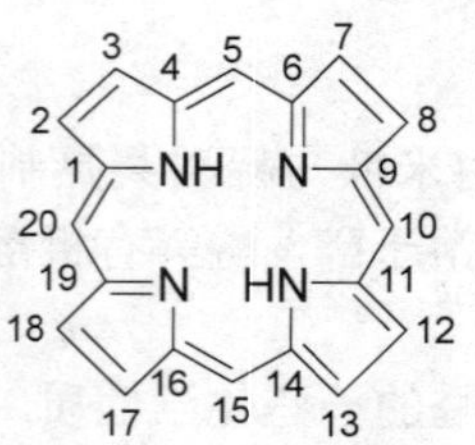

卟吩
porphine

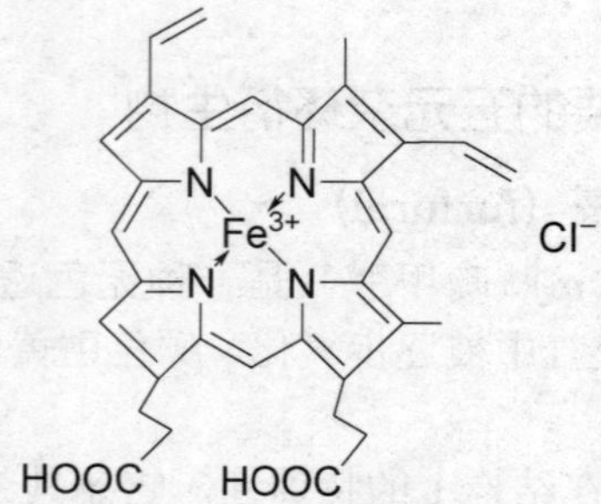

血红素
heme

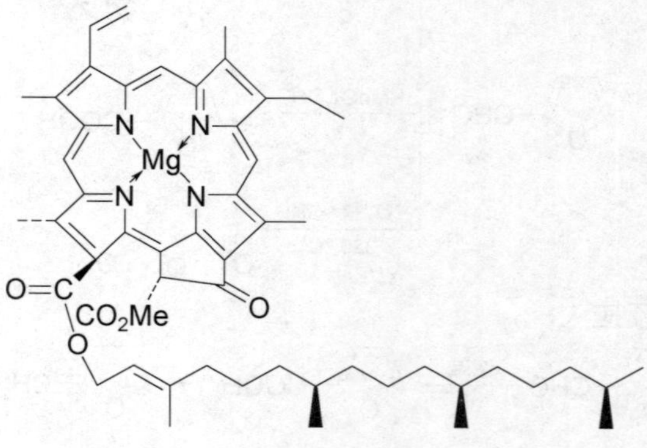

叶绿素 a
chlorophyll a

14.2.4.3 噻唑、吡唑及其衍生物（thiazole、pyrazole and their derivatives）

噻唑可以看作噻吩的 3 位上的 CH 被 N 取代，而吡唑可以看作吡咯的 2 位上的 CH 被 N 取代，都能形成闭合的共轭体系，但它们具有不同的芳香性。此外由于还插入一个—N═，这个氮原子上未成对电子不参与环的共轭体系，它们显示不同的碱性。

噻唑无色，是有吡啶臭味的液体，沸点为 117 ℃，与水互溶，有弱碱性（pK_a=2.5），是稳定的化合物。不易发生亲电取代反应。一些重要的天然产物中及合成药物中含有噻唑结构，如青霉素、维生素 B_1 等。

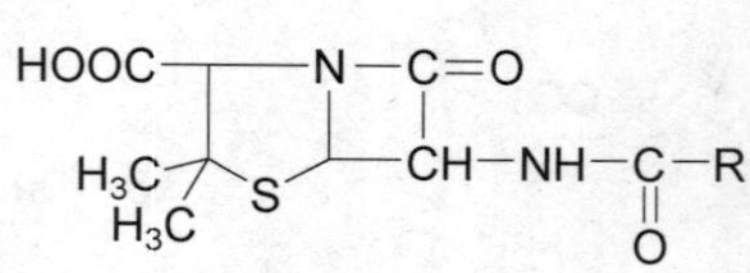

青霉素
penicillin

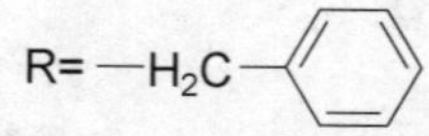

青霉素G

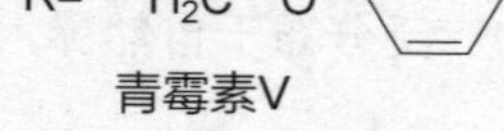

青霉素V

吡唑为无色固体，熔点为 70 ℃，沸点为 188 ℃，能溶于水、醇、醚中，有弱碱性（pK_a = 2.5）。易发生亲电取代反应，得到 4 位取代产物。例如：

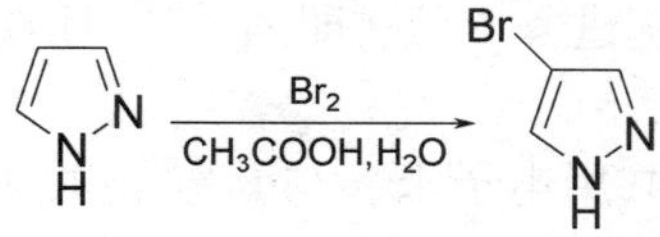

吡唑衍生物中最重要的是吡唑酮类化合物。例如医用镇痛解热药“安替比林”“安乃近”及“氨基比林”结构很相似，均具有吡唑酮的基本结构。

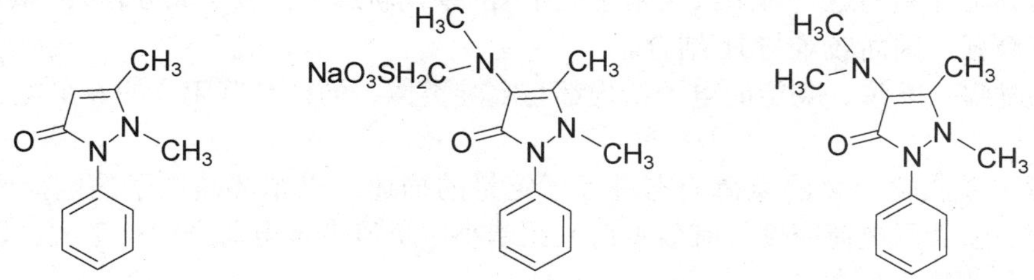

安替比林 antipyrine　安乃近 analgin　氨基比林 amidopyrin

14.3 六元杂环化合物

六元杂环化合物中最重要的有吡啶和嘧啶等。吡啶是重要的有机碱试剂，嘧啶是组成核糖核酸的重要生物碱母体。

14.3.1 吡啶

14.3.1.1 结构

吡啶（pyridine）在结构上可看作是苯环中的—CH═被—N═取代而成。5 个碳原子和 1 个氮原子都是 sp^2 杂化状态，处于同一平面上，相互以 σ 键连接成环状结构。每一个原子各有一个电子在 p 轨道上，p 轨道与环平面垂直，彼此“肩并肩”重叠形成一个包括 6 个原子在内的，与苯相似的闭合 6 中心 6π 电子共轭体系。氮原子上的一对未共用电子，占据一个 sp^2 杂化轨道，它与环平面共平面，因而不参与环的共轭体系，不是 6 中心 6π 电子共轭体系的组成部分，如图 14-2 所示。

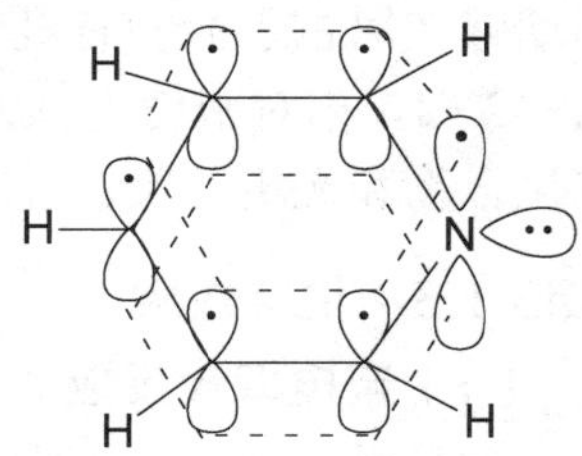

图 14-2　吡啶分子轨道示意图

吡啶的结构与苯相似，它也有芳香性。由于氮原子的电负性较强，环上的电子云密度不像苯那样分布均匀。它的键长数据为：

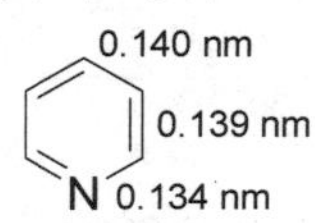

吡啶分子中的 C—C 键长（0.139～0.140 nm）与苯分子中的 C—C 键长（0.140 nm）相似；C—N 键长（0.134 nm）较一般的 C—N 键长（0.147 nm）短，但比一般的 C═N 双键（0.128 nm）长。这说明吡啶的键长平均化程度较高，但并不像苯一样是完全平均化的。所以吡啶具有芳香性。

由于吡啶环中氮原子的电负性大于碳原子，所以环上碳原子的电子云密度因向氮原子转移而降低，亲电取代比苯难。此环上氮原子具有与间位定位基—NO_2相仿的电子效应，钝化作用使亲电取代较苯困难，取代基进入β位（即间位），且收率偏低。它还可以发生亲核取代反应，亲核取代基进入α位。

吡啶环上的氮原子的一对未共用电子未参与6电子共轭体系，可与质子结合，故其碱性（$pK_b = 8.8$）较吡咯（$pK_b = 13.6$）强，也比苯胺（$pK_b = 9.3$）强，它能与强酸作用生成较稳定的盐。但比氨（$pK_b = 4.75$）弱，也比脂肪族叔胺（三甲胺的$pK_b = 4.22$）弱。原因在于吡啶环上未参与共轭体系的这一对未共用电子处于sp^2杂化轨道上，其s成分较sp^3杂化轨道多，受原子核束缚强，因而较难与H^+结合。

其他如哒嗪、吡嗪、嘧啶的电子结构都与吡啶类似，同样具有闭合的6个电子组成的共轭体系。

曾经对芳香族化合物的电荷分布进行了定量的描述。以苯环碳原子的电荷密度为标准（作为零），正值表示电荷密度（有效电荷）比苯小，负值表示电荷密度比苯大。以下列出一些化合物的有效电荷分布：

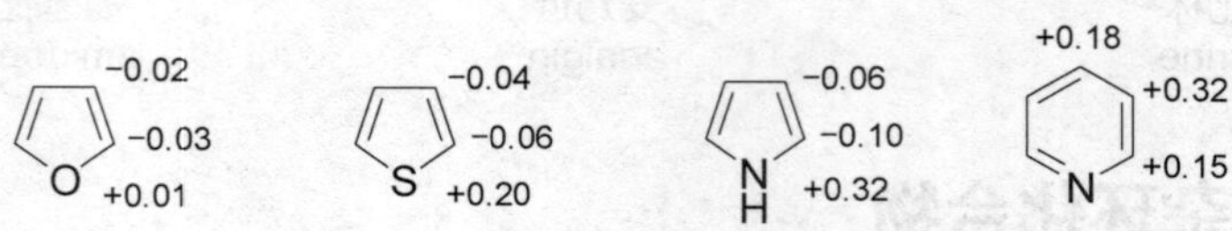

上述化合物中，环上碳原子电荷密度比苯大的，称为多π芳杂环（或富电子芳杂环），通常都是五元芳杂环。环上碳原子电荷密度比苯小的，称为缺π芳杂环（或缺电子芳杂环），通常都是六元氮芳杂环。这种根据杂环上碳原子的电荷密度不同而分类的方法，不仅对结构的本质作了基本描述，而且对性质也作了简明概括。尽量把性质与结构有机地联系起来，可与杂环骨架分类法互为补充。

14.3.1.2 物理性质

吡啶存在于煤焦油、页岩油和骨焦油中。吡啶衍生物广泛存在于自然界，例如维生素B_6和烟碱（尼古丁）含有吡啶环结构。吡啶为有特殊臭味的无色液体，沸点为115.5 ℃，溶点为−42 ℃，相对密度为0.982，可与水、乙醇、乙醚等任意混溶。常用作溶剂溶解大部分的有机化合物和无机盐类。

14.3.1.3 化学性质

（1）亲电取代反应

吡啶环上氮原子为吸电子基，故吡啶环属于缺电子的芳杂环，和硝基苯相似。其亲电取代反应很不活泼，反应条件要求很高，不发生Friedel-Crafts烷基化和酰基化反应。亲电取代反应主要发生在β位上。

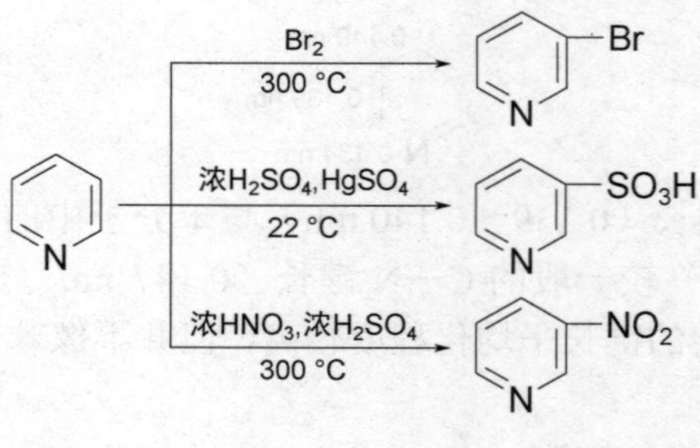

(2)氧化还原反应

① 氧化反应

吡啶环对氧化剂稳定，一般不被酸性高锰酸钾、酸性重铬酸钾氧化，通常其侧链烃基被氧化成羧酸。

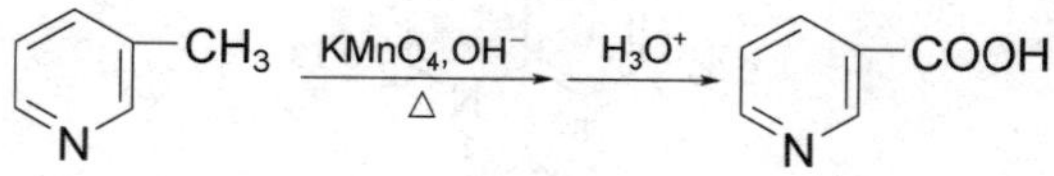

② 还原反应

吡啶比苯易被还原，用钠加乙醇或催化加氢均将吡啶还原为六氢吡啶（即哌啶）。例如：

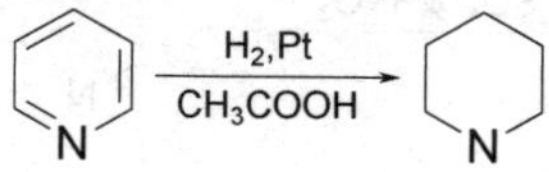

(3)亲核取代反应

由于吡啶环上的电荷密度降低，且分布不均，可与强的亲核试剂发生亲核取代反应，主要生成 α 位取代物。例如：

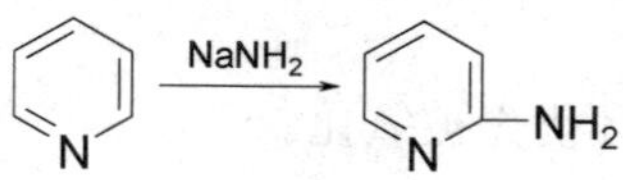

14.3.2 嘧啶及其衍生物

嘧啶（pyrimidine）又名间二嗪，本身并不存在于自然界。它为无色晶体，熔点为 22 ℃，易溶于水，碱性比吡啶弱。嘧啶衍生物在自然界分布很广，尿嘧啶、胞嘧啶、胸腺嘧啶是遗传物质核酸的重要组成部分，维生素 B_1 也含有嘧啶环。合成药物的磺胺嘧啶也含有这种结构。

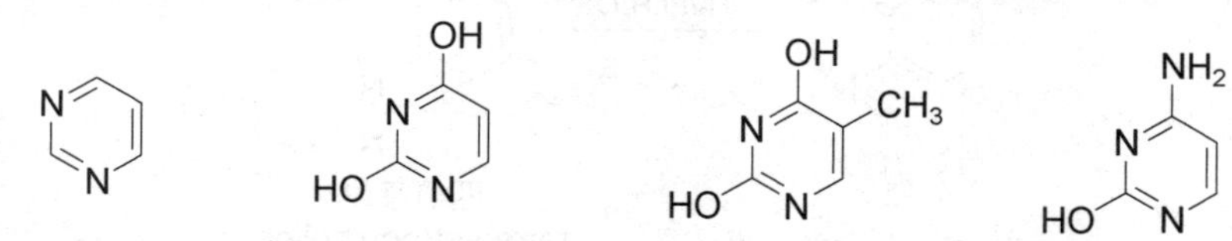

嘧啶 pyrimidine	尿嘧啶 uracil	胸腺嘧啶 thymine	胞嘧啶 cytosine

14.4 稠杂环化合物

稠杂环化合物（fused heterocyclic compound）是指苯环与杂环稠合，或杂环与杂环稠合在一起的化合物。常见的有喹啉（quinoline）、吲哚（indole）和嘌呤（purine）等。

14.4.1 喹啉

14.4.1.1 喹啉的物理性质

喹啉为无色油状液体，放置时逐渐变成黄色，沸点为 238.05 ℃，有恶臭味，难溶于水，能与大多数有机溶剂混溶，是一种高沸点溶剂。

14.4.1.2 喹啉的化学性质

(1)取代反应

喹啉由苯环与吡啶环组合而成。由于喹啉中吡啶环的电子云密度低于苯环，所以喹啉的亲电取代反应发生在电子云密度较大的苯环上，取代基主要进入 5 或 8 位。而亲核取代则主要发生在吡啶环的 2 或 4 位。

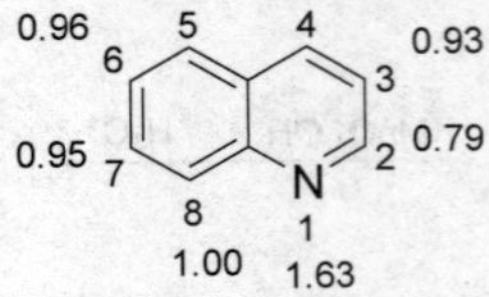

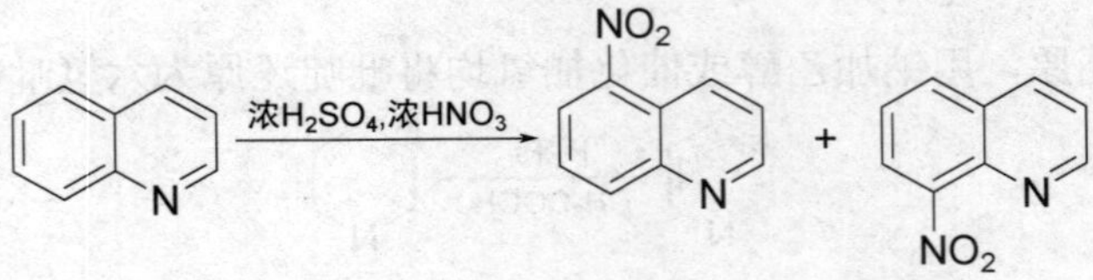

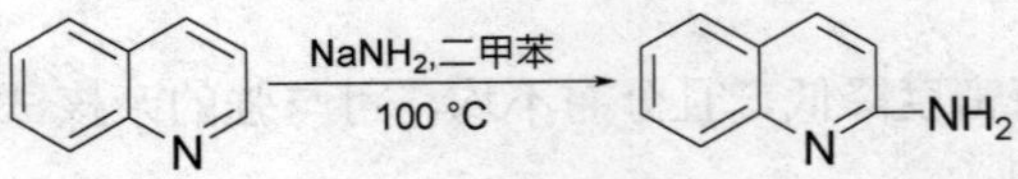

（2）氧化反应

用高锰酸钾氧化喹啉时，苯环优先被氧化。

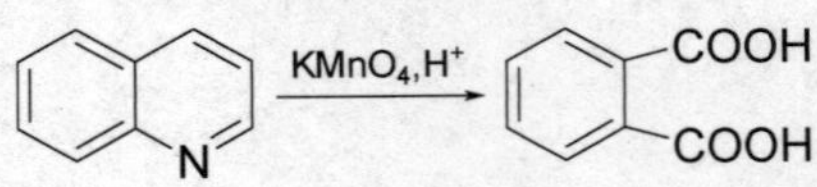

（3）还原反应

吡啶环比苯环易被还原。

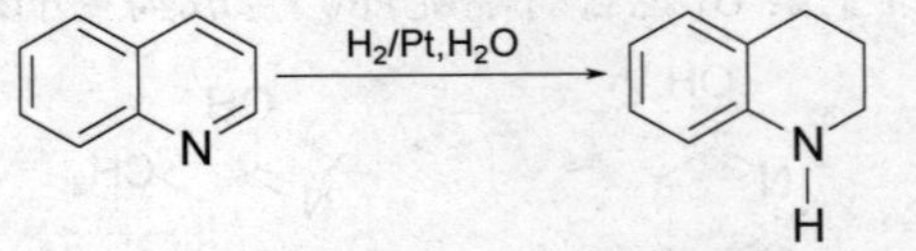

四氢喹啉
tetrahydroquinoline

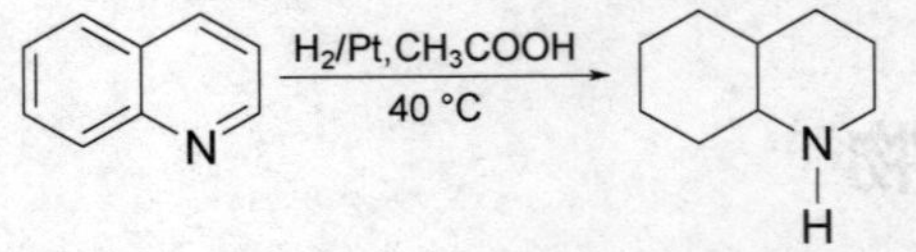

十氢喹啉
decahydroquinoline

喹啉的衍生物 8-羟基喹啉能与 Mg、Al、Mn、Fe、Cd、Ni 及 Cu 等形成络合物，在分析测定及萃取分离中使用。许多抗疟疾药都是喹啉的衍生物，奎宁（又名金鸡纳碱）、氯喹、抗癌药喜树碱等也是。

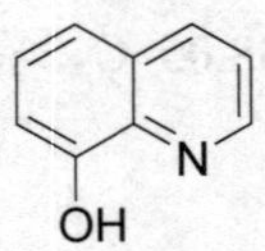

8-羟基喹啉
8-hydroxyquinoline

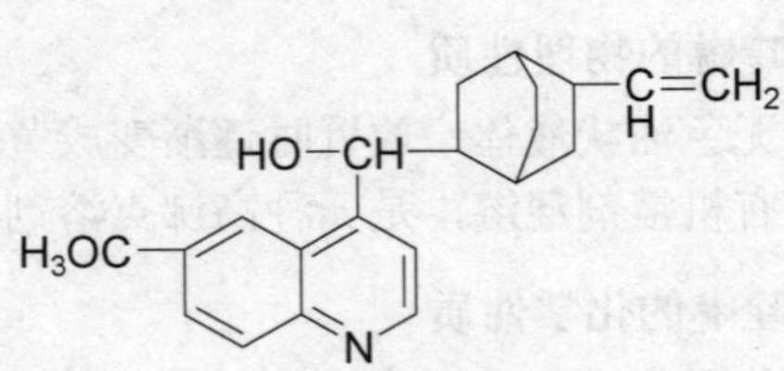

奎宁
quinine

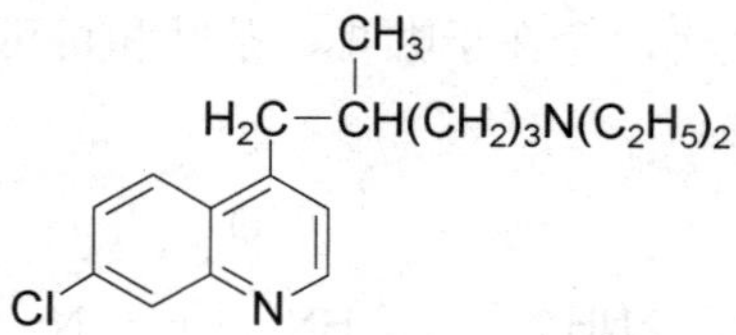

氯喹
chlorquinin

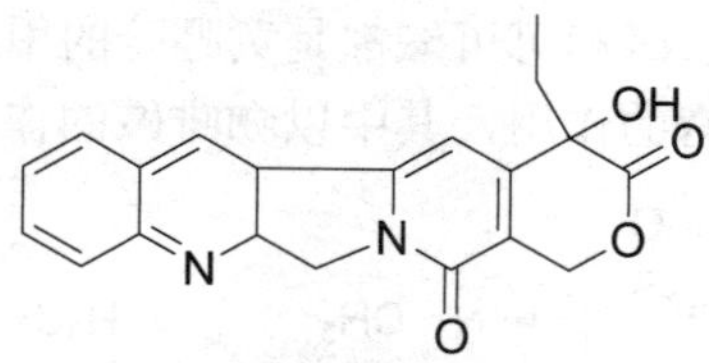

喜树碱
camptothecine

14.4.2 吲哚

吲哚是由苯环和吡咯环稠合而成的稠杂环化合物，因此也可叫做苯并吡咯。苯并吡咯类化合物有吲哚和异吲哚两类。

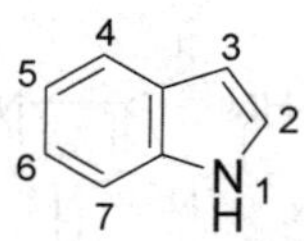

吲哚

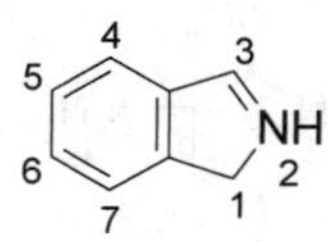

异吲哚

吲哚是白色结晶，熔点为 52.5 ℃。其极稀溶液有香味，可用作香料，浓的吲哚溶液有粪臭味。素馨花、柑橘花中含有吲哚。吲哚环的衍生物广泛存在于动植物体内，与人类的生命、生活有密切的关系。

吲哚的亲电取代反应发生在 β 位上，加成和取代都发生在吡咯环上。它也能使浸有盐酸的松木片显红色。

14.4.3 嘌呤

嘌呤为无色晶体，熔点为 216～217 ℃，易溶于水，其水溶液呈中性，但它能与酸或碱成盐。嘌呤结构式如下：

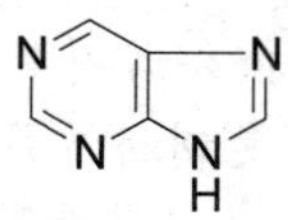

或

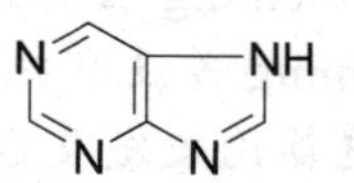

纯嘌呤环在自然界不存在，嘌呤的衍生物广泛存在于动植物体内。

例如：尿酸存在于鸟类及爬虫类的排泄物中，含量很多，人尿中也含少量。尿酸结构式如下：

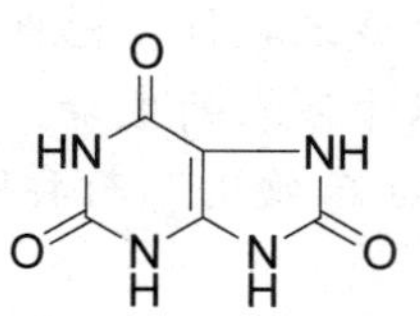

或

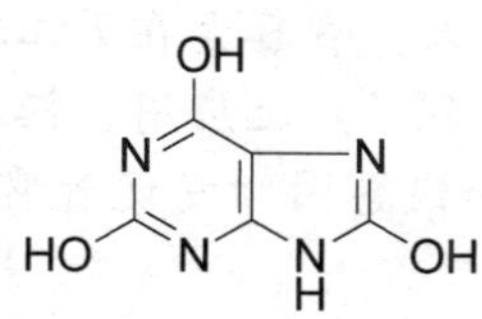

黄嘌呤存在于茶叶及动植物组织和人尿中。黄嘌呤结构式如下：

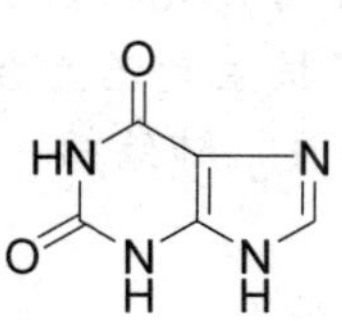

或

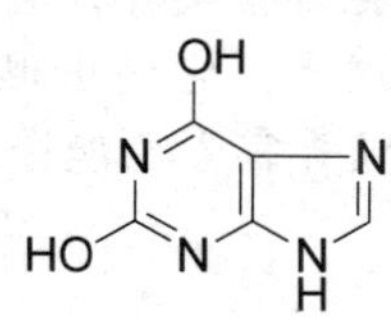

咖啡碱、茶碱和可可碱都是黄嘌呤的甲基衍生物，存在于咖啡、茶叶和可可中，它们有使神经中枢兴奋的作用，其中以咖啡碱的作用最强。

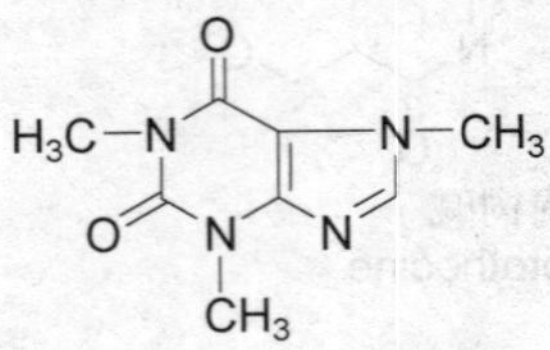

咖啡碱
caffeine

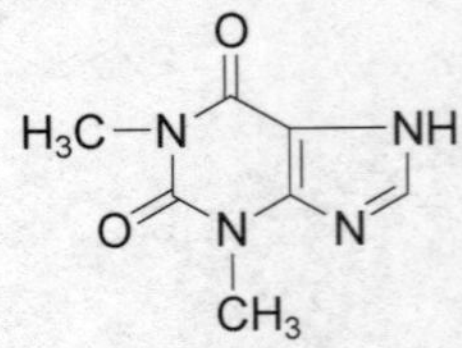

茶碱
theophylline

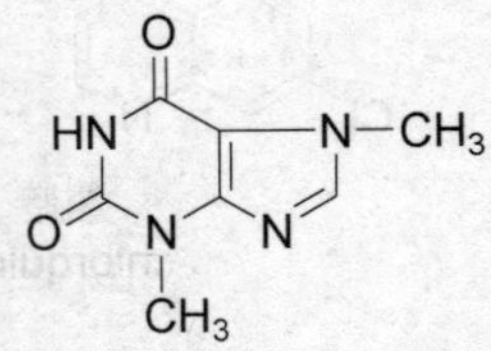

可可碱
cacaine

腺嘌呤和鸟嘌呤是核蛋白中的两种重要碱基。

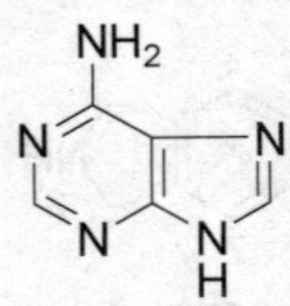

腺嘌呤(A)
adenine A

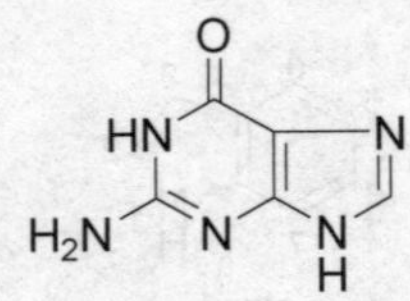

鸟嘌呤(G)
guanine G

拓展阅读

青霉素（penicillin，或音译盘尼西林）又被称为青霉素 G、peillin G、盘尼西林、配尼西林、青霉素钠、苄青霉素钠、青霉素钾、苄青霉素钾。它是一种高效、低毒、临床应用广泛的重要抗生素，分子中含有青霉烷结构，能破坏细菌的细胞壁并在细菌的增殖期起杀菌作用的一类抗生素，是由青霉菌中提炼出的抗生素。

1928 年，英国科学家 Fleming 在实验研究中最早发现了青霉素，但由于当时技术不够先进，认识不够深刻，Fleming 并没有把青霉素单独分离出来。1929 年，弗莱明发表了他的研究成果，遗憾的是，这篇论文发表后一直没有受到科学界的重视。1941 年前后英国牛津大学病理学家霍华德 · 弗洛里与生物化学家钱恩实现对青霉素的分离与纯化，通过一段时间的紧张实验，弗洛里、钱恩终于用冷冻干燥法提取了青霉素晶体。之后，弗洛里在一种甜瓜中发现了可供大量提取青霉素的霉菌，并用玉米粉调制出了相应的培养液。在这些研究成果的推动下，美国制药企业于 1942 年开始对青霉素进行大批量生产。这种新的药物对控制伤口感染非常有效，青霉素在第二次世界大战末期横空出世，迅速扭转了盟国的战局。战后，青霉素更得到了广泛应用，拯救了数以千万人的生命。因这项伟大发明，1945 年，弗莱明、弗洛里和钱恩因“发现青霉素及其临床效用”而共同荣获了诺贝尔生理学或医学奖。

青霉素属于 β-内酰胺类抗生素（β-lactams），β-内酰胺类抗生素包括青霉素、头孢菌素、碳青霉烯类、单环类、头孢霉素类等。它的研制成功大大增强了人类抵抗细菌性感染的能力，带动了抗生素家族的诞生。它的出现开创了用抗生素治疗疾病的新纪元。通过数十年的完善，青霉素针剂和口服青霉素已能分别治疗肺炎、肺结核、脑膜炎、心内膜炎、白喉、炭疽等疾病。

习 题

参考答案

1. 命名下列化合物。

(1) 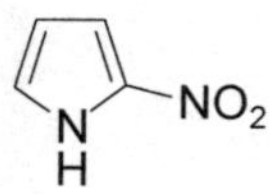 (2) 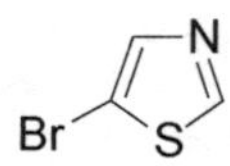 (3) 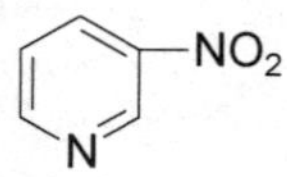 (4) 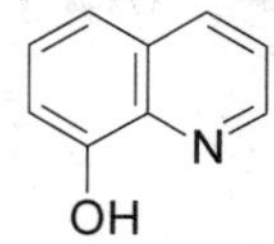

2. 写出下列化合物的构造式。

(1) 4-氯噻吩 (2) 糠醛 (3) 2,5-二氢呋喃

(4) 3-甲基吡咯 (5) β-吲哚乙酸 (6) 5-羟基喹啉

3. 将下列化合物按碱性由强到弱排列。

苯胺，苄胺，吡咯，吡啶，氨

4. 写出下列反应的主要产物。

(1) 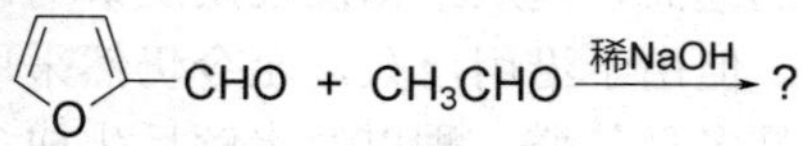

(2) 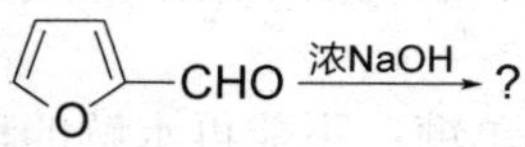

(3) 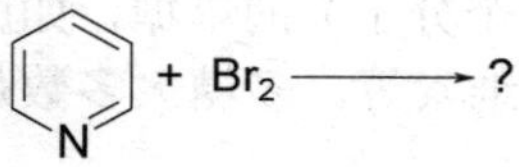

(4) 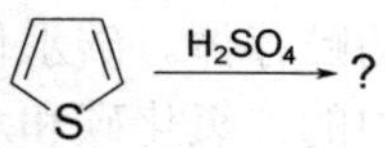

5. 用简便的化学方法区别下列各组化合物。

(1) 呋喃，四氢呋喃

(2) 苯，苯酚，噻吩

(3) 苯甲醛，糠醛

6. 由所给原料合成指定化合物。

(1) 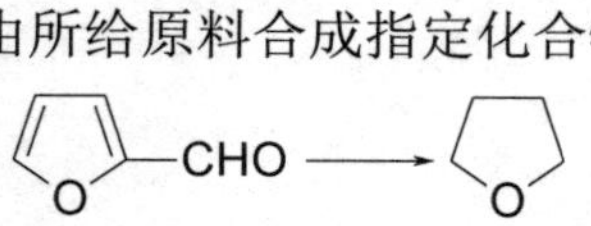

(2) 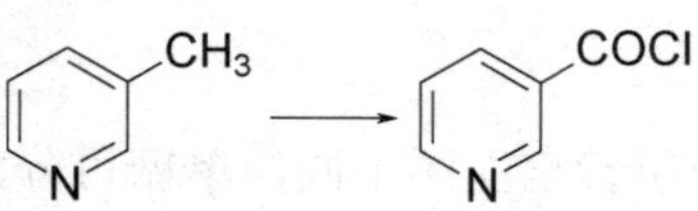

第 15 章

糖、多糖化合物

碳水化合物又称糖类，是自然界分布最广泛的一类有机化合物。人们所熟悉的葡萄糖、麦芽糖、蔗糖、淀粉和纤维素等均属于碳水化合物。这类有机物由 C、H、O 三种元素组成，最早法国人把通式为 $C_n(H_2O)_m$ 的化合物叫碳水化合物，后来发现，碳水化合物这个名称并不能确切反映出所有糖类化合物结构上的特点，如鼠李糖 $C_6H_{12}O_5$ 和脱氧核糖 $C_5H_{10}O_4$ 并不符合碳水化合物的通式，但根据它们的结构和性质判断应该属于碳水化合物。而有些化合物如醋酸（$C_2H_4O_2$）和乳酸（$C_3H_6O_3$）等虽然符合上面的通式，但从结构及性质上讲与碳水化合物完全不同。可见碳水化合物这一名称是不确切的，但由于沿用已久，至今仍然采用。进一步研究后发现从分子结构和性质上讲，碳水化合物是多羟基醛、酮以及水解后生成多羟基醛和多羟基酮的一类有机化合物。

碳水化合物按能否水解及水解后生成的物质分为三类：①单糖：不能再水解的糖，如葡萄糖、果糖和核糖。②低聚糖：水解后能生成几个分子（2～9 个分子）的单糖，如蔗糖和麦芽糖等。③多糖：水解后能生成多个分子的单糖，如淀粉、纤维素等。多糖大多数是无定形固体，没有甜味，难溶于水。

碳水化合物对人类生活十分重要，碳水化合物是自然界太阳能的贮存体。碳水化合物是植物光合作用的产物。植物在叶绿素催化下，在日光作用下将空气中的二氧化碳和水转化成碳水化合物并吸收能量，同时放出氧气。碳水化合物在自然界分布广泛，它是人类和动物得以生存的物质基础。碳水化合物在人体内代谢最终生成二氧化碳和水，同时释放出能量以维持生命及提供体内进行各种生物合成和转变所必需的能量。碳水化合物又是重要的化学工业原料。

15.1 单糖

15.1.1 单糖的分类

单糖在自然界中以各种形式广泛存在。按照分子中所含官能团不同，单糖可分为两类：多羟基醛（醛糖），多羟基酮（酮糖）。按照分子中碳原子数目的不同，又可分为丙糖、丁糖、戊糖、己糖等。在实际研究中，这两种分类方法常合并使用。例如：

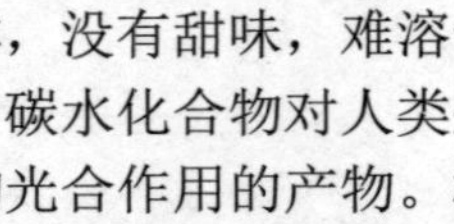

丁醛糖

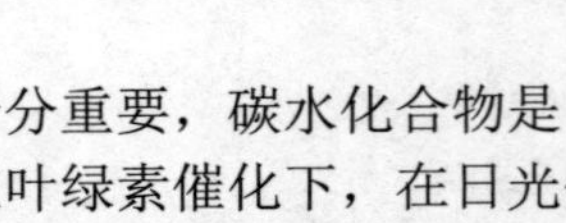

戊醛糖

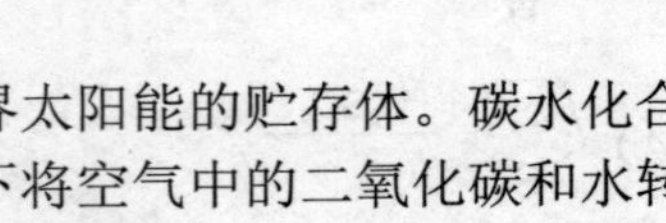

己醛糖

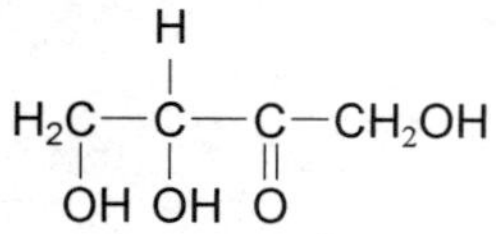
丁酮糖

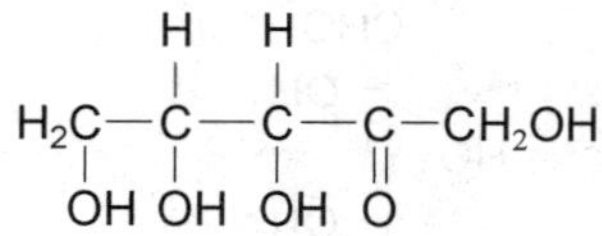
戊酮糖

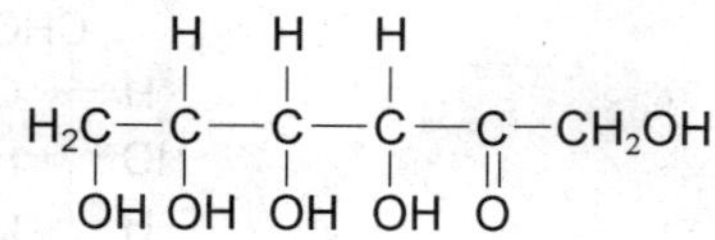
己酮糖

相应的醛糖和酮糖是同分异构体。丙糖是最简单的单糖，而戊醛糖、己醛糖和己酮糖是自然界存在的最分布广泛和最重要的单糖。如核糖属于戊醛糖，葡萄糖属于己醛糖，果糖则属于己酮糖。

15.1.2　单糖的结构

单糖中，丙醛糖（甘油醛）和丙酮糖（二羟基丙酮）分子最简单，丙酮糖分子中无手性碳原子，无旋光异构体。其余单糖都含有手性碳原子，都有旋光异构体。若分子中含 n 个手性碳原子，则旋光异构体的数目为 2^n 个。己醛糖有 4 个手性碳原子，则应有 $2^4=16$ 个旋光异构体。己酮糖有 3 个手性碳原子，故有 $2^3=8$ 个旋光异构体。甘油醛分子中有 1 个手性碳原子，所以有两个旋光异构体。

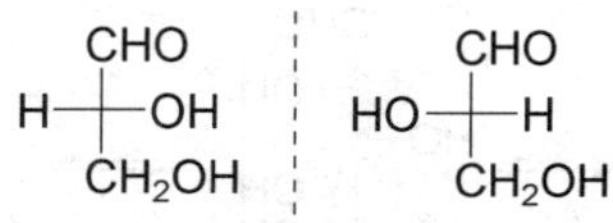
D-甘油醛　　L-甘油醛

糖和氨基酸的构型经常采用 D、L 构型标记法。羟基（—OH）在右边的是 D-甘油醛，羟基（—OH）在左边的为 L-甘油醛。

从 D-(+)-甘油醛出发，可以衍生出一系列的 D 型异构体，简称 D 系列，D 系列的各个异构体都各有一个 L 构型的对映体，它们可以由 L-(−)-甘油醛衍生出来，称为 L 系列。自然界中广泛存在的单糖均为 D 型糖。

15.1.2.1　葡萄糖的开链结构

葡萄糖的分子式是 $C_6H_{12}O_6$，葡萄糖经 Na-Hg 齐还原后得到己六醇，进一步用强还原剂（氢碘酸和红磷）还原时，得到正己烷。这说明葡萄糖分子的碳骨架是一个直链，没有支链存在。

$$C_6H_{12}O_6 \xrightarrow{\text{Na-Hg}} CH_2OH(CHOH)_4CH_2OH \xrightarrow{\text{HI+P}} CH_4(CH_2)_4CH_3$$

葡萄糖与过量的乙酸酐作用生成五乙酸酯，说明分子中有 5 个羟基。由于同一个碳原子同时连有两个羟基不稳定，所以 5 个羟基分别与 5 个碳原子相连。葡萄糖与托伦试剂作用有银镜生成，说明含有醛基。从以上实验事实可以推知葡萄糖是一个具有 6 个碳原子、5 个羟基和一个醛基的直链羟基醛，表示为：

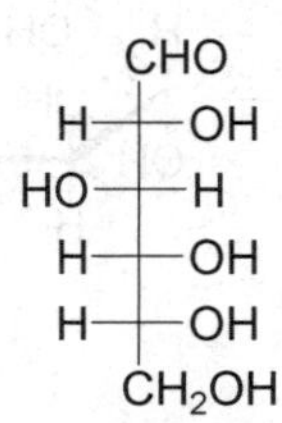
D-葡萄糖

上面式子是费歇尔投影式，为了书写方便可以简化，下面式中短线代表羟基。三角符号表示醛基，长线代表羟甲基。

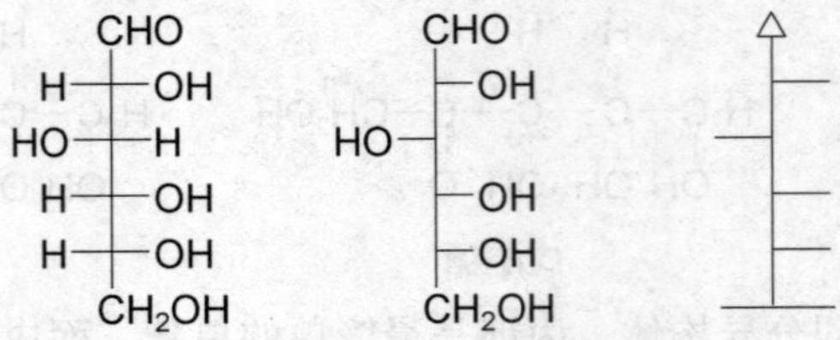

15.1.2.2 葡萄糖的环状结构

D-葡萄糖能以两种结晶存在，其物理性质不完全相同，从乙醇溶剂中结晶出来的熔点为146 ℃，比旋光度为+112.2°，从吡啶溶剂中结晶的熔点为 150 ℃，比旋光度为+18.7°。将两者分别溶于水后，二者的比旋光度都逐渐变为+52.7°，这种现象称为变旋现象。

这是为什么呢？经研究并从醇和醛的相互作用可以形成半缩醛的反应受到启发，葡萄糖分子中的醛基可以先与它自己分子中的羟基形成一个环状的半缩醛结构。D 系列糖的半缩醛羟基在右侧的为 α 构型，在左侧的为 β 构型。两种环状结构与开链式可以相互转化，形成平衡时，α 型占 35%～36%，β 型占 63%～64%，开链结构的含量小于 1%，环状结构和开链平衡时的比旋光度为+52.7°。

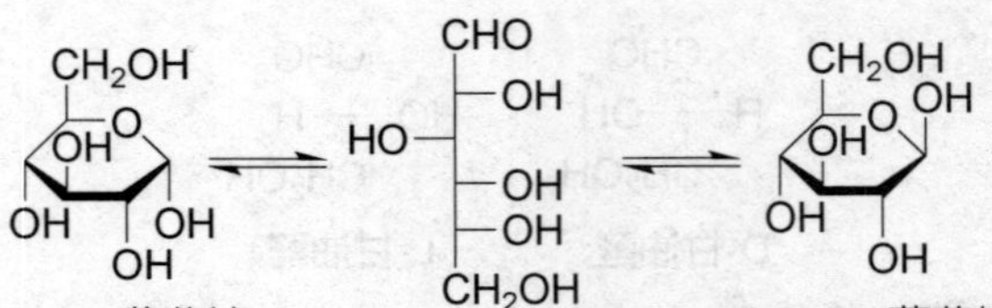

α-D-(+)-葡萄糖　　　　β-D-(+)-葡萄糖

15.1.2.3 哈沃斯（Haworth）透视式

单糖的环状结构是以费歇尔投影式为基础表示的，它不能反映单糖分子中原子和基团的空间关系，所以常采用哈沃斯透视式来表示。以 D-葡萄糖为例把开链费歇尔投影式改写成哈沃斯透视式的过程为：首先将碳链竖直放置（Ⅰ），然后将羟甲基一端从左面向后弯成类似六边形（Ⅱ），为了有利于形成环状半缩醛，将 C5 按箭头所示沿 C4—C5 键轴旋转 120°成（Ⅲ）。若 C5 上羟基的氧原子从羰基所在平面的上方（A）与羰基碳连接成环，C1 上新生成的半缩醛羟基处于所成环的平面的下方（Ⅳ），即产生 α-D-葡萄糖；反之，若 C5 上羟基的氧原子从羰基所在平面的下方（B）与羰基碳连接成环，C1 上新生成的半缩醛羟基便处于所形成环的平面上方（Ⅴ），则产生 β-D-葡萄糖：

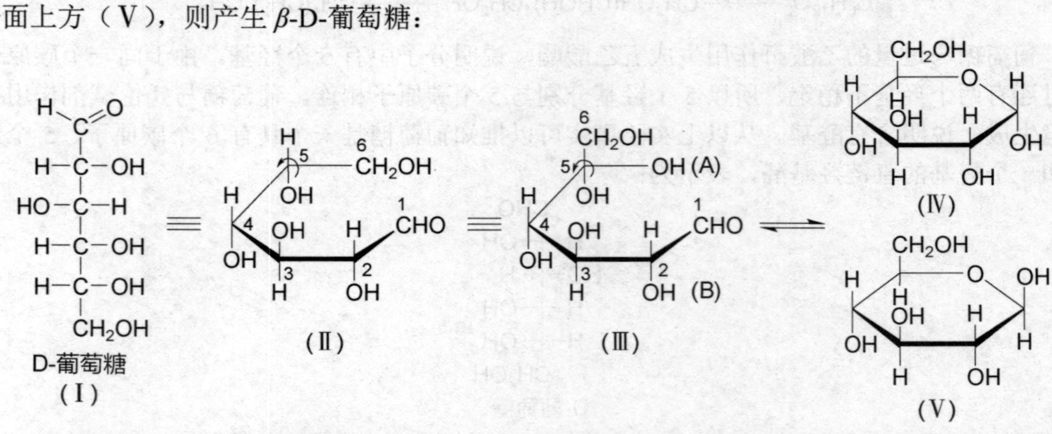

D-葡萄糖 （Ⅰ）　（Ⅱ）　（Ⅲ）　（Ⅳ）　（Ⅴ）

单糖分子的六元环是由五个碳原子和一个氧原子组成的，与杂环化合物中的吡喃环相似，故把六元环形的糖称为吡喃糖。如上面结构式中化合物（Ⅳ）称为 α-D-吡喃葡萄糖，化合物（V）称为β-D-吡喃葡萄糖。单糖分子的五元环是由四个碳原子和一个氧原子组成的，与呋喃环相似，故五元环形的糖称为呋喃糖。例如，D-果糖的四种哈沃斯透视式如下：

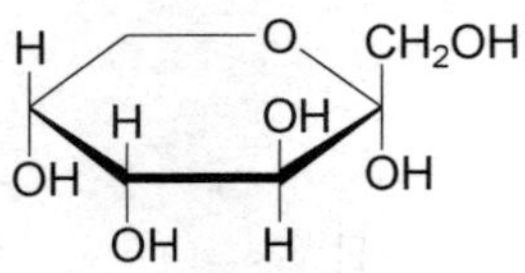
α-D-吡喃果糖

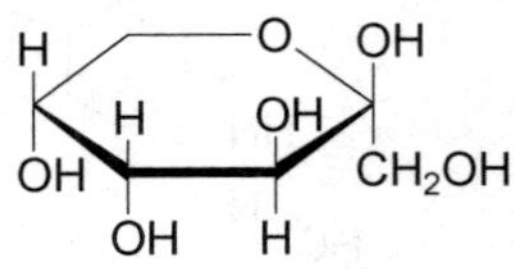
β-D-吡喃果糖

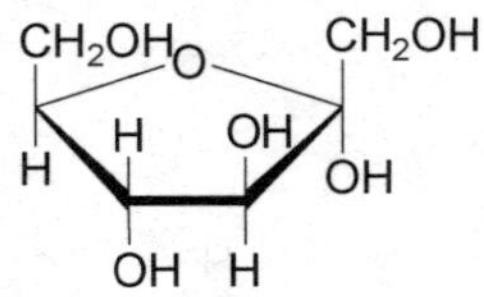
α-D-呋喃果糖

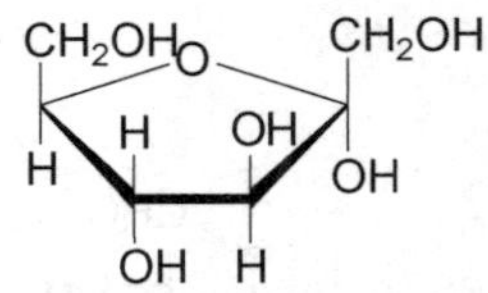
β-D-呋喃果糖

在哈沃斯透视式中，六边形的环与纸面垂直，前面的粗线表示在纸的外侧，后面的细线表示在纸的内侧，环上的原子顺时针编号，将右面的基团写在哈沃斯透视式的下面，左面的基团及羟甲基写在环的上面，半缩醛羟基在环下面的为 α 型，在上面的为 β 型。

15.1.3 单糖的性质

单糖分子中有多个羟基，因此它易溶于水，具有吸湿性，溶于乙醇，难溶于乙醚及其他非极性有机溶剂。单糖含有羟基和羰基，具有醇的性质和醛、酮的性质，能发生氧化、还原、成苷、成脎等反应。

15.1.3.1 氧化反应

单糖用不同的试剂氧化，生成氧化程度不同的产物，醛糖被斐林试剂或托伦试剂氧化生成糖酸。

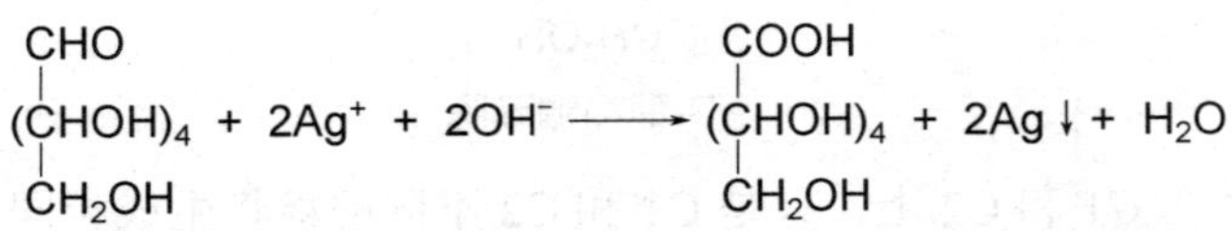

醛糖能被溴水氧化为糖酸，被浓 HNO_3 氧化成糖二酸。酮糖与溴水无作用，利用这个反应可鉴别醛糖和酮糖。

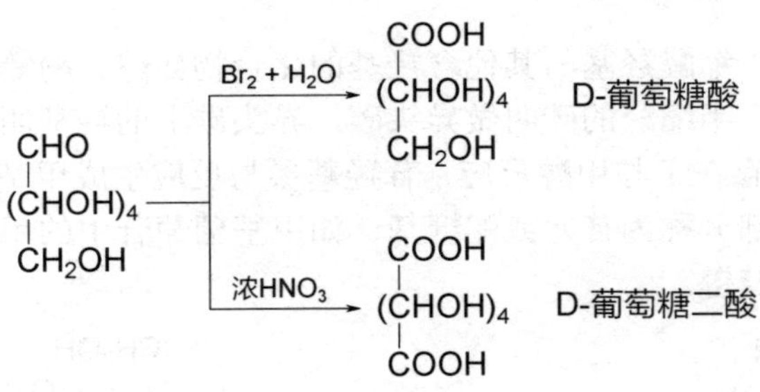

15.1.3.2 还原反应

单糖可以通过硼氢化钠或催化加氢还原，醛基被还原成羟基。

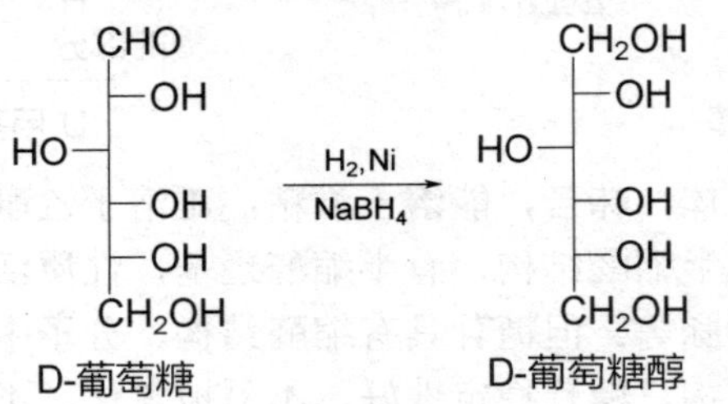

D-葡萄糖　　D-葡萄糖醇

15.1.3.3 成脎反应

醛糖或酮糖与苯肼反应生成苯腙，当苯肼过量时生成脎，脎不溶于水，是黄色结晶。

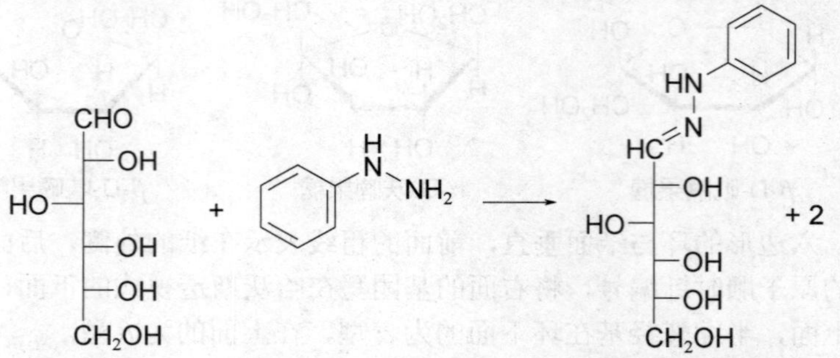

D-葡萄糖　　　　D-葡萄糖苯腙

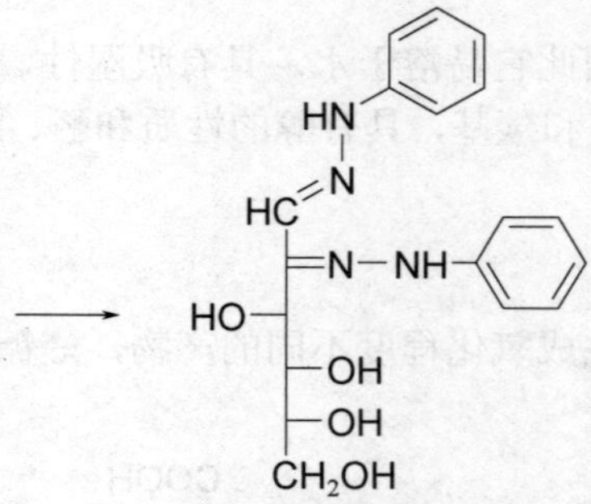

D-葡萄糖苯脎

成脎反应只发生在 C1 和 C2 上，只是 C1 和 C2 不同的糖将生成相同的脎，C3、C4、C5 的构型是相同的。

15.1.3.4 成苷反应

单糖的环状结构的半缩醛羟基与其他含羟基的化合物如醇、酚等形成的环状缩醛叫做糖苷。糖的半缩醛结构中，半缩醛的碳叫做异头碳，异头碳上的羟基叫做苷羟基。例如 D-(+)-吡喃葡萄糖在干燥 HCl 存在下与甲醇反应，苷羟基参与反应生成甲基葡萄糖苷。糖苷由糖和非糖两部分组成，非糖部分称为苷元或配糖基，如甲基葡萄苷中的甲基就是苷元。连接配糖基与甘羟基的键叫做糖苷键。

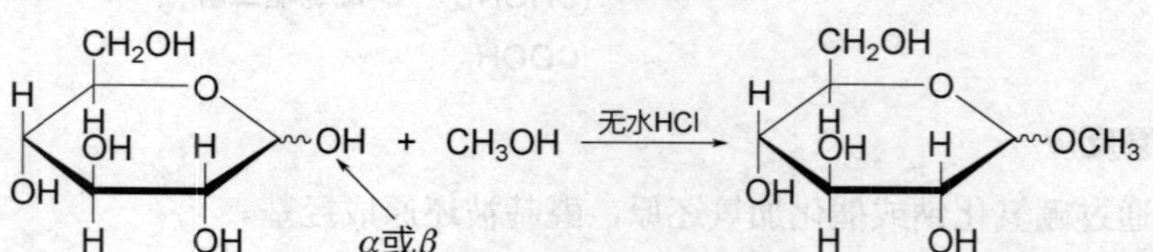

D-(+)-吡喃葡萄糖　　　　D-甲基葡萄糖苷

糖苷是无色、无臭的晶体，味苦，能溶于酒精，难溶于乙醚，有旋光性。糖苷的化学性质与单糖不同，单糖是环状半缩醛结构，有半缩醛羟基，性质活泼，可开环成链状，有变旋现象，有还原性，能生成糖脎等。但糖苷具有缩醛结构，分子中不存在活泼的半缩醛羟基，因此，它不能转化为链状结构，糖苷稳定性好，不易被氧化，不和苯肼作用。所以，无还原性，不能成脎，也无变旋现象。但糖苷在酸性条件下可以水解生成原来的糖。

15.2　二糖和多糖

15.2.1　二糖

二糖是两个单糖分子通过苷键结合的化合物，自然界存在的二糖有蔗糖、麦芽糖、纤维二糖等。

15.2.1.1　蔗糖

蔗糖（$C_{12}H_{22}O_{11}$）是一种非还原性二糖，自然界中存在于甘蔗（约含 26%）、甜菜（约含 20%）、水果等产品中。蔗糖是无色晶体，熔点为 180 ℃，易溶于水，甜度超过葡萄糖，比旋光度为+66.5°，水解后生成葡萄糖和果糖，比旋光度由右旋变为左旋，旋光方向发生了转化，水解混合物称为转化糖。

$$\underset{\text{蔗糖}}{C_{12}H_{22}O_{11}} + H_2O \xrightarrow{H^+} \underset{\text{葡萄糖}}{C_6H_{12}O_6} + \underset{\text{果糖}}{C_6H_{12}O_6}$$

蔗糖不能成脎，也无变旋现象，说明蔗糖分子中没有苷羟基，不能转变为链式，所以它是由葡萄糖和果糖的苷羟基之间脱水而成的二糖，蔗糖的结构为：

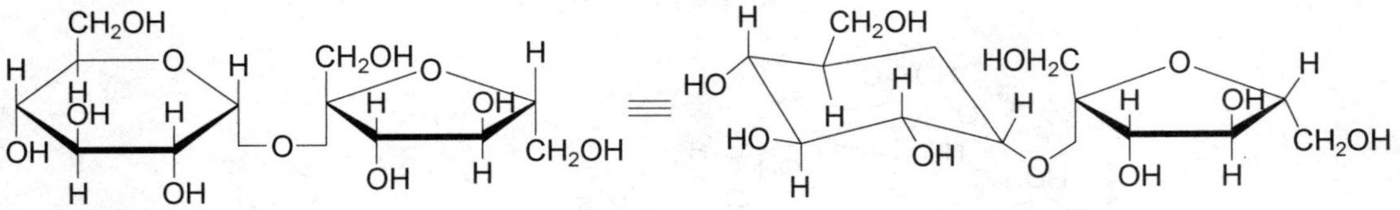

α-D-吡喃葡萄糖　β-D-呋喃果糖　蔗糖

15.2.1.2　麦芽糖

麦芽糖（$C_{12}H_{22}O_{11}$），由淀粉在淀粉酶作用下水解而得，为无色晶体，熔点为 102.5 ℃，易溶于水。在酸或麦芽糖酶存在下水解得到 D-葡萄糖，因此，麦芽糖是两分子葡萄糖的缩合脱水产物；麦芽糖可与斐林试剂或托伦试剂发生氧化反应，证明麦芽糖是还原糖；麦芽糖可被溴水氧化生成麦芽糖酸，可与苯肼发生成脎反应，也有变旋现象。麦芽糖分子是由一分子 *α*-D-葡萄糖的半缩醛羟基与另一分子的 D-葡萄糖 C4 上的醇羟基脱水通过 *α*-1,4-糖苷键结合而成的：

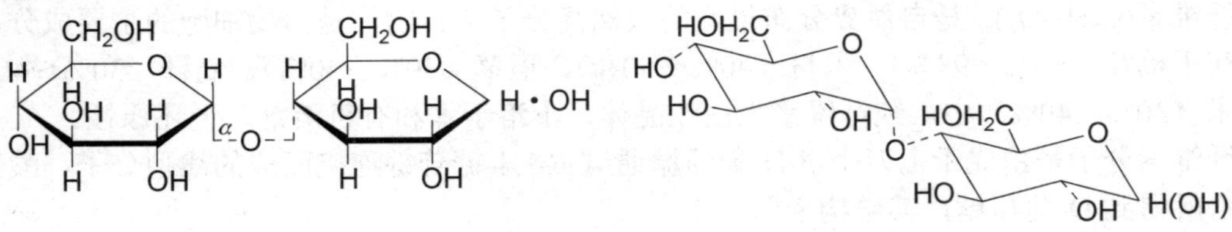

15.2.2　多糖

15.2.2.1　淀粉

淀粉 $(C_6H_{10}O_5)_n$ 广泛存在于植物的种子或根茎，如：小麦中含淀粉 60%～65%，玉米含淀粉 65%～72%，马铃薯含淀粉 15%～20%，大米含淀粉 75%～80%。淀粉在酶或酸的催化下水解为葡萄糖，人体肝脏中含有肝淀粉，它可以水解为葡萄糖而进入血液。淀粉水解的过程如下：

$$\underset{\text{淀粉}}{(C_6H_{10}O_5)_n} \xrightarrow{H_2O} \underset{\text{糊精}}{(C_6H_{10}O_5)_x} \xrightarrow{H_2O} \underset{\text{麦芽糖}}{C_{12}H_{22}O_{11}} \xrightarrow{H_2O} \underset{\text{D-(+)-葡萄糖}}{C_6H_{12}O_6}$$

淀粉经热水处理后可得到20%的直链淀粉和80%的支链淀粉，两种分子在结构上和性质上也有不同。直链淀粉是线型聚合物，能溶于热水而不呈糊状，分子量比支链淀粉小，直链淀粉结构是盘旋的螺旋形，每一圈螺旋有6个葡萄糖单元，遇碘呈蓝色，常用于检验淀粉的存在。直链淀粉是由葡萄糖的α-1,4-糖苷键结合而成的链状化合物。支链淀粉除了由葡萄糖α-1,4-糖苷键结合外，还有α-1,6-糖苷键。支链淀粉分子量大，溶于水易形成氢键，遇碘呈红紫色。在热水中膨胀而糊化，黏性很大。淀粉经水解、糊化处理得到糊精，糊精溶于水，有黏性，可作黏合剂。无色糊精水解得到麦芽糖，继续水解可以得到葡萄糖。无色糊精具有还原性。

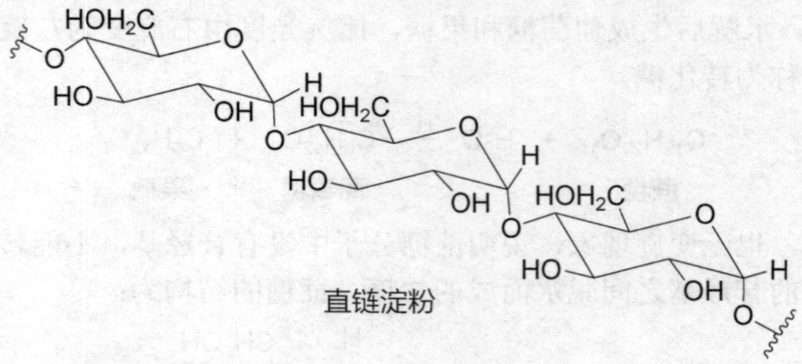

直链淀粉

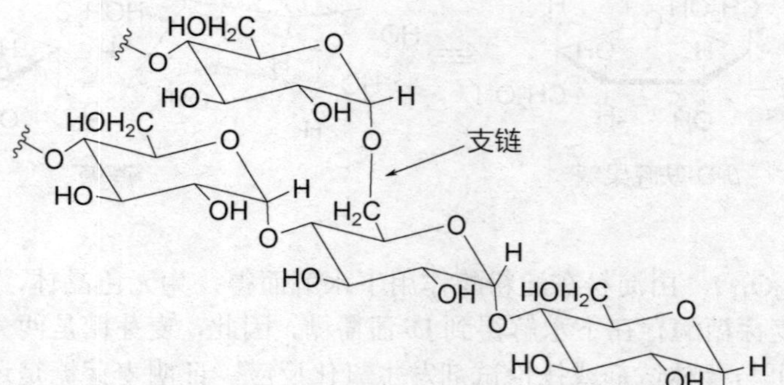

支链淀粉

15.2.2.2 纤维素

纤维素$(C_6H_{10}O_5)_m$是自然界分布最广的天然高分子化合物，是植物细胞的主要成分，广泛存在于棉花（88%～98%）、木材（40%～50%）、稻草（30%～40%）、麦秆（30%～40%）和玉米（30%～40%）中。纯纤维素为白色晶体，不溶于水和有机溶剂，无还原性。

纤维素分子是由成千上万个β-D葡萄糖通过β-1,4-糖苷键连接而成的线型分子，酸性条件下水解得到D-葡萄糖，其结构表示如下：

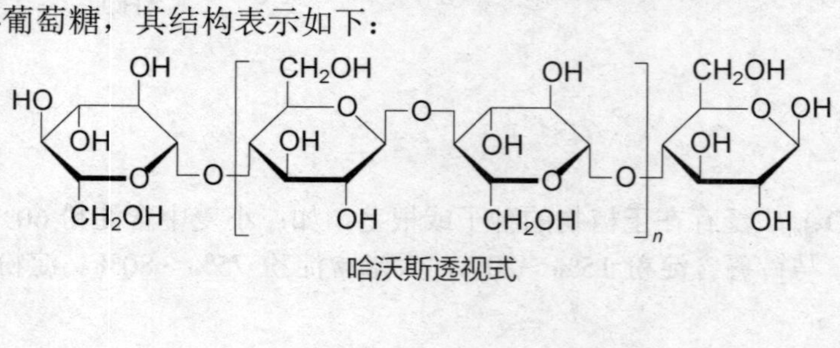

哈沃斯透视式

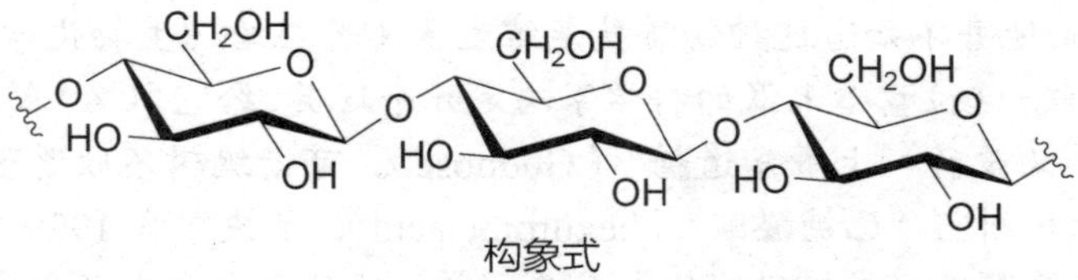

构象式

经 X 射线测定，纤维素分子的羟基相互作用形成氢键形成像麻绳一样的结构，具有良好的机械强度和化学稳定性。

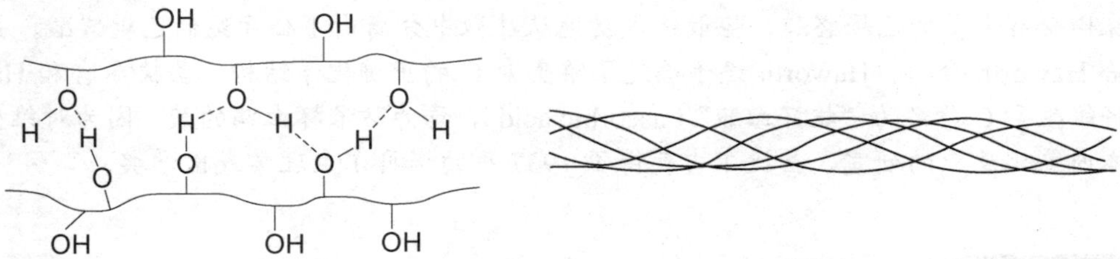

纤维素用途很广，可用于纺织和造纸，也可用于制成人造丝、人造棉、玻璃纸、无烟火药、电影胶片等。纤维素的衍生物中，二乙氨基乙基（DEAE）纤维素可用于分离蛋白质和核酸等，羧甲基纤维素可用于纺织、医药、造纸和化妆品、涂料等工业方面。

拓展阅读

L-抗坏血酸（维生素 C）的结构类似于单糖。它是由化学键连接六个碳原子、六个氧原子和八个氢原子所组成的单一分子。实际上，这种维生素既可以由植物和某些动物通过生物化学途径合成，也可以由 D-葡萄糖通过人工途径合成。人类没有进行这种合成所需的酶，因此，我们必须通过饮食或维生素补充剂来获取维生素 C。人类严重缺乏维生素 C 会引起坏血病，造成全身性出血和瘀伤、牙龈肿胀、牙齿脱落，在短短几个月内，患者会痛苦死去。在早期航海年代，坏血病夺走许多船员的生命。

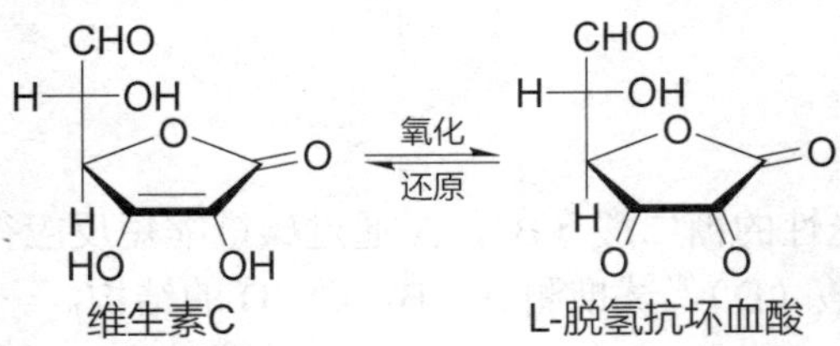

维生素C
(L-抗坏血酸)

L-脱氢抗坏血酸

直到 19 世纪，关键人物圣捷尔吉（Albert Szent-Györgyi）登场了。1893 年圣捷尔吉出生于匈牙利布达佩斯的科学世家，他的爱好广泛，他开始学过医学，毕业后又去研究生理学和生物化学。1922 年他到荷兰工作，开始研究水果的氧化变色问题(如苹果切开后表面会变成黄褐色)。他发现卷心菜里含有的一种物质能防止这种发黄，另外在动物的肾上腺中也含有类似物质，于是他就研究如何从水果和动物的肾上腺中提取这种物质。1927 年，圣捷尔吉应邀到英国伦敦的化学家 Frederick Gowland Hopkins 的实验室工作。在那里，他忙着从动植物组织中提取这种物质。因为橙子、柠檬和卷心菜里的含量太低，而含量稍高的牛肾上腺又不容易得到，所以直到 1928 年他才成功地提取出极少量的这种物质，并通过实验得出了化学经

验式 $C_6H_8O_6$。起初他并不知道这种物质就是维生素 C。在给《生物化学杂志》(*Biochemical Journal*)投稿的时候，这位童心未泯的科学家决定开个玩笑，给它取名“我不知道糖”(Ignose)，后来他嫌不过瘾，又改称“上帝知道糖”(Godnose)。可惜编辑不欣赏他的幽默，他最后只能老老实实地按结构叫它“己糖醛酸”(hexuronic acid)。圣捷尔吉 1929 年到美国的 Mayo 医院做研究，附近的屠宰场免费提供给他大量牛副肾，他从中分离出了更多的维生素 C，但是也只有 25 克。他将其中的一半送给英国的糖类化学家 Walter H. Haworth 进行分析，可惜那时技术不成熟，Haworth 没有能确定其结构。圣捷尔吉于 1930 年回到匈牙利，他发现当地的一种辣椒含有大量的己糖醛酸。他最终成功地从辣椒中分离出 1 公斤纯的己糖醛酸，并再送一批给 Haworth 分析。Haworth 终于确定了维生素 C 的正确化学结构。圣捷尔吉和 Haworth 最后将维生素 C 命名为“抗坏血酸”(ascorbic acid)，意为防治坏血病的酸。因为对维生素 C 和人体内氧化反应的研究，圣捷尔吉获得了 1937 年的诺贝尔生理学或医学奖。

习题

1. 写出 D-(+)-甘露糖与下列试剂反应的主要产物。

（1）苯肼　　（2）Br_2/H_2O　　（3）HNO_3

2. 试用化学方法鉴别下列各组化合物。

（1）葡萄糖和蔗糖　　（2）蔗糖和麦芽糖　　（3）淀粉和纤维素

3. D-葡萄糖和 L-葡萄糖的开链结构是否为对映体？

4. 写出下列两种单糖的氧环式构象式，它们的哪一种构象比较稳定？

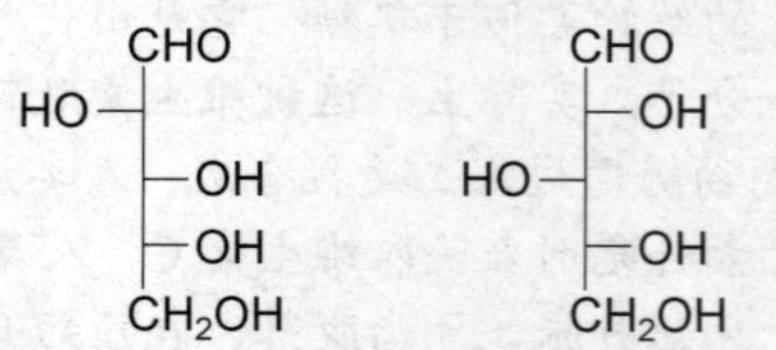

5. 为什么由葡萄糖组成的淀粉无还原性？人能消化淀粉，为什么不能消化纤维素？

6. 写出下列糖的哈沃斯透视式。

（1）α-D-吡喃葡萄糖

（2）α-D-呋喃果糖

7. D-戊醛糖（A）被氧化生成具有旋光性的糖二酸（B），A 通过碳链缩短反应得到丁醛糖（C）。C 被氧化生成没有旋光性的糖二酸（D）。试推测 A、B、C、D 的结构。

第16章

氨基酸、蛋白质和核酸

蛋白质和核酸是生物体内极为重要的功能大分子化合物，都是生命的基础物质。从最简单的病毒、细菌等微生物直至高等动物，一切生命过程都与它们密切相关，例如，机体内起催化作用的酶、调节代谢的激素以及发生免疫反应的抗体等均为蛋白质。核酸与生物体的生长、繁衍、变异和转化等过程也有着十分密切的关系。

16.1 氨基酸

氨基酸是一类分子中同时含有氨基和羧基的化合物。不同来源的蛋白质在酸、碱、酶的作用下完全水解得到的最终产物是各种不同的 α-氨基酸的混合物，因此 α-氨基酸是组成蛋白质的基本单元。

16.1.1 氨基酸的结构、分类和命名

16.1.1.1 氨基酸的结构

自然界中已经发现的氨基酸有数百种，但蛋白质水解得到的常见氨基酸主要有 20 种（图 16-1）。它们在结构上具有共同特征，即氨基和羧基都连接在 α-碳原子上，属 α-氨基酸（脯氨酸为 α-亚氨酸）。其结构式通常表示为：

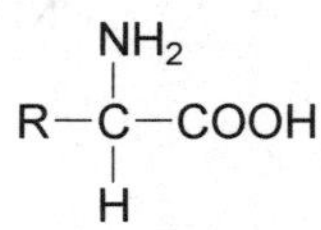

式中 R 表示侧链基团，不同的 α-氨基酸只是 R 基团不同。

X 射线衍射分析证明固态氨基酸呈离子状态。在生理 pH 情况下，羧基都是以—COO^-的形式存在的，大多数氨基也主要以—NH_3^+形式存在。因此，氨基酸是偶极离子，也是一种内盐。氨基酸的偶极离子结构通式如下：

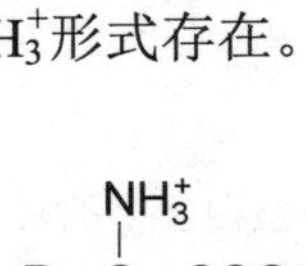

组成蛋白质的各种 α-氨基酸中，除 R 基团为氢的甘氨酸外，其他各种氨基酸分子中的 α-碳原子均为手性碳原子，所以具有旋光性。

氨基酸的构型通常采用 D、L 标记法表示，有 D 型和 L 型两种异构体。以甘油醛为参考标准，在 Fischer 投影式中，凡氨基酸分子中 α-碳原子上的—NH_3^+的位置与 L-甘油醛手性碳原子上—OH 的位置相同者为 L 型。

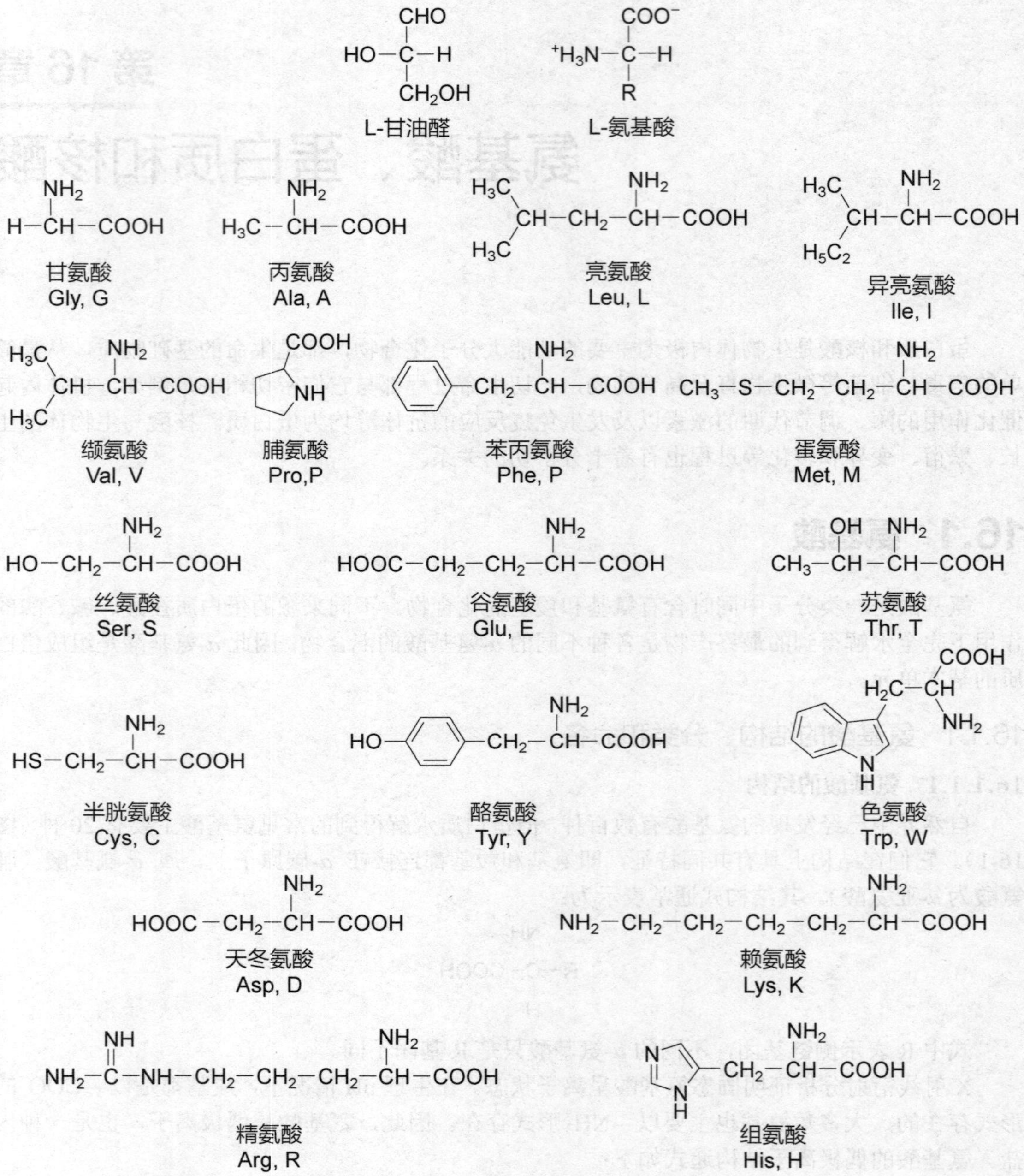

图 16-1　蛋白质中的常见氨基酸

生物体内具有旋光活性的氨基酸均为 L 型。若用 *R*、*S* 标记法，除半胱氨酸为 *R* 构型外，其余皆为 *S* 构型。

16.1.1.2　氨基酸的分类和命名

根据氨基酸分子中 R 基团的结构和性质，氨基酸有不同的分类方法，如按 R 基团的结构可分为脂肪族氨基酸、芳香族氨基酸和杂环氨基酸。

也可以根据氨基酸分子中所含有的氨基和羧基的数目进行分类，分子中含有氨基和羧基的数目相等时，氨基酸近乎中性，称为中性氨基酸；氨基酸含有羧基的数目多于氨基的数目时，氨基酸呈现酸性，称为酸性氨基酸；氨基酸含有羧基的数目少于氨基的数目时，氨基酸呈现碱性，称为碱性氨基酸。

有些氨基酸在人体内不能合成或合成数量不足，必须由食物蛋白质补充才能维持机体正常生长发育，这类氨基酸称为营养必需氨基酸。

在自然界中还发现大量以游离或结合形式存在的氨基酸，它们中除大多为 α-氨基酸的衍生物外，也有些是 β-氨基酸、γ-氨基酸或 δ-氨基酸，还发现 D 型氨基酸。这些氨基酸并不参与构成蛋白质，但却以各种形式分布于植物、细菌和动物体内，称为非蛋白氨基酸。

氨基酸可采用系统命名法，但习惯上往往根据其来源或某些特性而采用俗名，如天门冬氨酸源于天门冬植物，甘氨酸因其甜味而得名。

16.1.2　氨基酸的性质

氨基酸具有内盐的性质，物理性质与一般有机化合物不同，如组成蛋白质的氨基酸一般为晶体。由于偶极离子的极性较大，分子间静电力吸引的结果导致氨基酸熔点较高，一般在 200 ℃以上，多数氨基酸受热易分解放出 CO_2 而不熔融。α-氨基酸大多难溶于有机溶剂，易溶于强酸、强碱等极性溶剂中，在水中的溶解度也各不相同。

16.1.2.1　氨基酸的两性电离和等电点

氨基酸是偶极离子，既能与较强酸反应，也能与较强的碱反应生成稳定的盐，具有两性化合物特征。

氨基酸在水溶液中所带电荷状态，除取决于本身的结构外，还取决于溶液的 pH 值。不同的 pH 值溶液中，氨基酸以阳离子、阴离子和偶极离子三种形式存在，它们之间形成一种动态平衡。例如：

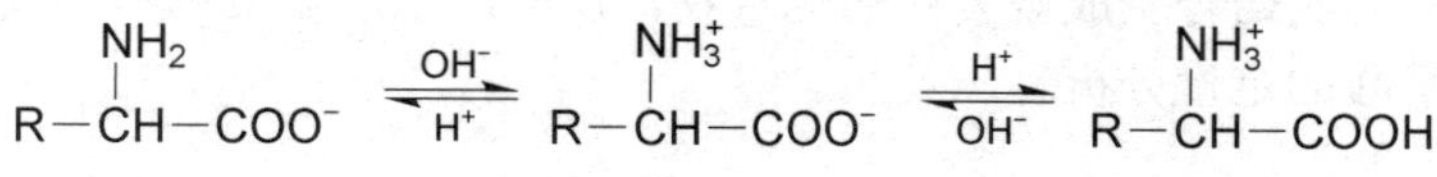

(Ⅲ)　pH＞pI　　(Ⅱ)　pH = pI　　(Ⅰ)　pH＜pI

适当调节溶液 pH 值，使某一氨基酸主要以偶极离子形式（Ⅱ）存在，此时其所带的正负电荷数相等，净电荷为零，呈电中性，在电场中也不泳动。氨基酸处于等电状态时溶液的 pH 值称为该氨基酸的等电点，以 pI 表示。

当在溶液中加入适量酸时，pH＜pI，（Ⅱ）中$-COO^-$接受质子平衡右移，氨基酸主要以阳离子形式（Ⅰ）存在，在电场中向负极移动；当在溶液中加入适量的碱时，使 pH＞pI，（Ⅱ）中的$-NH_3^+$给出质子，平衡向左移动，氨基酸主要以阴离子形式（Ⅲ）存在，在电场中向正极移动。

等电点并不是中性点，不同的氨基酸具有不同的等电点。中性氨基酸的等电点一般在 5.0～6.5 之间，酸性氨基酸的等电点在 3.0 左右，碱性氨基酸的等电点在 7.5～10.8 之间。等电点时，氨基酸的溶解度最小。

16.1.2.2　脱水成肽反应

两分子的氨基酸可由一分子的氨基与另一分子的羧基脱去一分子的水转化为一个简单的二肽。如由丙氨酸的羧基和甘氨酸的氨基脱水生成丙氨酰甘氨酸。

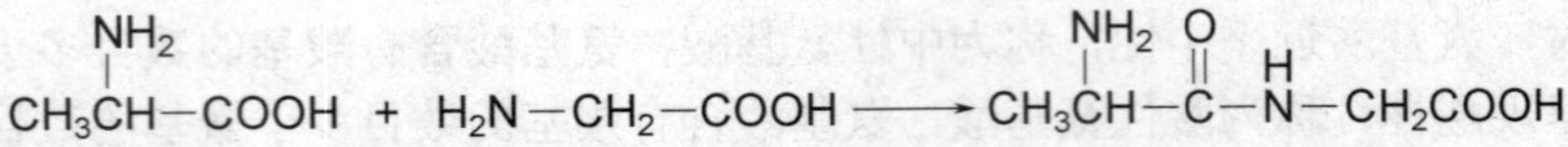

肽的结构不仅取决于组成肽链的氨基酸种类和数目，也与肽链中的各氨基酸残基的排列顺序有关，由两种氨基酸组成二肽时，就有两种异构体，由三种氨基酸组成三肽时，就有六种异构体，四肽有 24 种异构体等等。

二肽分子中的酰胺键称为肽键。二肽分子中仍有自由的氨基和羧基，因此可以继续和氨基酸脱水结合成三肽、四肽……。十肽以下的称为寡肽，大于十肽的称为多肽。

16.1.2.3　与亚硝酸的反应

氨基酸分子中的氨基具有伯胺的性质，与亚硝酸反应时放出氮气。因此利用该反应可以测定蛋白质分子中的游离氨基或氨基酸分子中氨基含量。

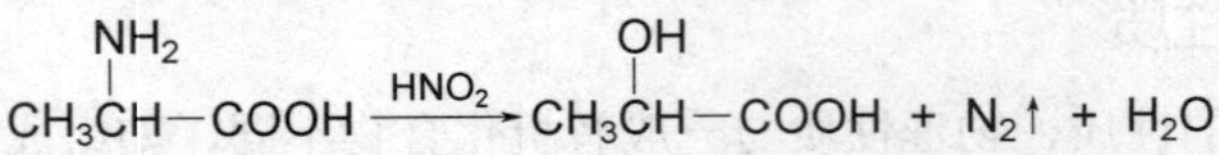

16.1.2.4　氨基酸的脱羧反应

氨基酸与 $Ba(OH)_2$ 共热，脱去羧基变成胺。

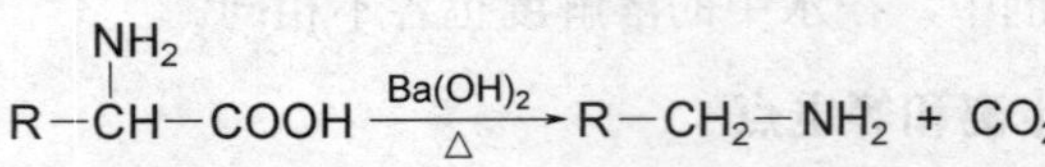

脱羧反应也可以在酶的催化作用下进行。如蛋白质腐败时，精氨酸可以生成腐胺，赖氨酸可以生成尸胺。

16.1.2.5　与茚三酮反应

α-氨基酸与水合茚三酮在溶液中加热，被氧化分解成醛、氨和二氧化碳，茚三酮则被还原为仲醇，与生成的氨结合生成蓝紫色的化合物，反应产生的蓝紫色的深浅与氨基酸的浓度有关，可用于氨基酸的定量分析。

16.2　蛋白质

蛋白质是生物体的基本组成物质，细胞内 80%的物质是蛋白质，所有的酶、激素、病毒等也都是蛋白质。研究蛋白质的结构和性质对于阐明生命现象具有极其重要的意义，成为 21 世纪生命科学最重要课题之一。

蛋白质是氨基酸的多聚物，由各种氨基酸通过肽键相连接而成。通常将分子量在 1 万以上的多肽称为蛋白质。

16.2.1　蛋白质的组成和分类

蛋白质的种类繁多，人体内估计有 10 万种以上的蛋白质。从各种生物组织中提取的蛋白质经过分析，发现大多数蛋白质中含碳 50%～55%、含氢 6.0%～7.0%、含氧 19%～24%、含氮 15%～17%。一些蛋白质还含有少量的硫、磷。少数蛋白质还含有微量的金属元素，如铁、铜、锌、锰等。

蛋白质的结构复杂，大多数的蛋白质的结构还未完全阐明，目前还无法找到一种可以从结构上分类的方法。常见的分类法一般是根据蛋白质的化学组成、形状、溶解度和功能等进行分类。

蛋白质可按化学组成不同分为单纯蛋白质和结合蛋白质，单纯蛋白质仅由 α-氨基酸组成，如乳清蛋白、角蛋白等。结合蛋白质由单纯蛋白质和非蛋白质两部分组成，非蛋白质的部分又称为辅基，根据辅基种类的不同，又可以将结合蛋白质分为脂蛋白、糖蛋白、色蛋白、核蛋白和金属蛋白等。

蛋白质也可按形状不同分为纤维状蛋白质和球状蛋白质两大类。纤维状蛋白质常是机体组织的主要结构成分，球状蛋白质具有可溶性，在体内起着维护和调节生命过程中各种功能的作用，如各种激素和酶等。

16.2.2　蛋白质的结构

蛋白质的特殊功能和生理作用不仅取决于蛋白质分子中多肽链的氨基酸组成、数目和排列次序，还与其特定的空间构象有密切关系。常将蛋白质的结构分为一、二、三和四级结构。一级结构又称为初级结构或基本结构，二级以上结构属于构象范畴，称为高级结构。由一条肽链形成的蛋白质有一、二和三级结构，由两条肽链形成的蛋白质才可能有四级结构。

16.2.2.1　蛋白质的一级结构

蛋白质的一级结构是指肽链中氨基酸残基的排列次序。任何特定的蛋白质都有其特定的氨基酸组成和排列顺序。在一级结构中肽键是其主要的连接方式，另外在两条肽链之间或一条肽链中的不同位置之间也存在其他类型的化学键，如二硫键、氢键和酯键等。如牛胰岛素的一级结构，见图 16-2。

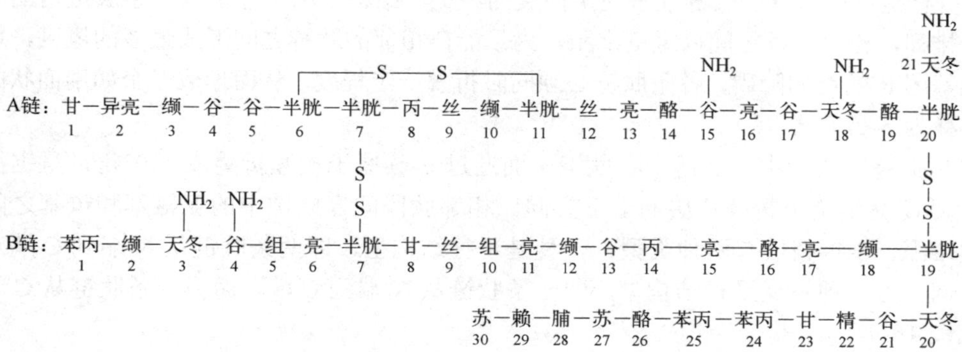

图 16-2　牛胰岛素的一级结构

牛胰岛素由 A 和 B 两条肽链共 51 个氨基酸组成。A 链含有 10 种共 21 个氨基酸残基，B 链含有 17 种共 30 个氨基酸残基，A 和 B 两条肽链通过二硫键互相连接成胰岛素分子，其分子量为 6000，被认为是最小的蛋白质。

不同种属的胰岛素的氨基酸组成和顺序稍有差异，如牛胰岛素和人胰岛素有 3 个氨基酸残基不同，而人胰岛素和猪胰岛素仅有 1 个氨基酸残基不同。

16.2.2.2　蛋白质的二级结构

蛋白质的二级结构是指肽链骨架在空间的伸展方式，即主链骨架在空间的不同构象，包括 α-螺旋、β-折叠、β-转角和无规则卷曲等几种类型。维系主链构象稳定的最主要因素是主链的氨基酸残基的亚氨基和其他氨基酸残基的羰基之间形成的氢键。

（1）α-螺旋

在α-螺旋结构中，肽链中的各肽键平面通过α-碳原子的旋转，围绕中心轴形成一种紧密螺旋上升的盘曲构象。大多数蛋白质分子是右手螺旋的。在α-螺旋结构中，肽链每隔3.6个氨基酸残基上升一圈，每圈轴向升高0.54 nm，每个氨基酸残基轴向升高0.15 nm。

螺旋之间靠氢键维系，氢键是第一个氨基酸残基的亚氨基和第四个氨基酸残基的羰基之间形成的。方向与螺旋轴大致平行，每个肽键中的亚氨基和羰基都参与形成链内氢键，保持了α-螺旋的最大稳定性，见图16-3。

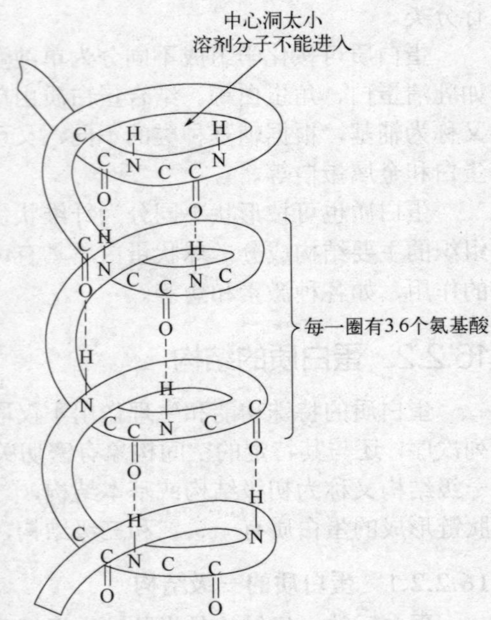

图16-3 蛋白质分子的α-螺旋结构

在α-螺旋结构中伸向外侧的R基团的形状、大小以及电荷状态对α-螺旋的形成和稳定也有影响。如在酸性或碱性氨基酸集中的区域，由于同性相斥，不利于α-螺旋的形成。有脯氨酸参与形成的肽链，由于吡咯环的N原子上没有氢原子，不能形成链内氢键，中断了α-螺旋，使肽链发生转折。

（2）β-折叠

β-折叠是蛋白质分子肽链几乎完全伸展的结构。结构中两条以上或一条肽链内的若干肽段平行排列，相邻肽段之间以氢键维系，为了能在相邻的肽链之间形成最多的氢键，避免相邻侧链基团R的空间障碍，各条肽链必须同时折叠一定程度，从而形成一个如扇面状的折叠片层，称为β-折叠层。

在β-折叠层结构中，肽链中各肽键平面通过α-碳原子相互折叠成110°角，呈锯齿状结构，R 基团交错位于折叠片层的上下方向。相邻肽段间靠肽键中的亚氨基和羰基之间形成的氢键维系。β-折叠层有两种类型：一种是平行结构型，即两条肽链从N端到C端走向为同一方向；另一种是反平行结构型，即一条肽链从N端到C端，而另一条肽链从C端到N端。见图16-4。

此外，在蛋白质分子的肽链上还常常会出现180°的回折，肽链的这种回折称为β-转角。在有些肽链的某些片段上，还会出现一些不规则的排列，称为无规则卷曲。

16.2.2.3 蛋白质的三级结构

三级结构是蛋白质分子在二级结构基础上进一步折叠盘曲形成的更复杂的三维结构，三级结构的形成和稳定主要靠侧链基团R的相互作用。R基团的相互作用力包括以下几种：

（1）氢键

蛋白质侧链基团R之间也可以形成氢键。如丝氨酸中的醇羟基与天冬氨酸和谷氨酸中的羧基形成的氢键。

（2）盐键

许多氨基酸侧链为极性基团，能电离为阳离子或阴离子，如赖氨酸或谷氨酸等。阴、阳离子间依靠静电引力形成盐键。

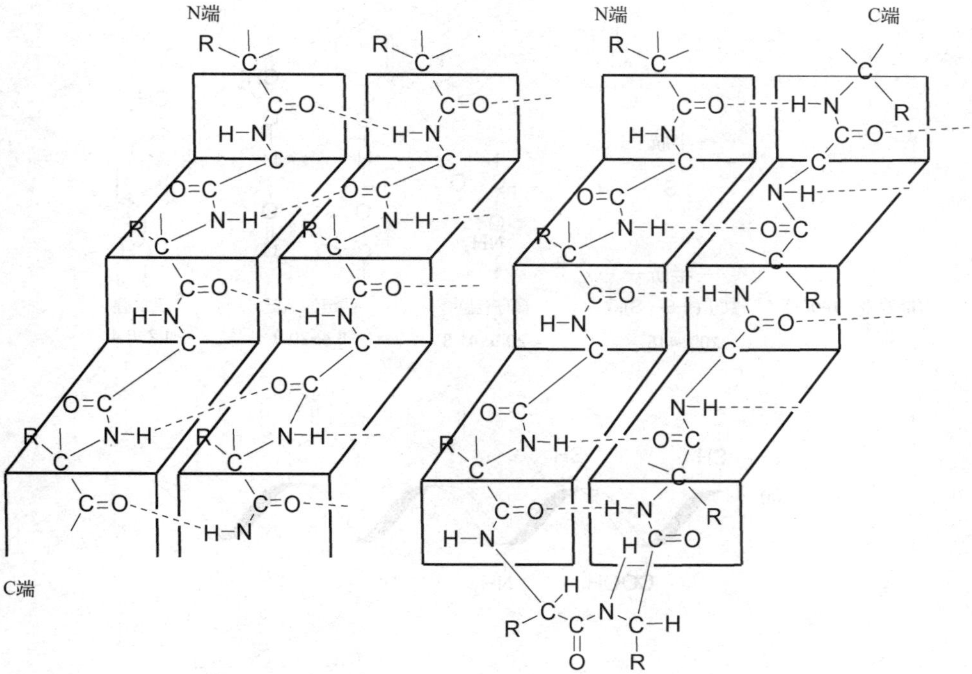

图 16-4　蛋白质分子的 β-折叠结构

（3）二硫键

二硫键是蛋白质分子中由两个半胱氨酸残基的巯基经氧化形成的。它可以将不同的肽链或同一条肽链间连接起来，对稳定蛋白质的结构具有重要作用。

（4）疏水作用力

疏水作用力存在于氨基酸残基上的非极性基团之间。这些非极性基团具有疏水性，它们趋向于分子的内部，彼此聚集在一起，可将水分子从蛋白质的内部挤出去。疏水作用力也是维持蛋白质空间结构最主要的稳定因素。

以上几种相互作用力见图 16-5。

16.2.2.4　蛋白质的四级结构

蛋白质的四级结构是指由两条或两条以上具有三级结构的肽链按一定方式通过盐键、疏水作用力等副键结合的聚合体。具有三级结构的肽链称为亚基。如血红蛋白是由两条 α-链和两条 β-链缔合而成的，α-链含有 141 个氨基酸残基，β-链含有 146 个氨基酸残基，每一条链均与一个血红素结合，盘曲折叠为三级结构，4 个亚基通过侧链间的次级键两两交叉紧密相嵌形成一个具有四级结构的球状血红蛋白分子，见图 16-6。

16.2.3　蛋白质的理化性质

蛋白质分子的性质由蛋白质的组成和结构特征决定。虽然各种蛋白质分子基本上是由 20 种左右的氨基酸组成的，但是分子中 α-氨基酸的种类、排列次序、数目、折叠方式以及亚基的多少、空间结构的不同，会造成蛋白质分子理化性质的差异。蛋白质既具有某些与氨基酸相似的性质，又具有一些高分子化合物的性质。

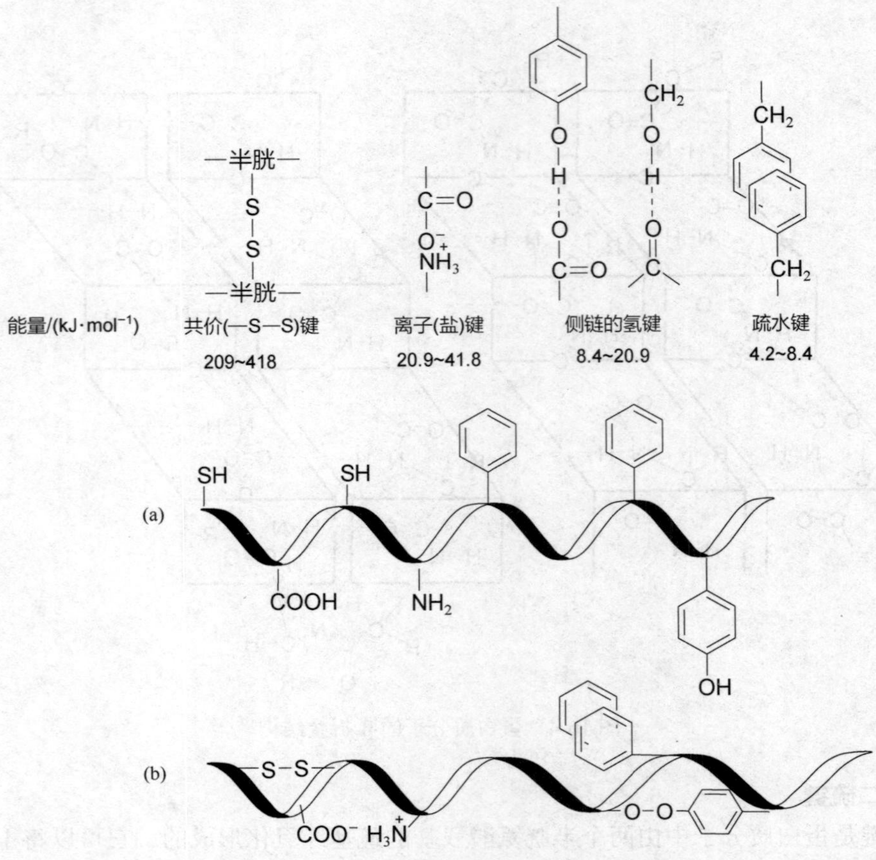

图 16-5 与蛋白质三级结构有关的相互作用力

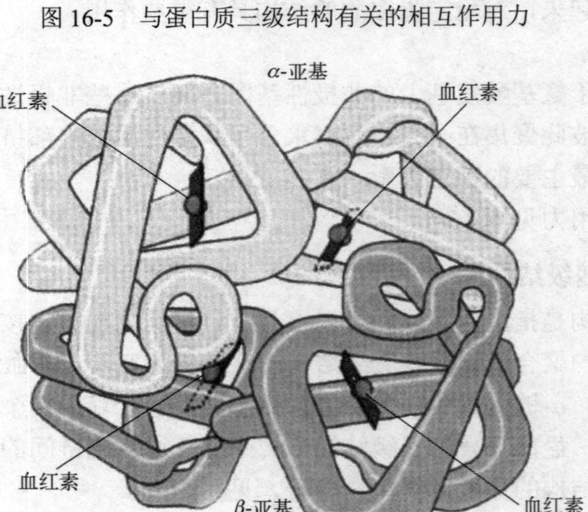

图 16-6 血红蛋白分子的四级结构

16.2.3.1 两性电离和等电点

蛋白质分子末端和侧链基团 R 中仍存在着未结合的氨基和羧基，另外还有胍基、咪唑基等极性基团。因此，蛋白质和氨基酸一样，也具有两性电离和等电点的性质，在不同的 pH 条件下，可解离为阳离子和阴离子。蛋白质分子存在下列解离平衡：

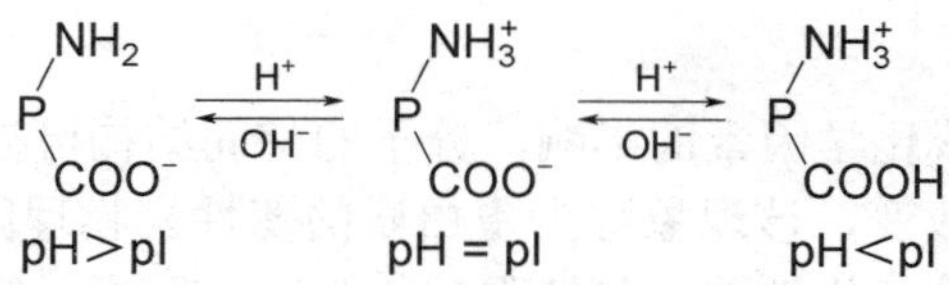

蛋白质的带电状态与溶液的 pH 值有关。当蛋白质所带的正、负电荷数相等时，净电荷为零，此时溶液的 pH 值为蛋白质的等电点（pI）。当溶液的 pH 值大于 pI 时，蛋白质带负电荷；当溶液的 pH 值小于 pI 时，蛋白质带正电荷；在等电点时，因蛋白质不带电，不存在电荷的相互排斥作用，蛋白质易沉淀析出，此时蛋白质的溶解度、渗透压和膨胀性等最小。蛋白质的两性电离和等电点的特性对蛋白质的分离和纯化具有重要的意义。

16.2.3.2 蛋白质的胶体特性

蛋白质分子是高分子化合物，分子量很大，其分子颗粒的直径一般在 1～100 nm，属于胶体分散系，所以具有胶体溶液的特性，如布朗运动、丁达尔效应、电泳、不能透过半透膜等特点。

蛋白质溶液是一种比较稳定的亲水胶体溶液的原因主要是：蛋白质分子表面有许多极性基团，在非等电点时带有相同的电荷，蛋白质分子颗粒不易接近，且不沉淀；蛋白质分子表面的极性基团还可吸引水分子在它表面定向排列形成一层水化膜，使蛋白质颗粒均匀地分散在水中形成稳定的胶体溶液。

16.2.3.3 蛋白质的沉淀

保持蛋白质溶液稳定的主要因素是蛋白质分子表面的水化膜和所带的电荷。若用物理或化学方法破坏蛋白质的上述稳定因素，则蛋白质分子将发生凝聚而沉淀。如调节溶液的 pH 值使其至等电点，此时蛋白质分子呈等电状态，再加入脱水剂，使蛋白质分子失去水化膜，蛋白质分子便会从溶液中沉淀析出。使蛋白质沉淀的方法主要有：

（1）盐析

向蛋白质溶液中加入一定浓度的中性盐，如$(NH_4)_2SO_4$、Na_2SO_4、NaCl 等，使蛋白质沉淀的作用称为盐析。

盐析作用的实质是由于电解质离子的水化能力比蛋白质强，破坏蛋白质分子表面的水化膜，同时电解质离子中和蛋白质所带的电荷，蛋白质的稳定因素被消除，使蛋白质分子相互碰撞而聚集沉淀。

蛋白质盐析所需盐的最小量称盐析浓度。各种蛋白质的水化程度及所带电荷不同，沉淀时所需的盐析浓度也不同。因此，利用此特性可采用不同浓度的盐溶液使蛋白质分段析出，这一操作方法称为分段盐析。

通过盐析得到的蛋白质，其分子内部结构未发生变化，可保持原有的生物活性，只需要采用透析法或凝胶层析法去除盐后，便可获得较纯的蛋白质。

（2）加脱水剂

当向蛋白质溶液中加入甲醇、乙醇或丙酮等极性有机溶剂时，由于这些有机溶剂与水的亲和力较大，能破坏蛋白质分子的水化膜以及降低溶液的介电常数，从而增加蛋白质分子相互间的作用，使蛋白质凝聚而沉淀。但是用有机溶剂沉淀蛋白质，如果操作不当，往往导致蛋白质丧失生物活性。因此，常用低浓度的有机溶剂并在低温下操作，使蛋白质沉淀析出。

此外，用重金属盐类（如氯化汞、硝酸银等）和酸类（如三氯乙酸、苦味酸等）也能使蛋白质沉淀，但往往引起蛋白质变性，因而不宜用来沉淀具有活性的蛋白质。

16.2.3.4　蛋白质的变性

天然蛋白质因受物理或化学因素的影响，分子的空间结构可被改变或破坏，致使蛋白质生物活性和理化性质发生改变，该现象称为蛋白质的变性。物理因素包括加热、紫外线、X射线、超声波、剧烈搅拌等，化学因素包括强酸、强碱、尿素、重金属盐和有机溶剂等。

蛋白质的变性，主要是由于蛋白质分子的次级键和空间结构遭到破坏。蛋白质分子从原来有规则的空间结构变为松散紊乱的结构，形状发生改变，原来藏在分子内部的疏水基团大量外露，分子表面的亲水基团减少，使蛋白质水化作用减弱。蛋白质变性后会出现各种现象，如酶失去催化能力、抗体失去免疫作用、激素失去调节作用、溶解度降低等。

蛋白质的变性作用在实际生活中的应用很多。如用紫外线或酒精进行消毒，使细菌或病毒的蛋白质失去致病能力；用放射性同位素杀死癌细胞等。相反，在制备具有生物活性的蛋白质时，就必须避免引起蛋白质变性的因素。

16.2.3.5　蛋白质的颜色反应

蛋白质分子中的氨基酸带有某些特殊的侧链基团，可和某种试剂发生特殊的颜色反应。利用这些反应可以鉴别蛋白质，见表 16-1。

表 16-1　蛋白质的颜色反应

反应名称	试剂	颜色	发生反应的基团
茚三酮反应	稀茚三酮溶液	蓝紫色	氨基
缩二脲反应	强碱，稀硫酸铜溶液	紫红色	肽键
蛋白黄反应	浓硝酸，氨水	黄色或橙红色	苯环
米伦反应	$Hg(NO_3)_2$，$HgNO_3$ 和 HNO_3 混合液	红色	酚羟基

16.3　核酸

核酸分布在所有的生物体中，它是组成细胞的重要成分，并因首先发现于细胞核且具有酸性而得名。现在已经证实，生物体的新陈代谢作用与核酸有密切的关系，核酸参加生物体内蛋白质的合成。生物体的遗传特征主要由核酸决定，核酸是生物体遗传信息的主要携带者，一个核酸分子通过复制作用，可以生成一个和原来的分子在结构上完全相同的新分子，这样把遗传信息一代一代地传下去，核酸的作用与其化学结构密切有关。

16.3.1　核酸的化学组成和分类

核酸分子中所含有的主要元素有 C、H、O、N、P 等，其中含磷量为 9%～10%。和蛋白质一样，核酸也是链状高聚物，但是核酸的基本组成单位是核苷酸。核苷酸由核苷和磷酸组成，核苷又由有机碱和戊糖组成。

核酸水解时，水解的程度不同，得到不同产物，可简单表示为：

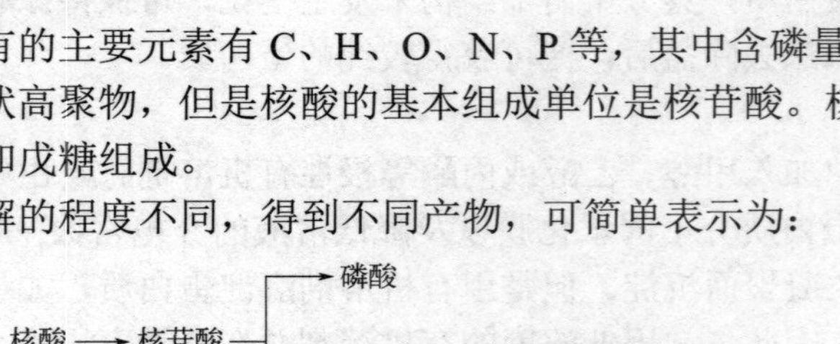

由核酸或核苷酸水解所得的杂环碱分为两大类：含嘌呤环系碱和含嘧啶环系碱。它们的结构和名称如下（常用 1，2……将环上的原子编号）。

嘌呤环系碱：

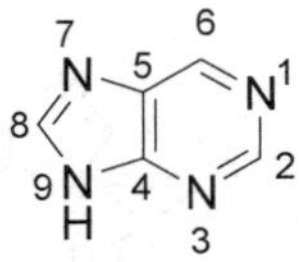

嘌呤
purine

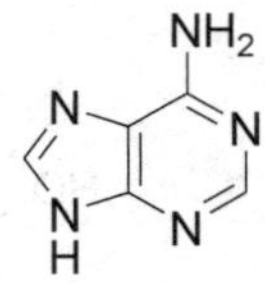

腺嘌呤(A)
adenine

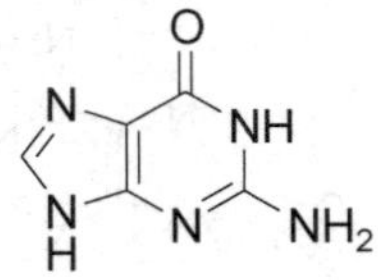

鸟嘌呤(G)
guanine

嘧啶环系碱：

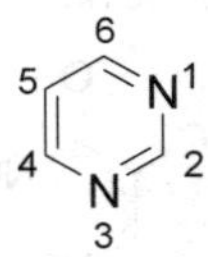

嘧啶
pyrimidine

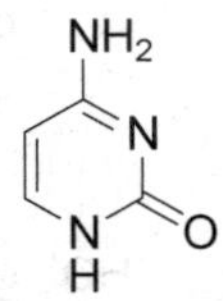

胞嘧啶(C)
cytosine

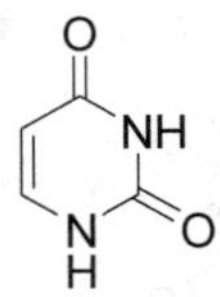

尿嘧啶(U)
uracil

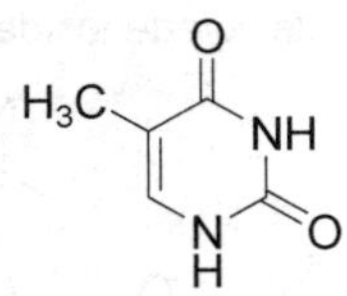

胸腺嘧啶(T)
thymine

核酸中五碳单糖只有两种：核糖和脱氧核糖。它们都是 D 构型，并以呋喃环状结构存在于核酸中（常以 1′，2′，3′，4′，5′表示糖分子中碳原子的位次）。

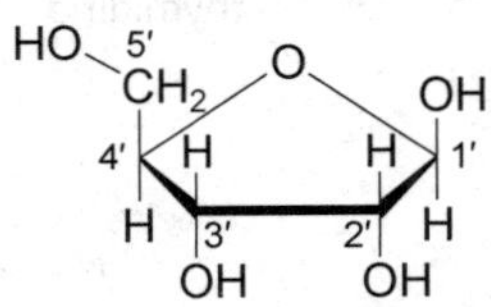

β-D-呋喃核糖
β-D-ribofuranose

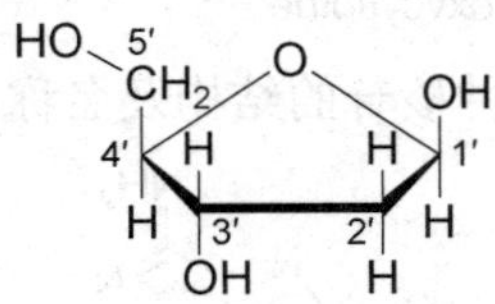

β-D-呋喃脱氧核糖
β-D-deoxyribose

核酸根据所含戊糖的种类分成核糖核酸（RNA）和脱氧核糖核酸（DNA）两大类。DNA 主要存在于细胞核和线粒体内，它是生物遗传的主要物质基础，承担体内遗传信息的储存和发布。RNA 约 90%在细胞质中，直接参与体内的蛋白质合成。

脱氧核糖核酸中含的碱为腺嘌呤、鸟嘌呤、胞嘧啶和胸腺嘧啶，与核糖核酸的区别只是胸腺嘧啶换成了尿嘧啶。脱氧核糖核酸中可能还含有 5-甲基胞嘧啶和 5-羟甲基胞嘧啶两个次要成分。

RNA 又可以根据在蛋白质合成中起的作用不同分为三类：

核蛋白体 RNA：又称核糖体 RNA，细胞内 RNA 的绝大部分都是核蛋白体。它是合成蛋白质时肽链的“装配机”，参与蛋白质合成的各种成分最终必须在核蛋白体上将氨基酸按特定顺序合成肽链。

信使 RNA：合成蛋白质的模板。在合成蛋白质时，控制氨基酸的排列顺序。

转运 RNA：搬运氨基酸的工具。氨基酸由各自特异的 t-RNA “搬运” 到核蛋白体，才能进行肽链的合成。

16.3.2　核苷和单核苷酸

16.3.2.1　核苷

由核苷酸温和水解得来的核苷是由一个有机碱与一个糖的苷羟基脱水缩合所成的化合物。

它们与通常的糖苷不同，它们是由苷羟基与氨基或亚氨基间脱水缩合而成的氮苷。在核苷中，杂环碱以其9位（嘌呤环系碱）或1位（嘧啶环系碱）连接在核糖（或脱氧核糖）的1′位上。

在DNA中常见的四种脱氧核苷的结构及名称如下：

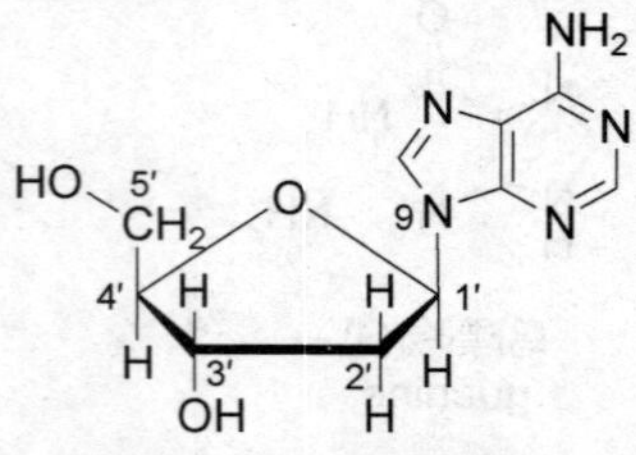

腺嘌呤脱氧核苷(脱氧腺苷)
deoxyadenoside

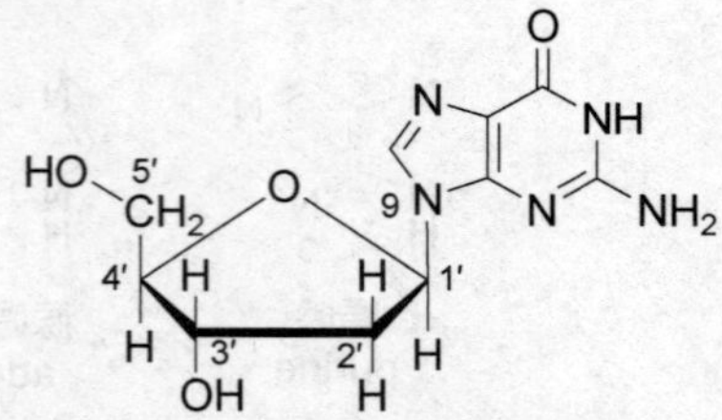

鸟嘌呤脱氧核苷(脱氧鸟苷)
deoxyguanosine

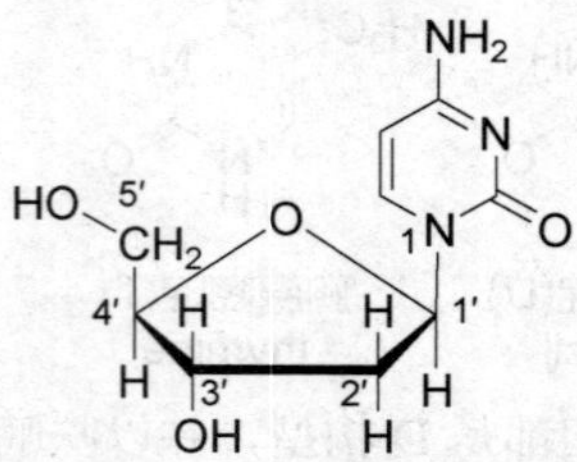

胞嘧啶脱氧核苷(脱氧胞苷)
deoxycytidine

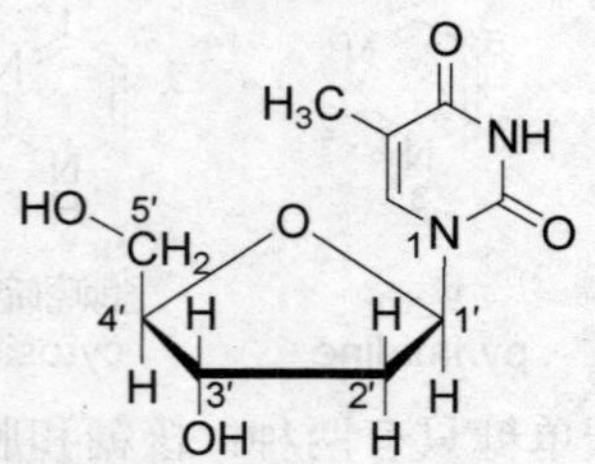

胸腺嘧啶脱氧核苷(脱氧胸苷)
thymidine

RNA中常见的四种核苷的结构及名称如下：

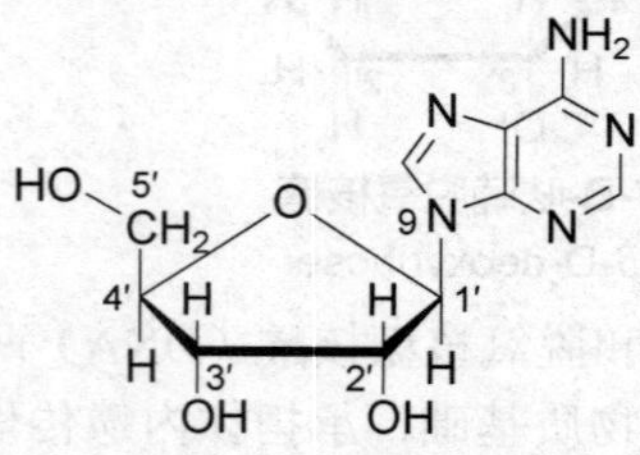

腺嘌呤核苷(腺苷)
adenosine

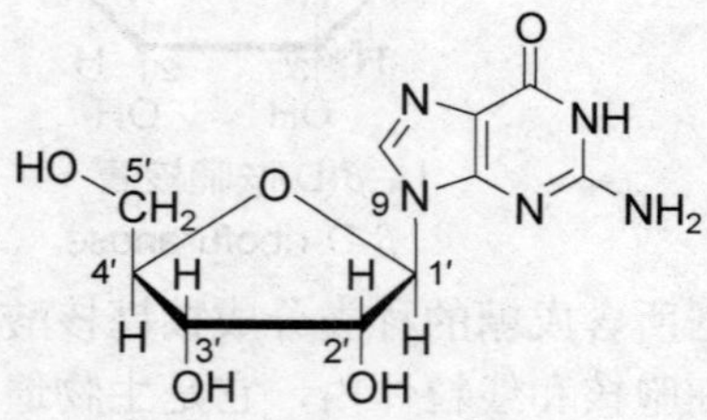

鸟嘌呤核苷(鸟苷)
guanosine

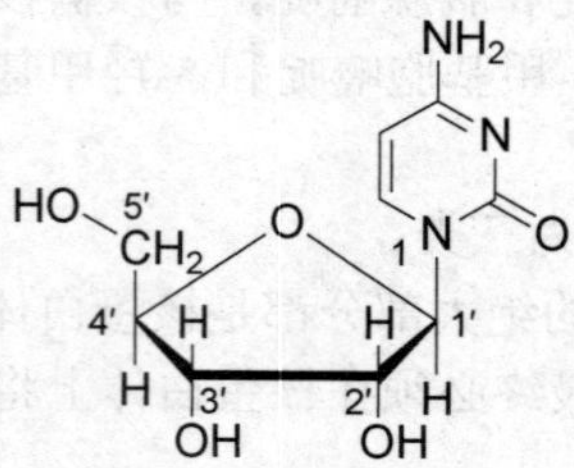

胞嘧啶核苷(脱氧胞苷)
cytidine

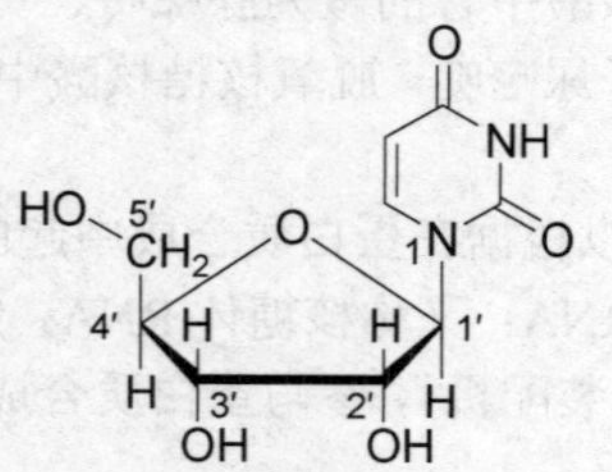

尿嘧啶核苷(尿苷)
uridine

核苷有多种，它们以所含的有机碱及糖的名称命名，词尾用“苷”字表示，如腺嘌呤核苷、胞嘧啶脱氧核苷等。

16.3.2.2 单核苷酸

单核苷酸是核苷中戊糖的3′和5′位的羟基与磷酸脱水形成的核苷磷酸酯，它是核酸的基本组成单位。

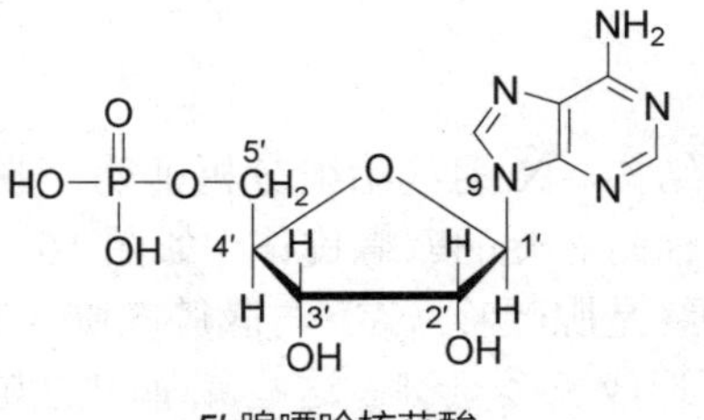

5′-腺嘌呤核苷酸
adenylic acid

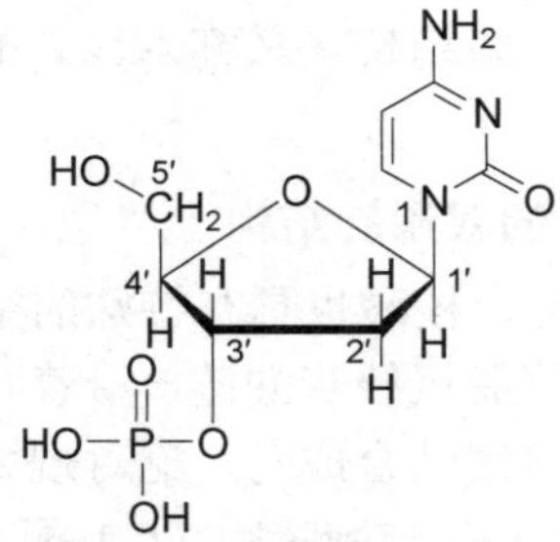

3′-胞嘧啶脱氧核苷酸
deoxycytidylic acid

16.3.3　核酸的结构

16.3.3.1　核酸的一级结构

和 α-氨基酸是蛋白质的单体一样，核苷酸则是核酸的单体。蛋白质是通过酰胺键把各个氨基酸连接起来的，而核酸则是通过磷酸基团以双酯的形式把各个核苷酸中的糖基连接起来的。其结构可表示如下：

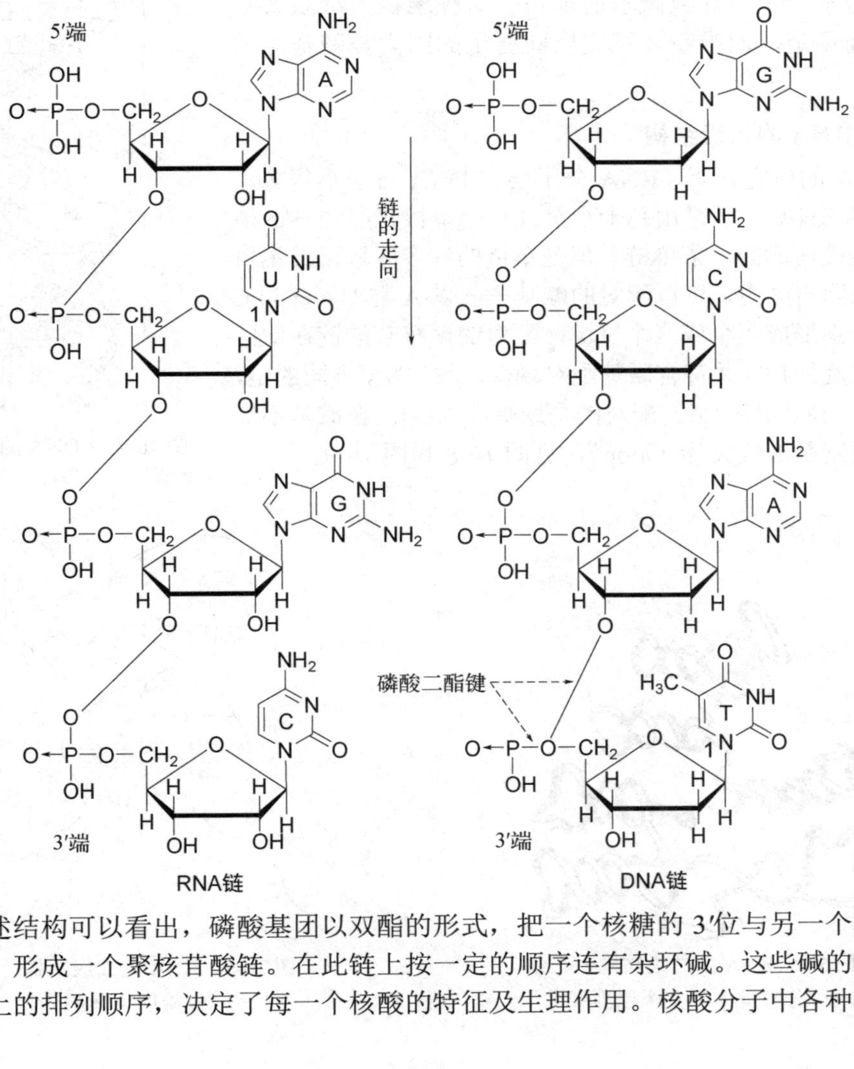

RNA链　　DNA链

由上述结构可以看出，磷酸基团以双酯的形式，把一个核糖的 3′位与另一个核糖的 5′位连接起来，形成一个聚核苷酸链。在此链上按一定的顺序连有杂环碱。这些碱的性质和在聚核苷酸链上的排列顺序，决定了每一个核酸的特征及生理作用。核酸分子中各种核苷酸的排列顺序为核酸的一级结构，又称为核苷酸的序列。由于核苷酸间的差别主要是碱基不同，又称为碱基序列。

16.3.3.2 DNA 的双螺旋结构

与蛋白质一样，核酸也具有特殊的空间结构。X 射线衍射分析证明，脱氧核糖核酸是由两条反向平行的聚脱氧核苷酸链，沿着同一轴向右旋的双螺旋体，如图 16-7 所示。两条链通过它们碱基间的氢键结合成对，配对规律始终是腺嘌呤（A）与胸腺嘧啶（T）配对，形成两个氢键，鸟嘌呤（G）与胞嘧啶（C）配对，形成三个氢键。这些碱基间的互相匹配的规律称为碱基互补规律或碱基配对规律。

由碱基互补规律可知，当 DNA 分子中的一条聚脱氧核苷酸链的碱基序列确定后，即可推知另一条互补的聚脱氧核苷酸链的碱基序列。这就决定了 DNA 控制遗传信息时，从母代传到子代的高度保真性。

双螺旋体的螺距（一个全回转）为 3.4 nm，一个全回转中含有十对连续的核苷酸单位。双螺旋体外面的宽度约为 2.0 nm。碱基间的疏水作用可导致碱基的堆积，这种堆积力维系着双螺旋的纵向稳定，而维系双螺旋横向稳定的因素是碱基对间的氢键。

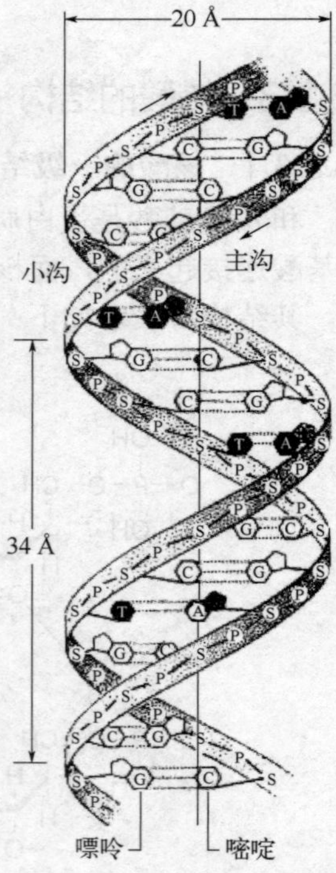

图 16-7 DNA 的双螺旋结构

16.3.3.3 RNA 的二级结构

对 RNA 的研究表明，RNA 分子要比 DNA 分子小得多，大多数天然 RNA 分子是由几十个至几千个单核苷酸经 3′,5′磷酸二酯键连接而成的一条单链。但是单链的许多区域可发生自身回折，在回折区内，可以配对的碱基——以 A 与 U、G 与 C 配对——分别形成两个或三个氢键，配对的聚核苷酸链在此区域形成双螺旋结构，并符合碱基配对规律。与 DNA 不同的是，在 RNA 中与腺嘌呤（A）配对的是尿嘧啶（U）。在碱基不能配对的区域则是形成突环（loop），见图 16-8 和图 16-9。

图 16-8 RNA 的二级结构中一条聚核苷酸链中的几个螺旋区域

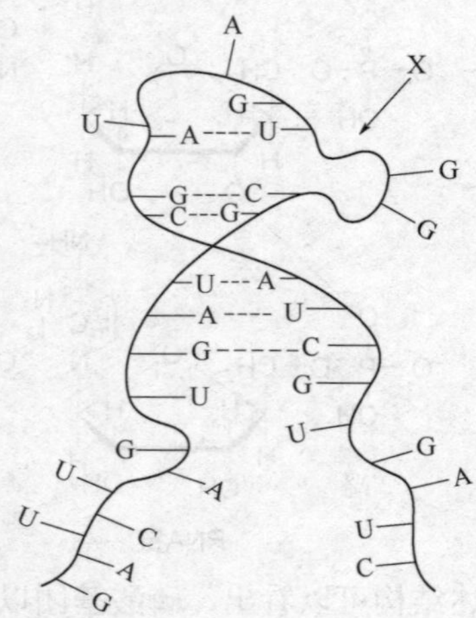

图 16-9 RNA 的二级结构（X 表示螺旋的突环部分）

拓展阅读

阿斯巴甜（aspartame）是一种人工合成的低热量甜味剂，也被誉为“零卡路里糖”。它的甜度是蔗糖的 180～200 倍，但其热量却几乎为零，被广泛用于无糖或低糖产品中，如饮料、口香糖和烘焙食品。它由两种氨基酸即天冬氨酸和苯丙氨酸组成，这两种氨基酸在人体内自然存在，但在大多数其他生物体中则不常见。阿斯巴甜的分子结构与天然糖类不同，因此它不会被人体消化酶分解为能提供能量的分子。然而，阿斯巴甜的结构可以与人类的甜味受体相互作用，从而产生甜味的感觉。人类的甜味受体是一种蛋白质，位于舌头上的味蕾细胞上。当阿斯巴甜进入口腔并与甜味受体结合时，阿斯巴甜的分子结构中的苯丙氨酸残基与甜味受体上的特定位点相互作用，从而激活受体并触发一系列甜味信号传递过程。这些信号最终会被传递到大脑，使人们感受到甜味的满足感。

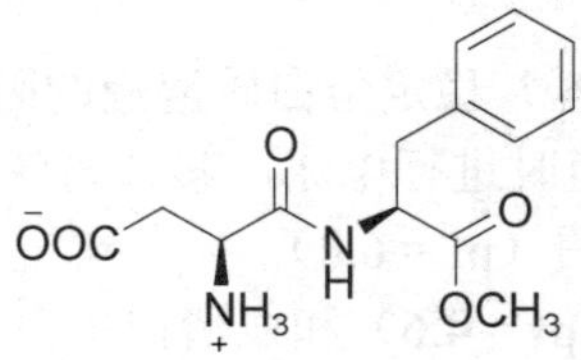

阿斯巴甜

阿斯巴甜于 1965 年在美国被首次合成，由赛璐珞公司的化学家 Arthur G. Nery 和 Robert C. Woods 创造。他们的目标是寻找一种更安全、更有效的甜味剂，以替代当时广泛使用的糖精。阿斯巴甜在 1981 年获得美国食品药品监督管理局（FDA）的批准，成为第一种被 FDA 认可的非营养性甜味剂。

阿斯巴甜的“对应物”是蔗糖或者高果糖玉米糖浆。这些天然的甜味剂在食品工业中被广泛使用，但它们的热量较高，过量摄入可能导致肥胖和其他健康问题。因此，阿斯巴甜作为人工甜味剂的出现，为消费者提供了更多的选择，使得人们可以在享受甜味的同时，减少热量的摄入。阿斯巴甜的出现，不仅改变了我们的饮食习惯，也对全球的食品工业产生了深远影响。它使得许多原本无法食用糖分的人群，如糖尿病患者、肥胖症患者等，也能享受到甜味的乐趣。同时，阿斯巴甜也被广泛应用在饮料、口香糖、糖果等各种食品中，为我们的生活增添了甜蜜的色彩。

国际癌症研究机构（IARC）、世界卫生组织（WHO）、粮食及农业组织（FAO）和食品添加剂联合专家委员会（JECFA）在 2023 年 7 月 14 日发布了阿斯巴甜对健康影响的评估结果。根据这一结果，阿斯巴甜被归类为可能对人类致癌（IARC 2B 组）。在这次评估中，专家们对阿斯巴甜的潜在致癌风险进行了详细的研究和分析。尽管阿斯巴甜被认为是一种安全的人工甜味剂，但研究者们指出，长期大量摄入阿斯巴甜可能会增加患癌症的风险。这一阶段性的定论意味着，消费者在选择食品和饮料时，应更加关注产品中阿斯巴甜的含量。同时，食品生产商也需要在产品标签上明确标注阿斯巴甜的含量，以便消费者做出明智的选择。

值得注意的是，虽然阿斯巴甜被归类为可能致癌，但这并不意味着它一定会致癌。研究者们强调，阿斯巴甜的安全性取决于摄入量以及个体差异。因此，适量摄入阿斯巴甜通常不会对健康造成太大影响。然而，对于某些特殊人群，如孕妇、哺乳期妇女和儿童，建议限制阿斯巴甜的摄入。

参考答案

习题

1. 写出下列氨基酸的结构式。

丝氨酸　　半胱氨酸　　赖氨酸　　谷氨酸　　脯氨酸　　组氨酸

2. 写出丙氨酸与下列试剂反应的产物。

（1）NaOH　　（2）HCl　　（3）$(CH_3CO)_2O$

（4）CH_3OH/H^+　　（5）$NaNO_2 + HCl$

3. 调节由谷氨酸、亮氨酸、赖氨酸和甘氨酸组成的混合液的 pH 值至 6.0 时进行电泳，哪些氨基酸向正极移动？哪些向负极移动？哪些氨基酸停留在原处？

4. 人工合成的甜味素是二肽 Asp-Phe，它可能存在几种立体异构体？若以天然氨基酸为原料，请写出异构体的结构。

5. 蛋白质的二级结构主要包含哪些内容？稳定蛋白质溶液的因素主要有哪些？

6. 下列各组蛋白质混合物在什么 pH 值时进行电泳，其分离效果最佳？

（1）血清白蛋白（pI = 4.9）和血红蛋白（pI = 6.8）

（2）血红蛋白（pI = 7.0）、卵清蛋白（pI = 4.6）和血清白蛋白（pI = 4.9）

7. 写出将 DNA 和 RNA 彻底水解后，得到的最终产物的结构和名称。再将它们一一组合成核酸分子（指出化学键类型和连结方式）。

8. 写出下列化合物的结构式。

胞嘧啶脱氧核苷　　鸟嘌呤核苷　　6-巯基嘌呤　　5-氟尿嘧啶

9. 测得某段 DNA 的碱基顺序为—TACTGGTA—，请写出该段互补 DNA 链的碱基顺序。

参考文献

[1] 邢其毅，裴伟伟，徐瑞秋，等. 基础有机化学. 4 版. 北京：北京大学出版社，2017.
[2] 胡宏纹. 有机化学. 3 版. 北京：高等教育出版社, 2006.
[3] 赵温涛. 有机化学. 6 版. 北京：高等教育出版社, 2019.
[4] 汪小兰. 有机化学. 5 版. 北京：高等教育出版社, 2017.
[5] 李景宁. 有机化学（上下册）. 5 版. 北京：高等教育出版社, 2011.
[6] 徐寿昌. 有机化学. 2 版. 北京：高等教育出版社, 2014.
[7] 裴伟伟，裴坚. 基础有机化学（第 4 版）习题解析. 北京：北京大学出版社, 2018.
[8] K. Peter C. Vollhardt, Neil E. Schore. 有机化学——结构与功能. 8 版. 戴立信，席振峰，罗三中，等译. 北京：化学工业出版社, 2020.
[9] 李景宁. 有机化学学习指导. 2 版. 北京：高等教育出版社，2014.